结构工程图例术语公式手册

本书编委会 编

中国建筑工业出版社

图书在版编目(CIP)数据

结构工程图例术语公式手册/本书编委会编. —北京：中国建筑工业出版社，2014.9
ISBN 978-7-112-16861-3

Ⅰ.①结… Ⅱ.①本… Ⅲ.①结构工程-图式符号-手册 Ⅳ.①TU3-62

中国版本图书馆 CIP 数据核字(2014)第 100478 号

本书依据《建筑结构制图标准》GB/T 50105—2010、《建筑地基基础设计规范》GB 50103—2011 等国家最新标准，将工程中常用的图例、术语、公式一一列出，合理编排，加速读者查阅。

本书主要包括常用图例与符号、结构工程常用计算公式以及结构工程常用名称术语速查表等内容。可供结构工程设计、施工等相关技术及管理人员使用。

责任编辑：岳建光　张　磊
责任设计：张　虹
责任校对：李美娜　张　颖

结构工程图例术语公式手册
本书编委会　编

*

中国建筑工业出版社出版、发行（北京西郊百万庄）
各地新华书店、建筑书店经销
北京科地亚盟排版公司制版
化学工业出版社印刷厂印刷

*

开本：787×1092 毫米　1/16　印张：19½　字数：473 千字
2015 年 1 月第一版　2015 年 1 月第一次印刷
定价：**43.00** 元
ISBN 978-7-112-16861-3
(25645)

本 书 编 委 会

主 编 赵家臻

副主编 李 杨

参 编（按姓氏笔画排序）

牛云博　叶 梅　冯义显　刘日升

许 琪　杜 岳　李方刚　杨蝉玉

吴清风　闵远洋　张 彤　陆亚力

林晓东　郑大伟　郝岩岩　段云峰

袁 博　高少霞　隋红军　雷晓川

前　言

　　结构工程是指合理的将建筑物的结构承重体系（包括水平承重体系的楼、屋盖等和竖向承重体系的砌体、柱子、剪力墙等）建立和布置起来，以满足房屋的承载力、安全、稳定和使用等方面的工作。图例、术语、符号是工程技术的工作语言基础，同时，公式是设计施工计算的依据。基于此，我们依据《建筑结构制图标准》GB/T 50105—2010、《建筑地基基础设计规范》GB 50103—2011 等国家最新标准，将工程中常用的图例、术语、公式一一列出，合理编排，加速读者查阅。

　　本书主要包括常用图例与符号、结构工程常用计算公式以及结构工程常用名称术语速查表等内容。可供结构工程设计、施工等相关技术及管理人员使用。

　　由于编者的学识和经验所限，虽尽心尽力，但仍难免存在疏漏或未尽之处，恳请广大读者批评指正。

目　　录

1 常用图例与符号

1.1 图线与比例

（1）图线宽度 b 应按现行国际标准《房屋建筑制图统一标准》GB/T 50001—2010 中的有关规定选用。

（2）每个图样应根据复杂程度与比例大小，先选用适当基本线宽度 b，再选用相应的线宽。根据表达内容的层次，基本线宽 b 和线宽比可适当地增加或减少。

（3）建筑结构专业制图应选用表 1-1 所示的图线。

图线 表 1-1

名 称		线 型	线宽	一般用途
实线	粗	———	b	螺栓、钢筋线、结构平面图中的单线结构构件线，钢木支撑及系杆线，图名下横线、剖切线
	中粗	———	$0.7b$	结构平面图及详图中剖到或可见的墙身轮廓线、基础轮廓线、钢、木结构轮廓线、钢筋线
	中	———	$0.5b$	结构平面图及详图中剖到或可见的墙身轮廓线、基础轮廓线、可见的钢筋混凝土构件轮廓线、钢筋线
	细	———	$0.25b$	标注引出线、标高符号线、索引符号线、尺寸线
虚线	粗	- - - - - -	b	不可见的钢筋线、螺栓线、结构平面图中不可见的单线结构构件线及钢、木支撑线
	中粗	- - - - - -	$0.7b$	结构平面图中的不可见构件、墙身轮廓线及不可见钢、木结构构件线、不可见的钢筋线
	中	- - - - - -	$0.5b$	结构平面图中的不可见构件、墙身轮廓线及不可见钢、木结构构件线、不可见的钢筋线
	细	- - - - - -	$0.25b$	基础平面图中的管沟轮廓线、不可见的钢筋混凝土构件轮廓线
单点长画线	粗	—·—·—	b	柱间支撑、垂直支撑、设备基础轴线图中的中心线
	细	—·—·—	$0.25b$	定位轴线、对称线、中心线、重心线
双点长画线	粗	—··—··—	b	预应力钢筋线
	细	—··—··—	$0.25b$	原有结构轮廓线
折断线		—— ∿ ——	$0.25b$	断开界线
波浪线		〰〰	$0.25b$	断开界线

（4）在同一张图纸中，相同比例的各图样，应选用相同的线宽组。

（5）绘图时根据图样的用途，被绘物体的复杂程度，应选用表 1-2 中的常用比例，特殊情况下也可选用可用比例。

1

比例　　表 1-2

图　名	常用比例	可用比例
结构平面图 基础平面图	1∶50，1∶100，1∶150	1∶60，1∶200
圈梁平面图、总图中管沟、地下设施等	1∶200，1∶500	1∶300
详图	1∶10，1∶20，1∶50	1∶5，1∶30，1∶25

(6) 当构件的纵、横向断面尺寸相差悬殊时，可在同一详图中的纵、横向选用不同的比例绘制。轴线尺寸与构件尺寸也可选用不同的比例绘制。

1.2 常用构件代号

常用构件代号见表 1-3。

常用构件代号　　表 1-3

序　号	名　称	代　号
1	板	B
2	屋面板	WB
3	空心板	KB
4	槽形板	CB
5	折板	ZB
6	密肋板	MB
7	楼梯板	TB
8	盖板或沟盖板	GB
9	挡雨板或檐口板	YB
10	吊车安全走道板	DB
11	墙板	QB
12	天沟板	TGB
13	梁	L
14	屋面梁	WL
15	吊车梁	DL
16	单轨吊车梁	DDL
17	轨道连接	DGL
18	车挡	CD
19	圈梁	QL
20	过梁	GL
21	连系梁	LL
22	基础梁	JL
23	楼梯梁	TL
24	框架梁	KL
25	框支梁	KZL
26	屋面框架梁	WKL
27	檩条	LT

序　号	名　称	代　号
28	屋架	WJ
29	托架	TJ
30	天窗架	CJ
31	框架	KJ
32	刚架	GJ
33	支架	ZJ
34	柱	Z
35	框架柱	KZ
36	构造柱	GZ
37	承台	CT
38	设备基础	SJ
39	桩	ZH
40	挡土墙	DQ
41	地沟	DG
42	柱间支撑	ZC
43	垂直支撑	CC
44	水平支撑	SC
45	梯	T
46	雨篷	YP
47	阳台	YT
48	梁垫	LD
49	预埋件	M—
50	天窗端壁	TD
51	钢筋网	W
52	钢筋骨架	G
53	基础	J
54	暗柱	AZ

注：1. 预制混凝土构件、现浇混凝土构件、钢构件和木构件，一般可以采用本表中的构件代号。在绘图中，除混凝土构件可以不注明材料代号外，其他材料的构件可在构件代号前加注材料代号，并在图纸中加以说明。
　　2. 预应力混凝土构件的代号，应在构件代号前加注"Y"，如 Y-DL 表示预应力混凝土吊车梁。

1.3　文字注写构件表示方法

（1）当采用标准、通用图集中的构件时，应用该图集中的规定代号或型号注写。

（2）结构平面图应按图 1-1、图 1-2 的规定采用正投影法绘制，特殊情况下也可采用仰视投影绘制。

（3）在结构平面图中，构件应采用轮廓线表示，当能用单线表示清楚时，也可用单线表示。定位轴线应与建筑平面图或总平面图一致，并标注结构标高。

（4）在结构平面图中，当若干部分相同时，可只绘制一部分，并用大写的拉丁字母（A、B、C、……）外加细实线圆圈表示相同部分的分类符号。分类符号圆圈直径为 8mm 或 10mm。其他相同部分仅标注分类符号。

3

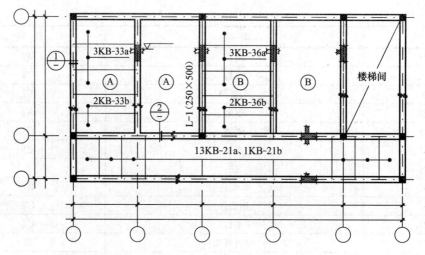

图 1-1　用正投影法绘制预制楼板结构平面图

（5）桁架式结构的几何尺寸图可用单线图表示。杆件的轴线长度尺寸应标注在构件的上方（图 1-3）。

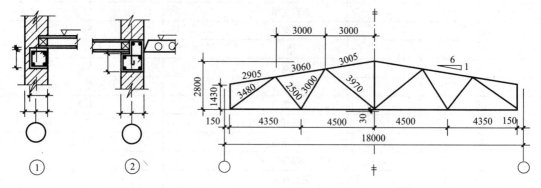

图 1-2　节点详图　　　　　图 1-3　对称桁架几何尺寸标注方法

（6）在杆件布置和受力均对称的桁架单线图中，若需要时可在桁架的左半部分标注杆件的几何轴线尺寸，右半部分标注杆件的内力值和反力值；非对称的桁架单线图，可在上方标注杆件的几何轴线尺寸，下方标注杆件的内力值和反力值。竖杆的几何轴线尺寸可标注在左侧，内力值标注在右侧。

（7）在结构平面图中索引的剖视详图、断面详图应采用索引符号表示，其编号顺序宜按图 1-4 的规定进行编排，并符合下列规定：

1）外墙按顺时针方向从左下角开始编号；

2）内横墙从左至右，从上至下编号；

3）内纵墙从上至下，从左至右编号。

（8）在结构平面图中的索引位置处，粗实线表示剖切位置，引出线所在一侧应为投射方向。

（9）索引符号应由细实线绘制的直径为 8～10mm 的圆和水平直径线组成。

（10）被索引出的详图应以详图符号表示，详图符号的圆应以直径为 14mm 的粗实线绘制。圆内的直径线为细实线。

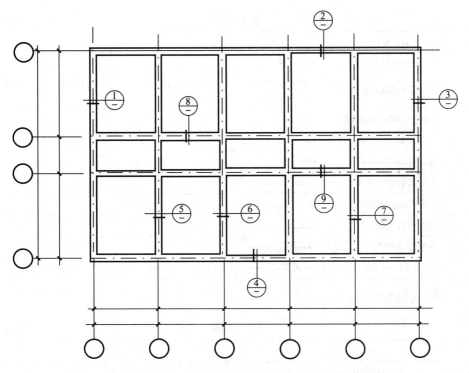

图 1-4 结构平面图中索引剖视详图、断面详图编号顺序表示方法

（11）被索引的图样与索引位置在同一张图纸内时，应按图 1-5 的规定进行编排。

（12）详图与被索引的图样不在同一张图纸内时，应按图 1-6 的规定进行编排，索引符号和详图符号内的上半圆中注明详图编号，在下半圆中注明被索引的图纸编号。

⑥

图 1-5　被索引图样在同一张
图纸内的表示方法

⑧/25

图 1-6　详图和被索引图样不在
同一张图纸内的表示方法

（13）构件详图的纵向较长，重复较多时，可用折断线断开，适当省略重复部分。

（14）图样的图名和标题栏内的图名应能准确表达图样、图纸构成的内容，做到简练、明确。

（15）图纸上所有的文字、数字和符号等，应字体端正、排列整齐、清楚正确，避免重叠。

（16）图样及说明中的汉字宜采用长仿宋体，图样下的文字高度不宜小于 5mm，说明中的文字高度不宜小于 3mm。

（17）拉丁字母、阿拉伯数字、罗马数字的高度，不应小于 2.5mm。

1.4　钢筋的表示方法

1.4.1　钢筋的一般表示方法

（1）普通钢筋的一般表示方法见表 1-4。

5

普通钢筋 表 1-4

序号	名称	图例	说明
1	钢筋横断面	●	—
2	无弯钩的钢筋端部		下图表示长、短钢筋投影重叠时，短钢筋的端部用45°斜划线表示
3	带半圆形弯钩的钢筋端部		—
4	带直钩的钢筋端部		—
5	带丝扣的钢筋端部		—
6	无弯钩的钢筋搭接		—
7	带半圆弯钩的钢筋搭接		—
8	带直钩的钢筋搭接		—
9	花篮螺丝钢筋接头	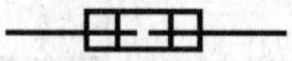	—
10	机械连接的钢筋接头		用文字说明机械连接的方式（或冷挤压或锥螺纹等）

（2）预应力钢筋的表示方法见表 1-5。

预应力钢筋 表 1-5

序号	名称	图例
1	预应力钢筋或钢绞线	
2	后张法预应力钢筋断面 无粘结预应力钢筋断面	
3	预应力钢筋断面	
4	张拉端锚具	
5	固定端锚具	
6	锚具的端视图	
7	可动连接件	
8	固定连接件	

（3）钢筋网片的表示方法见表 1-6。

钢筋网片 表 1-6

序号	名称	图例
1	一片钢筋网平面图	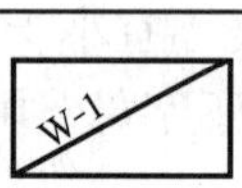 W-1
2	一行相同的钢筋网平面图	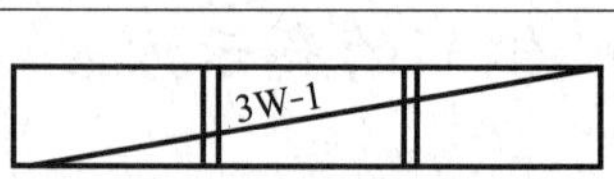 3W-1

注：用文字注明焊接网或绑扎网片。

（4）钢筋焊接接头的表示方法见表 1-7。

6

	钢筋的焊接接头		表 1-7
序号	名　称	接头形式	标注方法
1	单面焊接的钢筋接头		
2	双面焊接的钢筋接头		
3	用帮条单面焊接的钢筋接头	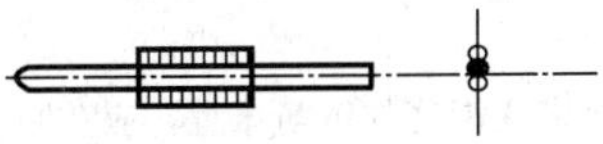	
4	用帮条双面焊接的钢筋接头	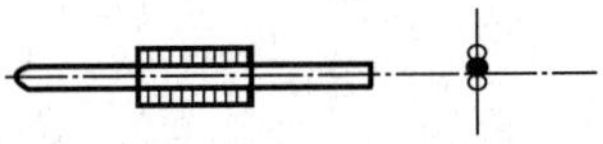	
5	接触对焊的钢筋接头（闪光焊、压力焊）		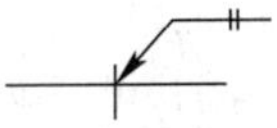
6	坡口平焊的钢筋接头	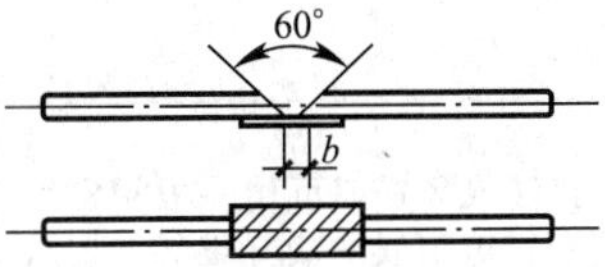	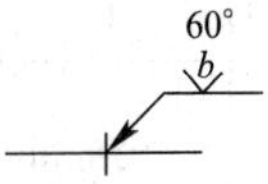
7	坡口立焊的钢筋接头	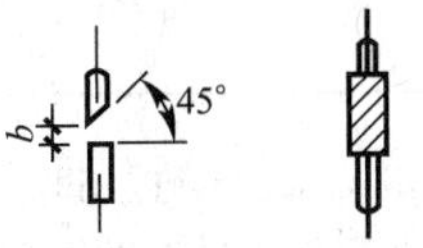	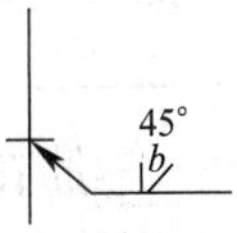
8	用角钢或扁钢做连接板焊接的钢筋接头	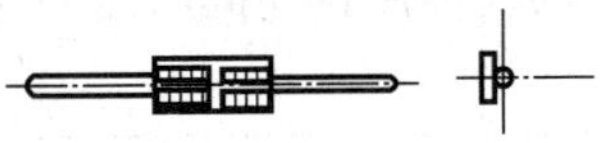	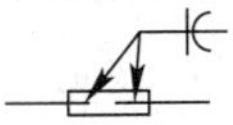
9	钢筋或螺（锚）栓与钢板穿孔塞焊的接头		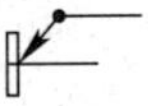

（5）钢筋的画法见表 1-8。

	钢筋画法	表 1-8
序号	说　明	图　例
1	在结构楼板中配置双层钢筋时，底层钢筋的弯钩应向上或向左，顶层钢筋的弯钩则向下或向右	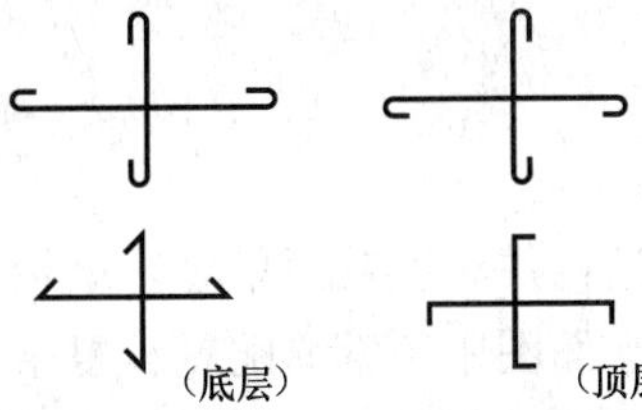 （底层）　　（顶层）

7

序号	说 明	图 例
2	钢筋混凝土墙体配双层钢筋时,在配筋立面图中,远面钢筋的弯钩应向上或向左,而近面钢筋的弯钩向下或向右(JM近面,YM远面)	
3	若在断面图中不能表达清楚的钢筋布置,应在断面图外增加钢筋大样图(如:钢筋混凝土墙、楼梯等)	
4	图中所表示的箍筋、环筋等若布置复杂时,可加画钢筋大样及说明	
5	每组相同的钢筋、箍筋或环筋,可用一根粗实线表示,同时用一两端带斜短划线的横穿细线,表示其钢筋及起止范围	

(6) 钢筋在平面、立面、剖(断)面中的表示方法应符合下列规定:

1) 钢筋在平面图中的配置应按图 1-7 所示的方法表示。当钢筋标注的位置不够时,可采用引出线标注。引出线标注钢筋的斜短划线应为中实线或细实线。

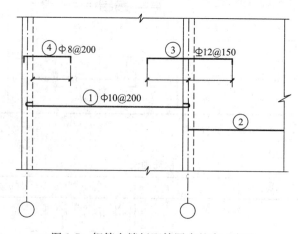

图 1-7　钢筋在楼板配筋图中的表示方法

2) 当构件布置较简单时,结构平面布置图可与板配筋平面图合并绘制。

3) 平面图中的钢筋配置较复杂时,可按表 1-8 及图 1-8 的方法绘制。

4) 钢筋在梁纵、横断面图中的配置,应按图 1-9 所示的方法表示。

8

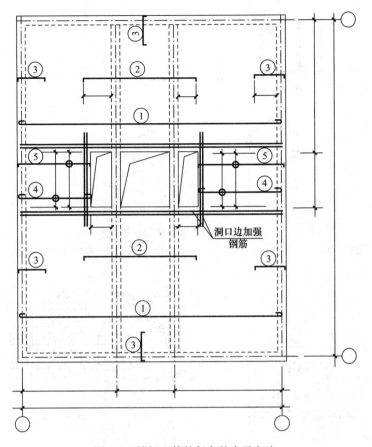

图 1-8　楼板配筋较复杂的表示方法

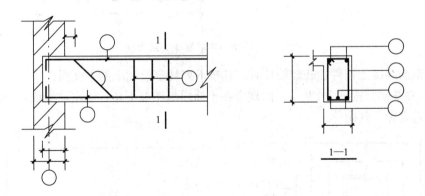

图 1-9　梁纵、横断面图中钢筋表示方法

5）构件配筋图中箍筋的长度尺寸，应指箍筋的里皮尺寸。弯起钢筋的高度尺寸应指钢筋的外皮尺寸（图 1-10）。

1.4.2　钢筋的简化表示方法

（1）当构件对称时，采用详图绘制构件中的钢筋网片可按图 1-11 的一半或 1/4 表示。

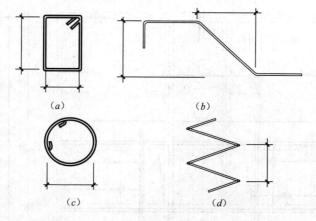

图 1-10 钢箍尺寸标注法

（a）箍筋尺寸标注图；（b）弯起钢筋尺寸标注图；（c）环形钢筋尺寸标注图；（d）螺旋钢筋尺寸标注图

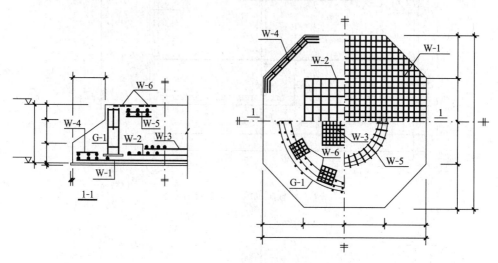

图 1-11 构件中钢筋简化表示方法

（2）钢筋混凝土构件配筋较简单时，宜按下列规定绘制配筋平面图：

1）独立基础宜按图 1-12（a）的规定在平面模板图左下角，绘出波浪线，绘出钢筋并标注钢筋的直径、间距等。

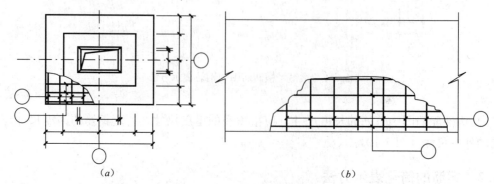

图 1-12 构件配筋简化表示方法

（a）独立基础；（b）其他构件

2）其他构件宜按图 1-12（b）的规定在某一部位绘出波浪线，绘出钢筋并标注钢筋的直径、间距等。

（3）对称的混凝土构件，宜按图 1-13 的规定在同一图样中一半表示模板，另一半表示配筋。

1.4.3 预埋件、预留孔洞的表示方法

（1）在混凝土构件上设置预埋件时，可按图 1-14 的规定在平面图或立面图上表示。引出线指向预埋件，并标注预埋件的代号。

（2）在混凝土构件的正、反面同一位置均设置相同的预埋件时，可按图 1-15 的规定引出线为一条实线和一条虚线并指向预埋件，同时在引出横线上标注预埋件的数量及代号。

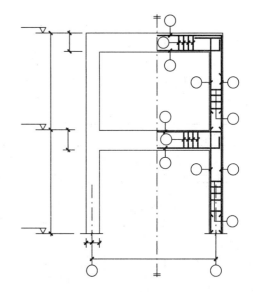

图 1-13　构件配筋简化表示方法

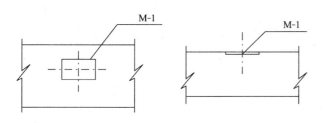

图 1-14　预埋件的表示方法

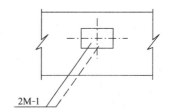

图 1-15　同一位置正、反面预埋件相同的表示方法

（3）在混凝土构件的正、反面同一位置设置编号不同的预埋件时，可按图 1-16 的规定引一条实线和一条虚线并指向预埋件。引出横线上标注正面预埋件代号，引出横线下标注反面预埋件代号。

（4）在构件上设置预留孔、洞或预埋套管时，可按图 1-17 的规定在平面或断面图中表示。引出线指向预留（埋）位置，引出横线上方标注预留孔、洞的尺寸，预埋套管的外径。横线下方标注孔、洞（套管）的中心标高或底标高。

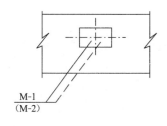

图 1-16　同一位置正、反面预埋件不相同的表示方法

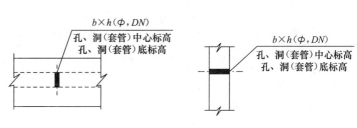

图 1-17　预留孔、洞及预埋套管的表示方法

11

1.5 常用型钢的图例符号

常用型钢的标注方法见表1-9。

常用型钢的标注方法   表 1-9

序号	名　称	截　面	标　注	说　明
1	等边角钢		$b \times t$	b 为肢宽 t 为肢厚
2	不等边角钢	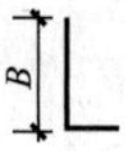 B	$B \times b \times t$	B 为长肢宽 b 为短肢宽 t 为肢厚
3	工字钢		N　QN	轻型工字钢加注 Q 字
4	槽钢	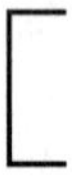	N　QN	轻型槽钢加注 Q 字
5	方钢	 b	b	—
6	扁钢	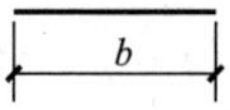 b	$b \times t$	—
7	钢板		$\dfrac{-b \times t}{L}$	宽×厚 板长
8	圆钢		ϕd	—
9	钢管	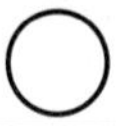	$\phi d \times t$	d 为外径 t 为壁厚
10	薄壁方钢管	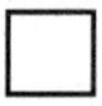	B $b \times t$	薄壁型钢加注 B 字 t 为壁厚
11	薄臂等肢角钢		B $b \times t$	
12	薄壁等肢卷边角钢	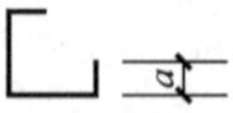 a	B $b \times a \times t$	
13	薄壁槽钢	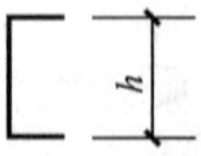 h	B $h \times b \times t$	
14	薄壁卷边槽钢	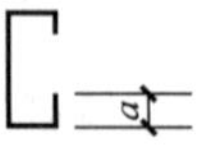 a	B $h \times b \times a \times t$	
15	薄壁卷边 Z 型钢	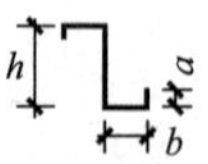 h　a b	B $h \times b \times a \times t$	

12

序号	名　称	截　面	标　注	说　明
16	T 型钢	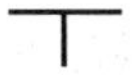 T	TW×× TM×× TN××	TW 为宽翼缘 T 型钢 TM 为中翼缘 T 型钢 TN 为窄翼缘 T 型钢
17	H 型钢	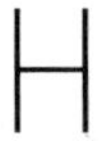 H	HW×× HM×× HN××	HW 为宽翼缘 H 型钢 HM 为中翼缘 H 型钢 HN 为窄翼缘 H 型钢
18	起重机钢轨		QU××	详细说明产品规格型号
19	轻轨及钢轨		××kg/m钢轨	

1.6　螺栓、孔和电焊铆钉的表示方法

螺栓、孔、电焊铆钉的表示方法应符合表 1-10 中的规定。

螺栓、孔、电焊铆钉的表示方法　　　　　　　　　　　表 1-10

序号	名　称	图　例	说　明
1	永久螺栓	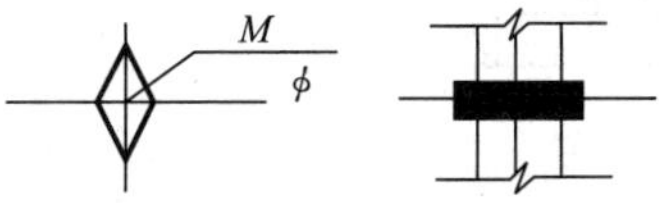 $\frac{M}{\phi}$	
2	高强螺栓	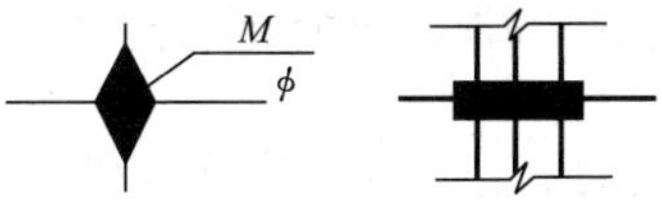 $\frac{M}{\phi}$	
3	安装螺栓	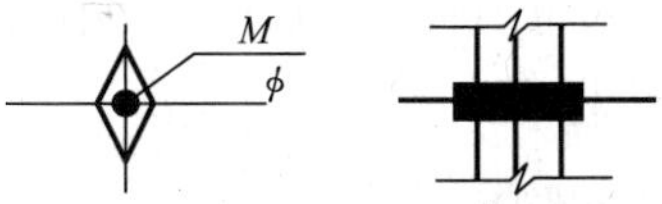 $\frac{M}{\phi}$	1. 细"+"线表示定位线 2. M 表示螺栓型号 3. ϕ 表示螺栓孔直径 4. d 表示膨胀螺栓、电焊铆钉直径 5. 采用引出线标注螺栓时，横线上标注螺栓规格，横线下标注螺栓孔直径
4	膨胀螺栓	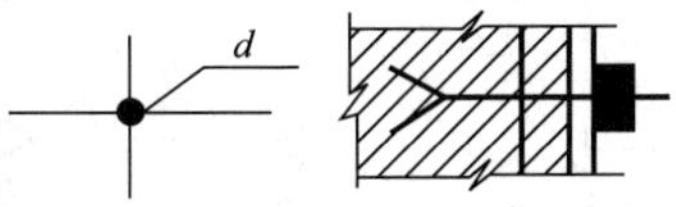 d	
5	圆形螺栓孔	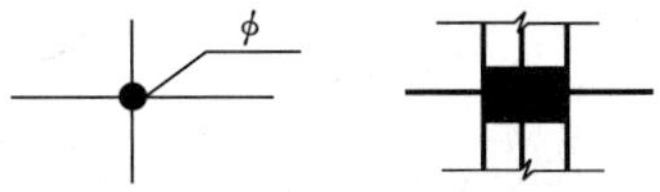 ϕ	
6	长圆形螺栓孔	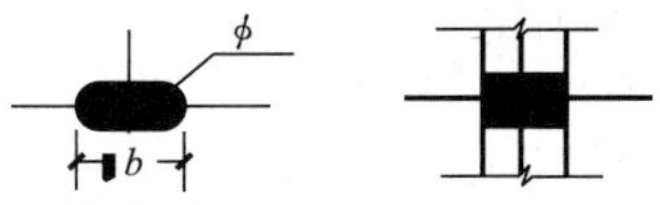 ϕ b	
7	电焊铆钉	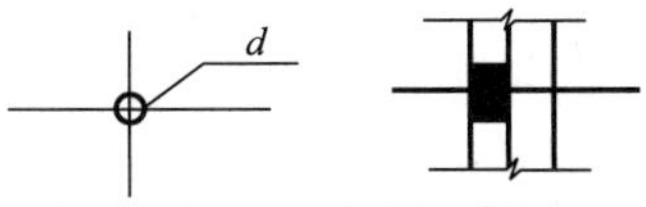 d	

13

1.7　常用焊缝表示方法图例符号

（1）焊接钢构件的焊缝除应按现行的国家标准《焊缝符号表示法》GB/T 324—2008有关规定执行外，还应符合本部分的各项规定。

（2）单面焊缝的标注方法应符合下列规定：

1）当箭头指向焊缝所在的一面时，应将图形符号和尺寸标注在横线的上方（图 1-18a）。当箭头指向焊缝所在另一面（相对应的那面）时，应按图 1-18（b）的规定执行，将图形符号和尺寸标注在横线的下方。

2）表示环绕工作件周围的焊缝时，应按图 1-18（c）的规定执行，其围焊焊缝符号为圆圈，绘在引出线的转折处，并标注焊角尺寸 K。

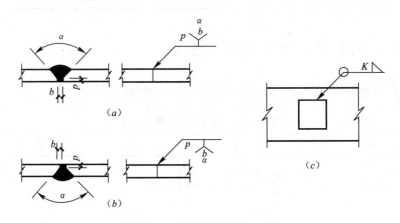

图 1-18　单面焊缝的标注方法

（3）双面焊缝的标注，应在横线的上、下都标注符号和尺寸。上方表示箭头一面的符号和尺寸，下方表示另一面的符号和尺寸（图 1-19a）；当两面的焊缝尺寸相同时，只需在横线上方标注焊缝的符号和尺寸（图 1-19b、c、d）。

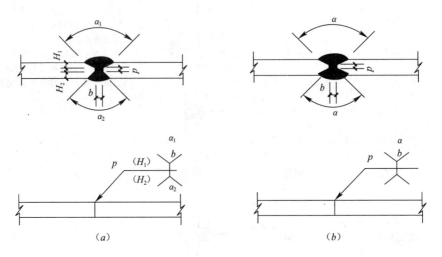

图 1-19　双面焊缝的标注方法（一）

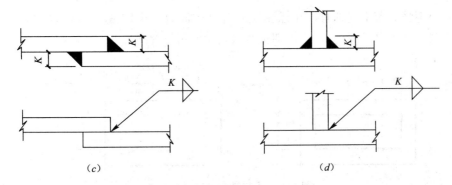

图 1-19 双面焊缝的标注方法（二）

（4）3个和3个以上的焊件相互焊接的焊缝，不得作为双面焊缝标注。其焊缝符号和尺寸应分别标注（图1-20）。

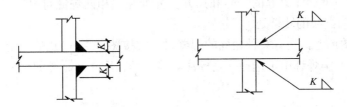

图 1-20 3个以上焊件的焊缝标注方法

（5）相互焊接的两个焊件中，当只有一个焊件带坡口时（如单面 V 形），引出线箭头必须指向带坡口的焊件（图1-21）。

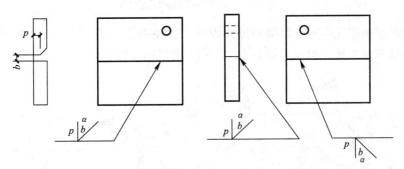

图 1-21 一个焊件带坡口的焊缝标注方法

（6）相互焊接的2个焊件，当为单面带双边不对称坡口焊缝时，应按图1-22的规定，引出线箭头应指向较大坡口的焊件。

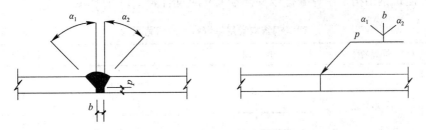

图 1-22 不对称坡口焊缝的标注方法

（7）当焊缝分布不规则时，在标注焊缝符号的同时，可按图 1-23 的规定，宜在焊缝处加中实线（表示可见焊缝），或加细栅线（表示不可见焊缝）。

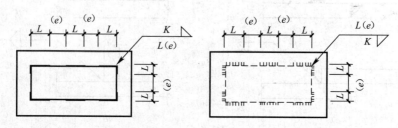

图 1-23　不规则焊缝的标注方法

（8）相同焊缝符号应按下列方法表示：

1）在同一图形上，当焊缝形式、断面尺寸和辅助要求均相同时，应按图 1-24（a）的规定，可只选择一处标注焊缝的符号和尺寸，并加注"相同焊缝符号"，相同焊缝符号为 3/4 圆弧，绘在引出线的转折处。

2）在同一图形上，当有数种相同的焊缝时，宜按图 1-24（b）的规定，可将焊缝分类编号标注。在同一类焊缝中可选择一处标注焊缝符号和尺寸。分类编号采用大写的拉丁字母 A、B、C。

图 1-24　相同焊缝的标注方法

（9）需要在施工现场进行焊接的焊件焊缝，应按图 1-25 的规定标注"现场焊缝"符号。现场焊缝符号为涂黑的三角形旗号，绘在引出线的转折处。

图 1-25　现场焊缝的表示方法

（10）当需要标注的焊缝能够用文字表述清楚时，也可采用文字表达的方式。

（11）建筑钢结构常用焊缝符号及符号尺寸应符合表 1-11 的规定。

建筑钢结构常用焊缝符号及符号尺寸　　　　　　　　表 1-11

序　号	焊缝名称	形　式	标注法	符号尺寸/mm
1	V 形焊缝			

序 号	焊缝名称	形 式	标注法	符号尺寸/mm
2	单边 V 形焊缝	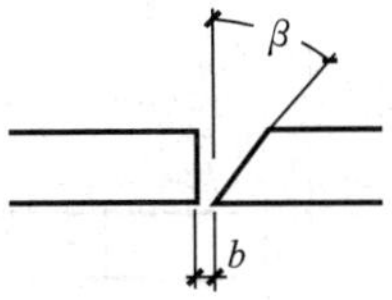	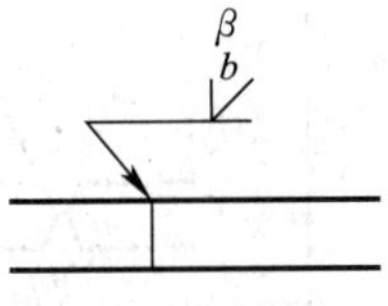 注:箭头指向剖口	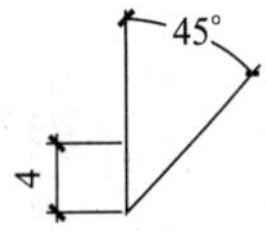
3	带钝边单边 V 形焊缝	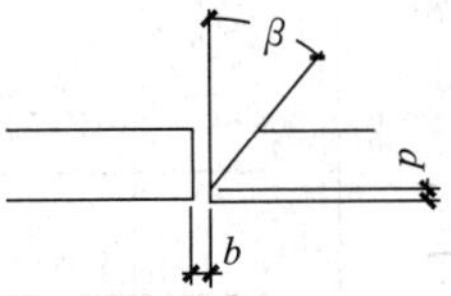	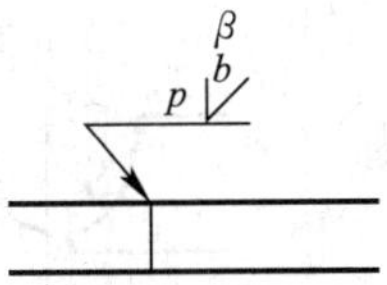	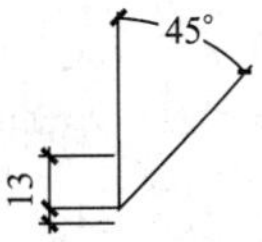
4	带垫板带钝边单边 V 形焊缝	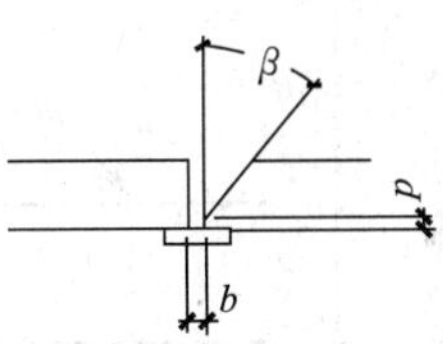	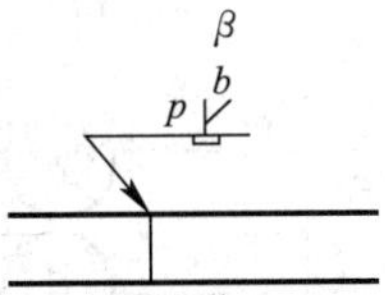 注:箭头指向剖口	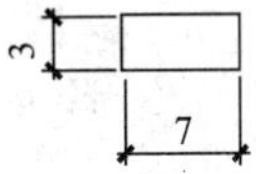
5	带垫板 V 形焊缝	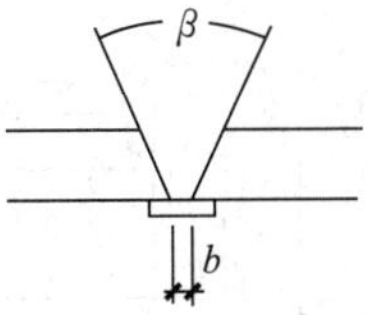	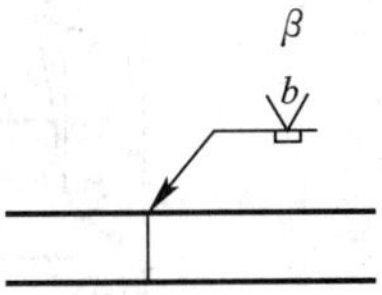	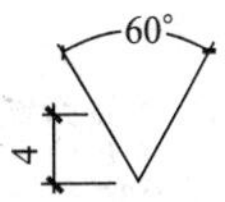
6	Y 形焊缝	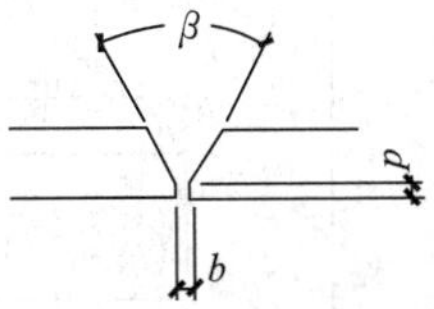	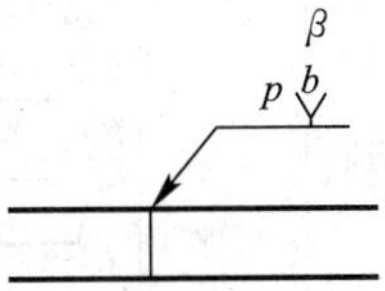	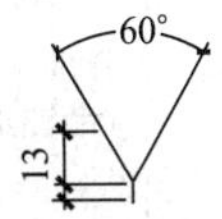
7	带垫板 Y 形焊缝	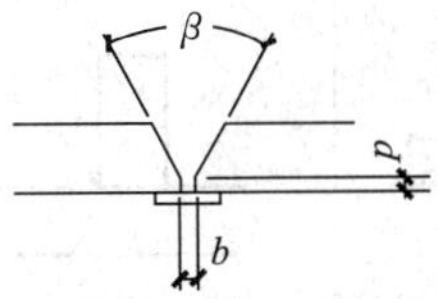	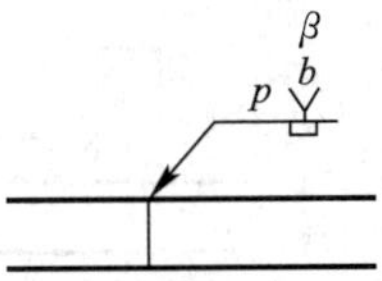	—
8	双单边 V 形焊缝	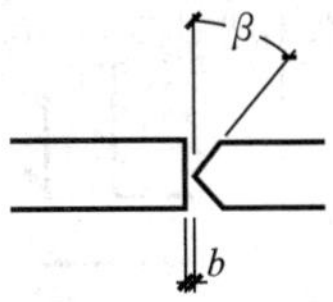	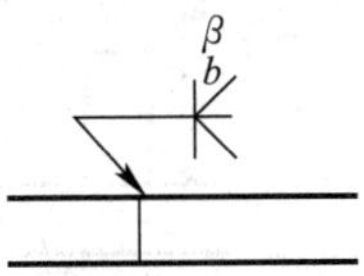	—

序　号	焊缝名称	形　式	标注法	符号尺寸/mm
9	双 V 形焊缝	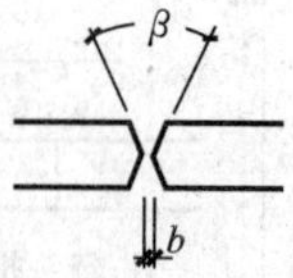	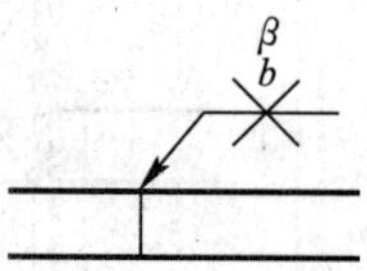	—
10	带钝边 U 形焊缝	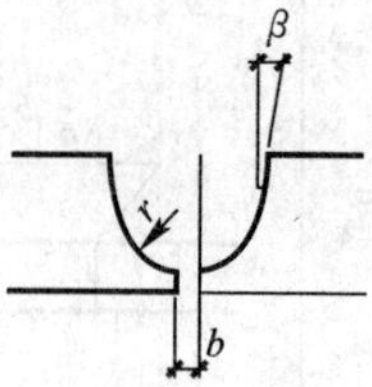	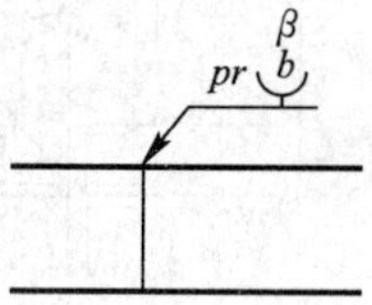	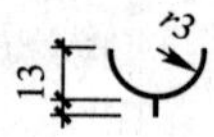
11	带钝边双 U 形焊缝	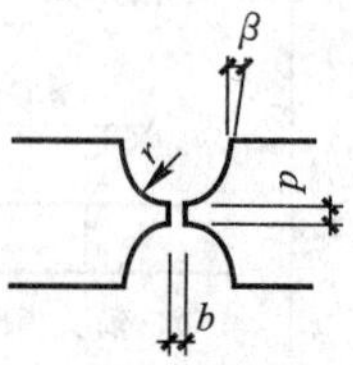	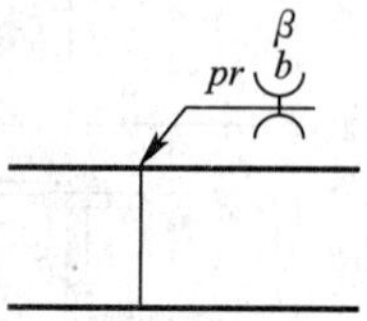	—
12	带钝边 J 形焊缝	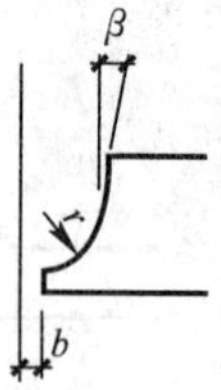	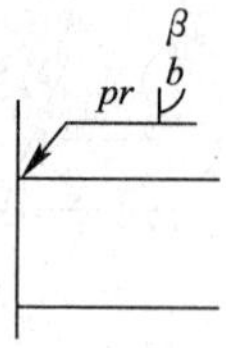	
13	带钝边双 J 形焊缝	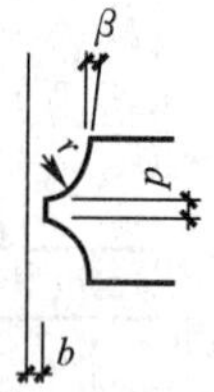	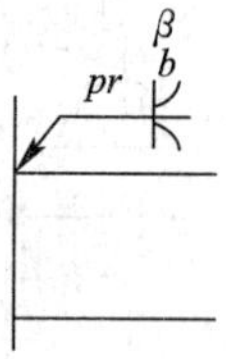	—
14	角焊缝	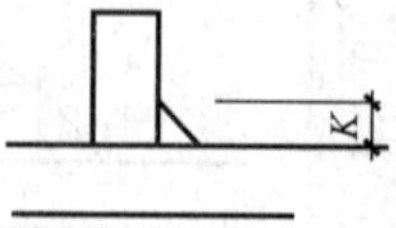	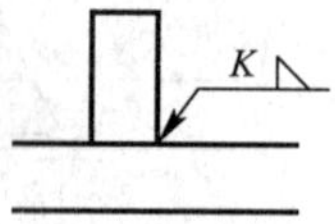	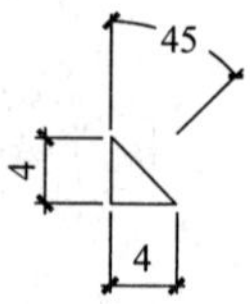
15	双面角焊缝	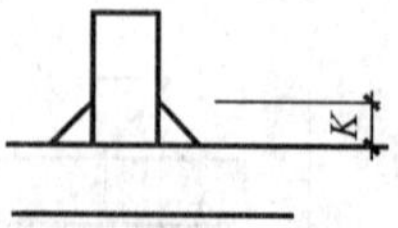	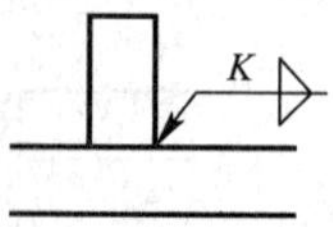	—

序　号	焊缝名称	形　式	标注法	符号尺寸/mm
16	剖口角焊缝			
17	喇叭形焊缝			
18	双面半喇叭形焊缝			
19	塞焊			

1.8　钢结构焊接接头坡口形式

（1）各种焊接方法及接头坡口形式、尺寸、代号和标记应符合下列规定：

1）焊接焊透种类代号应符合表1-12的规定。

焊接焊透种类代号 表1-12

代　号	焊接方法	焊透种类
MC	焊条电弧焊	完全焊透
MP		部分焊透
GC	气体保护电弧焊药芯焊丝自保护焊	完全焊透
GP		部分焊透
SC	埋弧焊	完全焊透
SP		部分焊透
SL	电渣焊	完全焊透

2）单、双面焊接及衬垫种类代号应符合表 1-13 的规定。

单、双面焊接及衬垫种类代号 表 1-13

反面衬垫种类		单、双面焊接	
代号	使用材料	代号	单、双焊接面规定
BS	钢衬垫	1	单面焊接
BF	其他材料的衬垫	2	双面焊接

3）坡口各部分尺寸代号应符合表 1-14 的规定。

坡口各部分的尺寸代号 表 1-14

代　号	代表的坡口各部分尺寸
t	接缝部位的板厚（mm）
b	坡口根部间隙或部件间隙（mm）
h	坡口深度（mm）
p	坡口钝边（mm）
α	坡口角度（°）

4）焊接接头坡口形式和尺寸的标记应符合下列规定：

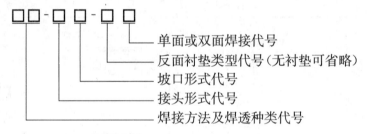

标记示例：焊条电弧焊、完全焊透、对接、I 形坡口、背面加钢衬垫的单面焊接接头表示为 MC-BI-BS1。

（2）焊条电弧焊全焊透坡口形式和尺寸宜符合表 1-15 的要求。

焊条电弧焊全焊透坡口形式和尺寸 表 1-15

序号	标　记	坡口形状示意图	板厚（mm）	焊接位置	坡口尺寸（mm）	备注
1	MC-BI-2 MC-TI-2 MC-CI-2		3~6	F H V O	$b=\dfrac{t}{2}$	清根

序号	标 记	坡口形状示意图	板厚（mm）	焊接位置	坡口尺寸（mm）		备注
2	MC-BI-B1 MC-CI-B1	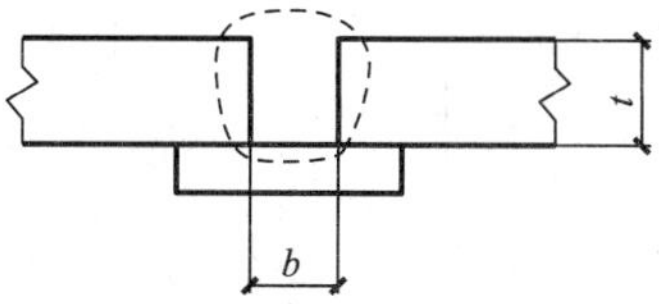	3～6	F H V O	$b=t$		
3	MC-BV-2 MC-CV-2	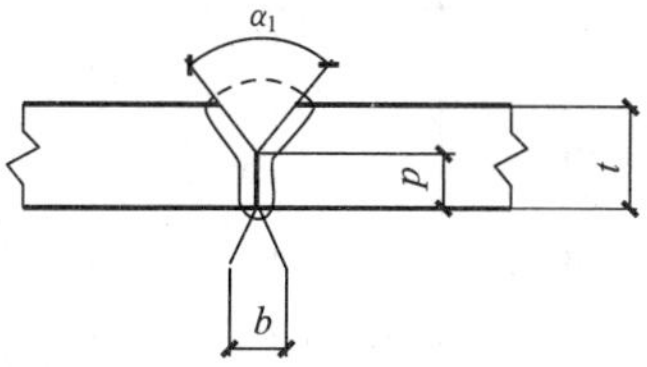	≥6	F H V O	$b=0～3$ $p=0～3$ $\alpha_1=60°$		清根
4	MC-BV-B1 （≥6） MC-CV-B1 （≥12）		≥6 ≥12	F，H V，O	b	α_1	
					6	45°	
				F，V O	10	30°	
					13	20°	
					$p=0～2$		
				F，H V，O	b	α_1	
					6	45°	
				F，V O	10	30°	
					13	20°	
					$p=0～2$		

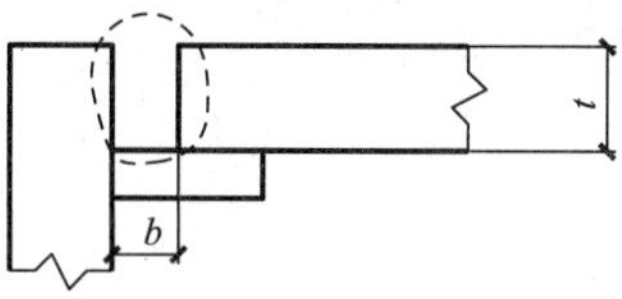

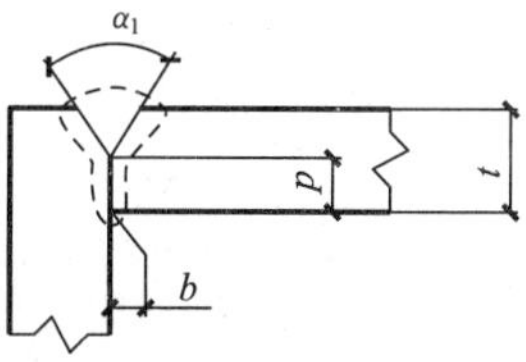

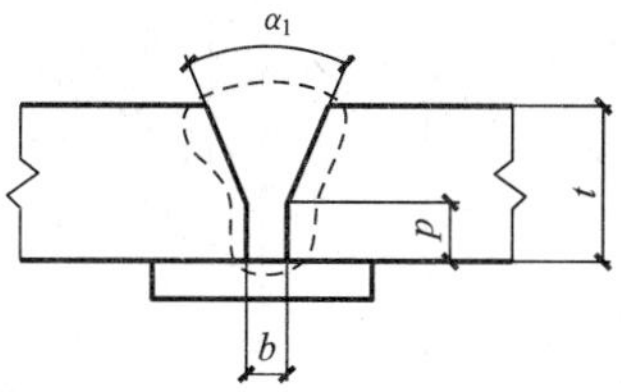

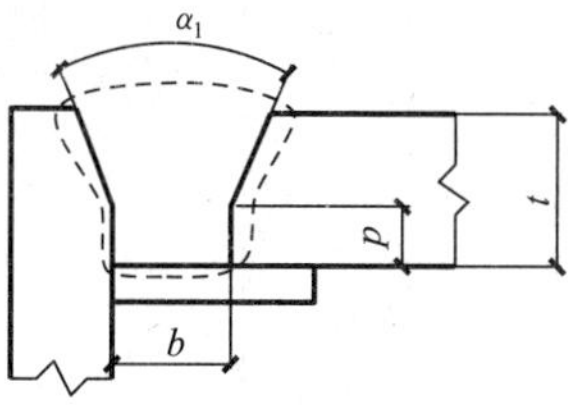

序号	标记	坡口形状示意图	板厚 (mm)	焊接位置	坡口尺寸 (mm)		备注
5	MC-BL-2		≥6	F H V O	$b=0\sim3$ $p=0\sim3$ $\alpha_1=45°$		清根
	MC-TL-2						
	MC-CL-2						
6	MC-BL-B1		≥6	F H V O	b	α_1	
	MC-TL-B1			F, H V, O (F, V, O)	6	45°	
					(10)	(30°)	
	MC-CL-B1			F, H V, O (F, V, O)	$p=0\sim2$		
7	MC-BX-2		≥16	F H V O	$b=0\sim3$ $H_1=\dfrac{2}{3}(t-p)$ $p=0\sim3$ $H_2=\dfrac{1}{3}(t-p)$ $\alpha_1=15°$ $\alpha_2=60°$		清根

22

序号	标记	坡口形状示意图	板厚(mm)	焊接位置	坡口尺寸（mm）	备注
8	MC-BK-2 MC-TK-2 MC-CK-2	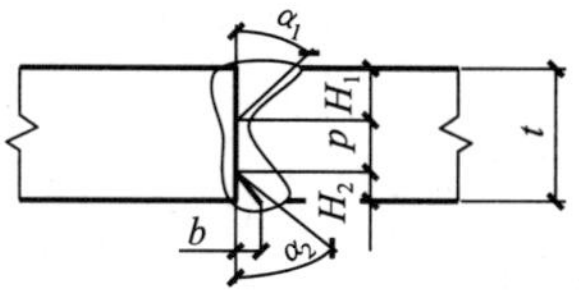 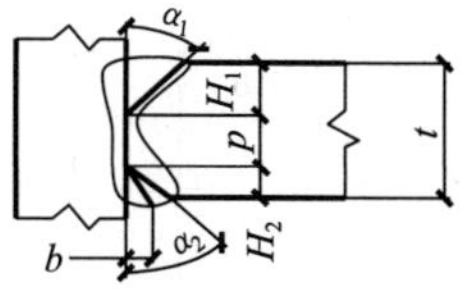 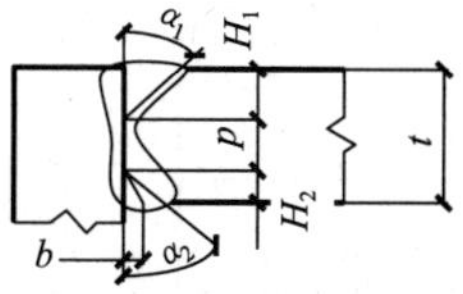	≥16	F H V O	$b=0\sim3$ $H_1=\dfrac{2}{3}(t-p)$ $p=0\sim3$ $H_2=\dfrac{1}{3}(t-p)$ $\alpha_1=15°$ $\alpha_2=60°$	清根

（3）气体保护焊、自保护焊全焊透坡口形式和尺寸宜符合表 1-16 的要求。

气体保护焊、自保护焊全焊透坡口形式和尺寸　　　　　表 1-16

序号	标记	坡口形状示意图	板厚(mm)	焊接位置	坡口尺寸（mm）	备注
1	GC-BI-2 GC-TI-2 GC-CI-2	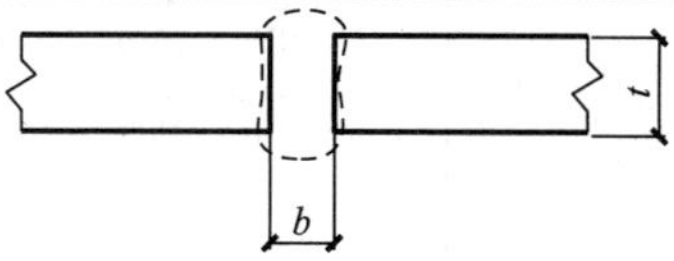 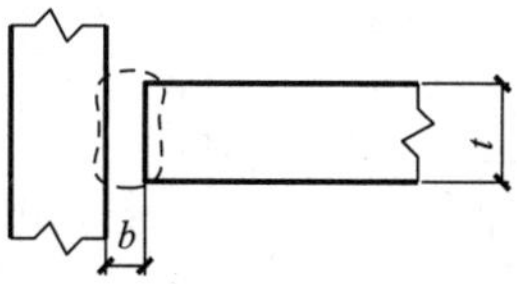 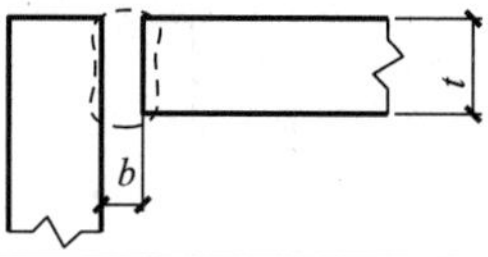	3～8	F H V O	$b=0\sim3$	清根
2	GC-BI-B1 GC-GI-B1	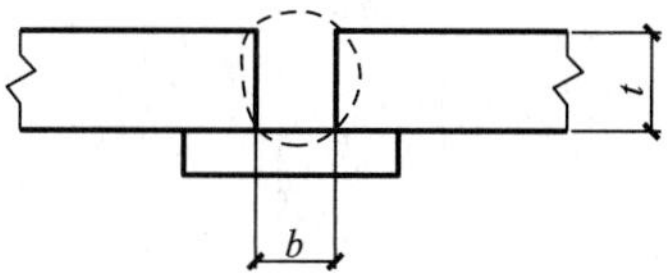 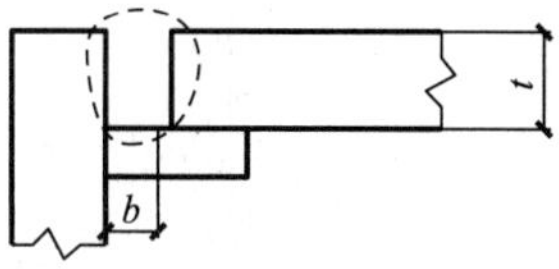	6～10	F H V O	$b=t$	

序号	标　记	坡口形状示意图	板厚（mm）	焊接位置	坡口尺寸（mm）		备注
3	GC-BV-2 GC-GV-2		≥6	F H V O	$b=0\sim3$ $p=0\sim3$ $\alpha_1=60°$		清根
4	GC-BV-B1 GC-CV-B1		≥6 ≥12	F V O	b $\quad\alpha_1$ 6 $\quad$ 45° 10 $\quad$ 30° $p=0\sim2$		
5	GC-BL-2 GC-TL-2 GC-CL-2	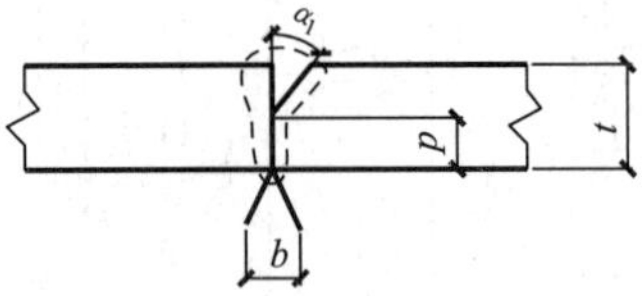	≥6	F H V O	$b=0\sim3$ $p=0\sim3$ $\alpha_1=45°$		清根

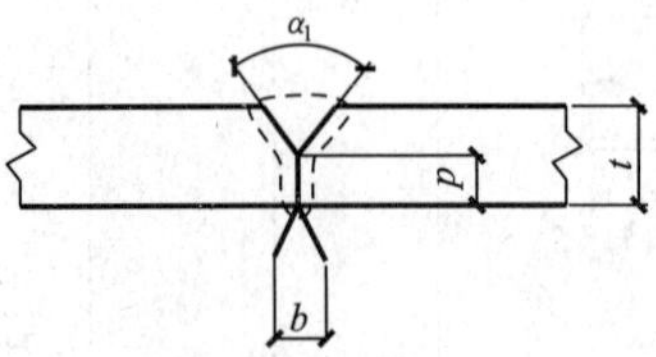

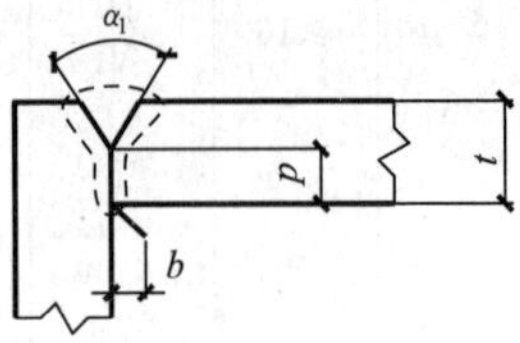

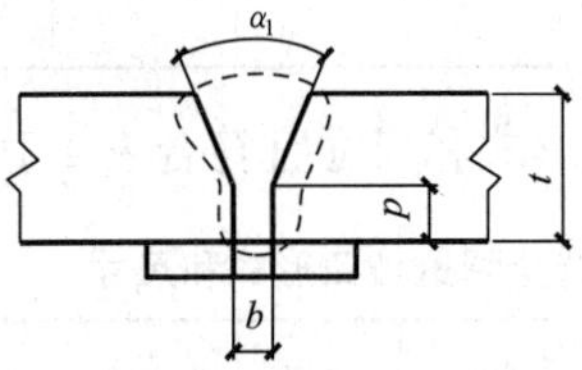

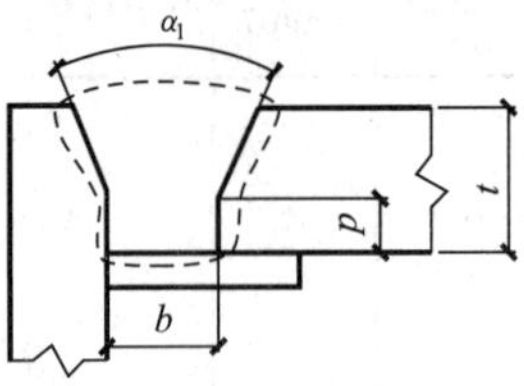

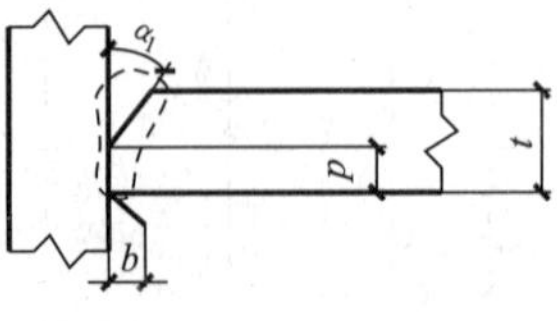

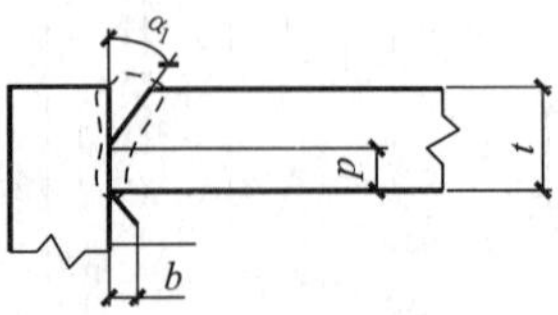

序号	标 记	坡口形状示意图	板厚 (mm)	焊接位置	坡口尺寸（mm）		备注
6	GC-BL-B1			F，H V，O	b	α_1	
					6	45°	
				（F）	（10）	（30°）	
	GC-TL-B1	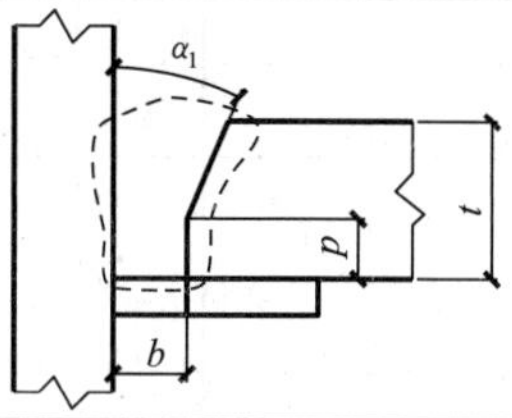	≥6		$p=0\sim2$		
	GC-CL-B1						
7	GC-BX-2	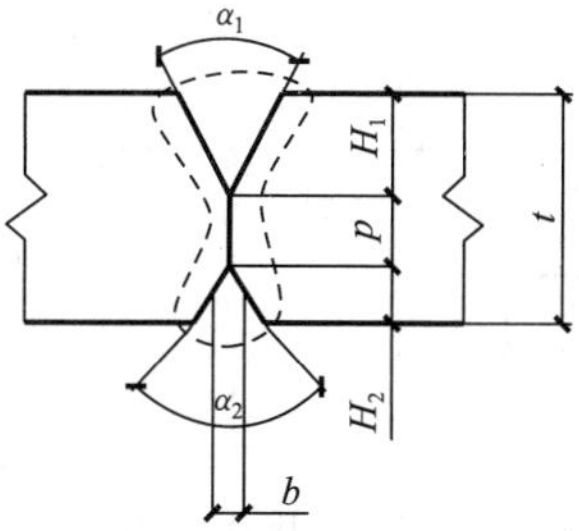	≥16	F H V O	$b=0\sim3$ $H_1=\dfrac{2}{3}(t-p)$ $p=0\sim3$ $H_2=\dfrac{1}{3}(t-p)$ $\alpha_1=45°$ $\alpha_2=60°$		清根
8	GC-BK-2	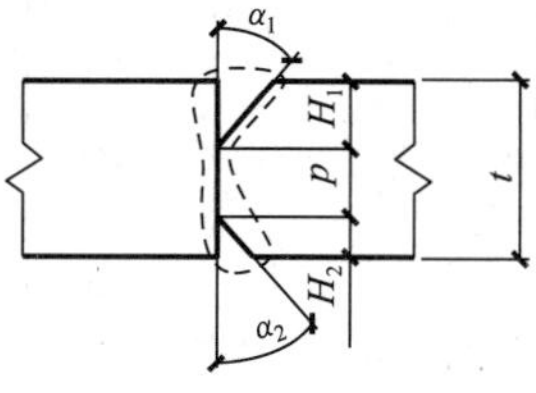	≥16	F H V O	$b=0\sim3$ $H_1=\dfrac{2}{3}(t-p)$ $p=0\sim3$ $H_2=\dfrac{1}{3}(t-p)$ $\alpha_1=45°$ $\alpha_2=60°$		清根
	GC-TK-2						
	GC-CK-2						

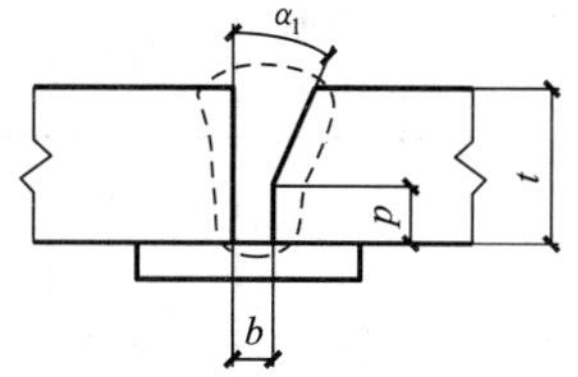

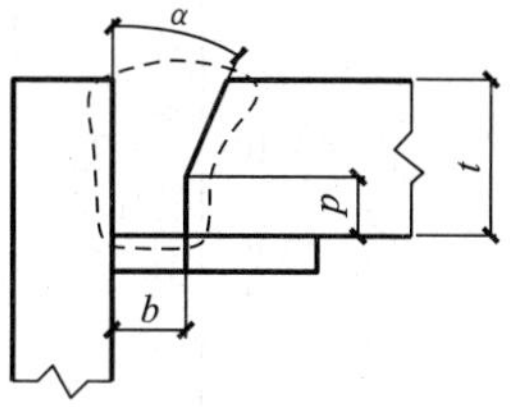

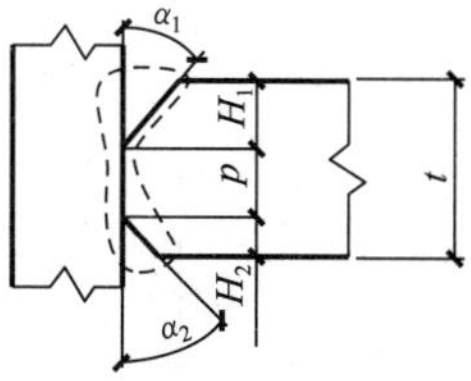

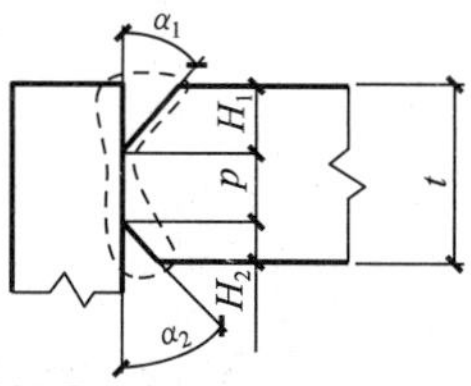

（4）埋弧焊全焊透坡口形式和尺寸宜符合表 1-17 要求。

埋弧焊全焊透坡口形式和尺寸　　　　　　　　　　　　表 1-17

序号	标 记	坡口形状示意图	板厚（mm）	焊接位置	坡口尺寸（mm）	备注
1	SC-BI-2		6～12	F		
	SC-TI-2		6～10	F	$b=0$	清根
	SC-CI-2					
2	SC-BI-B1		6～10	F	$b=t$	
	SC-CI-B1					
3	SC-BV-2		≥12	F	$b=0$ $H_1=t-p$ $p=6$ $\alpha_1=60°$	清根
	SC-CV-2		≥10	F	$b=0$ $p=6$ $\alpha_1=60°$	清根

26

序号	标 记	坡口形状示意图	板厚 (mm)	焊接位置	坡口尺寸（mm）	备注
4	SC-BV-B1	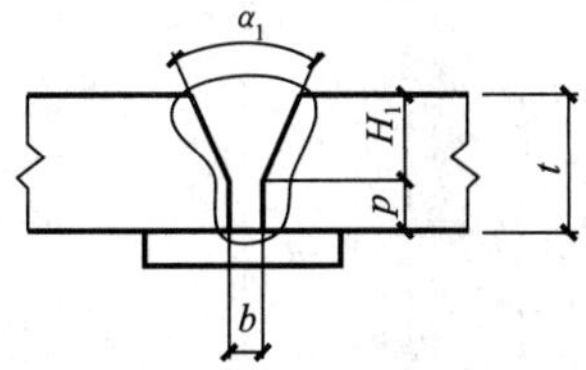	≥10	F	$b=8$ $H_1=t-p$ $p=2$ $\alpha_1=30°$	
	SC-CV-B1	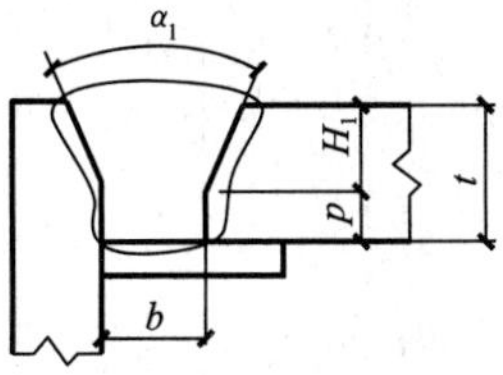				
5	SC-BL-2	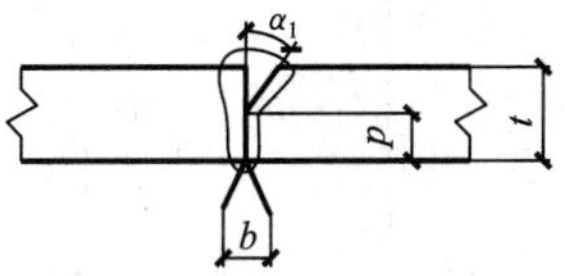	≥12	F	$b=0$ $H_1=t-p$ $p=6$ $\alpha_1=55°$	清根
		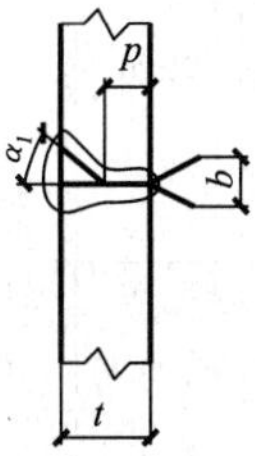	≥10	H		
	SC-TL-2	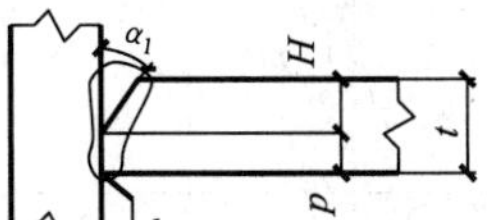	≥8	F	$b=0$ $H_1=t-p$ $p=6$ $\alpha_1=60°$	清根
	SC-CL-2	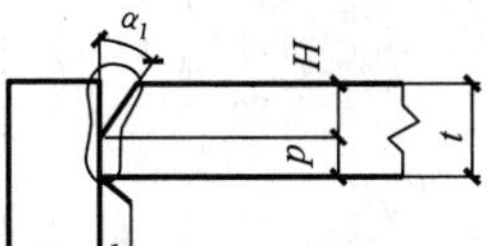	≥8	F	$b=0$ $H_1=t-p$ $p=6$ $\alpha_1=55°$	

序号	标 记	坡口形状示意图	板厚 (mm)	焊接位置	坡口尺寸 (mm)		备注
6	SC-BL-B1		≥10	F	b	α_1	
	SC-TL-B1				6	45°	
					10	30°	
	SC-CL-B1				$p=2$		
7	SC-BX-2	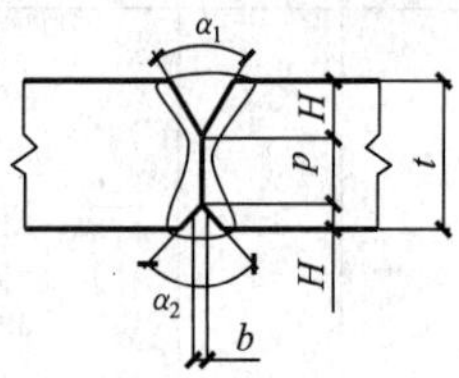	≥20	F	$b=0$ $H_1=\dfrac{2}{3}(t-p)$ $p=6$ $H_2=\dfrac{1}{3}(t-p)$ $\alpha_1=45°$ $\alpha_2=60°$		清根
8	SC-BK-2	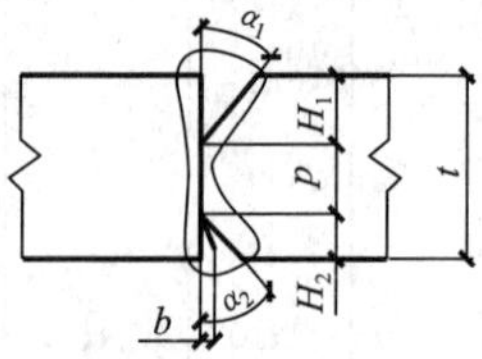	≥20	F	$b=0$ $H_1=\dfrac{2}{3}(t-p)$ $p=5$ $H_2=\dfrac{1}{3}(t-p)$ $\alpha_1=45°$ $\alpha_2=60°$		清根
		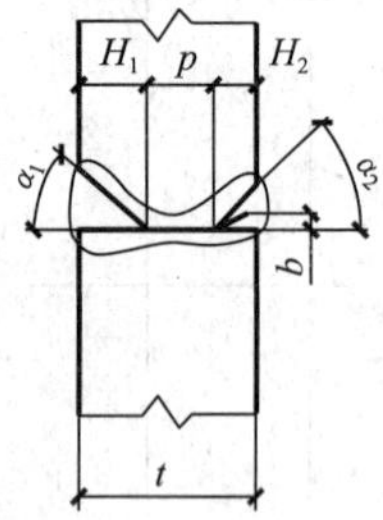	≥12	H			
	SC-TK-2	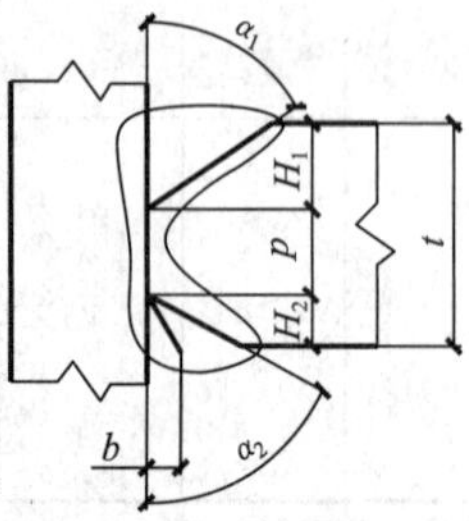	≥20	F	$b=0$ $H_1=\dfrac{2}{3}(t-p)$ $p=5$ $H_2=\dfrac{1}{3}(t-p)$ $\alpha_1=45°$ $\alpha_2=60°$		清根

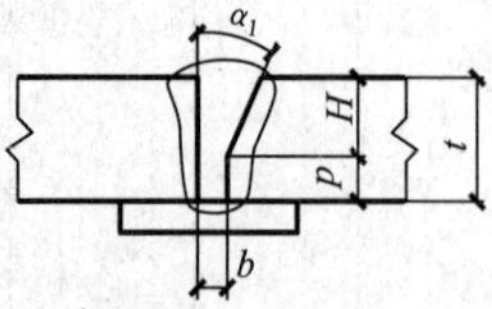

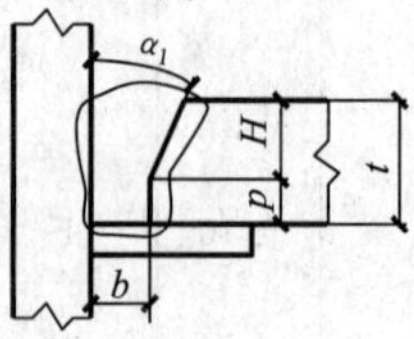

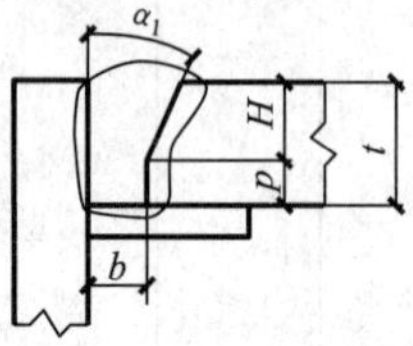

序号	标 记	坡口形状示意图	板厚 (mm)	焊接位置	坡口尺寸（mm）	备注
8	SC-CK-2	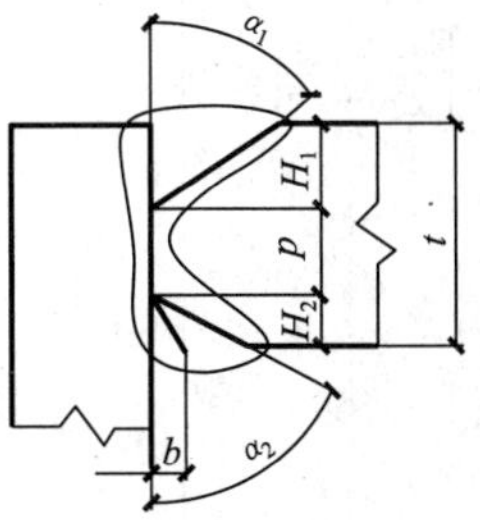	≥20	F	$b=0$ $H_1=\dfrac{2}{3}(t-p)$ $p=5$ $H_2=\dfrac{1}{3}(t-p)$ $\alpha_1=45°$ $\alpha_2=60°$	清根

（5）焊条电弧焊部分焊透坡口形式和尺寸宜符合表 1-18 的要求。

焊条电弧焊部分焊透坡口形式和尺寸   表 1-18

序号	标 记	坡口形状示意图	板厚 (mm)	焊接位置	坡口尺寸（mm）	备注
1	MP-BI-1 MP-CI-1	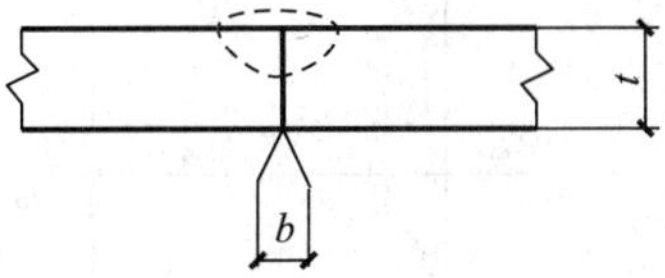 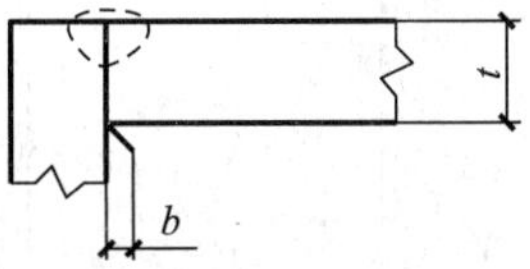	3～6	F H V O	$b=0$	
2	MP-BI-2	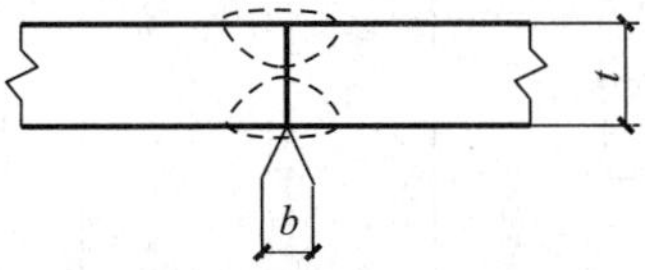	3～6	FH VO	$b=0$	
	MP-CI-2	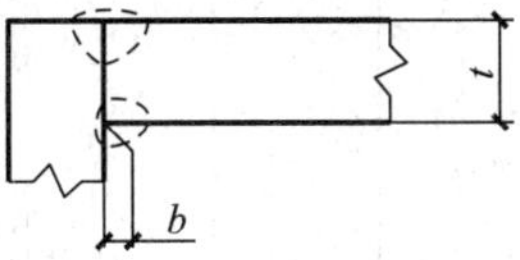	6～10	FH VO	$b=0$	

序号	标 记	坡口形状示意图	板厚 (mm)	焊接位置	坡口尺寸（mm）	备注
3	MP-BV-1	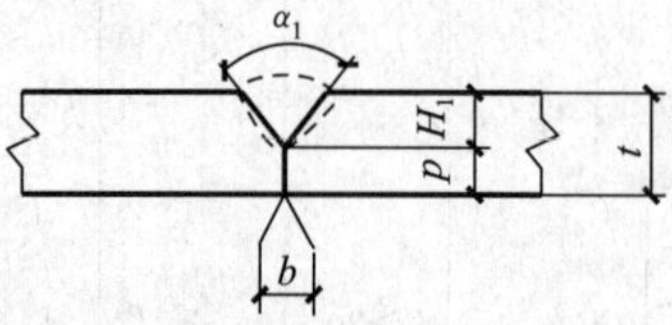	≥6	F H V O	$b=0$ $H_1 \geqslant 2\sqrt{t}$ $p=t-H_1$ $\alpha_1=60°$	
	MP-BV-2	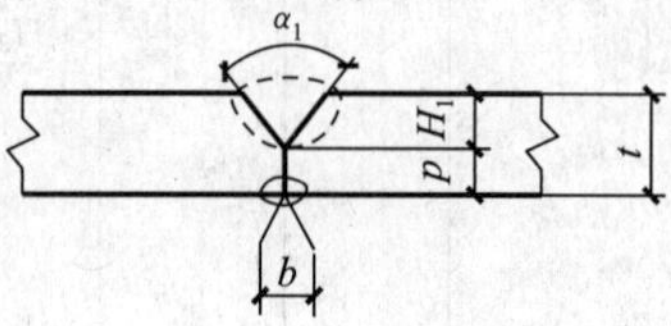				
	MP-CV-1	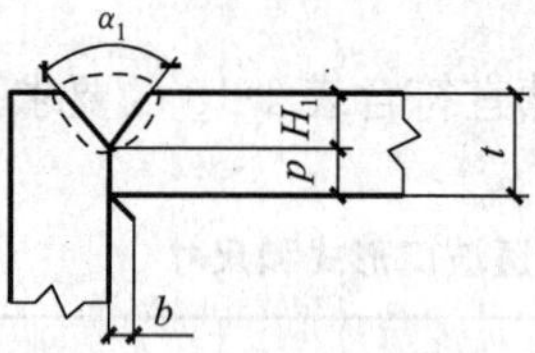				
	MP-CV-2	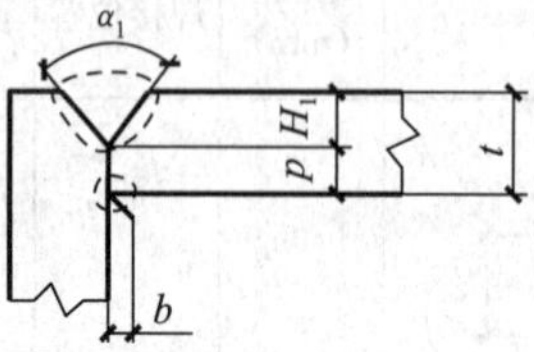				
4	MP-BL-1	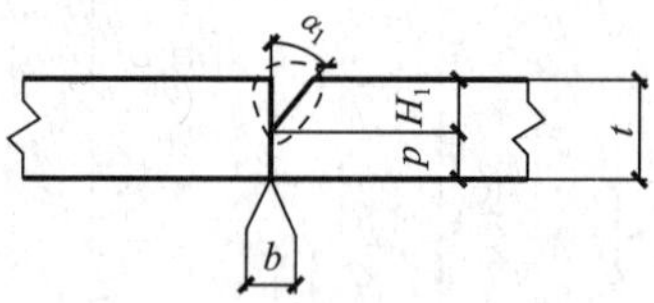	≥6	F H V O	$b=0$ $H_1 \geqslant 2\sqrt{t}$ $p=t-H_1$ $\alpha_1=45°$	
	MP-BL-2	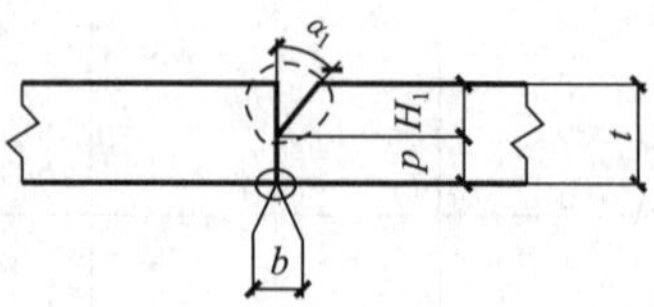				
	MP-CL-1	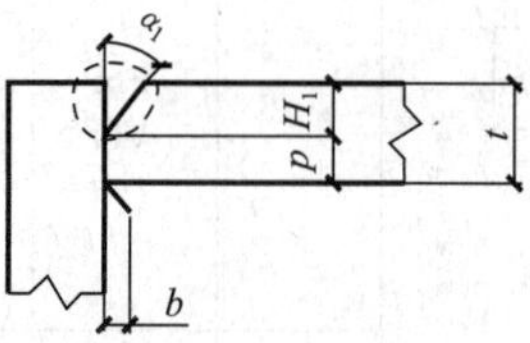				
	MP-CL-2	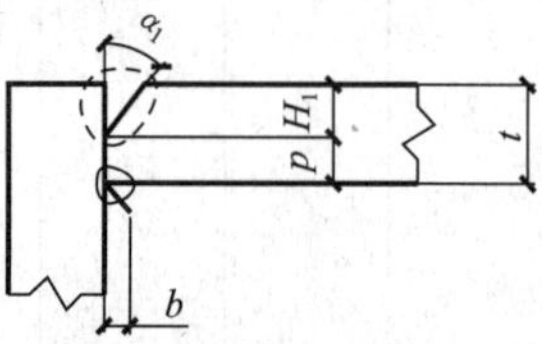				

30

序号	标记	坡口形状示意图	板厚 (mm)	焊接位置	坡口尺寸（mm）	备注
5	MP-TL-1 MP-TL-2	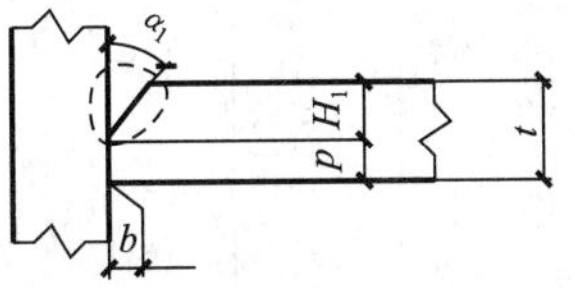	≥10	F H V O	$b=0$ $H_1 \geqslant 2\sqrt{t}$ $p=t-H_1$ $\alpha_1=45°$	
6	MP-BX-2	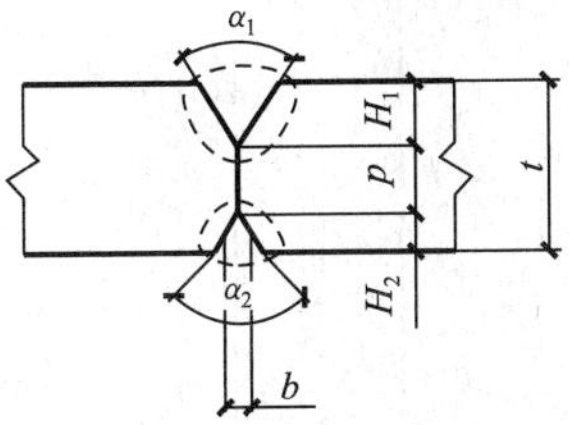	≥25	F H V O	$b=0$ $H_1 \geqslant 2\sqrt{t}$ $p=t-H_1-H_2$ $H_2 \geqslant 2\sqrt{t}$ $\alpha_1=60°$ $\alpha_2=60°$	
7	MP-BK-2 MP-TK-2 MP-CK-2	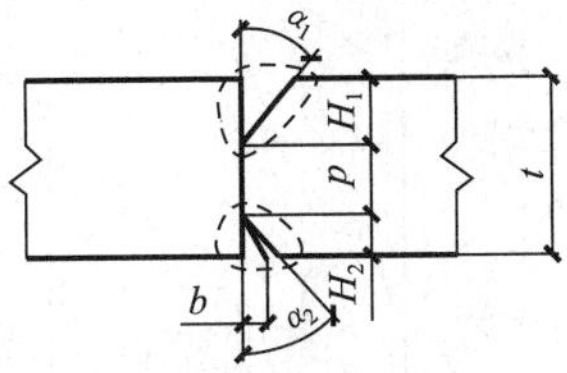	≥25	F H V O	$b=0$ $H_1 \geqslant 2\sqrt{t}$ $p=t-H_1-H_2$ $H_2 \geqslant 2\sqrt{t}$ $\alpha_1=45°$ $\alpha_2=45°$	

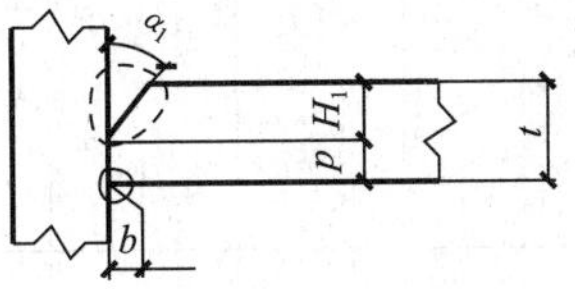

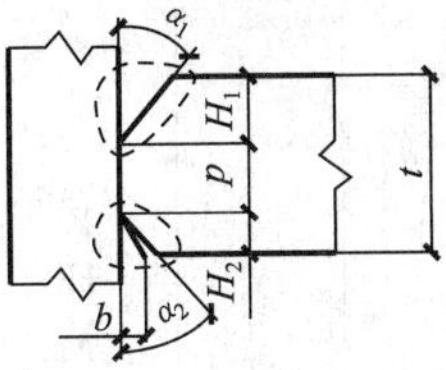

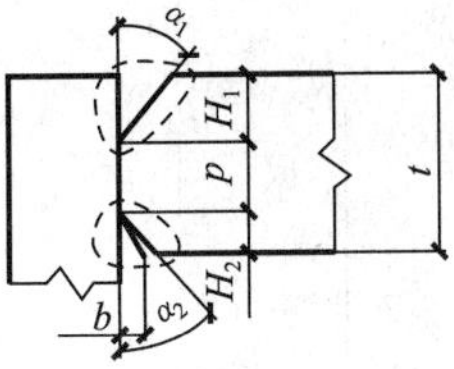

（6）气体保护焊、自保护焊部分焊透坡口形式和尺寸宜符合表 1-19 的要求。

序号	标记	坡口形状示意图	板厚（mm）	焊接位置	坡口尺寸（mm）	备注
1	GP-BI-1	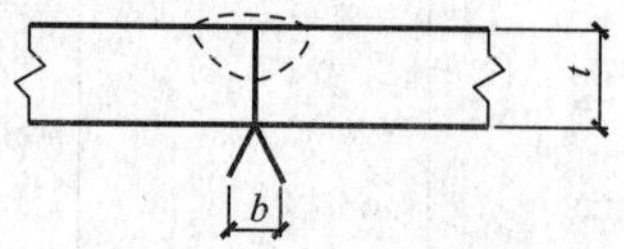	3～10	F H V O	$b=0$	
	GP-CI-1	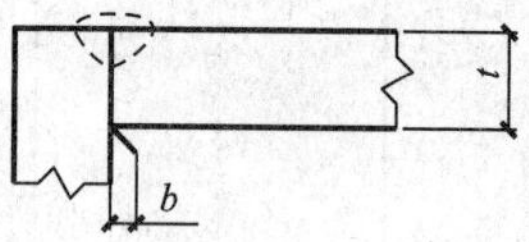				
2	GP-BI-2	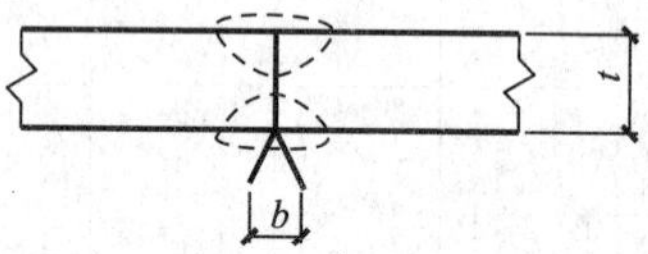	3～10	F H V O	$b=0$	
	GP-CI-2	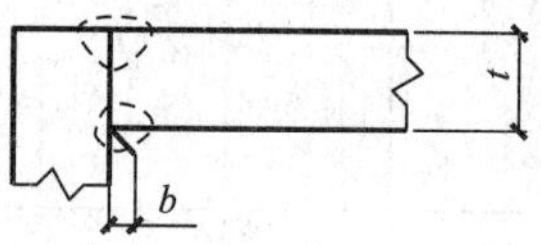	10～12			
3	GP-BV-1	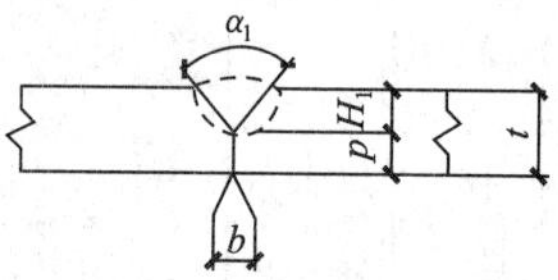	≥6	F H V O	$b=0$ $H_1 \geqslant 2\sqrt{t}$ $p=t-H_1$ $\alpha_1=60°$	
	GP-BV-2	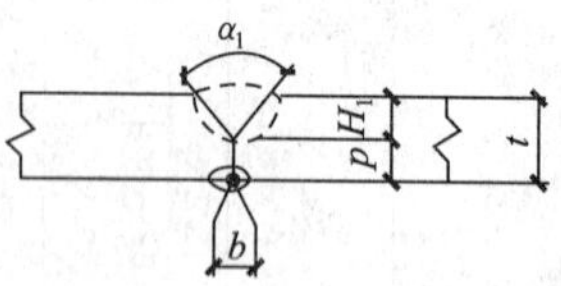				
	GP-CV-1	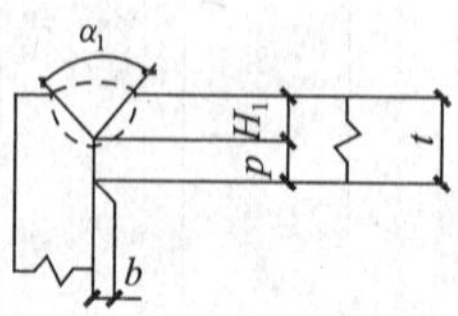				
	GP-CV-2	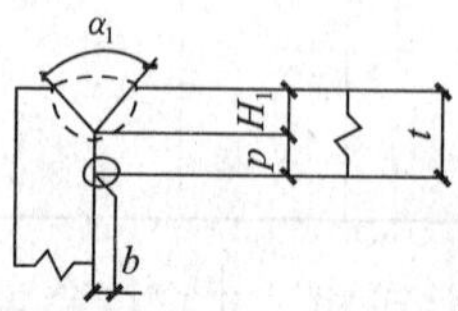				

序号	标 记	坡口形状示意图	板厚 (mm)	焊接位置	坡口尺寸（mm）	备注
4	GP-BL-1	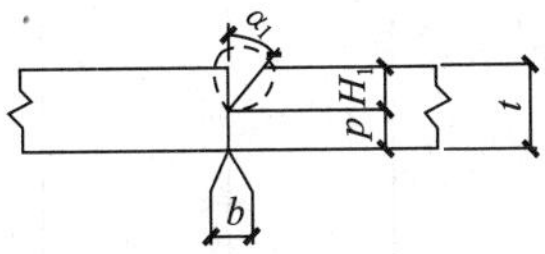	≥6			
	GP-BL-2	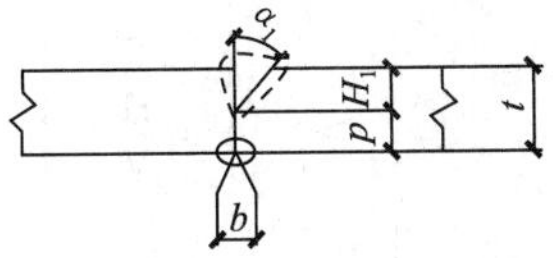	6~24	F H V O	$b=0$ $H_1 \geqslant 2\sqrt{t}$ $p=t-H_1$ $\alpha_1=45°$	
	GP-CL-1	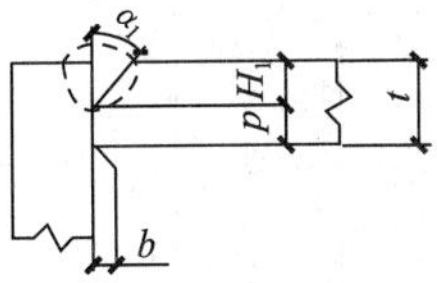				
	GP-CL-2	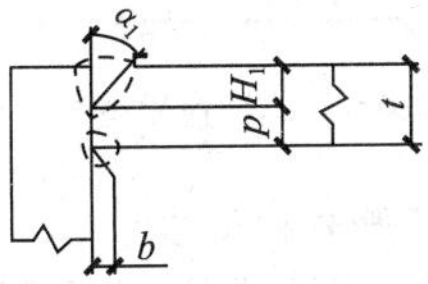				
5	GP-TL-1	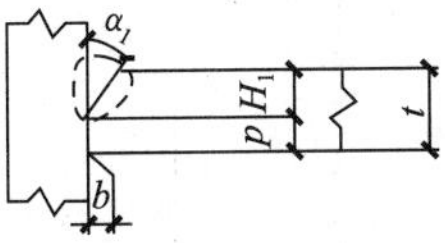	≥10	F H V O	$b=0$ $H_1 \geqslant 2\sqrt{t}$ $p=t-H_1$ $\alpha_1=45°$	
	GP-TL-2	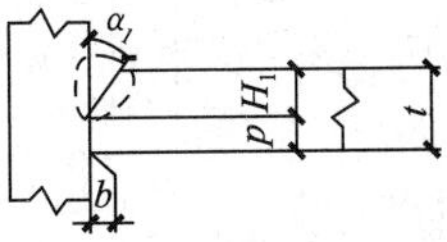				
6	GP-BX-2	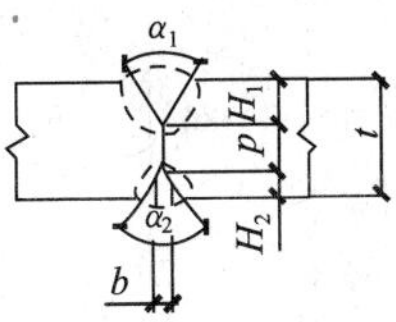	≥25	F H V O	$b=0$ $H_1 \geqslant 2\sqrt{t}$ $p=t-H_1-H_2$ $H_2 \geqslant 2\sqrt{t}$ $\alpha_1=60°$ $\alpha_2=60°$	

序号	标记	坡口形状示意图	板厚 (mm)	焊接位置	坡口尺寸（mm）	备注
7	GP-BK-2	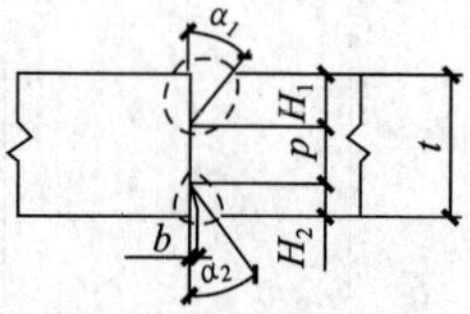	≥25	F H V O	$b=0$ $H_1 \geqslant 2\sqrt{t}$ $p=t-H_1-H_2$ $H_2 \geqslant 2\sqrt{t}$ $\alpha_1=45°$ $\alpha_2=45°$	
	GP-TK-2	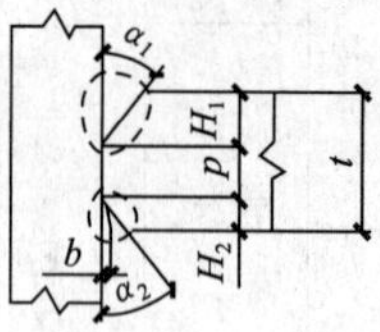				
	GP-CK-2	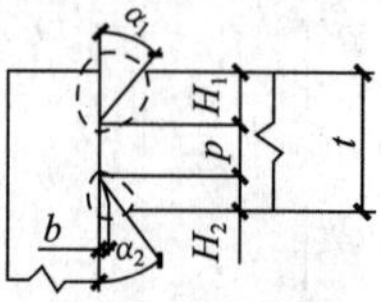				

（7）埋弧焊部分焊透坡口形式和尺寸宜符合表 1-20 的要求。

埋弧焊部分焊透坡口形式和尺寸   表 1-20

序号	标记	坡口形状示意图	板厚 (mm)	焊接位置	坡口尺寸（mm）	备注
1	SP-BI-1 SP-CI-1	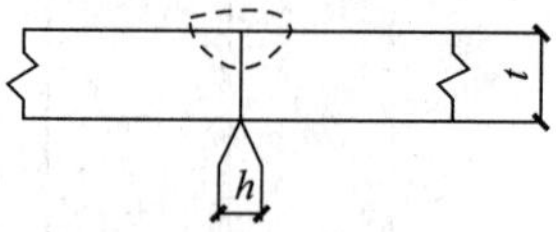	6～12	F	$b=0$	
2	SP-BI-2 SP-CI-2	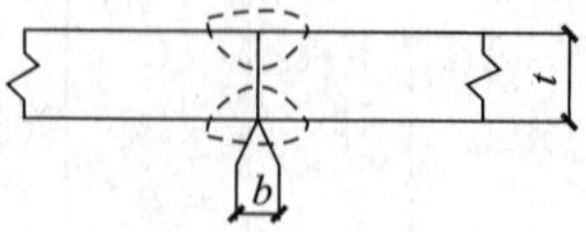	6～20	F	$b=0$	

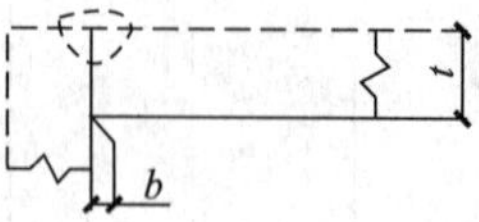

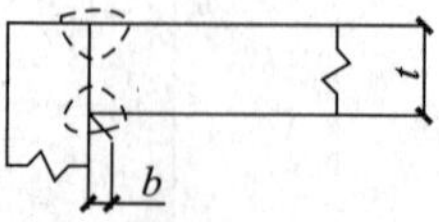

序号	标　记	坡口形状示意图	板厚 (mm)	焊接位置	坡口尺寸（mm）	备注
3	SP-BV-1	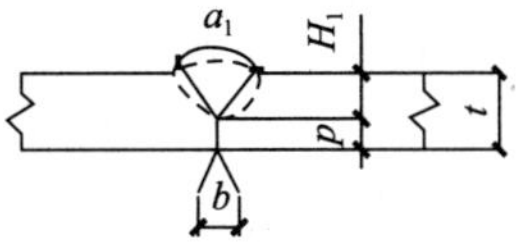	≥14	F	$b=0$ $H_1 \geqslant 2\sqrt{t}$ $p=t-H_1$ $\alpha_1=60°$	
	SP-BV-2					
	SP-CV-1					
	SP-CV-2					
4	SP-BL-1	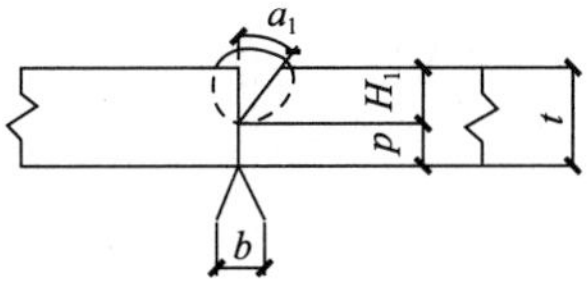	≥14	F H	$b=0$ $H_1 \geqslant 2\sqrt{t}$ $p=t-H_1$ $\alpha_1=60°$	
	SP-BL-2					
	SP-CL-1					
	SP-CL-2					

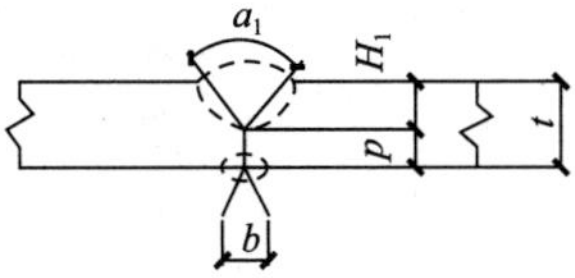

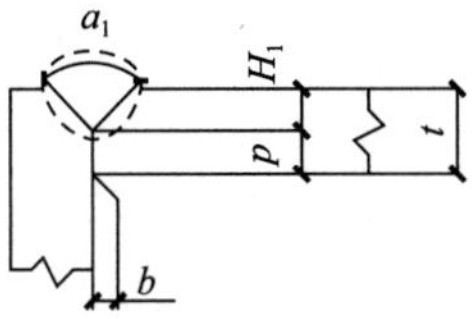

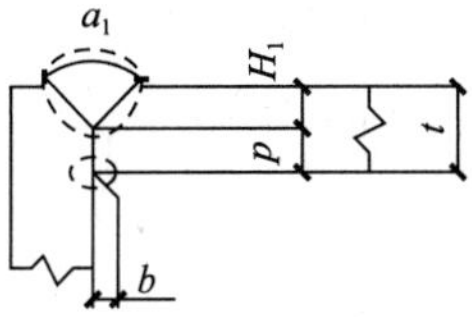

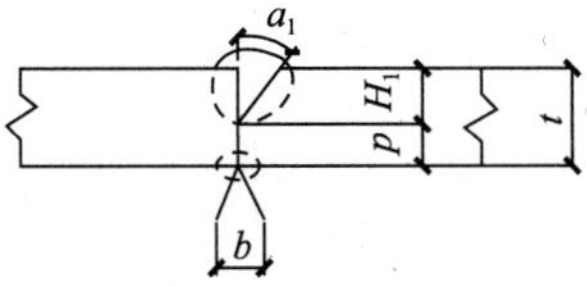

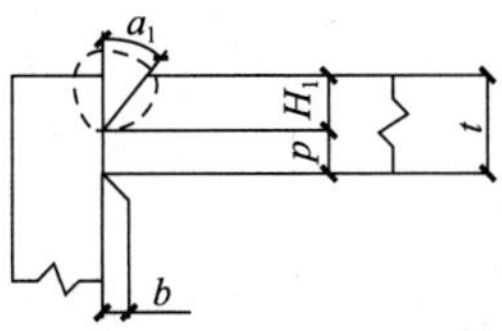

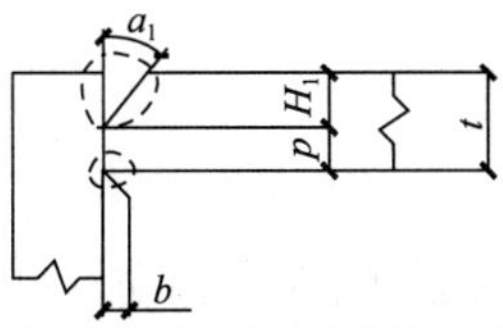

序号	标记	坡口形状示意图	板厚（mm）	焊接位置	坡口尺寸（mm）	备注
5	SP-TL-1 SP-TL-2	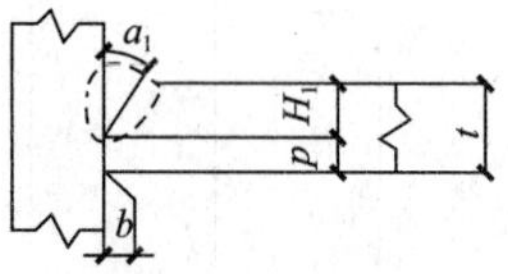	≥14	F H	$b=0$ $H_1 \geqslant 2\sqrt{t}$ $p=t-H_1$ $\alpha_1=60°$	
6	SP-BX-2	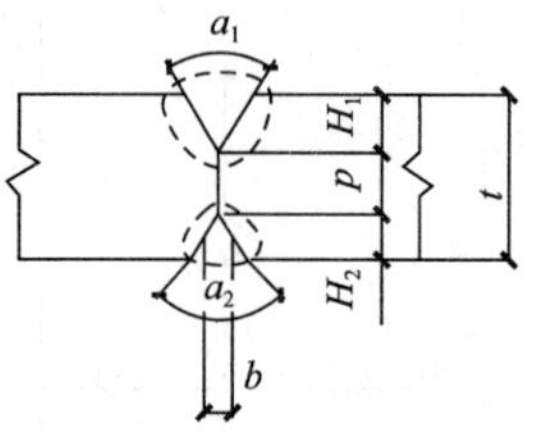	≥25	F	$b=0$ $H_1 \geqslant 2\sqrt{t}$ $p=t-H_1-H_2$ $H_2 \geqslant 2\sqrt{t}$ $\alpha_1=60°$ $\alpha_2=60°$	
7	SP-BK-2 SP-TK-2 SP-CK-2	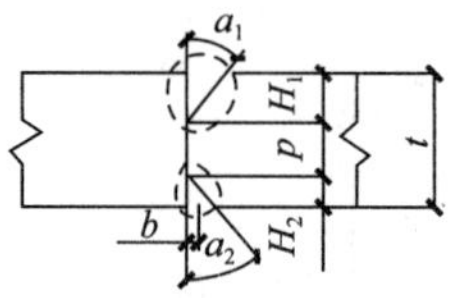	≥25	F H	$b=0$ $H_1 \geqslant 2\sqrt{t}$ $p=t-H_1-H_2$ $H_2 \geqslant 2\sqrt{t}$ $\alpha_1=60°$ $\alpha_2=60°$	

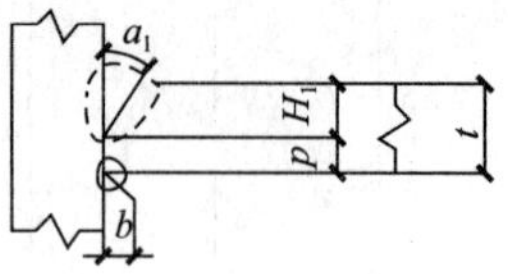

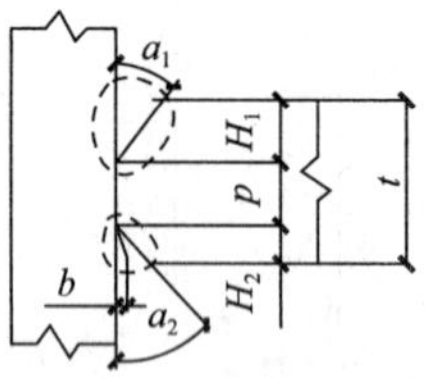

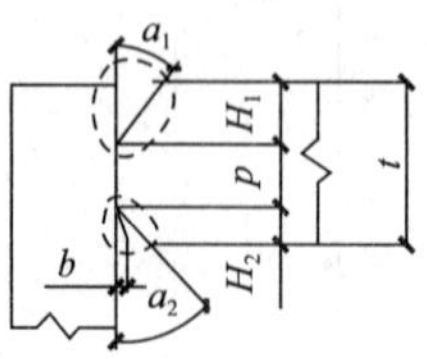

1.9 钢结构构件尺寸标注

（1）两构件的两条很近的重心线，应按图1-26的规定在交汇处将其各自向外错开。

36

（2）弯曲构件的尺寸应按图 1-27 的规定沿其弧度的曲线标注弧的轴线长度。

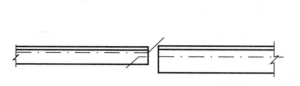

图 1-26　两构件重心不重合的表示方法

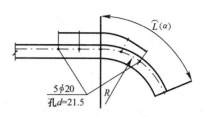

图 1-27　弯曲构件尺寸的标注方法

（3）切割的板材，应按图 1-28 的规定标注各线段的长度及位置。

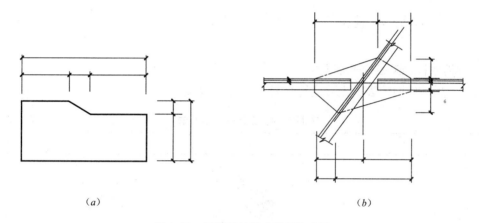

（a）　　　　　　　　　　　　　　　（b）

图 1-28　切割板材尺寸的标注方法

（4）不等边角钢的构件，应按图 1-29 的规定标注出角钢一肢的尺寸。

（5）节点尺寸，应按图 1-29、图 1-30 的规定，注明节点板的尺寸和各杆件螺栓孔中心或中心距，以及杆件端部至几何中心线交点的距离。

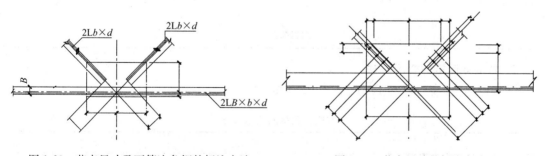

图 1-29　节点尺寸及不等边角钢的标注方法　　　　图 1-30　节点尺寸的标注方法

（6）双型钢组合截面的构件，应按图 1-31 的规定注明缀板的数量及尺寸。引出横线上方标注缀板的数量及缀板的宽度、厚度，引出横线下方标注缀板的长度尺寸。

（7）非焊接的节点板，应按图 1-32 的规定注明节点板的尺寸和螺栓孔中心与几何中心线交点的距离。

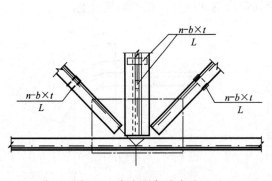

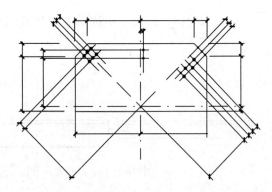

图 1-31　缀板的标注方法　　　　　　图 1-32　非焊接节点板尺寸的标注方法

1.10　木结构图例符号

1. 常用木构件断面的表示方法

常用木构件断面的表示方法应符合表 1-21 中的规定。

常用木构件断面的表示方法　　　　　　　　　　　　表 1-21

序　号	名　称	图　例	说　明
1	圆木	ϕ或d	
2	半圆木	$1/2\phi$或d	1. 木材的断面图均应画出横纹线或顺纹线 2. 立面图一般不画木纹线，但木键的立面图均须绘出木纹线
3	方木	$b\times h$	
4	木板	$b\times h$或h	

2. 木构件连接的表示方法

木构件连接的表示方法应符合表 1-22 中的规定。

木构件连接的表示方法　　　　　　　　　　　　表 1-22

序　号	名　称	图　例	说　明
1	钉连接正面画法 （看得见钉帽的）	$n\phi d\times L$	—

序　号	名　称	图　例	说　明
2	钉连接背面画法（看不见钉帽的）	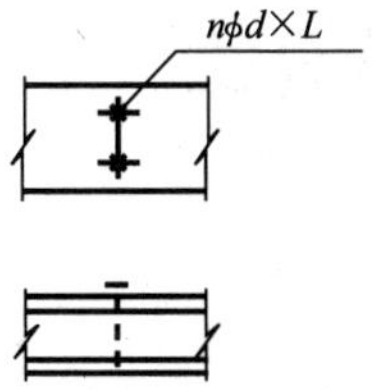 $n\phi d\times L$	
3	木螺钉连接正面画法（看得见钉帽的）	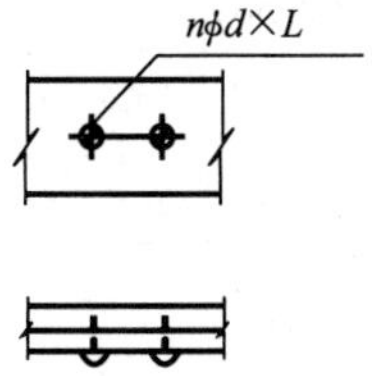 $n\phi d\times L$	—
4	木螺钉连接背面画法（看不见钉帽的）	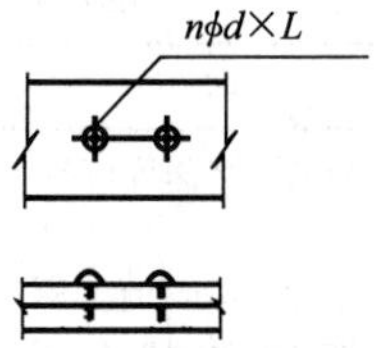 $n\phi d\times L$	—
5	杆件连接		仅用于单线图中
6	螺栓连接	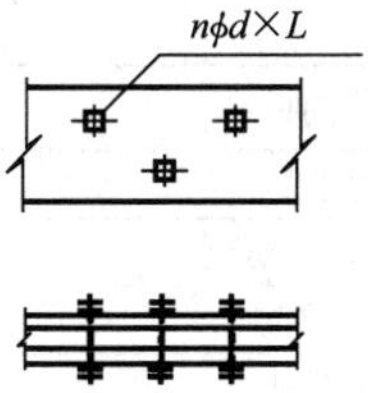 $n\phi d\times L$	1. 当采用双螺母时应加以注明 2. 当采用钢夹板时，可不画垫板线
7	齿连接	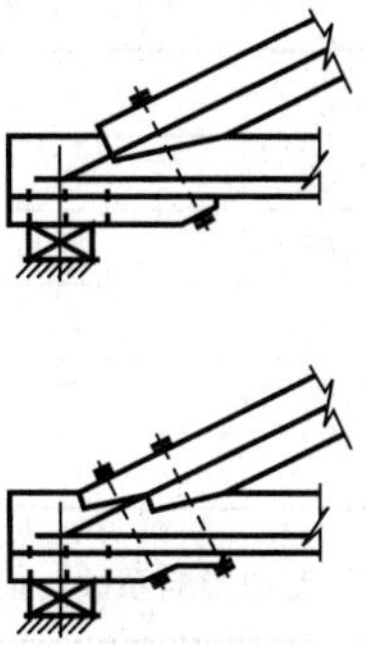	—

2 结构工程常用计算公式

2.1 地基基础工程计算公式

2.1.1 地基计算

地基计算见表 2-1。

地基计算　　　　　　　　　　　　　　　　　　　表 2-1

计算项目	计算公式
基础埋置深度计算	(1) 季节性冻土地基的场地冻结深度应按下式进行计算： $$z_d = z_0 \cdot \psi_{zs} \cdot \psi_{zw} \cdot \psi_{ze} \qquad (2\text{-}1)$$ 式中　z_d——场地冻结深度（m），当有实测资料时按 $z_d = h' - \Delta z$ 计算 　　　h'——最大冻深出现时场地最大冻土层厚度（m） 　　　Δz——最大冻深出现时场地地表冻胀量（m） 　　　z_0——标准冻结深度（m）；当无实测资料时，按《建筑地基基础设计规范》GB 50007—2011 附录 F 采用 　　　ψ_{zs}——土的类别对冻结深度的影响系数，按下表采用 <table><tr><td>土的类别</td><td>影响系数 ψ_{zs}</td></tr><tr><td>黏性土</td><td>1.00</td></tr><tr><td>细砂、粉砂、粉土</td><td>1.20</td></tr><tr><td>中、粗、砾砂</td><td>1.30</td></tr><tr><td>大块碎石土</td><td>1.40</td></tr></table> ψ_{zw}——土的冻胀性对冻结深度的影响系数，按下表采用 <table><tr><td>冻胀性</td><td>影响系数 ψ_{zw}</td></tr><tr><td>不冻胀</td><td>1.00</td></tr><tr><td>弱冻胀</td><td>0.95</td></tr><tr><td>冻胀</td><td>0.90</td></tr><tr><td>强冻胀</td><td>0.85</td></tr><tr><td>特强冻胀</td><td>0.80</td></tr></table> ψ_{ze}——环境对冻结深度的影响系数，按下表采用 <table><tr><td>周围环境</td><td>影响系数 ψ_{ze}</td></tr><tr><td>村、镇、旷野</td><td>1.00</td></tr><tr><td>城市近郊</td><td>0.95</td></tr><tr><td>城市市区</td><td>0.90</td></tr></table> 注：环境影响系数一项，当城市市区人口为 20 万～50 万时，按城市近郊取值；当城市市区人口大于 50 万小于或等于 100 万时，只计入市区影响；当城市市区人口超过 100 万时，除计入市区影响外，尚应考虑 5km 以内的郊区近郊影响系数

计算项目	计算公式
基础埋置深度计算	(2) 季节性冻土地区基础埋置深度宜大于场地冻结深度。对于深厚季节冻土地区，当建筑基础底面土层为不冻胀、弱冻胀、冻胀土时，基础埋置深度可以小于场地冻结深度，基础底面下允许冻土层最大厚度应根据当地经验确定。没有地区经验时可按下表查取。此时，基础最小埋置深度 d_{min} 可按下式计算： $$d_{min} = z_d - h_{max} \qquad (2\text{-}2)$$ 式中 h_{max}——基础底面下允许冻土层最大厚度（m） （见下表） 注：1. 本表只计算法向冻胀力，如果基侧存在切向冻胀力，应采取防切向力措施； 2. 基础宽度小于 0.6m 时不适用，矩形基础取短边尺寸按方形基础计算； 3. 表中数据不适用于淤泥、淤泥质土和欠固结土； 4. 计算基底平均压力取永久作用的标准组合值乘以 0.9，可以内插

基底平均压力 (kPa) 表：

冻胀性	基础形式	采暖情况	110	130	150	170	190	210
弱冻胀土	方形基础	采暖	0.90	0.95	1.00	1.10	1.15	1.20
		不采暖	0.70	0.80	0.95	1.00	1.05	1.10
	条形基础	采暖	>2.50	>2.50	>2.50	>2.50	>2.50	>2.50
		不采暖	2.20	2.50	>2.50	>2.50	>2.50	>2.50
冻胀土	方形基础	采暖	0.65	0.70	0.75	0.80	0.85	—
		不采暖	0.55	0.60	0.65	0.70	0.75	—
	条形基础	采暖	1.55	1.80	2.00	2.20	2.50	—
		不采暖	1.15	1.35	1.55	1.75	1.95	—

计算项目	计算公式
承载力计算	(1) 基础底面的压力，可按下列公式确定： 1) 当轴心荷载作用时 $$p_k = \frac{F_k + G_k}{A} \qquad (2\text{-}3)$$ 式中 F_k——相应于作用的标准组合时，上部结构传至基础顶面的竖向力值（kN） G_k——基础自重和基础上的土重（kN） A——基础底面面积（m²） 2) 当偏心荷载作用时 $$p_{kmax} = \frac{F_k + G_k}{A} + \frac{M_k}{W} \qquad (2\text{-}4)$$ $$p_{kmin} = \frac{F_k + G_k}{A} - \frac{M_k}{W} \qquad (2\text{-}5)$$ 式中 M_k——相应于作用的标准组合时，作用于基础底面的力矩值（kN·m） W——基础底面的抵抗矩（m³） p_{kmin}——相应于作用的标准组合时，基础底面边缘的最小压力值（kPa） 3) 当基础底面形状为矩形且偏心距 $e > b/6$ 时（见下图），p_{kmax} 应按下式计算： $$p_{kmax} = \frac{2(F_k + G_k)}{3la} \qquad (2\text{-}6)$$ 式中 l——垂直于力矩作用方向的基础底面边长（m） a——合力作用点至基础底面最大压力边缘的距离（m） (2) 当基础宽度大于 3m 或埋置深度大于 0.5m 时，从载荷试验或其他原位测试、经验值等方法确定的地基承载力特征值，尚应按下式修正： 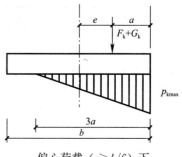 偏心荷载（$e > b/6$）下基底压力计算示意图 b—力矩作用方向基础底面边长

计算项目	计算公式

$$f_a = f_{ak} + \eta_b \gamma(b-3) + \eta_d \gamma_m(d-0.5) \qquad (2\text{-}7)$$

式中　f_a——修正后的地基承载力特征值（kPa）

　　　　f_{ak}——地基承载力特征值（kPa）

　　　　η_b、η_d——基础宽度和埋置深度的地基承载力修正系数，按基底下土的类别查下表取值

土的类别		η_b	η_d
淤泥和淤泥质土		0	1.0
e 或 I_L 大于等于 0.85 的黏性土		0	1.0
红黏土	含水比 $\alpha_w > 0.8$	0	1.2
	含水比 $\alpha_w \leqslant 0.8$	0.15	1.4
大面积压实填土	压实系数大于 0.95、黏粒含量 $\rho_c \geqslant 10\%$ 的粉土	0	1.5
	最大干密度大于 2100kg/m³ 的级配砂石	0	2.0
粉土	黏粒含量 $\rho_c \geqslant 10\%$ 的粉土	0.3	1.5
	黏粒含量 $\rho_c < 10\%$ 的粉土	0.5	2.0
e 及 I_L 均小于 0.85 的黏性土		0.3	1.6
粉砂、细砂（不包括很湿与饱和时的稍密状态）		2.0	3.0
中砂、粗砂、砾砂和碎石土		3.0	4.4

注：1. 强风化和全风化的岩石，可参照所风化成的相应土类取值，其他状态下的岩石不修正。
　　2. 地基承载力特征值按《建筑地基基础设计规范》GB 50007—2011 附录 D 深层平板载荷试验确定时 η_d 取 0。
　　3. 含水比是指土的天然含水量与液限的比值。
　　4. 大面积压实填土是指填土范围大于两倍基础宽度的填土。
　　5. e——土层的孔隙比；I_L——液性指数。

承载力计算

γ——基础底面以下土的重度（kN/m³），地下水位以下取浮重度

b——基础底面宽度（m），当基础底面宽度小于 3m 时按 3m 取值，大于 6m 时按 6m 取值

γ_m——基础底面以上土的加权平均重度（kN/m³），位于地下水位以下的土层取有效重度

d——基础埋置深度（m），宜自室外地面标高算起。在填方整平地区，可自填土地面标高算起，但填土在上部结构施工后完成时，应从天然地面标高算起。对于地下室，当采用箱形基础或筏基时，基础埋置深度自室外地面标高算起；当采用独立基础或条形基础时，应从室内地面标高算起

（3）当偏心距 e 小于或等于 0.033 倍基础底面宽度时，根据土的抗剪强度指标确定地基承载力特征值可按下式计算，并应满足变形要求：

$$f_a = M_b \gamma b + M_d \gamma_m d + M_c c_k \qquad (2\text{-}8)$$

式中　　f_a——由土的抗剪强度指标确定的地基承载力特征值（kPa）

　　M_b、M_d、M_c——承载力系数，按下表确定

土的内摩擦角标准值 φ_k（°）	M_b	M_d	M_c
0	0	1.00	3.14
2	0.03	1.12	3.32
4	0.06	1.25	3.51
6	0.10	1.39	3.71
8	0.14	1.55	3.93
10	0.18	1.73	4.17
12	0.23	1.94	4.42
14	0.29	2.17	4.69
16	0.36	2.43	5.00

计算项目	计算公式

土的内摩擦角标准值 φ_k（°）	M_b	M_d	M_c
18	0.43	2.72	5.31
20	0.51	3.06	5.66
22	0.61	3.44	6.04
24	0.80	3.87	6.45
26	1.10	4.37	6.90
28	1.40	4.93	7.40
30	1.90	5.59	7.95
32	2.60	6.35	8.55
34	3.40	7.21	9.22
36	4.20	8.25	9.97
38	5.00	9.44	10.80
40	5.80	10.84	11.73

注：φ_k——基底下一倍短边宽度的深度范围内土的内摩擦角标准值（°）

b——基础底面宽度（m），大于 6m 时按 6m 取值，对于砂土小于 3m 时按 3m 取值

c_k——基底下一倍短边宽度的深度范围内土的黏聚力标准值（kPa）

（4）当地基受力层范围内有软弱下卧层时，应符合下列规定：

1）应按下式验算软弱下卧层的地基承载力：

$$p_z + p_{cz} \leqslant f_{az} \tag{2-9}$$

式中　p_z——相应于作用的标准组合时，软弱下卧层顶面处的附加压力值（kPa）

p_{cz}——软弱下卧层顶面处土的自重压力值（kPa）

f_{az}——较弱下卧层顶面处经深度修正后的地基承载力特征值（kPa）

2）对条形基础和矩形基础，式（2-9）中的 p_z 值可按下列公式简化计算：

条形基础

$$p_z = \frac{b(p_k - p_c)}{b + 2z\tan\theta} \tag{2-10}$$

矩形基础

$$p_z = \frac{lb(p_k - p_c)}{(b + 2z\tan\theta)(l + 2z\tan\theta)} \tag{2-11}$$

式中　b——矩形基础或条形基础底边的宽度（m）

l——矩形基础底边的长度（m）

p_c——基础底面处土的自重压力值（kPa）

z——基础底面至软弱下卧层顶面的距离（m）

θ——地基压力扩散线与垂直线的夹角（°），可按下表采用

E_{S1}/E_{S2}	z/b	
	0.25	0.50
3	6°	23°
5	10°	25°
10	20°	30°

注：1. E_{S1} 为上层土压缩模量；E_{S2} 为下层土压缩模量。

2. $z/b < 0.25$ 时取 $\theta = 0°$，必要时，宜由试验确定；$z/b > 0.50$ 时 θ 值不变。

3. z/b 在 0.25 与 0.50 之间可插值使用

承载力计算

计算项目	计算公式

变形计算

(1) 计算地基变形时，地基内的应力分布，可采用各向同性均质线性变形体理论。其最终变形量可按下式进行计算：

$$s = \psi_s s' = \psi_s \sum_{i=1}^{n} \frac{p_0}{E_{si}}(z_i \bar{\alpha}_i - z_{i-1} \bar{\alpha}_{i-1}) \tag{2-12}$$

式中 s——地基最终变形量（mm）

s'——按分层总和法计算出的地基变形量（mm）

ψ_s——沉降计算经验系数，根据地区沉降观测资料及经验确定，无地区经验时可根据变形计算深度范围内压缩模量的当量值（$\bar{E}_s$）、基底附加压力按下表取值

$\bar{E}_s$/MPa 基底附加压力	2.5	4.0	7.0	15.0	20.0
$p_0 \geqslant f_{ak}$	1.4	1.3	1.0	0.4	0.2
$p_0 \leqslant 0.75 f_{ak}$	1.1	1.0	0.7	0.4	0.2

n——地基变形计算深度范围内所划分的土层数（见下图）

p_0——相应于作用的准永久组合时基础底面处的附加压力（kPa）

E_{si}——基础底面下第 i 层土的压缩模量（MPa），应取土的自重压力至土的自重压力与附加压力之和的压力段计算

z_i、z_{i-1}——基础底面至第 i 层土、第 $i-1$ 层土底面的距离（m）

$\bar{\alpha}_i$、$\bar{\alpha}_{i-1}$——基础底面计算点至第 i 层土、第 $i-1$ 层土底面范围内平均附加应力系数，可按表 2-2～表 2-6 采用

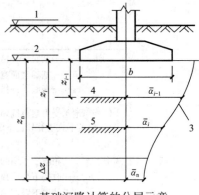

基础沉降计算的分层示意
1—天然地面标高；2—基底标高；
3—平均附加应力系数 $\bar{\alpha}$ 曲线；
4—$i-1$ 层；5—i 层

(2) 变形计算深度范围内压缩模量的当量值（$\bar{E}_s$），应按下式计算：

$$\bar{E}_s = \frac{\sum A_i}{\sum \dfrac{A_i}{E_{si}}} \tag{2-13}$$

式中 A_i——第 i 层土附加应力系数沿土层厚度的积分值

(3) 地基变形计算深度 z_n（上图），应符合式（2-14）的规定。当计算深度下部仍有较软土层时，应继续计算

$$\Delta s'_n \leqslant 0.025 \sum_{i=1}^{n} \Delta s'_i \tag{2-14}$$

式中 $\Delta s'_i$——在计算深度范围内，第 i 层土的计算变形值（mm）

$\Delta s'_n$——在由计算深度向上取厚度为 Δz 的土层计算变形值（mm），Δz 见上图并按下表确定

b/m	$\leqslant 2$	$2 < b \leqslant 4$	$4 < b \leqslant 8$	$b > 8$
Δz/m	0.3	0.6	0.8	1.0

(4) 当无相邻荷载影响，基础宽度在 1～30m 范围内时，基础中点的地基变形计算深度也可按简化公式（2-15）进行计算。在计算深度范围内存在基岩时，z_n 可取至基岩表面；当存在较厚的坚硬黏性土层，其孔隙比小于 0.5、压缩模量大于 50MPa，或存在较厚的密实砂卵石层，其压缩模量大于 80MPa 时，z_n 可取至该层土表面。此时，地基土附加压力分布应考虑相对硬层存在的影响，按公式（2-16）计算地基最终变形量

$$z_n = b(2.5 - 0.4\ln b) \tag{2-15}$$

$$s_{gz} = \beta_{gz} s_z \tag{2-16}$$

式中 b——基础宽度（m）

s_{gz}——具刚性下卧层时，地基的变形计算值（mm）

β_{gz}——刚性下卧层对上覆土层的变形增大系数，按下表采用

计算项目	计算公式				

	h/b	0.5	1.0	1.5	2.0	2.5
	β_{gz}	1.26	1.17	1.12	1.09	1.00

变形计算

注：h——基底下的土层厚度；b——基础底面宽度。

s_z——变形计算深度相当于实际土层厚度按（1）计算确定的地基最终变形计算值（mm）

（5）当建筑物地下室基础埋置较深时，地基土的回弹变形量可按下式进行计算：

$$s_c = \psi_c \sum_{i=1}^{n} \frac{p_c}{E_{ci}} (z_i \bar{\alpha}_i - z_{i-1} \bar{\alpha}_{i-1}) \tag{2-17}$$

式中　s_c——地基的回弹变形量（mm）

　　　ψ_c——回弹量计算的经验系数，无地区经验时可取 1.0

　　　p_c——基坑底面以上土的自重压力（kPa），地下水位以下应扣除浮力

　　　E_{ci}——土的回弹模量（kPa），按现行国家标准《土工试验方法标准（2007 年版）》GB/T 50123—1999 中土的固结试验回弹曲线的不同应力段计算

（6）回弹再压缩变形量计算可采用再加荷的压力小于卸荷土的自重压力段内再压缩变形线性分布的假定按下式进行计算：

$$s'_c = \begin{cases} r'_0 s_c \dfrac{p}{p_c R'_0} & p < R'_0 p_c \\ s_c \left[r'_0 + \dfrac{r'_{R'=1.0} - r'_0}{1 - R'_0} \left(\dfrac{p}{p_c} - R'_0 \right) \right] & R'_0 p_c \leqslant p \leqslant p_c \end{cases} \tag{2-18}$$

式中　s'_c——地基土回弹再压缩变形量（mm）

　　　s_c——地基的回弹变形量（mm）

　　　r'_0——临界再压缩比率，相应于再压缩比率与再加荷比关系曲线上两段线性交点对应的再压缩比率，由土的固结回弹再压缩试验确定

　　　R'_0——临界再加荷比，相应在再压缩比率与再加荷比关系曲线上两段线性交点对应的再加荷比，由土的固结回弹再压缩试验确定

　$r'_{R'=1.0}$——对应于再加荷比 $R'=1.0$ 时的再压缩比率，由土的固结回弹再压缩试验确定，其值等于回弹再压缩变形增大系数

　　　p——再加荷的基底压力（kPa）

稳定性计算

（1）地基稳定性可采用圆弧滑动面法进行验算。最危险的滑动面上诸力对滑动中心所产生的抗滑力矩与滑动力矩应符合下式要求：

$$M_R/M_S \geqslant 1.2 \tag{2-19}$$

式中　M_S——滑动力矩（kN·m）

　　　M_R——抗滑力矩（kN·m）

（2）位于稳定土坡坡顶上的建筑，应符合下列规定：

1）对于条形基础或矩形基础，当垂直于坡顶边缘线的基础底面边长小于或等于 3m 时，其基础底面外边缘线至坡顶的水平距离（见下图）应符合下式要求，且不得小于 2.5m：

条形基础

$$a \geqslant 3.5b - \frac{d}{\tan\beta} \tag{2-20}$$

矩形基础

$$a \geqslant 2.5b - \frac{d}{\tan\beta} \tag{2-21}$$

式中　a——基础底面外边缘线至坡顶的水平距离（m）

　　　b——垂直于坡顶边缘线的基础底面边长（m）

　　　d——基础埋置深度（m）

　　　β——边坡坡角（°）

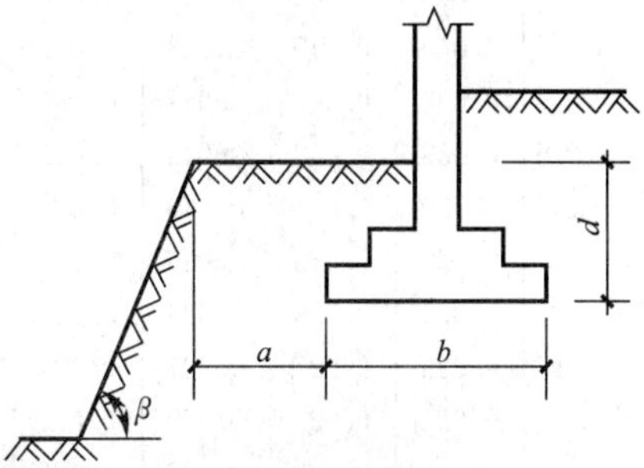

基础底面外边缘线至坡顶的
水平距离示意

2）当基础底面外边缘线至坡顶的水平距离不满足式（2-20）、式（2-21）的要求时，可根据基底平均压力按式（2-19）确定基础距坡顶边缘的距离和基础埋深

3）当边坡坡角大于 45°、坡高大于 8m 时，尚应按式（2-19）验算坡体稳定性

计算项目	计算公式
稳定性计算	（3）建筑物基础存在浮力作用时应进行抗浮稳定性验算，并应符合下列规定： 1）对于简单的浮力作用情况，基础抗浮稳定性应符合下式要求： $$\frac{G_k}{N_{w,k}} \geqslant K_w \qquad (2\text{-}22)$$ 式中 G_k——建筑物自重及压重之和（kN） $N_{w,k}$——浮力作用值（kN） K_w——抗浮稳定安全系数，一般情况下可取 1.05 2）抗浮稳定性不满足设计要求时，可采用增加压重或设置抗浮构件等措施。在整体满足抗浮稳定性要求而局部不满足时，也可采用增加结构刚度的措施

矩形面积上均布荷载作用下角点附加应力系数 α 表 2-2

z/b	l/b											
	1.0	1.2	1.4	1.6	1.8	2.0	3.0	4.0	5.0	6.0	10.0	条形
0.0	0.250	0.250	0.250	0.250	0.250	0.250	0.250	0.250	0.250	0.250	0.250	0.250
0.2	0.249	0.249	0.249	0.249	0.249	0.249	0.249	0.249	0.249	0.249	0.249	0.249
0.4	0.240	0.242	0.243	0.243	0.244	0.244	0.244	0.244	0.244	0.244	0.244	0.244
0.6	0.223	0.228	0.230	0.232	0.232	0.233	0.234	0.234	0.234	0.234	0.234	0.234
0.8	0.200	0.207	0.212	0.215	0.216	0.218	0.220	0.220	0.220	0.220	0.220	0.220
1.0	0.175	0.185	0.191	0.195	0.198	0.200	0.203	0.204	0.204	0.204	0.205	0.205
1.2	0.152	0.163	0.171	0.176	0.179	0.182	0.187	0.188	0.189	0.189	0.189	0.189
1.4	0.131	0.142	0.151	0.157	0.161	0.164	0.171	0.173	0.174	0.174	0.174	0.174
1.6	0.112	0.124	0.133	0.140	0.145	0.148	0.157	0.159	0.160	0.160	0.160	0.160
1.8	0.097	0.108	0.117	0.124	0.129	0.133	0.143	0.146	0.147	0.148	0.148	0.148
2.0	0.084	0.095	0.103	0.110	0.116	0.120	0.131	0.135	0.136	0.137	0.137	0.137
2.2	0.073	0.083	0.092	0.098	0.104	0.108	0.121	0.125	0.126	0.127	0.128	0.128
2.4	0.064	0.073	0.081	0.088	0.093	0.098	0.111	0.116	0.118	0.118	0.119	0.119
2.6	0.057	0.065	0.072	0.079	0.084	0.089	0.102	0.107	0.110	0.111	0.112	0.112
2.8	0.050	0.058	0.065	0.071	0.076	0.080	0.094	0.100	0.102	0.104	0.105	0.105
3.0	0.045	0.052	0.058	0.064	0.069	0.073	0.087	0.093	0.096	0.097	0.099	0.099
3.2	0.040	0.047	0.053	0.058	0.063	0.067	0.081	0.087	0.090	0.092	0.093	0.094
3.4	0.036	0.042	0.048	0.053	0.057	0.061	0.075	0.081	0.085	0.086	0.088	0.089
3.6	0.033	0.038	0.043	0.048	0.052	0.056	0.069	0.076	0.080	0.082	0.084	0.084
3.8	0.030	0.035	0.040	0.044	0.048	0.052	0.065	0.072	0.075	0.077	0.080	0.080
4.0	0.027	0.032	0.036	0.040	0.044	0.048	0.060	0.067	0.071	0.073	0.076	0.076
4.2	0.025	0.029	0.033	0.037	0.041	0.044	0.056	0.063	0.067	0.070	0.072	0.073
4.4	0.023	0.027	0.031	0.034	0.038	0.041	0.053	0.060	0.064	0.066	0.069	0.070
4.6	0.021	0.025	0.028	0.032	0.035	0.038	0.049	0.056	0.061	0.063	0.066	0.067
4.8	0.019	0.023	0.026	0.029	0.032	0.035	0.046	0.053	0.058	0.060	0.064	0.064
5.0	0.018	0.021	0.024	0.027	0.030	0.033	0.043	0.050	0.055	0.057	0.061	0.062
6.0	0.013	0.015	0.017	0.020	0.022	0.024	0.033	0.039	0.043	0.046	0.051	0.052
7.0	0.009	0.011	0.013	0.015	0.016	0.018	0.025	0.031	0.035	0.038	0.043	0.045
8.0	0.007	0.009	0.010	0.011	0.013	0.014	0.020	0.025	0.028	0.031	0.037	0.039
9.0	0.006	0.007	0.008	0.009	0.010	0.011	0.016	0.020	0.024	0.026	0.032	0.035
10.0	0.005	0.006	0.007	0.007	0.008	0.009	0.013	0.017	0.020	0.022	0.028	0.032

z/b	l/b											
	1.0	1.2	1.4	1.6	1.8	2.0	3.0	4.0	5.0	6.0	10.0	条形
12.0	0.003	0.004	0.005	0.005	0.006	0.006	0.009	0.012	0.014	0.017	0.022	0.026
14.0	0.002	0.003	0.003	0.004	0.004	0.005	0.007	0.009	0.011	0.013	0.018	0.023
16.0	0.002	0.002	0.003	0.003	0.003	0.004	0.005	0.007	0.009	0.010	0.014	0.020
18.0	0.001	0.002	0.002	0.002	0.003	0.003	0.004	0.006	0.007	0.008	0.012	0.018
20.0	0.001	0.001	0.002	0.002	0.002	0.002	0.004	0.005	0.006	0.007	0.010	0.016
25.0	0.001	0.001	0.001	0.001	0.001	0.002	0.002	0.003	0.004	0.004	0.007	0.013
30.0	0.001	0.001	0.001	0.001	0.001	0.001	0.002	0.002	0.003	0.002	0.005	0.011
35.0	0.000	0.000	0.001	0.001	0.001	0.001	0.001	0.002	0.002	0.002	0.004	0.009
40.0	0.000	0.000	0.000	0.000	0.001	0.001	0.001	0.001	0.001	0.002	0.003	0.008

注：l—基础长度（m）；b—基础宽度（m）；z—计算点离基础底面垂直距离（m）。

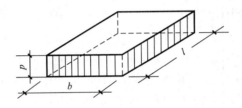

矩形面积上均布荷载作用下角点的平均附加应力系数 α　　　　　表 2-3

z/b	l/b												
	1.0	1.2	1.4	1.6	1.8	2.0	2.4	2.8	3.2	3.6	4.0	5.0	10.0
0.0	0.2500	0.2500	0.2500	0.2500	0.2500	0.2500	0.2500	0.2500	0.2500	0.2500	0.2500	0.2500	0.2500
0.2	0.2496	0.2497	0.2497	0.2498	0.2498	0.2498	0.2498	0.2498	0.2498	0.2498	0.2498	0.2498	0.2498
0.4	0.2474	0.2479	0.2481	0.2483	0.2483	0.2484	0.2485	0.2485	0.2485	0.2485	0.2485	0.2485	0.2485
0.6	0.2423	0.2437	0.2444	0.2448	0.2451	0.2452	0.2454	0.2455	0.2455	0.2455	0.2455	0.2455	0.2456
0.8	0.2346	0.2372	0.2387	0.2395	0.2400	0.2403	0.2407	0.2408	0.2409	0.2409	0.2410	0.2410	0.2410
1.0	0.2252	0.2291	0.2313	0.2326	0.2335	0.2340	0.2346	0.2349	0.2351	0.2352	0.2352	0.2353	0.2353
1.2	0.2149	0.2199	0.2229	0.2248	0.2260	0.2268	0.2278	0.2282	0.2285	0.2286	0.2287	0.2288	0.2289
1.4	0.2043	0.2102	0.2140	0.2164	0.2180	0.2191	0.2204	0.2211	0.2215	0.2217	0.2218	0.2220	0.2221
1.6	0.1939	0.2006	0.2049	0.2079	0.2099	0.2113	0.2130	0.2138	0.2143	0.2146	0.2148	0.2150	0.2152
1.8	0.1840	0.1912	0.1960	0.1994	0.2018	0.2034	0.2055	0.2066	0.2073	0.2077	0.2079	0.2082	0.2084
2.0	0.1746	0.1822	0.1875	0.1912	0.1938	0.1958	0.1982	0.1996	0.2004	0.2009	0.2012	0.2015	0.2018
2.2	0.1659	0.1737	0.1793	0.1833	0.1862	0.1883	0.1911	0.1927	0.1937	0.1943	0.1947	0.1952	0.1955
2.4	0.1578	0.1657	0.1715	0.1757	0.1789	0.1812	0.1843	0.1862	0.1873	0.1880	0.1885	0.1890	0.1895
2.6	0.1503	0.1583	0.1642	0.1686	0.1719	0.1745	0.1779	0.1799	0.1812	0.1820	0.1825	0.1832	0.1838
2.8	0.1433	0.1514	0.1574	0.1619	0.1654	0.1680	0.1717	0.1739	0.1753	0.1763	0.1769	0.1777	0.1784
3.0	0.1369	0.1449	0.1510	0.1556	0.1592	0.1619	0.1658	0.1682	0.1698	0.1708	0.1715	0.1725	0.1733
3.2	0.1310	0.1390	0.1450	0.1497	0.1533	0.1562	0.1602	0.1628	0.1645	0.1657	0.1664	0.1675	0.1685
3.4	0.1256	0.1334	0.1394	0.1441	0.1478	0.1508	0.1550	0.1577	0.1595	0.1607	0.1616	0.1628	0.1639

z/b \ l/b	1.0	1.2	1.4	1.6	1.8	2.0	2.4	2.8	3.2	3.6	4.0	5.0	10.0
3.6	0.1205	0.1282	0.1342	0.1389	0.1427	0.1456	0.1500	0.1528	0.1548	0.1561	0.1570	0.1583	0.1595
3.8	0.1158	0.1234	0.1293	0.1340	0.1378	0.1408	0.1452	0.1482	0.1502	0.1516	0.1526	0.1541	0.1554
4.0	0.1114	0.1189	0.1248	0.1294	0.1332	0.1362	0.1408	0.1438	0.1459	0.1474	0.1485	0.1500	0.1516
4.2	0.1073	0.1147	0.1205	0.1251	0.1289	0.1319	0.1365	0.1396	0.1418	0.1434	0.1445	0.1462	0.1479
4.4	0.1035	0.1107	0.1164	0.1210	0.1248	0.1279	0.1325	0.1357	0.1379	0.1396	0.1407	0.1425	0.1444
4.6	0.1000	0.1070	0.1127	0.1172	0.1209	0.1240	0.1287	0.1319	0.1342	0.1359	0.1371	0.1390	0.1410
4.8	0.0967	0.1036	0.1091	0.1136	0.1173	0.1204	0.1250	0.1283	0.1307	0.1324	0.1337	0.1357	0.1379
5.0	0.0935	0.1003	0.1057	0.1102	0.1139	0.1169	0.1216	0.1249	0.1273	0.1291	0.1304	0.1325	0.1348
5.2	0.0906	0.0972	0.1026	0.1070	0.1106	0.1136	0.1183	0.1217	0.1241	0.1259	0.1273	0.1295	0.1320
5.4	0.0878	0.0943	0.0996	0.1039	0.1075	0.1105	0.1152	0.1186	0.1211	0.1229	0.1243	0.1265	0.1292
5.6	0.0852	0.0916	0.0968	0.1010	0.1046	0.1076	0.1122	0.1156	0.1181	0.1200	0.1215	0.1238	0.1266
5.8	0.0828	0.0890	0.0941	0.0983	0.1018	0.1047	0.1094	0.1128	0.1153	0.1172	0.1187	0.1211	0.1240
6.0	0.0805	0.0866	0.0916	0.0957	0.0991	0.1021	0.1067	0.1101	0.1126	0.1146	0.1161	0.1185	0.1216
6.2	0.0783	0.0842	0.0891	0.0932	0.0966	0.0995	0.1041	0.1075	0.1101	0.1120	0.1136	0.1161	0.1193
6.4	0.0762	0.0820	0.0869	0.0909	0.0942	0.0971	0.1016	0.1050	0.1076	0.1096	0.1111	0.1137	0.1171
6.6	0.0742	0.0799	0.0847	0.0886	0.0919	0.0948	0.0993	0.1027	0.1053	0.1073	0.1088	0.1114	0.1149
6.8	0.0723	0.0779	0.0826	0.0865	0.0898	0.0926	0.0970	0.1004	0.1030	0.1050	0.1066	0.1092	0.1129
7.0	0.0705	0.0761	0.0806	0.0844	0.0877	0.0904	0.0949	0.0982	0.1008	0.1028	0.1044	0.1071	0.1109
7.2	0.0688	0.0742	0.0787	0.0825	0.0857	0.0884	0.0928	0.0962	0.0987	0.1008	0.1023	0.1051	0.1090
7.4	0.0672	0.0725	0.0769	0.0806	0.0838	0.0865	0.0908	0.0942	0.0967	0.0988	0.1004	0.1031	0.1071
7.6	0.0656	0.0709	0.0752	0.0789	0.0820	0.0846	0.0889	0.0922	0.0948	0.0968	0.0984	0.1012	0.1054
7.8	0.0642	0.0693	0.0736	0.0771	0.0802	0.0828	0.0871	0.0904	0.0929	0.0950	0.0966	0.0994	0.1036
8.0	0.0627	0.0678	0.0720	0.0755	0.0785	0.0811	0.0853	0.0886	0.0912	0.0932	0.0948	0.0976	0.1020
8.2	0.0614	0.0663	0.0705	0.0739	0.0769	0.0795	0.0837	0.0869	0.0894	0.0914	0.0931	0.0959	0.1004
8.4	0.0601	0.0649	0.0690	0.0724	0.0754	0.0779	0.0820	0.0852	0.0878	0.0893	0.0914	0.0943	0.0938
8.6	0.0588	0.0636	0.0676	0.0710	0.0739	0.0764	0.0805	0.0836	0.0862	0.0882	0.0898	0.0927	0.0973
8.8	0.0576	0.0623	0.0663	0.0696	0.0724	0.0749	0.0790	0.0821	0.0846	0.0866	0.0882	0.0912	0.0959
9.2	0.0554	0.0559	0.0637	0.0670	0.0697	0.0721	0.0761	0.0792	0.0817	0.0837	0.0853	0.0882	0.0931
9.6	0.0533	0.0577	0.0614	0.0645	0.0672	0.0696	0.0734	0.0765	0.0789	0.0809	0.0825	0.0855	0.0905
10.0	0.0514	0.0556	0.0592	0.0622	0.0649	0.0672	0.0710	0.0739	0.0763	0.0783	0.0799	0.0829	0.0880
10.4	0.0496	0.0537	0.0572	0.0601	0.0627	0.0649	0.0686	0.0716	0.0739	0.0759	0.0775	0.0804	0.0857
10.8	0.0479	0.0519	0.0553	0.0581	0.0606	0.0628	0.0664	0.0693	0.0717	0.0736	0.0751	0.0781	0.0834
11.2	0.0463	0.0502	0.0535	0.0563	0.0587	0.0609	0.0644	0.0672	0.0695	0.0714	0.0730	0.0759	0.0813
11.6	0.0448	0.0486	0.0518	0.0545	0.0569	0.0590	0.0625	0.0652	0.0675	0.0694	0.0709	0.0738	0.0793
12.0	0.0435	0.0471	0.0502	0.0529	0.0552	0.0573	0.0606	0.0634	0.0656	0.0674	0.0690	0.0719	0.0774
12.8	0.0409	0.0444	0.0474	0.0499	0.0521	0.0541	0.0573	0.0599	0.0621	0.0639	0.0654	0.0682	0.0739
13.6	0.0387	0.0420	0.0448	0.0472	0.0493	0.0512	0.0543	0.0568	0.0589	0.0607	0.0621	0.0649	0.0707
14.4	0.0367	0.0398	0.0425	0.0448	0.0468	0.0486	0.0516	0.0540	0.0561	0.0577	0.0592	0.0619	0.0677

z/b \ l/b	1.0	1.2	1.4	1.6	1.8	2.0	2.4	2.8	3.2	3.6	4.0	5.0	10.0
15.2	0.0349	0.0379	0.0404	0.0426	0.0446	0.0463	0.0492	0.0515	0.0535	0.0551	0.0565	0.0592	0.0650
16.0	0.0332	0.0361	0.0385	0.0407	0.0425	0.0442	0.0469	0.0492	0.0511	0.0527	0.0540	0.0567	0.0625
18.0	0.0297	0.0323	0.0345	0.0364	0.0381	0.0396	0.0422	0.0442	0.0460	0.0475	0.0487	0.0512	0.0570
20.0	0.0269	0.0292	0.0312	0.0330	0.0345	0.0359	0.0383	0.0402	0.0418	0.0432	0.0444	0.0468	0.0524

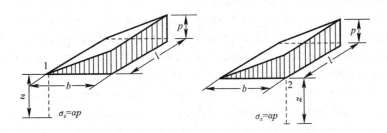

矩形面积上三角形分布荷载作用下的附加应力系数 α 与平均附加应力系数 $\bar{\alpha}$　　表 2-4

l/b	0.2				0.4				0.6				l/b
点	1		2		1		2		1		2		点
z/b	α	$\bar{\alpha}$	α	$\bar{\alpha}$	α	$\bar{\alpha}$	α	$\bar{\alpha}$	α	$\bar{\alpha}$	α	$\bar{\alpha}$	z/b
0.0	0.0000	0.0000	0.2500	0.2500	0.0000	0.0000	0.2500	0.2500	0.0000	0.0000	0.2500	0.2500	0.0
0.2	0.0223	0.0112	0.1821	0.2161	0.0280	0.0140	0.2115	0.2308	0.0296	0.0148	0.2165	0.2333	0.2
0.4	0.0269	0.0179	0.1094	0.1810	0.0420	0.0245	0.1604	0.2084	0.0487	0.0270	0.1781	0.2153	0.4
0.6	0.0259	0.0207	0.0700	0.1505	0.0448	0.0308	0.1165	0.1851	0.0560	0.0355	0.1405	0.1966	0.6
0.8	0.0232	0.0217	0.0480	0.1277	0.0421	0.0340	0.0853	0.1640	0.0553	0.0405	0.1093	0.1787	0.8
1.0	0.0201	0.0217	0.0346	0.1104	0.0375	0.0351	0.0638	0.1461	0.0508	0.0430	0.0852	0.1624	1.0
1.2	0.0171	0.0212	0.0260	0.0970	0.0324	0.0351	0.0491	0.1312	0.0450	0.0439	0.0673	0.1480	1.2
1.4	0.0145	0.0204	0.0202	0.0865	0.0278	0.0344	0.0386	0.1187	0.0392	0.0436	0.0540	0.1356	1.4
1.6	0.0123	0.0195	0.0160	0.0779	0.0238	0.0333	0.0310	0.1082	0.0339	0.0427	0.0440	0.1247	1.6
1.8	0.0105	0.0186	0.0130	0.0709	0.0204	0.0321	0.0254	0.0993	0.0294	0.0415	0.0363	0.1153	1.8
2.0	0.0090	0.0178	0.0108	0.0650	0.0176	0.0308	0.0211	0.0917	0.0255	0.0401	0.0304	0.1071	2.0
2.5	0.0063	0.0157	0.0072	0.0538	0.0125	0.0276	0.0140	0.0769	0.0183	0.0365	0.0205	0.0908	2.5
3.0	0.0046	0.0140	0.0051	0.0458	0.0092	0.0248	0.0100	0.0661	0.0135	0.0330	0.0148	0.0786	3.0
5.0	0.0018	0.0097	0.0019	0.0289	0.0036	0.0175	0.0038	0.0424	0.0054	0.0236	0.0056	0.0476	5.0
7.0	0.0009	0.0073	0.0010	0.0211	0.0019	0.0133	0.0019	0.0311	0.0028	0.0180	0.0029	0.0352	7.0
10.0	0.0005	0.0053	0.0004	0.0150	0.0009	0.0097	0.0010	0.0222	0.0014	0.0133	0.0014	0.0253	10.0

l/b	0.8				1.0				1.2				l/b
点	1		2		1		2		1		2		点
z/b	α	$\bar{\alpha}$	α	$\bar{\alpha}$	α	$\bar{\alpha}$	α	$\bar{\alpha}$	α	$\bar{\alpha}$	α	$\bar{\alpha}$	z/b
0.0	0.0000	0.0000	0.2500	0.2500	0.0000	0.0000	0.2500	0.2500	0.0000	0.0000	0.2500	0.2500	0.0
0.2	0.0301	0.0151	0.2178	0.2339	0.0304	0.0152	0.2182	0.2341	0.0305	0.0153	0.2184	0.2342	0.2
0.4	0.0517	0.0280	0.1844	0.2175	0.0531	0.0285	0.1870	0.2184	0.0539	0.0288	0.1881	0.2187	0.4
0.6	0.0621	0.0376	0.1520	0.2011	0.0654	0.0388	0.1575	0.2030	0.0673	0.0394	0.1602	0.2039	0.6

49

z/b	l/b 0.8 点1 α	ᾱ	点2 α	ᾱ	l/b 1.0 点1 α	ᾱ	点2 α	ᾱ	l/b 1.2 点1 α	ᾱ	点2 α	ᾱ	z/b
0.8	0.0637	0.0440	0.1232	0.1852	0.0688	0.0459	0.1311	0.1883	0.0720	0.0470	0.1355	0.1899	0.8
1.0	0.0602	0.0476	0.0996	0.1704	0.0666	0.0502	0.1086	0.1746	0.0708	0.0518	0.1143	0.1769	1.0
1.2	0.0546	0.0492	0.0807	0.1571	0.0615	0.0525	0.0901	0.1621	0.0664	0.0546	0.0962	0.1649	1.2
1.4	0.0483	0.0495	0.0661	0.1451	0.0554	0.0534	0.0751	0.1507	0.0606	0.0559	0.0817	0.1541	1.4
1.6	0.0424	0.0490	0.0547	0.1345	0.0492	0.0533	0.0628	0.1405	0.0545	0.0561	0.0696	0.1443	1.6
1.8	0.0371	0.0480	0.0457	0.1252	0.0435	0.0525	0.0534	0.1313	0.0487	0.0556	0.0596	0.1354	1.8
2.0	0.0324	0.0467	0.0387	0.1169	0.0384	0.0513	0.0456	0.1232	0.0434	0.0547	0.0513	0.1274	2.0
2.5	0.0236	0.0429	0.0265	0.1000	0.0284	0.0478	0.0318	0.1063	0.0326	0.0513	0.0365	0.1107	2.5
3.0	0.0176	0.0392	0.0192	0.0871	0.0214	0.0439	0.0233	0.0931	0.0249	0.0476	0.0270	0.0976	3.0
5.0	0.0071	0.0285	0.0074	0.0576	0.0088	0.0324	0.0091	0.0624	0.0104	0.0356	0.0108	0.0661	5.0
7.0	0.0038	0.0219	0.0038	0.0427	0.0047	0.0251	0.0047	0.0465	0.0056	0.0277	0.0056	0.0496	7.0
10.0	0.0019	0.0162	0.0019	0.0308	0.0023	0.0186	0.0024	0.0336	0.0028	0.0207	0.0028	0.0359	10.0

z/b	l/b 1.4 点1 α	ᾱ	点2 α	ᾱ	l/b 1.6 点1 α	ᾱ	点2 α	ᾱ	l/b 1.8 点1 α	ᾱ	点2 α	ᾱ	z/b
0.0	0.0000	0.0000	0.2500	0.2500	0.0000	0.0000	0.2500	0.2500	0.0000	0.0000	0.2500	0.2500	0.0
0.2	0.0305	0.0153	0.2185	0.2343	0.0306	0.0153	0.2185	0.2343	0.0306	0.0153	0.2185	0.2343	0.2
0.4	0.0543	0.0289	0.1886	0.2189	0.0545	0.0290	0.1889	0.2190	0.0546	0.0290	0.1891	0.2190	0.4
0.6	0.0684	0.0397	0.1616	0.2043	0.0690	0.0399	0.1625	0.2046	0.0694	0.0400	0.1630	0.2047	0.6
0.8	0.0739	0.0476	0.1381	0.1907	0.0751	0.0480	0.1396	0.1912	0.0759	0.0482	0.1405	0.1915	0.8
1.0	0.0735	0.0528	0.1176	0.1781	0.0753	0.0534	0.1202	0.1789	0.0766	0.0538	0.1215	0.1794	1.0
1.2	0.0698	0.0560	0.1007	0.1666	0.0721	0.0568	0.1037	0.1678	0.0738	0.0574	0.1055	0.1684	1.2
1.4	0.0644	0.0575	0.0864	0.1562	0.0672	0.0586	0.0897	0.1576	0.0692	0.0594	0.0921	0.1585	1.4
1.6	0.0586	0.0580	0.0743	0.1467	0.0616	0.0594	0.0780	0.1484	0.0639	0.0603	0.0806	0.1494	1.6
1.8	0.0528	0.0578	0.0644	0.1381	0.0560	0.0593	0.0681	0.1400	0.0585	0.0604	0.0709	0.1413	1.8
2.0	0.0474	0.0570	0.0560	0.1303	0.0507	0.0587	0.0596	0.1324	0.0533	0.0599	0.0625	0.1338	2.0
2.5	0.0362	0.0540	0.0405	0.1139	0.0393	0.0560	0.0440	0.1163	0.0419	0.0575	0.0469	0.1180	2.5
3.0	0.0280	0.0503	0.0303	0.1008	0.0307	0.0525	0.0333	0.1033	0.0331	0.0541	0.0359	0.1052	3.0
5.0	0.0120	0.0382	0.0123	0.0690	0.0135	0.0403	0.0139	0.0714	0.0148	0.0421	0.0154	0.0734	5.0
7.0	0.0064	0.0299	0.0066	0.0520	0.0073	0.0318	0.0074	0.0541	0.0081	0.0333	0.0083	0.0558	7.0
10.0	0.0033	0.0224	0.0032	0.0379	0.0037	0.0239	0.0037	0.0395	0.0041	0.0252	0.0042	0.0409	10.0

z/b	l/b 2.0 点1 α	ᾱ	点2 α	ᾱ	l/b 3.0 点1 α	ᾱ	点2 α	ᾱ	l/b 4.0 点1 α	ᾱ	点2 α	ᾱ	z/b
0.0	0.0000	0.0000	0.2500	0.2500	0.0000	0.0000	0.2500	0.2500	0.0000	0.0000	0.2500	0.2500	0.0
0.2	0.0306	0.0153	0.2185	0.2343	0.0306	0.0153	0.2186	0.2343	0.0306	0.0153	0.2186	0.2343	0.2
0.4	0.0547	0.0290	0.1892	0.2191	0.0548	0.0290	0.1894	0.2192	0.0549	0.0291	0.1894	0.2192	0.4
0.6	0.0696	0.0401	0.1633	0.2048	0.0701	0.0402	0.1638	0.2050	0.0702	0.0402	0.1639	0.2050	0.6

z/b	2.0 点1 α	2.0 点1 ᾱ	2.0 点2 α	2.0 点2 ᾱ	3.0 点1 α	3.0 点1 ᾱ	3.0 点2 α	3.0 点2 ᾱ	4.0 点1 α	4.0 点1 ᾱ	4.0 点2 α	4.0 点2 ᾱ	z/b
0.8	0.0764	0.0483	0.1412	0.1917	0.0773	0.0486	0.1423	0.1920	0.0776	0.0487	0.1424	0.1920	0.8
1.0	0.0774	0.0540	0.1225	0.1797	0.0790	0.0545	0.1244	0.1803	0.0794	0.0546	0.1248	0.1803	1.0
1.2	0.0749	0.0577	0.1069	0.1689	0.0774	0.0584	0.1096	0.1697	0.0779	0.0586	0.1103	0.1699	1.2
1.4	0.0707	0.0599	0.0937	0.1591	0.0739	0.0609	0.0973	0.1603	0.0748	0.0612	0.0982	0.1605	1.4
1.6	0.0656	0.0609	0.0826	0.1502	0.0697	0.0623	0.0870	0.1517	0.0708	0.0626	0.0882	0.1521	1.6
1.8	0.0604	0.0611	0.0730	0.1422	0.0652	0.0628	0.0782	0.1441	0.0666	0.0633	0.0797	0.1445	1.8
2.0	0.0553	0.0608	0.0649	0.1348	0.0607	0.0629	0.0707	0.1371	0.0624	0.0634	0.0726	0.1377	2.0
2.5	0.0440	0.0586	0.0491	0.1193	0.0504	0.0614	0.0559	0.1223	0.0529	0.0623	0.0585	0.1233	2.5
3.0	0.0352	0.0554	0.0380	0.1067	0.0419	0.0589	0.0451	0.1104	0.0449	0.0600	0.0482	0.1116	3.0
5.0	0.0161	0.0435	0.0167	0.0749	0.0214	0.0480	0.0221	0.0797	0.0248	0.0500	0.0256	0.0817	5.0
7.0	0.0089	0.0347	0.0091	0.0572	0.0124	0.0391	0.0126	0.0619	0.0152	0.0414	0.0154	0.0642	7.0
10.0	0.0046	0.0263	0.0046	0.0403	0.0066	0.0302	0.0066	0.0462	0.0084	0.0325	0.0083	0.0485	10.0

z/b	6.0 点1 α	6.0 点1 ᾱ	6.0 点2 α	6.0 点2 ᾱ	8.0 点1 α	8.0 点1 ᾱ	8.0 点2 α	8.0 点2 ᾱ	10.0 点1 α	10.0 点1 ᾱ	10.0 点2 α	10.0 点2 ᾱ	z/b
0.0	0.0000	0.0000	0.2500	0.2500	0.0000	0.0000	0.2500	0.2500	0.0000	0.0000	0.2500	0.2500	0.0
0.2	0.0306	0.0153	0.2186	0.2343	0.0306	0.0153	0.2186	0.2343	0.0306	0.0153	0.2186	0.2343	0.2
0.4	0.0549	0.0291	0.1894	0.2192	0.0549	0.0291	0.1894	0.2192	0.0549	0.0291	0.1894	0.2192	0.4
0.6	0.0702	0.0402	0.1640	0.2050	0.0702	0.0402	0.1640	0.2050	0.0702	0.0402	0.1640	0.2050	0.6
0.8	0.0776	0.0487	0.1426	0.1921	0.0776	0.0487	0.1426	0.1921	0.0776	0.0487	0.1426	0.1921	0.8
1.0	0.0795	0.0546	0.1250	0.1804	0.0796	0.0546	0.1250	0.1804	0.0796	0.0546	0.1250	0.1804	1.0
1.2	0.0782	0.0587	0.1105	0.1700	0.0783	0.0587	0.1105	0.1700	0.0783	0.0587	0.1105	0.1700	1.2
1.4	0.0752	0.0613	0.0986	0.1606	0.0752	0.0613	0.0987	0.1606	0.0753	0.0613	0.0987	0.1606	1.4
1.6	0.0714	0.0628	0.0887	0.1523	0.0715	0.0628	0.0888	0.1523	0.0715	0.0628	0.0889	0.1523	1.6
1.8	0.0673	0.0635	0.0805	0.1447	0.0675	0.0635	0.0806	0.1448	0.0675	0.0635	0.0808	0.1448	1.8
2.0	0.0634	0.0637	0.0734	0.1380	0.0636	0.0638	0.0736	0.1380	0.0636	0.0638	0.0738	0.1380	2.0
2.5	0.0543	0.0627	0.0601	0.1237	0.0547	0.0628	0.0604	0.1238	0.0548	0.0628	0.0605	0.1239	2.5
3.0	0.0469	0.0607	0.0504	0.1123	0.0474	0.0609	0.0509	0.1124	0.0476	0.0609	0.0511	0.1125	3.0
5.0	0.0283	0.0515	0.0290	0.0833	0.0296	0.0519	0.0303	0.0837	0.0301	0.0521	0.0309	0.0839	5.0
7.0	0.0186	0.0435	0.0190	0.0663	0.0204	0.0442	0.0207	0.0671	0.0212	0.0445	0.0216	0.0674	7.0
10.0	0.0111	0.0349	0.0111	0.0509	0.0128	0.0359	0.0130	0.0520	0.0139	0.0364	0.0141	0.0526	10.0

圆形面积上均布荷载作用下中点的附加应力系数 α 与平均附加应力系数 ᾱ   表 2-5

z/r	圆形 α	圆形 ᾱ	z/r	圆形 α	圆形 ᾱ	z/r	圆形 α	圆形 ᾱ
0.0	1.000	1.000	0.4	0.949	0.986	0.8	0.756	0.923
0.1	0.999	1.000	0.5	0.911	0.974	0.9	0.701	0.901
0.2	0.992	0.998	0.6	0.864	0.960	1.0	0.647	0.878
0.3	0.976	0.993	0.7	0.811	0.942	1.1	0.595	0.855

z/r	圆形		z/r	圆形		z/r	圆形	
	α	$\bar{\alpha}$		α	$\bar{\alpha}$		α	$\bar{\alpha}$
1.2	0.547	0.831	2.5	0.200	0.574	3.8	0.096	0.425
1.3	0.502	0.808	2.6	0.187	0.560	3.9	0.091	0.417
1.4	0.461	0.784	2.7	0.175	0.546	4.0	0.087	0.409
1.5	0.424	0.762	2.8	0.165	0.532	4.1	0.083	0.401
1.6	0.390	0.739	2.9	0.155	0.519	4.2	0.079	0.393
1.7	0.360	0.718	3.0	0.146	0.507	4.3	0.076	0.386
1.8	0.332	0.697	3.1	0.138	0.495	4.4	0.073	0.379
1.9	0.307	0.677	3.2	0.130	0.484	4.5	0.070	0.372
2.0	0.285	0.658	3.3	0.124	0.473	4.6	0.067	0.365
2.1	0.264	0.640	3.4	0.117	0.463	4.7	0.064	0.359
2.2	0.245	0.623	3.5	0.111	0.463	4.8	0.062	0.353
2.3	0.229	0.606	3.6	0.106	0.443	4.9	0.059	0.347
2.4	0.210	0.590	3.7	0.101	0.434	5.0	0.057	0.341

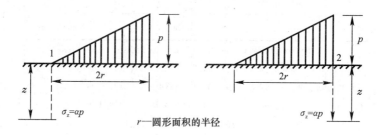

r——圆形面积的半径

圆形面积上三角形分布荷载作用下边点的附加应力

系数 α 与平均附加应力系数 $\bar{\alpha}$ 表 2-6

点	1		2	
系数 z/r	α	$\bar{\alpha}$	α	$\bar{\alpha}$
0.0	0.000	0.000	0.500	0.500
0.1	0.016	0.008	0.465	0.483
0.2	0.031	0.016	0.433	0.466
0.3	0.044	0.023	0.403	0.450
0.4	0.054	0.030	0.376	0.435
0.5	0.063	0.035	0.349	0.420
0.6	0.071	0.041	0.324	0.406
0.7	0.078	0.045	0.300	0.393
0.8	0.083	0.050	0.279	0.380
0.9	0.088	0.054	0.258	0.368
1.0	0.091	0.057	0.238	0.356
1.1	0.092	0.061	0.221	0.344

点 系数 z/r	1		2	
	α	$\bar{\alpha}$	α	$\bar{\alpha}$
1.2	0.093	0.063	0.205	0.333
1.3	0.092	0.065	0.190	0.323
1.4	0.091	0.067	0.177	0.313
1.5	0.089	0.069	0.165	0.303
1.6	0.087	0.070	0.154	0.294
1.7	0.085	0.071	0.144	0.286
1.8	0.083	0.072	0.134	0.278
1.9	0.080	0.072	0.126	0.270
2.0	0.078	0.073	0.117	0.263
2.1	0.075	0.073	0.110	0.255
2.2	0.072	0.073	0.104	0.249
2.3	0.070	0.073	0.097	0.242
2.4	0.067	0.073	0.091	0.236
2.5	0.064	0.072	0.086	0.230
2.6	0.062	0.072	0.081	0.225
2.7	0.059	0.071	0.078	0.219
2.8	0.057	0.071	0.074	0.214
2.9	0.055	0.070	0.070	0.209
3.0	0.052	0.070	0.067	0.204
3.1	0.050	0.069	0.064	0.200
3.2	0.048	0.069	0.061	0.196
3.3	0.046	0.068	0.059	0.192
3.4	0.045	0.067	0.055	0.188
3.5	0.043	0.067	0.053	0.184
3.6	0.041	0.066	0.051	0.180
3.7	0.040	0.065	0.048	0.177
3.8	0.038	0.065	0.046	0.173
3.9	0.037	0.064	0.043	0.170
4.0	0.036	0.063	0.041	0.167
4.2	0.033	0.062	0.038	0.161
4.4	0.031	0.061	0.034	0.155
4.6	0.029	0.059	0.031	0.150
4.8	0.027	0.058	0.029	0.145
5.0	0.025	0.057	0.027	0.140

2.1.2 基础计算

基础计算见表 2-7。

计算项目	计算公式
无筋扩展基础	无筋扩展基础（见下图）高度应满足下式的要求： 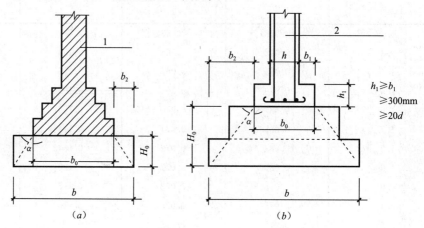 （a）　　　　　　　　　（b） 无筋扩展基础构造示意 d—柱中纵向钢筋直径；1—承重墙；2—钢筋混凝土柱 $$H_0 \geqslant \frac{b-b_0}{2\tan\alpha} \qquad (2-23)$$ 式中　b——基础底面宽度（m） 　　　b_0——基础顶面的墙体宽度或柱脚宽度（m） 　　　H_0——基础高度（m） 　　　$\tan\alpha$——基础台阶宽高比 $b_2 : H_0$，其允许值可按下表选用

基础材料	质量要求	台阶宽高比的允许值		
		$p_k \leqslant 100$	$100 < p_k \leqslant 200$	$200 < p_k \leqslant 300$
混凝土基础	C15 混凝土	1：1.00	1：1.00	1：1.25
毛石混凝土基础	C15 混凝土	1：1.00	1：1.25	1：1.50
砖基础	砖不低于 MU10、砂浆不低于 M5	1：1.50	1：1.50	1：1.50
毛石基础	砂浆不低于 M5	1：1.25	1：1.50	—
灰土基础	体积比为 3：7 或 2：8 的灰土，其最小干密度： 粉土 1550kg/m³ 粉质黏土 1500kg/m³ 黏土 1450kg/m³	1：1.25	1：1.50	—
三合土基础	体积比为 1：2：4～1：3：6（石灰：砂：骨料），每层约虚铺 220mm，夯至 150mm	1：1.50	1：2.00	—

注：1. p_k 为作用的标准组合时基础底面处的平均压力值（kPa）。
　　2. 阶梯形毛石基础的每阶伸出宽度，不宜大于 200mm。
　　3. 当基础由不同材料叠合组成时，应对接触部分作抗压验算。
　　4. 混凝土基础单侧扩展范围内基础底面处的平均压力值超过 300kPa 时，尚应进行抗剪验算；对基底反力集中于立柱附近的岩石地基，应进行局部受压承载力验算
　　b_2——基础台阶宽度（m）

扩展基础	（1）扩展基础的构造，应符合下列规定： 1）锥形基础的边缘高度不宜小于 200mm，且两个方向的坡度不宜大于 1：3；阶梯形基础的每阶高度，宜为 300mm～500mm。 2）垫层的厚度不宜小于 70mm，垫层混凝土强度等级不宜低于 C10。

计算项目	计算公式
扩展基础	3）扩展基础受力钢筋最小配筋率不应小于 0.15%，底板受力钢筋的最小直径不应小于 10mm，间距不应大于 200mm，也不应小于 100mm。墙下钢筋混凝土条形基础纵向分布钢筋的直径不应小于 8mm；间距不应大于 300mm；每延米分布钢筋的面积不应小于受力钢筋面积的 15%。当有垫层时钢筋保护层的厚度不应小于 40mm；无垫层时不应小于 70mm。 4）混凝土强度等级不应低于 C20。 5）当柱下钢筋混凝土独立基础的边长和墙下钢筋混凝土条形基础的宽度大于或等于 2.5m 时，底板受力钢筋的长度可取边长或宽度的 0.9 倍，并宜交错布置（见下图）。 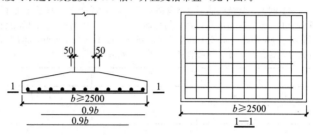 柱下独立基础底板受力钢筋布置 6）钢筋混凝土条形基础底板在 T 形及十字形交接处，底板横向受力钢筋仅沿一个主要受力方向通长布置，另一方向的横向受力钢筋可布置到主要受力方向底板宽度 1/4 处（见下图）。在拐角处底板横向受力钢筋应沿两个方向布置（见下图）。 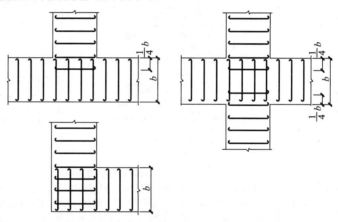 墙下条形基础纵横交叉处底板受力钢筋布置 （2）预制钢筋混凝土柱（包括双肢柱）与高杯口基础的连接（见下图），除应符合《建筑地基基础设计规范》GB 50007—2011 第 8.2.4 条插入深度的规定外，尚应符合下列规定： 1）起重机起重量小于或等于 750kN，轨顶标高小于或等于 14m，基本风压小于 0.5kPa 的工业厂房，且基础短柱的高度不大于 5m 2）起重机起重量大于 750kN，基本风压大于 0.5kPa，应符合下式的规定： $$\frac{E_2 J_2}{E_1 J_1} \geqslant 10 \qquad (2\text{-}24)$$ 式中　E_1——预制钢筋混凝土柱的弹性模量（kPa） 　　　J_1——预制钢筋混凝土柱对其截面短轴的惯性矩（m^4） 　　　E_2——短柱的钢筋混凝土弹性模量（kPa） 　　　J_2——短柱对其截面短轴的惯性矩（m^4） 3）当基础短柱的高度大于 5m，应符合下式的规定： $$\Delta_2 / \Delta_1 \leqslant 1.1 \qquad (2\text{-}25)$$ 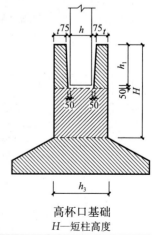 高杯口基础 H—短柱高度

计算项目	计算公式
扩展基础	式中 Δ_1——单位水平力作用在以高杯口基础顶面为固定端的柱顶时，柱顶的水平位移（m） Δ_2——单位水平力作用在以短柱底面为固定端的柱顶时，柱顶的水平位移（m） 4）杯壁厚度应符合下表的规定。高杯口基础短柱的纵向钢筋，除满足计算要求外，在非地震区及抗震设防烈度低于9度地区，且满足本条第1）、2）、3）款的要求时，短柱四角纵向钢筋的直径不宜小于20mm，并延伸至基础底板的钢筋网上；短柱长边的纵向钢筋，当长边尺寸小于或等于1000mm时，其钢筋直径不应小于12mm，间距不应大于300mm；当长边尺寸大于1000mm时，其钢筋直径不应小于16mm，间距不应大于300mm，且每隔一米左右伸下一根并作150mm的直钩支承在基础底部的钢筋网上，其余钢筋锚固至基础底板顶面下 l_a 处（见下图）。短柱短边每隔300mm应配置直径不小于12mm的纵向钢筋且每边的配筋率不少于0.05%短柱的截面面积。短柱中杯口壁内横向箍筋不应小于 $\phi8@150$；短柱中其他部位的箍筋直径不应小于8mm，间距不应大于300mm；当抗震设防烈度为8度和9度时，箍筋直径不应小于8mm，间距不应大于150mm

h/mm	t/mm	h/mm	t/mm
$600<h\leqslant800$	$\geqslant250$	$1000<h\leqslant1400$	$\geqslant350$
$800<h\leqslant1000$	$\geqslant300$	$1400<h\leqslant1600$	$\geqslant400$

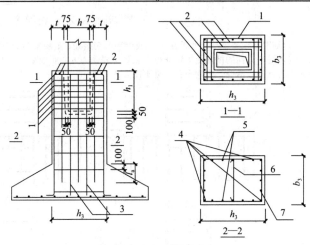

高杯口基础构造配筋

1—杯口壁内横向箍筋 $\phi8@150$；2—顶层焊接钢筋网；3—插入基础底部的纵向钢筋不应少于每米1根；4—短柱四角钢筋一向不小于$\Phi20$；5—短柱长边纵向钢筋当$h_3\leqslant1000$用$\phi12@300$，当$h_3>1000$用$\Phi16@300$；6—按构造要求；7—短柱短边纵向钢筋每边不小于 $0.05\%b_3h_3$（不小于$\phi12@300$）

（3）柱下独立基础的受冲切承载力应按下列公式验算：

$$F_l \leqslant 0.7\beta_{\mathrm{hp}}f_t a_m h_0 \tag{2-26}$$

$$a_{\mathrm{m}} = (a_t + a_b)/2 \tag{2-27}$$

$$F_l = p_j A_l \tag{2-28}$$

式中　β_{hp}——受冲切承载力截面高度影响系数，当h不大于800mm时，β_{hp}取1.0；当h大于或等于2000mm时，β_{hp}取0.9，其间按线性内插法取用

f_{t}——混凝土轴心抗拉强度设计值（kPa）

h_0——基础冲切破坏锥体的有效高度（m）

a_{m}——冲切破坏锥体最不利一侧计算长度（m）

a_{t}——冲切破坏锥体最不利一侧斜截面的上边长（m），当计算柱与基础交接处的受冲切承载力时，取柱宽；当计算基础变阶处的受冲切承载力时，取上阶宽

a_{b}——冲切破坏锥体最不利一侧斜截面在基础底面积范围内的下边长（m），当冲切破坏锥体的底面落在基础底面以内（见下图a、b），计算柱与基础交接处的受冲切承载力时，取柱宽加两倍基础有效高度；当计算基础变阶处的受冲切承载力时，取上阶宽加两倍该处的基础有效高度

56

计算项目	计算公式

p_j——扣除基础自重及其上土重后相应于作用的基本组合时的地基土单位面积净反力（kPa），对偏心受压基础可取基础边缘处最大地基土单位面积净反力

A_l——冲切验算时取用的部分基底面积（m^2）（见下图 a、b 中的阴影面积 $ABCDEF$）

F_l——相应于作用的基本组合时作用在 A_l 上的地基土净反力设计值（kPa）

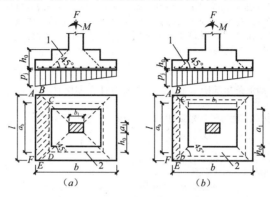

计算阶形基础的受冲切承载力截面位置

（a）柱与基础交接处；（b）基础变阶处

1—冲切破坏锥体最不利一侧的斜截面；2—冲切破坏锥体的底面线

（4）当基础底面短边尺寸小于或等于柱宽加两倍基础有效高度时，应按下列公式验算柱与基础交接处截面受剪承载力：

$$V_s \leqslant 0.7\beta_{hs}f_t A_0 \tag{2-29}$$

$$\beta_{hs} = (800/h_0)^{1/4} \tag{2-30}$$

式中 V_s——相应于作用的基本组合时，柱与基础交接处的剪力设计值（kN），下图中的阴影面积乘以基底平均净反力

β_{hs}——受剪切承载力截面高度影响系数，当 $h_0 < 800$mm 时，取 $h_0 = 800$mm；当 $h_0 > 2000$mm 时，取 $h_0 = 2000$mm

A_0——验算截面处基础的有效截面面积（m^2）。当验算截面为阶形或锥形时，可将其截面折算成矩形截面，截面的折算宽度和截面的有效高度按《建筑地基基础设计规范》GB 50007—2011 附录 U 计算

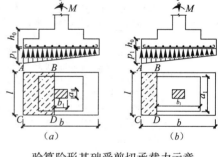

验算阶形基础受剪切承载力示意

（a）柱与基础交接处；（b）基础变阶处

（5）在轴心荷载或单向偏心荷载作用下，当台阶的宽高比小于或等于 2.5 且偏心距小于或等于 1/6 基础宽度时，柱下矩形独立基础任意截面的底板弯矩可按下列简化方法进行计算（见下图）：

$$M_{\mathrm{I}} = \frac{1}{12}a_1^2\left[(2l+a')\left(p_{\max}+p-\frac{2G}{A}\right)+(p_{\max}-p)l\right] \tag{2-31}$$

$$M_{\mathrm{II}} = \frac{1}{48}(l-a')^2(2b+b')\left(p_{\max}+p_{\min}-\frac{2G}{A}\right) \tag{2-32}$$

式中 M_{I}、M_{II}——相应于作用的基本组合时，任意截面Ⅰ-Ⅰ、Ⅱ-Ⅱ处的弯矩设计值（kN·m）

a_1——任意截面Ⅰ-Ⅰ至基底边缘最大反力处的距离（m）

l、b——基础底面的边长（m）

$p_{\max}$、$p_{\min}$——相应于作用的基本组合时的基础底面边缘最大和最小地基反力设计值（kPa）

p——相应于作用的基本组合时在任意截面Ⅰ-Ⅰ处基础底面地基反力设计值（kPa）

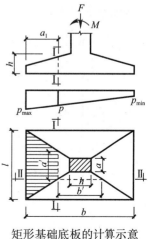

矩形基础底板的计算示意

扩展基础

计算项目	计算公式
扩展基础	G——考虑作用分项系数的基础自重及其上的土自重（kN）；当组合值由永久作用控制时，作用分项系数可取 1.35 （6）当柱下独立柱基底面长短边之比 ω 在大于或等于 2、小于或等于 3 的范围时，基础底板短向钢筋应按下述方法布置：将短向全部钢筋面积乘以 λ 后求得的钢筋，均匀分布在与柱中心线重合的宽度等于基础短边的中间带宽范围内（见下图），其余的短向钢筋则均匀分布在中间带宽的两侧。长向配筋应均匀分布在基础全宽范围内。λ 按下式计算： $$\lambda = 1 - \frac{\omega}{6} \qquad (2\text{-}33)$$ 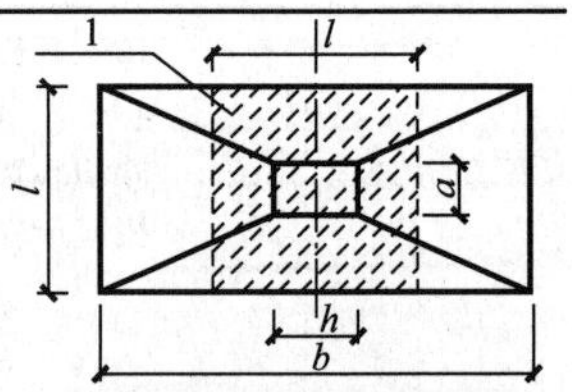 （7）墙下条形基础（见下图）的受弯计算和配筋应符合下列规定： 1）任意截面每延米宽度的弯矩，可按下式进行计算 $$M_{\mathrm{I}} = \frac{1}{6}a_1^2\left(2p_{\max} + p - \frac{3G}{A}\right) \qquad (2\text{-}34)$$ 2）其最大弯矩截面的位置，应符合下列规定： ① 当墙体材料为混凝土时，取 $a_1 = b_1$ ② 如为砖墙且放脚不大于 1/4 砖长时，取 $a_1 = b_1 + 1/4$ 砖长 3）墙下条形基础底板每延米宽度的配筋除满足计算和最小配筋率要求外，尚应符合（1）中 3）的构造要求 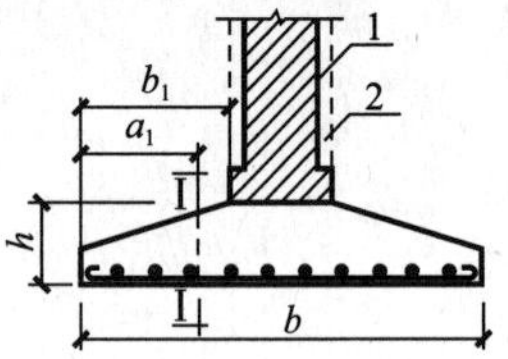	 基础底板短向钢筋布置示意 1—λ 倍短向全部钢筋面积均匀配置在阴影范围内 墙下条形基础的计算示意 1—砖墙；2—混凝土墙
高层建筑 筏形基础	（1）筏形基础的平面尺寸，应根据工程地质条件、上部结构的布置、地下结构底层平面以及荷载分布等因素按《建筑地基基础设计规范》GB 50007—2011 第 5 章有关规定确定。对单幢建筑物，在地基土比较均匀的条件下，基底平面形心宜与结构竖向永久荷载重心重合。当不能重合时，在作用的准永久组合下，偏心距 e 宜符合下式规定： $$e \leqslant 0.1W/A \qquad (2\text{-}35)$$ 式中　W——与偏心距方向一致的基础底面边缘抵抗矩（m^3） 　　　　A——基础底面积（m^2） （2）平板式筏基柱下冲切验算应符合下列规定： 1）平板式筏基柱下冲切验算时应考虑作用在冲切临界截面重心上的不平衡弯矩产生的附加剪力。对基础边柱和角柱冲切验算时，其冲切力应分别乘以 1.1 和 1.2 的增大系数。距柱边 $h_0/2$ 处冲切临界截面的最大剪应力 $\tau_{\max}$ 应按式（2-36）、式（2-37）进行计算（见下图）。板的最小厚度不应小于 500mm 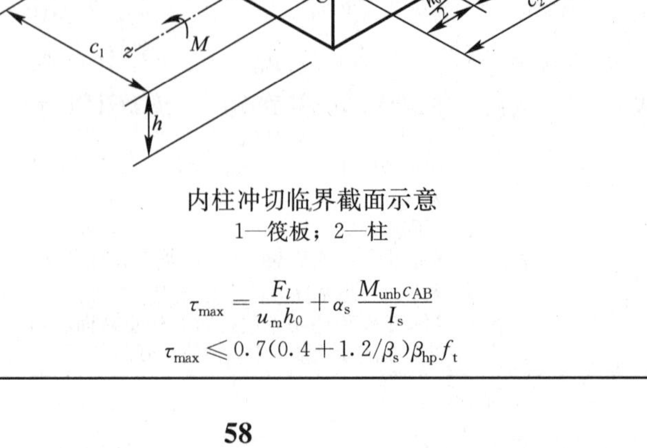 内柱冲切临界截面示意 1—筏板；2—柱 $$\tau_{\max} = \frac{F_l}{u_m h_0} + \alpha_s \frac{M_{\mathrm{unb}} c_{\mathrm{AB}}}{I_s} \qquad (2\text{-}36)$$ $$\tau_{\max} \leqslant 0.7(0.4 + 1.2/\beta_s)\beta_{\mathrm{hp}} f_t \qquad (2\text{-}37)$$	

计算项目	计算公式

高层建筑
筏形基础
	$$\alpha_s = 1 - \cfrac{1}{1 + \cfrac{2}{3}\sqrt{\left(\cfrac{c_1}{c_2}\right)}} \qquad (2\text{-}38)$$
	
	式中 F_l——相应于作用的基本组合时的冲切力（kN），对内柱取轴力设计值减去筏板冲切破坏锥体内的基底净反力设计值；对边柱和角柱，取轴力设计值减去筏板冲切临界截面范围内的基底净反力设计值
	
	    u_m——距柱边缘不小于 $h_0/2$ 处冲切临界截面的最小周长（m），按《建筑地基基础设计规范》GB 50007—2011 附录 P 计算
	
	    h_0——筏板的有效高度（m）
	
	  M_{unb}——作用在冲切临界截面重心上的不平衡弯矩设计值（kN·m）
	
	    c_{AB}——沿弯矩作用方向，冲切临界截面重心至冲切临界截面最大剪应力点的距离（m），按《建筑地基基础设计规范》GB 50007—2011 附录 P 计算
	
	    I_s——冲切临界截面对其重心的极惯性矩（m⁴），按《建筑地基基础设计规范》GB 50007—2011 附录 P 计算
	
	    β_s——柱截面长边与短边的比值，当 $\beta_s < 2$ 时，β_s 取 2，当 $\beta_s > 4$ 时，β_s 取 4
	
	  β_{hp}——受冲切承载力截面高度影响系数，当 $h \leqslant 800$mm 时，取 $\beta_{hp} = 1.0$；当 $h \geqslant 2000$mm 时，取 $\beta_{hp} = 0.9$，其间按线性内插法取值
	
	    f_t——混凝土轴心抗拉强度设计值（kPa）
	
	    c_1——与弯矩作用方向一致的冲切临界截面的边长（m），按《建筑地基基础设计规范》GB 50007—2011 附录 P 计算
	
	    c_2——垂直于 c_1 的冲切临界截面的边长（m），按《建筑地基基础设计规范》GB 50007—2011 附录 P 计算
	
	    α_s——不平衡弯矩通过冲切临界截面上的偏心剪力来传递的分配系数
	
	  2）当柱荷载较大，等厚度筏板的受冲切承载力不能满足要求时，可在筏板上面增设柱墩或在筏板下局部增加板厚或采用抗冲切钢筋等措施满足受冲切承载能力要求
	
	（3）平板式筏基内筒下的板厚应满足受冲切承载力的要求，并应符合下列规定：
	
	  1）受冲切承载力应按下式进行计算：
	
	$$F_l / u_m h_0 \leqslant 0.7\beta_{hp} f_t / \eta \qquad (2\text{-}39)$$
	
	式中 F_l——相应于作用的基本组合时，内筒所受的轴力设计值减去内筒下筏板冲切破坏锥体内的基底净反力设计值（kN）
	
	    u_m——距内筒外表面 $h_0/2$ 处冲切临界截面的周长（m）（见下图）
	
	    h_0——距内筒外表面 $h_0/2$ 处筏板的截面有效高度（m）
	
	    η——内筒冲切临界截面周长影响系数，取 1.25 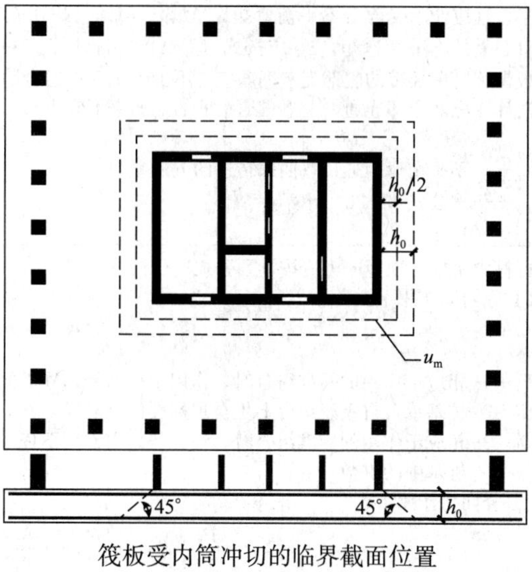
	
	筏板受内筒冲切的临界截面位置

计算项目	计算公式

计算公式栏内容：

2) 当需要考虑内筒根部弯矩的影响时，距内筒外表面 $h_0/2$ 处冲切临界截面的最大剪应力可按公式（2-36）计算，此时 $\tau_{\max} \leqslant 0.7\beta_{hp}f_t/\eta$

（4）平板式筏基受剪承载力应按式（2-40）验算，当筏板的厚度大于 2000mm 时，宜在板厚中间部位设置直径不小于 12mm、间距不大于 300mm 的双向钢筋网

$$V_s \leqslant 0.7\beta_{hs}f_t b_w h_0 \qquad (2-40)$$

式中　V_s——相应于作用的基本组合时，基底净反力平均值产生的距内筒或柱边缘 h_0 处筏板单位宽度的剪力设计值（kN）

　　　　b_w——筏板计算截面单位宽度（m）

　　　　h_0——距内筒或柱边缘 h_0 处筏板的截面有效高度（m）

（5）梁板式筏基底板受冲切、受剪切承载力计算应符合下列规定：

1) 梁板式筏基底板受冲切承载力应按下式进行计算：

$$F_l \leqslant 0.7\beta_{hp}f_t u_m h_0 \qquad (2-41)$$

式中　F_l——作用的基本组合时，见下图中阴影部分面积上的基底平均净反力设计值（kN）

　　　　u_m——距基础梁边 $h_0/2$ 处冲切临界截面的周长（m）（见下图）

2) 当底板区格为矩形双向板时，底板受冲切所需的厚度 h_0 应按式（2-42）进行计算，其底板厚度与最大双向板格的短边净跨之比不应小于 1/14，且板厚不应小于 400mm

$$h_0 = \frac{(l_{n1}+l_{n2}) - \sqrt{(l_{n1}+l_{n2})^2 - \dfrac{4p_n l_{n1} l_{n2}}{p_n + 0.7\beta_{hp}f_t}}}{4} \qquad (2-42)$$

式中　l_{n1}、l_{n2}——计算板格的短边和长边的净长度（m）

　　　　p_n——扣除底板及其上填土自重后，相应于作用的基本组合时的基底平均净反力设计值（kPa）

3) 梁板式筏基双向底板斜截面受剪承载力应按下式进行计算：

$$V_s \leqslant 0.7\beta_{hs}f_t(l_{n2}-2h_0)h_0 \qquad (2-43)$$

式中　V_s——距梁边缘 h_0 处，作用在下图中阴影部分面积上的基底平均净反力产生的剪力设计值（kN）

4) 当底板板格为单向板时，其斜截面受剪承载力应按（4）验算，其底板厚度不应小于 400mm

（6）按基底反力直线分布计算的平板式筏基，可按柱下板带和跨中板带分别进行内力分析。柱下板带中，柱宽及其两侧各 0.5 倍板厚且不大于 1/4 板跨的有效宽度范围内，其钢筋配置量不应小于柱下板带钢筋数量的一半，且应能承受部分不平衡弯矩 $\alpha_m M_{unb}$。M_{unb} 为作用在冲切临界截面重心上的不平衡弯矩，α_m 应按式（2-44）进行计算。平板式筏基柱下板带和跨中板带的底板支座钢筋应有不少于 1/3 贯通全跨，顶部钢筋应按计算配筋全部连通，上下贯通钢筋的配筋率不应小于 0.15%。

$$\alpha_m = 1 - \alpha_s \qquad (2-44)$$

式中　α_m——不平衡弯矩通过弯曲来传递的分配系数

　　　　α_s——按公式（2-38）计算

图示：

底板的冲切计算示意
1—冲切破坏锥体的斜截面；
2—梁；3—底板

底板剪切计算示意

计算项目栏： 高层建筑筏形基础

桩基础

（1）群桩中单桩桩顶竖向力应按下列公式进行计算：

1) 轴心竖向力作用下：

$$Q_k = \frac{F_k + G_k}{n} \qquad (2-45)$$

式中　F_k——相应于作用的标准组合时，作用于桩基承台顶面的竖向力（kN）

　　　　G_k——桩基承台自重及承台上土自重标准值（kN）

　　　　Q_k——相应于作用的标准组合时，轴心竖向力作用下任一单桩的竖向力（kN）

　　　　n——桩基中的桩数

2) 偏心竖向力作用下：

$$Q_{ik} = \frac{F_k + G_k}{n} \pm \frac{M_{xk}y_i}{\sum y_i^2} \pm \frac{M_{yk}x_i}{\sum x_i^2} \qquad (2-46)$$

计算项目	计算公式
桩基础	式中　Q_{ik}——相应于作用的标准组合时，偏心竖向力作用下第 i 根桩的竖向力（kN） M_{xk}，M_{yk}——相应于作用的标准组合时，作用于承台底面通过桩群形心的 x、y 轴的力矩（kN·m） 　x_i，y_i——第 i 根桩至桩群形心的 y、x 轴线的距离（m） 　　3）水平力作用下： $$H_{ik} = \frac{H_k}{n} \qquad (2\text{-}47)$$ 式中　H_k——相应于作用的标准组合时，作用于承台底面的水平力（kN） 　　H_{ik}——相应于作用的标准组合时，作用于任一单桩的水平力（kN） 　（2）单桩承载力计算应符合下列规定： 　　1）轴心竖向力作用下： $$Q_k \leqslant R_a \qquad (2\text{-}48)$$ 式中　R_a——单桩竖向承载力特征值（kN） 　　2）偏心竖向力作用下，除满足公式（2-48）外，尚应满足下列要求： $$Q_{ik max} \leqslant 1.2R_a \qquad (2\text{-}49)$$ 　　3）水平荷载作用下： $$H_{ik} \leqslant R_{Ha} \qquad (2\text{-}50)$$ 式中　R_{Ha}——单桩水平承载力特征值（kN） 　（3）单桩竖向承载力特征值的确定应符合下列规定： 　　1）单桩竖向承载力特征值应通过单桩竖向静载试验确定。在同一条件下的试桩数量，不宜少于总桩数的 1% 且不应少于 3 根。单桩的静载荷试验，应按《建筑地基基础设计规范》GB 50007—2011 附录 Q 进行 　　2）当桩端持力层为密实砂卵石或其他承载力类似的土层时，对单桩竖向承载力很高的大直径端承型桩，可采用深层平板载荷试验确定桩端土的承载力特征值，试验方法应符合《建筑地基基础设计规范》GB 50007—2011 附录 D 的规定 　　3）地基基础设计等级为丙级的建筑物，可采用静力触探及标贯试验参数结合工程经验确定单桩竖向承载力特征值 　　4）初步设计时单桩竖向承载力特征值可按下式进行估算： $$R_a = q_{pa}A_p + u_p \sum q_{sia}l_i \qquad (2\text{-}51)$$ 式中　A_p——桩底端横截面面积（m²） 　q_{pa}，q_{sia}——桩端阻力特征值、桩侧阻力特征值（kPa），由当地静载荷试验结果统计分析算得 　　u_p——桩身周边长度（m） 　　l_i——第 i 层岩土的厚度（m） 　　5）桩端嵌入完整及较完整的硬质岩中，当桩长较短且入岩较浅时，可按下式估算单桩竖向承载力特征值： $$R_a = q_{pa}A_p \qquad (2\text{-}52)$$ 式中　q_{pa}——桩端岩石承载力特征值（kN） 　　6）嵌岩灌注桩桩端以下 3 倍桩径且不小于 5m 范围内应无软弱夹层、断裂破碎带和洞穴分布，且在桩底应力扩散范围内应无岩体临空面。当桩端无沉渣时，桩端岩石承载力特征值应根据岩石饱和单轴抗压强度标准值按《建筑地基基础设计规范》GB 50007—2011 第 5.2.6 条确定，或按《建筑地基基础设计规范》GB 50007—2011 附录 H 用岩石地基载荷试验确定 　（4）按桩身混凝土强度计算桩的承载力时，应按桩的类型和成桩工艺的不同将混凝土的轴心抗压强度设计值乘以工作条件系数 φ_c，桩轴心受压时桩身强度应符合式（2-53）的规定。当桩顶以下 5 倍桩身直径范围内螺旋式箍筋间距不大于 100mm 且钢筋耐久性得到保证的灌注桩，可适当计入桩身纵向钢筋的抗压作用。 $$Q \leqslant A_p f_c \varphi_c \qquad (2\text{-}53)$$ 式中　f_c——混凝土轴心抗压强度设计值（kPa），按现行国家标准《混凝土结构设计规范》GB 50010—2010 取值 　　Q——相应于作用的基本组合时的单桩竖向力设计值（kN） 　　A_p——桩身横截面积（m²） 　　φ_c——工作条件系数，非预应力预制桩取 0.75，预应力桩取 0.55～0.60，灌注桩取 0.6～0.8（水下灌注桩、长桩或混凝土强度等级高于 C35 时用低值）

计算项目	计算公式
桩基础	(5) 柱下桩基承台的弯矩可按以下简化计算方法确定： 1) 多桩矩形承台计算截面取在柱边和承台高度变化处（杯口外侧或台阶边缘，见下图 a）：

$$M_{\mathrm{x}} = \sum N_i y_i \qquad (2\text{-}54)$$

$$M_{\mathrm{y}} = \sum N_i x_i \qquad (2\text{-}55)$$

式中　M_{x}、M_{y}——分别为垂直 y 轴和 x 轴方向计算截面处的弯矩设计值（kN·m）

　　　　x_i、y_i——垂直 y 轴和 x 轴方向自桩轴线到相应计算截面的距离（m）

　　　　N_i——扣除承台和其上填土自重后相应于作用的基本组合时的第 i 桩竖向力设计值（kN）

2) 三桩承台

① 等边三桩承台（见下图 b）

$$M = \frac{N_{\max}}{3}\left(s - \frac{\sqrt{3}}{4}c\right) \qquad (2\text{-}56)$$

式中　M——由承台形心至承台边缘距离范围内板带的弯矩设计值（kN·m）

　　　$N_{\max}$——扣除承台和其上填土自重后的三桩中相应于作用的基本组合时的最大单桩竖向力设计值（kN）

　　　　s——桩距（m）

　　　　c——方柱边长（m），圆柱时 $c = 0.886d$（d 为圆柱直径）

② 等腰三桩承台（见下图 c）

$$M_1 = \frac{N_{\max}}{3}\left(s - \frac{0.75}{\sqrt{4-\alpha^2}}c_1\right) \qquad (2\text{-}57)$$

$$M_2 = \frac{N_{\max}}{3}\left(\alpha s - \frac{0.75}{\sqrt{4-\alpha^2}}c_2\right) \qquad (2\text{-}58)$$

式中　M_1、M_2——分别为由承台形心到承台两腰和底边的距离范围内板带的弯矩设计值（kN·m）

　　　　s——长向桩距（m）

　　　　α——短向桩距与长向桩距之比，当 α 小于 0.5 时，应按变截面的二桩承台设计

　　　c_1、c_2——分别为垂直于、平行于承台底边的柱截面边长（m）

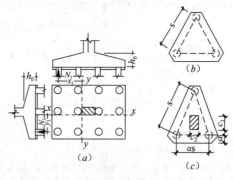

承台弯矩计算

(6) 柱下桩基础独立承台受冲切承载力的计算，应符合下列规定：

1) 柱对承台的冲切，可按下列公式计算（见下图）：

$$F_l \leqslant 2[\alpha_{\mathrm{ox}}(b_{\mathrm{c}} + a_{\mathrm{oy}}) + \alpha_{\mathrm{oy}}(h_{\mathrm{c}} + a_{\mathrm{ox}})]\beta_{\mathrm{hp}}f_{\mathrm{t}}h_0 \qquad (2\text{-}59)$$

$$F_l = F - \sum N_i \qquad (2\text{-}60)$$

$$\alpha_{\mathrm{ox}} = 0.84/(\lambda_{\mathrm{ox}} + 0.2) \qquad (2\text{-}61)$$

$$\alpha_{\mathrm{oy}} = 0.84/(\lambda_{\mathrm{oy}} + 0.2) \qquad (2\text{-}62)$$

式中　F_l——扣除承台及其上填土自重，作用在冲切破坏锥体上相应于作用的基本组合时的冲切力设计值（kN），冲切破坏锥体应采用自柱边或承台变阶处至相应桩顶边缘连线构成的锥体，锥体与承台底面的夹角不小于 45°（见下图）

　　　　h_0——冲切破坏锥体的有效高度（m）

　　　　β_{hp}——受冲切承载力截面高度影响系数

　α_{ox}、α_{oy}——冲切系数

计算项目	计算公式

λ_{ox}、λ_{oy}——冲跨比，$\lambda_{ox}=a_{ox}/h_0$、$\lambda_{oy}=a_{oy}/h_0$，a_{ox}、a_{oy} 为柱边或变阶处至桩边的水平距离；当 $a_{ox}(a_{oy})<0.25h_0$ 时，$a_{ox}(a_{oy})=0.25h_0$；当 $a_{ox}(a_{oy})>h_0$ 时，$a_{ox}(a_{oy})=h_0$

F——柱根部轴力设计值（kN）

$\sum N_i$——冲切破坏锥体范围内各桩的净反力设计值之和（kN）

对中低压缩性土上的承台，当承台与地基土之间没有脱空现象时，可根据地区经验适当减小柱下桩基础独立承台受冲切计算的承台厚度

2）角桩对承台的冲切，可按下列公式计算：

① 多桩矩形承台受角桩冲切的承载力应按下列公式计算（见下图）：

$$N_l \leq \left[\alpha_{1x}\left(c_2+\frac{a_{1y}}{2}\right)+\alpha_{1y}\left(c_1+\frac{a_{1x}}{2}\right)\right]\beta_{hp}f_t h_0 \qquad (2\text{-}63)$$

$$\alpha_{1x}=\frac{0.56}{\lambda_{1x}+0.2} \qquad (2\text{-}64)$$

$$\alpha_{1y}=\frac{0.56}{\lambda_{1y}+0.2} \qquad (2\text{-}65)$$

柱对承台冲切

式中 N_l——扣除承台和其上填土自重后的角桩桩顶相应于作用的基本组合时的竖向力设计值（kN）

α_{1x}、α_{1y}——角桩冲切系数

λ_{1x}、λ_{1y}——角桩冲跨比，其值满足 $0.25\sim1.0$，$\lambda_{1x}=a_{1x}/h_0$，$\lambda_{1y}=a_{1y}/h_0$

c_1、c_2——从角桩内边缘至承台外边缘的距离（m）

a_{1x}、a_{1y}——从承台底角桩内边缘引 $45°$ 冲切线与承台顶面或承台变阶处相交点至角桩内边缘的水平距离（m）

h_0——承台外边缘的有效高度（m）

矩形承台角桩冲切验算

② 三桩三角形承台受角桩冲切的承载力可按下列公式计算（见下图）。对圆柱及圆桩，计算时可将圆形截面换算成正方形截面

底部角桩

$$N_l \leq \alpha_{11}(2c_1+a_{11})\tan\frac{\theta_1}{2}\beta_{hp}f_t h_0 \qquad (2\text{-}66)$$

$$\alpha_{11}=\frac{0.56}{\lambda_{11}+0.2} \qquad (2\text{-}67)$$

顶部角桩

$$N_l \leq \alpha_{12}(2c_2+a_{12})\tan\frac{\theta_2}{2}\beta_{hp}f_t h_0 \qquad (2\text{-}68)$$

$$\alpha_{12}=\frac{0.56}{\lambda_{12}+0.2} \qquad (2\text{-}69)$$

三角形承台角桩冲切验算

式中 λ_{11}、λ_{12}——角桩冲跨比，其值满足 $0.25\sim1.0$，$\lambda_{11}=\frac{a_{11}}{h_0}$，$\lambda_{12}=\frac{a_{12}}{h_0}$

a_{11}、a_{12}——从承台底角桩内边缘向相邻承台边引 $45°$ 冲切线与承台顶面相交点至角桩内边缘的水平距离（m）；当柱位于该 $45°$ 线以内时则取柱边与桩内边缘连线为冲切锥体的锥线

（7）柱下桩基独立承台斜截面受剪承载力可按下列公式进行计算（见下图）：

$$V \leq \beta_{hs}\beta f_t b_0 h_0 \qquad (2\text{-}70)$$

$$\beta=\frac{1.75}{\lambda+1.0} \qquad (2\text{-}71)$$

式中 V——扣除承台及其上填土自重后相应于作用的基本组合时的斜截面的最大剪力设计值（kN）

b_0——承台计算截面处的计算宽度（m）；阶梯形承台变阶处的计算宽度、锥形承台的计算宽度应按《建筑地基基础设计规范》GB 50007—2011 附录 U 确定

h_0——计算宽度处的承台有效高度（m）

β——剪切系数

β_{hs}——受剪切承载力截面高度影响系数，按公式（2-30）计算

桩基础（计算项目列）

63

计算项目	计算公式
桩基础	λ——计算截面的剪跨比，$\lambda_x=\dfrac{a_x}{h_0}$，$\lambda_y=\dfrac{a_y}{h_0}$；$a_x$、$a_y$ 为柱边或承台变阶处至 x、y 方向计算一排桩的桩边的水平距离，当 $\lambda<0.25$ 时，取 $\lambda=0.25$；当 $\lambda>3$ 时，取 $\lambda=3$ 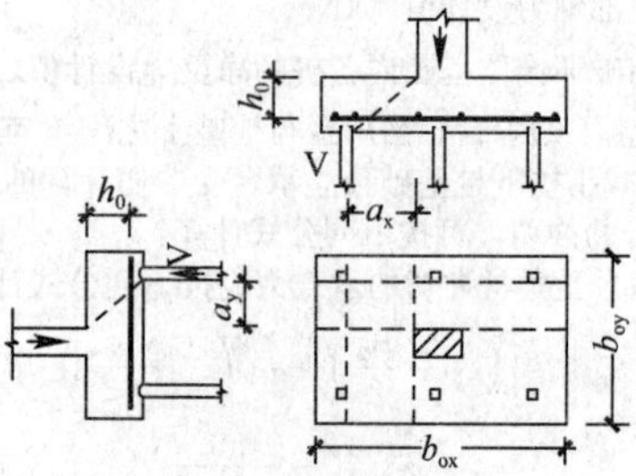 承台斜截面受剪计算
岩石锚杆基础	(1) 锚杆基础中单根锚杆所承受的拔力，应按下列公式验算： $$N_{ti}=\frac{F_k+G_k}{n}-\frac{M_{xk}y_i}{\sum y_i^2}-\frac{M_{yk}x_i}{\sum x_i^2} \qquad (2\text{-}72)$$ $$N_{tmax}\leqslant R_t \qquad (2\text{-}73)$$ 式中　F_k——相应于作用的标准组合时，作用在基础顶面上的竖向力（kN） 　　　G_k——基础自重及其上的土自重（kN） 　M_{xk}、M_{yk}——按作用的标准组合计算作用在基础底面形心的力矩值（kN·m） 　　　x_i、y_i——第 i 根锚杆至基础底面形心的 y、x 轴线的距离（m） 　　　N_{ti}——相应于作用的标准组合时，第 i 根锚杆所承受的拔力值（kN） 　　　R_t——单根锚杆抗拔承载力特征值（kN） (2) 对设计等级为甲级的建筑物，单根锚杆抗拔承载力特征值 R_t 应通过现场试验确定；对于其他建筑物应符合下式规定： $$R_t\leqslant 0.8\pi d_1 lf \qquad (2\text{-}74)$$ 式中　f——砂浆与岩石间的粘结强度特征值（kPa），可按下表选用 <table><tr><td>岩石坚硬程度</td><td>软　岩</td><td>较软岩</td><td>硬质岩</td></tr><tr><td>粘结强度</td><td><0.2</td><td>0.2～0.4</td><td>0.4～0.6</td></tr></table> 注：水泥砂浆强度为 30MPa 或细石混凝土强度等级为 C30

2.1.3　地基处理计算

地基处理计算见表 2-8。

地基处理计算　　　　　　　　　　　　　　　　　　　　　　　表 2-8

计算项目	计算公式
砂石桩的间距	(1) 松散粉土和砂土地基时： 等边三角形布置 $$s=0.95\xi d\sqrt{\frac{1+e_0}{e_0-e_1}} \qquad (2\text{-}75)$$ 正方形布置 $$s=0.89\xi d\sqrt{\frac{1+e_0}{e_0-e_1}} \qquad (2\text{-}76)$$ $$e_1=e_{max}-D_{r1}(e_{max}-e_{min}) \qquad (2\text{-}77)$$ 式中　s——砂石桩间距（m）

计算项目	计算公式
砂石桩的间距	d——砂石桩直径（m） ξ——修正系数，当考虑振动下沉密实作用时，可取 1.1～1.2；不考虑振动下沉密实作用时，可取 1.0 e_0——地基处理前砂土的孔隙比，可按原状土样试验确定，也可根据动力或静力触探等对比试验确定 e_1——地基挤密后要求达到的孔隙比 e_{max}、e_{min}——砂土的最大、最小孔隙比，可按现行国家标准《土工试验方法标准（2007 年版）》GB/T 50123—1999 的有关规定确定 D_{r1}——地基挤密后要求砂土达到的相对密实度，可取 0.70～0.85 （2）黏性土地基： 等边三角形布置 $$s = 1.08\sqrt{A_e} \tag{2-78}$$ 正方形布置 $$s = \sqrt{A_e} \tag{2-79}$$ $$A_e = \frac{A_p}{m} \tag{2-80}$$ 式中 A_e——1 根砂石桩承担的处理面积（m²） $\quad\quad A_p$——砂石桩的截面积（m²） $\quad\quad m$——面积置换率
砂石桩孔内填砂石量	每根砂石桩孔内的填砂石量 Q（m³）可按下式计算： $$Q = \frac{A_p l_0 d_s}{1 + e_1}(1 + 0.01w) \tag{2-81}$$ 式中 A_p——砂石桩的截面积（m²） $\quad\quad l_0$——桩的长度（m） $\quad\quad d_s$——砂石料的相对密度（比重） $\quad\quad e_1$——地基挤密后要求达到的孔隙比 $\quad\quad w$——砂石料的含水量（%） 桩孔内的填料可用砾砂、粗砂、中砂、圆砾、角砾、卵石、碎石等。填料中含泥量不得大于 5%，并不宜含有大于 50mm 的颗粒
强夯法加固地基影响深度计算	强夯锤重 W 和落距 h 的选择，取决于需要加固的土层厚度 H，三者之间的关系可用经验公式进行估算： $$H = \alpha\sqrt{\frac{Wh}{10}} \tag{2-82}$$ 式中 H——加固土层厚度（m） $\quad\quad W$——锤重（kN） $\quad\quad h$——落距（m） $\quad\quad \alpha$——小于 1.0 的经验系数，视不同土质条件来取值；对黏性土可取 0.5；对砂性土可取 0.7；对黄土可取 0.35～0.5
强夯置换法单击能及夯击次数	进行强夯置换施工时，单击夯击能应通过现场试验确定。在进行初步设计时，也可通过如下经验公式计算单击夯击能平均值 $\bar{E}$ 和单击夯击能最低值 E_w，初选单击夯击能可在 $\bar{E}$ 和 E_w 之间选取： $$\bar{E} = 940(H_1 - 2.1) \tag{2-83}$$ $$E_w = 940(H_1 - 3.3) \tag{2-84}$$ 式中 H_1——置换墩深度（m） 夯点的夯击次数应通过现场试夯确定，且应同时满足以下条件： （1）墩底穿透软弱土层，且达到设计墩长 （2）累计夯沉量为设计墩长的 1.5～2.0 倍 （3）最后两击的平均夯沉量可按下表确定

计算项目	计算公式	

强夯置换法单击能及夯击次数	单击夯击能 $E/(\text{kN·m})$	最后两击平均夯沉量不大于/mm
	$E<4000$	50
	$4000{\leqslant}E<6000$	100
	$6000{\leqslant}E<8000$	150
	$8000{\leqslant}E<12000$	200

堆载预压法砂井设计计算

(1) 排水竖井分普通砂井、袋装砂井和塑料排水带。普通砂井直径可取 300～500mm，袋装砂井直径可取 70～120mm。塑料排水带的当量换算直径可按式（2-85）计算：

$$d_p = \frac{2(b+\delta)}{\pi} \qquad (2\text{-}85)$$

式中　d_p——塑料排水带当量换算直径（mm）

　　　　b——塑料排水带宽度（mm）

　　　　δ——塑料排水带厚度（mm）

(2) 排水竖井的平面布置可采用等边三角形或正方形排列。竖井的有效排水直径 d_e 与间距 l 的关系为：

等边三角形排列　　　　　$d_e = 1.05l$　　　　　(2-86)

正方形排列　　　　　　　$d_e = 1.13l$　　　　　(2-87)

预压荷载下饱和黏性土地基中某点的抗剪强度计算

计算预压荷载下饱和黏性土地基中某点的抗剪强度时，应考虑土体原来的固结状态。对正常固结饱和黏性土地基，某点某一时间的抗剪强度可按下式计算：

$$\tau_{ft} = \tau_{f0} + \Delta\sigma_z \cdot U_t \tan\varphi_{cu} \qquad (2\text{-}88)$$

式中　τ_{ft}——t 时刻，该点土的抗剪强度（kPa）

　　　　τ_{f0}——地基土的天然抗剪强度（kPa）

　　　　$\Delta\sigma_z$——预压荷载引起的该点的附加竖向应力（kPa）

　　　　U_t——该点土的固结度

　　　　φ_{cu}——三轴固结不排水压缩试验求得的土的内摩擦角（°）

预压荷载下地基的最终竖向变形量

预压荷载下地基的最终竖向变形量可按下式计算：

$$s_f = \xi \sum_{i=1}^{n} \frac{e_{0i} - e_{1i}}{1+e_{0i}} h_i \qquad (2\text{-}89)$$

式中　s_f——最终竖向变形量（m）

　　　　e_{0i}——第 i 层中点土自重应力所对应的孔隙比，由室内固结试验 e-p 曲线查得

　　　　e_{1i}——第 i 层中点土自重应力与附加应力之和所对应的孔隙比，由室内固结试验 e-p 曲线查得

　　　　h_i——第 i 层土层厚度（m）

　　　　ξ——经验系数，可按地区经验确定。无经验时对正常固结饱和黏性土地基可取 $\xi=1.1$～1.4。荷载较大或地基软弱土层厚度大时应取较大值

变形计算时，可取附加应力与土自重应力的比值为 0.1 的深度作为压缩层的计算深度

振冲桩复合地基承载力特征值

振冲桩复合地基承载力特征值应通过现场复合地基载荷试验确定，初步设计时可按式（2-90）估算：

$$f_{spk} = [1+m(n-1)]f_{sk} \qquad (2\text{-}90)$$

$$m = d^2/d_e^2 \qquad (2\text{-}91)$$

式中　f_{spk}——振冲桩复合地基承载力特征值（kPa）

　　　　f_{sk}——处理后桩间土承载力特征值（kPa），可按地区经验确定，如无经验时，对于一般黏性土地基，可取天然地基承载力特征值，松散的砂土、粉土可取原天然地基承载力特征值的 (1.2～1.5) 倍

　　　　m——桩土面积置换率

　　　　d——桩身平均直径（m）

　　　　d_e——一根桩分担的处理地基面积的等效圆直径

等边三角形布桩　　　　　$d_e = 1.05s$

计算项目	计算公式
振冲桩复合地基承载力特征值	正方形布桩 $d_e = 1.13s$ 矩形布桩 $d_e = 1.13\sqrt{s_1 s_2}$ n——复合地基桩土应力比，宜采用实测值确定，如无实测资料时，对于黏性土可取 2～4，对于砂土、粉土可取 1.5～3.0 s、s_1、s_2 分别为桩间距、纵向间距和横向间距

振冲桩复合土层的压缩模量	振冲处理地基的变形计算应符合现行国家标准《建筑地基基础设计规范》GB 50007—2011 有关规定。复合土层的压缩模量可按下式计算：
	$$E_{spi} = \frac{f_{spk}}{f_{ak}} \cdot E_{si} \qquad (2\text{-}92)$$
	式中 E_{spi}——第 i 层复合土层压缩模量（MPa）
	     E_{si}——基础底面下第 i 层土的压缩模量（MPa）
	     f_{spk}——复合地基承载力特征值（kPa）
	     f_{ak}——基础底面下天然地基承载力特征值（kPa）

加固地基需要桩柱总面积计算	加固地基需要桩柱总面积可按下式计算：
	$$A_p = \frac{W_{max} - W}{\sigma_p / k} \qquad (2\text{-}93)$$
	式中 W——高压喷射注浆前建筑物地基承受的重量
	     W_{max}——高压喷射注浆加固后所需支承的最大重量
	     σ_p——桩柱体的抗压极限强度，按配方试验或现场承载力试验确定
	     k——加强桩柱的安全系数，其值按桩孔布置的合理程度、桩径、柱体强度以及建筑物增加荷载的准确性、建筑物的重要性等因素综合考虑，一般取 $k=2$

高压喷射注浆浆液用量计算	（1）根据已确定的桩径计算：
	$$Q = \frac{\pi}{4} D^2 h \alpha (1 + \beta) \qquad (2\text{-}94)$$
	式中 Q——浆液用量（m³）
	     D——桩有效直径（m）
	     h——施工长度（m），即旋喷长度
	     α——变动系数，随土质的不同和有效直径的大小而变化，由下图查用 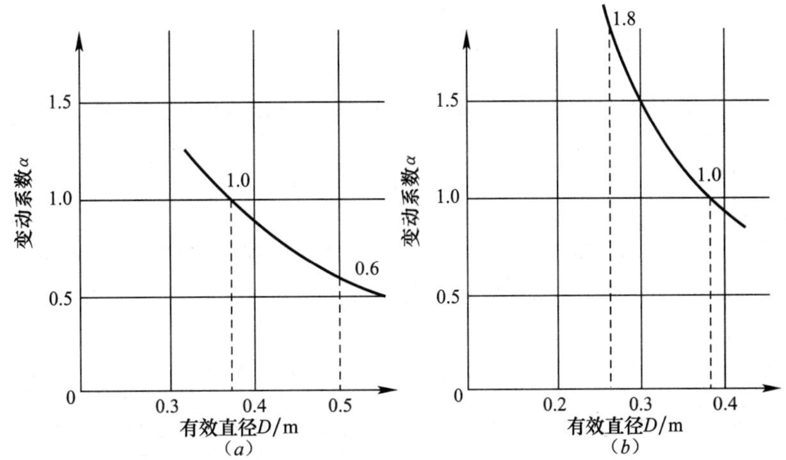
	
	变动系数
	（a）黏性土的变动系数；（b）砂土的变动系数
	
	     β——损失系数，配合损失、残余损失和机械故障时损失，取 $\beta=0.1$
	（2）根据已选定的设备参数计算：
	$$Q = \frac{h}{V} q (1 + \beta) \qquad (2\text{-}95)$$

计算项目	计算公式

高压喷射注浆浆液用量计算	式中 Q——桩喷浆量（m³/根）
	       V——旋喷注浆管提升速度（m/min）
	       h——旋喷长度（m）
	       q——泵的排浆量（m³/min）
	       β——浆液损失系数；一般取 0.1～0.2

土或灰土挤密桩的桩距计算	桩孔直径宜为 300～600mm，并可根据所选用的成孔设备或成孔方法确定。桩孔宜按等边三角形布置，桩孔之间的中心距离，可为桩孔直径的（2.0～3.0）倍，也可按下式估算：
	
	$$s = 0.95d\sqrt{\frac{\bar{\eta}_c\rho_{dmax}}{\bar{\eta}_c\rho_{dmax} - \bar{\rho}_d}} \qquad (2\text{-}96)$$
	
	式中 s——桩孔之间的中心距离（m）
	       d——桩孔直径（m）
	   ρ_{dmax}——桩间土的最大干密度（t/m³）
	     $\bar{\rho}_d$——地基处理前土的平均干密度（t/m³）
	     $\bar{\eta}_c$——桩间土经成孔挤密后的平均挤密系数，不宜小于 0.93

土或灰土挤密桩桩间土的平均挤密系数	桩间土的平均挤密系数 $\bar{\eta}_c$，应按下式计算： $$\bar{\eta}_c = \frac{\bar{\rho}_{d1}}{\rho_{dmax}} \qquad (2\text{-}97)$$ 式中 $\bar{\rho}_{d1}$——在成孔挤密深度内，桩间土的平均干密度（t/m³），平均试样数不应少于 6 组

土或灰土挤密桩的桩孔数量	桩孔的数量可按下式估算：
	
	$$n = \frac{A}{A_e} \qquad (2\text{-}98)$$
	
	式中 n——桩孔的数量
	     A——拟处理地基的面积（m²）
	    A_e——单根土或灰土挤密桩所承担的处理地基面积（m²），即：
	
	$$A_e = \frac{\pi d_e^2}{4} \qquad (2\text{-}99)$$
	
	    d_e——单根桩分担的处理地基面积的等效圆直径（m）
	桩孔按等边三角形布置 $d_e = 1.05s$ $(2\text{-}100)$
	桩孔按正方形布置 $d_e = 1.13s$ $(2\text{-}101)$

水泥粉煤灰碎石桩复合地基承载力计算	水泥粉煤灰碎石桩复合地基承载力特征值，应通过现场复合地基载荷试验确定，初步设计时也可按下式估算：
	
	$$f_{spk} = \lambda m \frac{R_a}{A_p} + \beta(1-m)f_{sk} \qquad (2\text{-}102)$$
	
	式中 f_{spk}——复合地基承载力特征值（kPa）
	     λ——单桩承载力发挥系数，可按地区经验取值，无经验时取 0.8～0.9
	     m——面积置换率
	    R_a——单桩竖向承载力特征值（kN）
	    A_p——桩的截面面积（m²）
	     β——桩间土承载力发挥系数，宜按地区经验取值，如无经验时可取 0.9～1.0
	    f_{sk}——处理后桩间土承载力特征值（kPa），对非挤土成桩工艺，可取天然地基承载力特征值；对挤土成桩工艺，一般黏性土可取天然地基承载力特征值；松散砂土、粉土可取天然地基承载力特征值的 1.2～1.5 倍，原土强度低的取大值

水泥粉煤灰碎石桩单桩竖向承载力计算	单桩竖向承载力特征值，可按下式估算：
	
	$$R_a = u_p \sum_{i=1}^{n} q_{si}l_{pi} + \alpha_p q_p A_p \qquad (2\text{-}103)$$
	
	式中 u_p——桩的周长（m）
	     n——桩长范围内所划分的土层数
	   q_{si}——桩周第 i 层土的侧阻力特征值（kPa），可按地区经验确定

计算项目	计算公式
水泥粉煤灰碎石桩单桩竖向承载力计算	l_{pi}——桩长范围内第 i 层土的厚度（m） α_p——桩端端阻力发挥系数，可取 1.0 q_p——桩端端阻力特征值（kPa）；可按地区经验确定；对于水泥搅拌桩、旋喷桩应取未经修正的桩端地基土承载力特征值
夯锤重量与锤底直径	锤重与底面直径的关系，应符合使锤重在底面积上的单位静压力保持在 15～20kPa 左右的原则。根据实践，为使有效夯实深度能达到锤底直径的 1.0～1.2 倍，夯锤的重量、锤底直径应满足式（2-105）： $$\left.\begin{array}{c}\dfrac{Q}{10A}\geqslant 1.6\\[2mm]\dfrac{Q}{10D}\geqslant 1.8\end{array}\right\} \qquad (2\text{-}104)$$ 式中　Q——夯锤重量（kN） 　　　A——夯锤底面积（m²） 　　　D——夯锤底面直径（m）
重锤夯实预留土层厚度	采用重锤夯实，地基土夯打会产生下沉，故需先确定基坑（槽）底面以上预留土层的厚度。预留土层厚度为试夯时的总下沉量加 5～10cm。无试夯资料时，基坑（槽）底面以上预留土层的厚度可按下式计算： $$S=\frac{e-e'}{1+e}hk \qquad (2\text{-}105)$$ 式中　S——基坑（槽）底面以上预留土层的厚度（m） 　　　e——在有效夯实深度内地基土夯实前的平均孔隙比 　　　e'——在有效夯实深度内地基土夯实后的平均孔隙比，一般为夯实前的 55%～65% 　　　h——有效夯实深度（m），一般为 1.2～1.75m 　　　k——经验系数，一般为 1.5～2.0
重锤夯实基底底面夯实宽度	采用重锤夯实时，确定基坑（槽）底面的宽度，除应考虑基底应力扩散宽度外，还应考虑施工特点，避免基坑（槽）底面因夯实宽度不足而使基土产生侧向挤出降低处理效果。基坑（槽）底面的夯实宽度可按下式计算： $$B=b+0.8h+2C \qquad (2\text{-}106)$$ 式中　B——基坑底面的夯实宽度（m） 　　　b——基础底面的宽度（m） 　　　C——考虑靠近坑（槽）壁边角处难以夯打而增加的附加宽度，一般为 0.1～0.15m
重锤夯实地基补充加水量的计算	重锤夯实地基土的含水量应控制在最优含水量±2% 范围内，如含水量低于 2% 以上，应按计算加水量加入，使均匀渗入地基，经 1d 后，含水量符合要求始可夯打。每平方米基坑（槽）的加水量可按下式计算： $$Q=w'_{op}-w\frac{\gamma}{10(1+w)}h\cdot k \qquad (2\text{-}107)$$ 式中　Q——每平方米基坑的加水量（m³） 　　　w'_{op}——土的最优含水量，以小数计 　　　w——夯实前地基土的平均天然含水量，以小数计 　　　γ——夯实前地基土的平均天然密度（kN/m³）

2.1.4　桩基计算

桩基计算见表 2-9。

计算项目	计算公式
桩顶作用效应计算	对于一般建筑物和受水平力（包括力矩与水平剪力）较小的高层建筑群桩基础，应按下列公式计算柱、墙、核心筒群桩中基桩或复合基桩的桩顶作用效应： （1）竖向力 轴心竖向力作用下 $$N_k = \frac{F_k + G_k}{n} \qquad (2\text{-}108)$$ 偏心竖向力作用下 $$N_{ik} = \frac{F_k + G_k}{n} \pm \frac{M_{xk}y_i}{\sum y_j^2} \pm \frac{M_{yk}x_i}{\sum x_j^2} \qquad (2\text{-}109)$$ （2）水平力 $$H_{ik} = \frac{H_k}{n} \qquad (2\text{-}110)$$ 式中　　F_k——荷载效应标准组合下，作用于承台顶面的竖向力 　　G_k——桩基承台和承台上土自重标准值，对稳定的地下水位以下部分应扣除水的浮力 　　N_k——荷载效应标准组合轴心竖向力作用下，基桩或复合基桩的平均竖向力 　　N_{ik}——荷载效应标准组合偏心竖向力作用下，第 i 基桩或复合基桩的竖向力 　M_{xk}、M_{yk}——荷载效应标准组合下，作用于承台底面，绕通过桩群形心的 x、y 主轴的力矩 x_i、x_j、y_i、y_j——第 i、j 基桩或复合基桩至 y、x 轴的距离 　　H_k——荷载效应标准组合下，作用于桩基承台底面的水平力 　　H_{ik}——荷载效应标准组合下，作用于第 i 基桩或复合基桩的水平力 　　n——桩基中的桩数
桩基竖向承载力计算	（1）桩基竖向承载力计算应符合下列要求： 1）荷载效应标准组合： 轴心竖向力作用下 $$N_k \leqslant R \qquad (2\text{-}111)$$ 偏心竖向力作用下，除满足上式外，尚应满足下式的要求： $$N_{kmax} \leqslant 1.2R \qquad (2\text{-}112)$$ 2）地震作用效应和荷载效应标准组合： 轴心竖向力作用下 $$N_{Ek} \leqslant 1.25R \qquad (2\text{-}113)$$ 偏心竖向力作用下，除满足上式外，尚应满足下式的要求： $$N_{Ekmax} \leqslant 1.5R \qquad (2\text{-}114)$$ 式中　N_k——荷载效应标准组合轴心竖向力作用下，基桩或复合基桩的平均竖向力 　N_{kmax}——荷载效应标准组合偏心竖向力作用下，桩顶最大竖向力 　N_{Ek}——地震作用效应和荷载效应标准组合下，基桩或复合基桩的平均竖向力 　N_{Ekmax}——地震作用效应和荷载效应标准组合下，基桩或复合基桩的最大竖向力 　R——基桩或复合基桩竖向承载力特征值 （2）单桩竖向承载力特征值 R_a 应按下式确定： $$R_a = \frac{1}{K} Q_{uk} \qquad (2\text{-}115)$$ 式中　Q_{uk}——单桩竖向极限承载力标准值 　　K——安全系数，取 $K=2$ （3）考虑承台效应的复合基桩竖向承载力特征值可按下列公式确定： 不考虑地震作用时 $$R = R_a + \eta_c f_{ak} A_c \qquad (2\text{-}116)$$ 考虑地震作用时 $$R = R_a + \frac{\zeta_a}{1.25} \eta_c f_{ak} A_c \qquad (2\text{-}117)$$ $$A_c = (A - nA_{ps})/n \qquad (2\text{-}118)$$ 式中　η_c——承台效应系数，可按下表取值

计算项目	计算公式

<table>
<tr><td rowspan="13">桩基竖向承载力计算</td><td colspan="2">

B_c/l ＼ s_a/d	3	4	5	6	＞6
≤0.4	0.06～0.08	0.14～0.17	0.22～0.26	0.32～0.38	0.50～0.80
0.4～0.8	0.08～0.10	0.17～0.20	0.26～0.30	0.38～0.44	
＞0.8	0.10～0.12	0.20～0.22	0.30～0.34	0.44～0.50	
单排桩条形承台	0.15～0.18	0.25～0.30	0.38～0.45	0.50～0.60	

</td></tr>
</table>

注: 1. 表中 s_a/d 为桩中心距与桩径之比; B_c/l 为承台宽度与桩长之比。当计算基桩为非正方形排列时, $s_a=\sqrt{A/n}$, A 为承台计算域面积, n 为总桩数。

2. 对于桩布置于墙下的箱、筏承台, η_c 可按单排桩条形承台取值。

3. 对于单排桩条形承台, 当承台宽度小于 $1.5d$ 时, η_c 按非条形承台取值。

4. 对于采用后注浆灌注桩的承台, η_c 宜取低值。

5. 对于饱和黏性土中的挤土桩基、软土地基上的桩基承台, η_c 宜取低值的 0.8 倍

f_{ak}——承台下 1/2 承台宽度且不超过 5m 深度范围内各层土的地基承载力特征值按厚度加权的平均值

A_c——计算基桩所对应的承台底净面积

A_{ps}——桩身截面面积

A——承台计算域面积对于柱下独立桩基, A 为承台总面积; 对于桩筏基础, A 为柱、墙筏板的 1/2 跨距和悬臂边 2.5 倍筏板厚度所围成的面积; 桩集中布置于单片墙下的桩筏基础, 取墙两边各 1/2 跨距围成的面积, 按条形承台计算 η_c

ζ_a——地基抗震承载力调整系数, 应按现行国家标准《建筑抗震设计规范》GB 50011—2010 采用

当承台底为可液化土、湿陷性土、高灵敏度软土、欠固结土、新填土时, 沉桩引起超孔隙水压力和土体隆起时, 不考虑承台效应, 取 $\eta_c=0$

原位测试法

(1) 当根据单桥探头静力触探资料确定混凝土预制桩单桩竖向极限承载力标准值时, 如无当地经验, 可按下式计算:

$$Q_{uk} = Q_{sk} + Q_{pk} = u\sum q_{sik}l_i + \alpha p_{sk}A_p \qquad (2\text{-}119)$$

当 $p_{sk1} \leqslant p_{sk2}$ 时

$$p_{sk} = \frac{1}{2}(p_{sk1} + \beta \cdot p_{sk2}) \qquad (2\text{-}120)$$

当 $p_{sk1} > p_{sk2}$ 时

$$p_{sk} = p_{sk2} \qquad (2\text{-}121)$$

式中 Q_{sk}、Q_{pk}——分别为总极限侧阻力标准值和总极限端阻力标准值

u——桩身周长

q_{sik}——用静力触探比贯入阻力值估算的桩周第 i 层土的极限侧阻力

l_i——桩周第 i 层土的厚度

α——桩端阻力修正系数, 可按下表取值

桩长/m	$l<15$	$15 \leqslant l \leqslant 30$	$30 < l \leqslant 60$
α	0.75	0.75～0.90	0.90

注: 桩长 15m$\leqslant l \leqslant$30m, α 值按 l 值直线内插; l 为桩长 (不包括桩尖高度)。

p_{sk}——桩端附近的静力触探比贯入阻力标准值 (平均值)

A_p——桩端面积

p_{sk1}——桩端全截面以上 8 倍桩径范围内的比贯入阻力平均值

p_{sk2}——桩端全截面以下 4 倍桩径范围内的比贯入阻力平均值, 如桩端持力层为密实的砂土层, 其比贯入阻力平均值超过 20MPa 时, 则需乘以下表中系数 C 予以折减后, 再计算 p_{sk}

计算项目	计算公式		

p_{sk}/MPa	20~30	35	>40
系数 C	5/6	2/3	1/2

注：本表可内插取值。

β——折减系数，按下表选用

p_{sk2}/p_{sk1}	≤5	7.5	12.5	≥15
β	1	5/6	2/3	1/2

注：本表可内插取值。

原位测试法

(2) 当根据双桥探头静力触探资料确定混凝土预制桩单桩竖向极限承载力标准值时，对于黏性土、粉土和砂土，如无当地经验时可按下式计算：

$$Q_{uk} = Q_{sk} + Q_{pk} = u \sum l_i \cdot \beta_i \cdot f_{si} + \alpha \cdot q_c \cdot A_p \qquad (2\text{-}122)$$

式中　f_{si}——第 i 层土的探头平均侧阻力（kPa）

q_c——桩端平面上、下探头阻力，取桩端平面以上 $4d$（d 为桩的直径或边长）范围内按土层厚度的探头阻力加权平均值（kPa），然后再和桩端平面以下 $1d$ 范围内的探头阻力进行平均

α——桩端阻力修正系数，对于黏性土、粉土取 2/3，饱和砂土取 1/2

β_i——第 i 层土桩侧阻力综合修正系数，黏性土、粉土：$\beta_i = 10.01(f_{si})^{-0.55}$；砂土：$\beta_i = 5.05(f_{si})^{-0.45}$

注：双桥探头的圆锥底面积为 15cm²，锥角 60°，摩擦套筒高 21.85cm，侧面积 300cm²

经验参数法

(1) 当根据土的物理指标与承载力参数之间的经验关系确定单桩竖向极限承载力标准值时，宜按下式估算：

$$Q_{uk} = Q_{sk} + Q_{pk} = u \sum q_{sik} l_i + q_{pk} A_p \qquad (2\text{-}123)$$

式中　q_{sik}——桩侧第 i 层土的极限侧阻力标准值，如无当地经验时，可按表 2-10 取值

q_{pk}——极限端阻力标准值，如无当地经验时，可按表 2-10-1 取值

(2) 根据土的物理指标与承载力参数之间的经验关系，确定大直径桩单桩极限承载力标准值时，可按下式计算：

$$Q_{uk} = Q_{sk} + Q_{pk} = u \sum \psi_{si} q_{sik} l_i + \psi_p q_{pk} A_p \qquad (2\text{-}124)$$

式中　q_{sik}——桩侧第 i 层土极限侧阻力标准值，如无当地经验值时，可按表 2-10 取值，对于扩底桩斜面及变截面以上 $2d$ 长度范围不计侧阻力

q_{pk}——桩径为 800mm 的极限端阻力标准值，对于干作业挖孔（清底干净）可采用深层载荷板试验确定；当不能进行深层载荷板试验时，可按下表取值

土名称		状态		
黏性土		0.25<I_L≤0.75	0<I_L≤0.25	I_L≤0
		800~1800	1800~2400	2400~3000
粉土		—	0.75≤e≤0.9	e<0.75
		—	1000~1500	1500~2000
砂土、碎石、类土		稍密	中密	密实
	粉砂	500~700	800~1100	1200~2000
	细砂	700~1100	1200~1800	2000~2500
	中砂	1000~2000	2200~3200	3500~5000
	粗砂	1200~2200	2500~3500	4000~5500
	砾砂	1400~2400	2600~4000	5000~7000

计算项目	计算公式

土名称		状　态		
		稍密	中密	密实
砂土、碎石、类土	圆砾、角砾	1600～3000	3200～5000	6000～9000
	卵石、碎石	2000～3000	3300～5000	7000～11000

注：1. 当桩进入持力层的深度 h_b 分别为：$h_b \leqslant D$，$D < h_b \leqslant 4D$，$h_b > 4D$ 时，q_{pk} 可相应取低、中、高值。

2. 砂土密实度可根据标贯击数判定：$N \leqslant 10$ 为松散，$10 < N \leqslant 15$ 为稍密，$15 < N \leqslant 30$ 为中密，$N > 30$ 为密实。

3. 当桩的长径比 $l/d \leqslant 8$ 时，q_{pk} 宜取较低值。

4. 当对沉降要求不严时，q_{pk} 可取高值。

ψ_{si}、ψ_p——大直径桩侧阻力、端阻力尺寸效应系数，按下表取值

土类型	黏性土、粉土	砂土、碎石类土
ψ_{si}	$(0.8/d)^{1/5}$	$(0.8/d)^{1/3}$
ψ_p	$(0.8/D)^{1/4}$	$(0.8/D)^{1/3}$

注：当为等直径桩时，表中 $D = d$

u——桩身周长，当人工挖孔桩桩周护壁为振捣密实的混凝土时，桩身周长可按护壁外直径计算

钢管桩

当根据土的物理指标与承载力参数之间的经验关系确定钢管桩单桩竖向极限承载力标准值时，可按下列公式计算：

$$Q_{uk} = Q_{sk} + Q_{pk} = u \sum q_{sik} l_i + \lambda_p q_{pk} A_p \tag{2-125}$$

当 $h_b/d < 5$ 时

$$\lambda_p = 0.16 h_b/d \tag{2-126}$$

当 $h_b/d \geqslant 5$ 时

$$\lambda_p = 0.8 \tag{2-127}$$

式中　q_{sik}、q_{pk}——分别按表 2-10、表 2-10-1 取与混凝土预制桩相同值

λ_p——桩端土塞效应系数，对于闭口钢管桩 $\lambda_p = 1$，对于敞口钢管桩按式（2-126）、（2-127）取值

h_b——桩端进入持力层深度

d——钢管桩外径

对于带隔板的半敞口钢管桩，应以等效直径 d_e 代替 d 确定 λ_p；$d_e = d/\sqrt{n}$；其中 n 为桩端隔板分割数（见下图）

| $n=2$ | $n=4$ | $n=9$ |

隔板分割

混凝土空心桩

当根据土的物理指标与承载力参数之间的经验关系确定敞口预应力混凝土空心桩单桩竖向极限承载力标准值时，可按下列公式计算：

$$Q_{uk} = Q_{sk} + Q_{pk} = u \sum q_{sik} l_i + q_{pk}(A_j + \lambda_p A_{p1}) \tag{2-128}$$

当 $h_b/d_1 < 5$ 时

$$\lambda_p = 0.16 h_b/d_1 \tag{2-129}$$

当 $h_b/d_1 \geqslant 5$ 时

$$\lambda_p = 0.8 \tag{2-130}$$

式中　q_{sik}、q_{pk}——分别按表 2-10、表 2-10-1 取与混凝土预制桩相同值

A_j——空心桩桩端净面积：管桩：$A_j = \dfrac{\pi}{4}(d^2 - d_1^2)$；空心方桩：$A_j = b^2 - \dfrac{\pi}{4} d_1^2$

经验参数法

73

计算项目	计算公式
混凝土空心桩	A_{p1}——空心桩敞口面积：$A_{p1} = \dfrac{\pi}{4}d_1^2$ λ_p——桩端土塞效应系数 d、b——空心桩外径、边长 d_1——空心桩内径

嵌岩桩

桩端置于完整、较完整基岩的嵌岩桩单桩竖向极限承载力，由桩周土总极限侧阻力和嵌岩段总极限阻力组成。当根据岩石单轴抗压强度确定单桩竖向极限承载力标准值时，可按下列公式计算：

$$Q_{uk} = Q_{sk} + Q_{rk} \tag{2-131}$$

$$Q_{sk} = u\sum q_{sik}l_i \tag{2-132}$$

$$Q_{rk} = \zeta_r f_{rk} A_p \tag{2-133}$$

式中　Q_{sk}、Q_{rk}——分别为土的总极限侧阻力标准值、嵌岩段总极限阻力标准值

　　　q_{sik}——桩周第 i 层土的极限侧阻力，无当地经验时，可根据成桩工艺按表 2-10 取值

　　　f_{rk}——岩石饱和单轴抗压强度标准值，黏土岩取天然湿度单轴抗压强度标准值

　　　ζ_r——桩嵌岩段侧阻和端阻综合系数，与嵌岩深径比 h_r/d、岩石软硬程度和成桩工艺有关，可按下表采用；表中数值适用于泥浆护壁成桩，对于干作业成桩（清底干净）和泥浆护壁成桩后注浆，ζ_r 应取表列数值的 1.2 倍

嵌岩深径比 h_r/d	0	0.5	1.0	2.0	3.0	4.0	5.0	6.0	7.0	8.0
极软岩、软岩	0.60	0.80	0.95	1.18	1.35	1.48	1.57	1.63	1.66	1.70
较硬岩、坚硬岩	0.45	0.65	0.81	0.90	1.00	1.04	—	—	—	—

注：1. 极软岩、软岩指 $f_{rk} \leqslant 15\text{MPa}$，较硬岩、坚硬岩指 $f_{rk} > 30\text{MPa}$，介于二者之间可内插取值。

　　2. h_r 为桩身嵌岩深度，当岩面倾斜时，以坡下方嵌岩深度为准；当 h_r/d 为非表列值时，ζ_r 可内插取值

后注浆灌注桩

后注浆灌注桩的单桩极限承载力，应通过静载试验确定。在符合《建筑桩基技术规范》JGJ 94—2008 第 6.7 节后注浆技术实施规定的条件下，其后注浆单桩极限承载力标准值可按下式估算：

$$Q_{uk} = Q_{sk} + Q_{gsk} + Q_{gpk} = u\sum q_{sjk}l_j + u\sum \beta_{si}q_{sik}l_{gi} + \beta_p q_{pk}A_p \tag{2-134}$$

式中　Q_{sk}——后注浆非竖向增强段的总极限侧阻力标准值

　　　Q_{gsk}——后注浆竖向增强段的总极限侧阻力标准值

　　　Q_{gpk}——后注浆总极限端阻力标准值

　　　u——桩身周长

　　　l_j——后注浆非竖向增强段第 j 层土厚度

　　　l_{gi}——后注浆竖向增强段内第 i 层厚度：对于泥浆护壁成孔灌注桩，当为单一桩端后注浆时，竖向增强段为桩端以上 12m；当为桩端、桩侧复式注浆时，竖向增强段为桩端以上 12m 及各桩侧注浆断面以上 12m，重叠部分应扣除；对于干作业灌注桩，竖向增强段为桩端以上、桩侧注浆断面上下各 6m

　q_{sik}、q_{sjk}、q_{pk}——分别为后注浆竖向增强段第 i 土层初始极限侧阻力标准值、非竖向增强段第 j 土层初始极限侧阻力标准值、初始极限端阻力标准值

　　　β_{si}、β_p——分别为后注浆侧阻力、端阻力增强系数，无当地经验时，可按下表取值

土层 名称	淤泥 淤泥质土	黏性土 粉土	粉砂 细砂	中　砂	粗砂 砾砂	砾石 卵石	全风化岩 强风化岩
β_{si}	1.2～1.3	1.4～1.8	1.6～2.0	1.7～2.1	2.0～2.5	2.4～3.0	1.4～1.8
β_p	—	2.2～2.5	2.4～2.8	2.6～3.0	3.0～3.5	3.2～4.0	2.0～2.4

注：干作业钻、挖孔桩，β_p 按表列值乘以小于 1.0 的折减系数。当桩端持力层为黏性土或粉土时，折减系数取 0.6；为砂土或碎石土时，取 0.8

计算项目	计算公式

软弱下卧层验算	对于桩距不超过 $6d$ 的群桩基础，桩端持力层下存在承载力低于桩端持力层承载力 1/3 的软弱下卧层时，可按下列公式验算软弱下卧层的承载力（见下图）：
	
	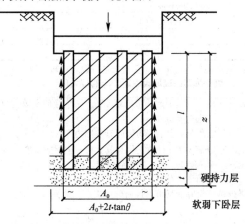
	
	软弱下卧层承载力验算
	
	$$\sigma_z + \gamma_m z \leqslant f_{az} \qquad (2\text{-}135)$$
	$$\sigma_z = \frac{(F_k + G_k) - 3/2(A_0 + B_0) \cdot \sum q_{sik} l_i}{(A_0 + 2t \cdot \tan\theta)(B_0 + 2t \cdot \tan\theta)} \qquad (2\text{-}136)$$
	
	式中 σ_z——作用于软弱下卧层顶面的附加应力
	    γ_m——软弱层顶面以上各土层重度（地下水位以下取浮重度）按厚度加权平均值
	    t——硬持力层厚度
	    f_{az}——软弱下卧层经深度 z 修正的地基承载力特征值
	  A_0、B_0——桩群外缘矩形底面的长、短边边长
	    q_{sik}——桩周第 i 层土的极限侧阻力标准值，无当地经验时，可根据成桩工艺按表 2-10 取值
	    θ——桩端硬持力层压力扩散角，按下表取值
	
	| E_{S1}/E_{S2}
		$t=0.25B_0$	$t \geqslant 0.50B_0$

---	---	---
1	4°	12°
3	6°	23°
5	10°	25°
10	20°	30°	 注：1. E_{S1}、E_{S2} 为硬持力层、软弱下卧层的压缩模量。 2. 当 $t<0.25B_0$ 时，取 $\theta=0°$，必要时，宜通过试验确定；当 $0.25B_0<t<0.50B_0$ 时，可内插取值
负摩阻力计算	桩侧负摩阻力及其引起的下拉荷载，当无实测资料时可按下列规定计算： （1）中性点以上单桩桩周第 i 层土负摩阻力标准值，可按下列公式计算： $$q_{si}^n = \xi_{ni}\sigma_i' \qquad (2\text{-}137)$$ 当填土、自重湿陷性黄土湿陷、欠固结土层产生固结和地下水降低时：$\sigma_i' = \sigma_{\gamma i}'$ 当地面分布大面积荷载时：$\sigma_i' = p + \sigma_{\gamma i}'$ $$\sigma_{\gamma i}' = \sum_{e=1}^{i-1} \gamma_e \Delta z_e + \frac{1}{2}\gamma_i \Delta z_i \qquad (2\text{-}138)$$ 式中 q_{si}^n——第 i 层桩侧负摩阻力标准值；当按式（2-137）计算值大于正摩阻力标准值时，取正摩阻力标准值进行设计 ξ_{ni}——桩周第 i 层土负摩阻力系数，可按下表取值

计算项目	计算公式

土　类	ζ_n
饱和软土	0.15～0.25
黏性土、粉土	0.25～0.40
砂土	0.35～0.50
自重湿陷性黄土	0.20～0.35

注：1. 在同一类土中，对于挤土桩，取表中较大值，对于非挤土桩，取表中较小值。
　　2. 填土按其组成取表中同类土的较大值

σ'_{ri}——由土自重引起的桩周第 i 层土平均竖向有效应力；桩群外围桩自地面算起，桩群内部桩自承台底算起

σ'_i——桩周第 i 层土平均竖向有效应力

γ_i、γ_e——分别为第 i 计算土层和其上第 e 土层的重度，地下水位以下取浮重度

Δz_i、Δz_e——第 i 层土、第 e 层土的厚度

p——地面均布荷载

（2）考虑群桩效应的基桩下拉荷载可按下式计算：

$$Q_g^n = \eta_n \cdot u \sum_{i=1}^n q_{si}^n l_i \tag{2-139}$$

$$\eta_n = s_{ax} \cdot s_{ay} \Big/ \left[\pi d \left(\frac{q_s^n}{\gamma_m} + \frac{d}{4} \right) \right] \tag{2-140}$$

式中　n——中性点以上土层数

　　　l_i——中性点以上第 i 层土的厚度

　　　η_n——负摩阻力群桩效应系数

s_{ax}、s_{ay}——分别为纵、横向桩的中心距

　　　q_s^n——中性点以上桩周土层厚度加权平均负摩阻力标准值

　　　γ_m——中性点以上桩周土层厚度加权平均重度（地下水位以下取浮重度）

对于单桩基础或按式（2-140）计算的群桩效应系数 $\eta_n > 1$ 时，取 $\eta_n = 1$

（3）中性点深度 l_n 应按桩周土层沉降与桩沉降相等的条件计算确定，也可参照下表确定

持力层性质	黏性土、粉土	中密以上砂	砾石、卵石	基　岩
中性点深度比 l_n/l_0	0.5～0.6	0.7～0.8	0.9	1.0

注：1. l_n、l_0——分别为自桩顶算起的中性点深度和桩周软弱土层下限深度。
　　2. 桩穿过自重湿陷性黄土层时，l_n 可按表列值增大 10%（持力层为基岩除外）。
　　3. 当桩周土层固结与桩基固结沉降同时完成时，取 $l_n = 0$。
　　4. 当桩周土层计算沉降量小于 20mm 时，l_n 应按表列值乘以 0.4～0.8 折减

负摩阻力计算

抗拔桩基承载力验算

（1）承受拔力的桩基，应按下列公式同时验算群桩基础呈整体破坏和呈非整体破坏时基桩的抗拔承载力：

$$N_k \leqslant T_{gk}/2 + G_{gp} \tag{2-141}$$

$$N_k \leqslant T_{uk}/2 + G_p \tag{2-142}$$

式中　N_k——按荷载效应标准组合计算的基桩拔力

　　　T_{gk}——群桩呈整体破坏时基桩的抗拔极限承载力标准值

　　　T_{uk}——群桩呈非整体破坏时基桩的抗拔极限承载力标准值

　　　G_{gp}——群桩基础所包围体积的桩土总自重除以总桩数，地下水位以下取浮重度

　　　G_p——基桩自重，地下水位以下取浮重度，对于扩底桩应按《建筑桩基技术规范》JGJ 94—2008 表 5.4.6-1 确定桩、土体柱周长，计算桩、土自重

（2）群桩基础及其基桩的抗拔极限承载力的确定应符合下列规定：

1）对于设计等级为甲级和乙级建筑桩基，基桩的抗拔极限承载力应通过现场单桩上拔静载荷试验确定。单桩上拔静载荷试验及抗拔极限承载力标准值取值可按现行行业标准《建筑基桩检测技术规范》JGJ 106—2003 进行

2）如无当地经验时，群桩基础及设计等级为丙级建筑桩基，基桩的抗拔极限承载力取值可按下列规定计算：

计算项目	计算公式

① 群桩呈非整体破坏时，基桩的抗拔极限承载力标准值可按下式计算：

$$T_{uk} = \sum \lambda_i q_{sik} u_i l_i \qquad (2-143)$$

式中　T_{uk}——基桩抗拔极限承载力标准值

　　　u_i——桩身周长，对于等直径桩取 $u = \pi d$；对于扩底桩按下表取值

自桩底起算的长度 l_i	$\leqslant(4\sim10)\,d$	$>(4\sim10)\,d$
u_i	πD	πd

注：l_i 对于软土取低值，对于卵石、砾石取高值；l_i 取值按内摩擦角增大而增加

　　　q_{sik}——桩侧表面第 i 层土的桩压极限侧阻力标准值，可按表 2-10 取值

　　　λ_i——抗拔系数，可按下表取值

土　类	λ 值
砂土	$0.50\sim0.70$
黏性土、粉土	$0.70\sim0.80$

注：桩长 l 与桩径 d 之比小于 20 时，λ 取小值。

② 群桩呈整体破坏时，基桩的抗拔极限承载力标准值可按下式计算：

$$T_{gk} = \frac{1}{n} u_l \sum \lambda_i q_{sik} l_i \qquad (2-144)$$

式中　u_l——桩群外围周长

（3）季节性冻土上轻型建筑的短桩基础，应按下列公式验算其抗冻拔稳定性：

$$\eta_f q_f u z_0 \leqslant T_{gk}/2 + N_G + G_{gp} \qquad (2-145)$$

$$\eta_f q_f u z_0 \leqslant T_{uk}/2 + N_G + G_p \qquad (2-146)$$

式中　η_f——冻深影响系数，按下表采用

标准冻深/m	$z_0 \leqslant 2.0$	$2.0 < z_0 \leqslant 3.0$	$z_0 > 3.0$
η_f	1.0	0.9	0.8

　　　q_f——切向冻胀力，按下表采用

冻胀性分类 土类	弱冻胀	冻　胀	强冻胀	特强冻胀
黏性土、粉土	$30\sim60$	$60\sim80$	$80\sim120$	$120\sim150$
砂土、砾（碎）石（黏、粉粒含量>15%）	<10	$20\sim30$	$40\sim80$	$90\sim200$

注：1. 表面粗糙的灌注桩，表中数值应乘以系数 $1.1\sim1.3$。
　　2. 本表不适用于含盐量大于 0.5% 的冻土。

　　　z_0——季节性冻土的标准冻深

　　　T_{gk}——标准冻深线以下群桩呈整体破坏时基桩抗拔极限承载力标准值

　　　T_{uk}——标准冻深线以下单桩抗拔极限承载力标准值

　　　N_G——基桩承受的桩承台底面以上建筑物自重、台承及其上土重标准值

（4）膨胀土上轻型建筑的短桩基础，应按下列公式验算群桩基础呈整体破坏和非整体破坏的抗拔稳定性：

$$u \sum q_{ei} l_{ei} \leqslant T_{gk}/2 + N_G + G_{gp} \qquad (2-147)$$

$$u \sum q_{ei} l_{ei} \leqslant T_{uk}/2 + N_G + G_p \qquad (2-148)$$

式中　T_{gk}——群桩呈整体破坏时，大气影响急剧层下稳定土层中基桩的抗拔极限承载力标准值

　　　T_{uk}——群桩呈非整体破坏时，大气影响急剧层下稳定土层中基桩的抗拔极限承载力标准值

　　　q_{ei}——大气影响急剧层中第 i 层土的极限胀切力，由现场浸水试验确定

　　　l_{ei}——大气影响急剧层中第 i 层土的厚度

The first column label (spanning the whole content): 抗拔桩基承载力验算

计算项目	计算公式
桩中心距不大于 6 倍桩径的桩基沉降计算	（1）对于桩中心距不大于 6 倍桩径的桩基，其最终沉降量计算可采用等效作用分层总和法。等效作用面位于桩端平面，等效作用面积为桩承台投影面积，等效作用附加压力近似取承台底平均附加压力。等效作用面以下的应力分布采用各向同性均质直线变形体理论。计算模式如下图所示，桩基任一点最终沉降量可用角点法按下式计算： $$s = \psi \cdot \psi_e \cdot s' = \psi \cdot \psi_e \cdot \sum_{j=1}^{m} p_{0j} \sum_{i=1}^{n} \frac{z_{ij}\bar{\alpha}_{ij} - z_{(i-1)j}\bar{\alpha}_{(i-1)j}}{E_{si}} \quad (2\text{-}149)$$ 式中　s——桩基最终沉降量（mm） 　　　s'——采用布辛奈斯克（Boussinesq）解，按实体深基础分层总和法计算出的桩基沉降量（mm） 　　　ψ——桩基沉降计算经验系数，当无当地可靠经验时可按下表选用。对于采用后注浆施工工艺的灌注桩，桩基沉降计算经验系数应根据桩端持力土层类别，乘以 0.7（砂、砾、卵石）～0.8（黏性土、粉土）折减系数；饱和土中采用预制桩（不含复打、复压、引孔沉桩）时，应根据桩距、土质、沉桩速率和顺序等因素，乘以 1.3～1.8 挤土效应系数，土的渗透性低，桩距小，桩数多，沉桩速率快时取大值

$\bar{E}_s$/MPa	≤10	15	20	35	≥50
ψ	1.2	0.9	0.65	0.50	0.40

注：1. $\bar{E}_s$ 为沉降计算深度范围内压缩模量的当量值，可按下式计算：$\bar{E}_s = \sum A_i / \sum \dfrac{A_i}{E_{si}}$，式中 A_i 为第 i 层土附加压力系数沿土层厚度的积分值，可近似按分块面积计算。

2. ψ 可根据 $\bar{E}_s$ 内插取值。

　　　ψ_e——桩基等效沉降系数

　　　m——角点法计算点对应的矩形荷载分块数

　　　p_{0j}——第 j 块矩形底面在荷载效应准永久组合下的附加压力（kPa）

　　　n——桩基沉降计算深度范围内所划分的土层数

　　　E_{si}——等效作用面以下第 i 层土的压缩模量（MPa），采用地基土在自重压力至自重压力加附加压力作用时的压缩模量

　　　z_{ij}、$z_{(i-1)j}$——桩端平面第 j 块荷载作用面至第 i 层土、第 $i-1$ 层土底面的距离（m）

　　　$\bar{\alpha}_{ij}$、$\bar{\alpha}_{(i-1)j}$——桩端平面第 j 块荷载点至第 i 层土、第 $i-1$ 层土底面深度范围内平均附加应力系数

（2）计算矩形桩基中点沉降时，桩基沉降量可按下式简化计算：

$$s = \psi \cdot \psi_e \cdot s' = 4 \cdot \psi \cdot \psi_e \cdot p_0 \sum_{i=1}^{n} \frac{z_i\bar{\alpha}_i - z_{i-1}\bar{\alpha}_{i-1}}{E_{si}} \quad (2\text{-}150)$$

式中　p_0——在荷载效应准永久组合下承台底的平均附加压力

　　　$\bar{\alpha}_i$、$\bar{\alpha}_{i-1}$——平均附加应力系数，根据矩形长宽比 a/b 及深宽比 $\dfrac{z_i}{b} = \dfrac{2z_i}{B_c}$，$\dfrac{z_{i-1}}{b} = \dfrac{2z_{i-1}}{B_c}$，可按《建筑桩基技术规范》JGJ 94—2008 附录 D 选用

（3）桩基沉降计算深度 z_n 应按应力比法确定，即计算深度处的附加应力 σ_z 与土的自重应力 σ_c 应符合下列公式要求：

$$\sigma_z \leqslant 0.2\sigma_c \quad (2\text{-}151)$$

$$\sigma_z = \sum_{j=1}^{m} a_j p_{0j} \quad (2\text{-}152)$$

式中　a_j——附加应力系数，可根据角点法划分的矩形长宽比及深宽比按《建筑桩基技术规范》JGJ 94—2008 附录 D 选用

（4）桩基等效沉降系数 ψ_e 可按下列公式简化计算：

$$\psi_e = C_0 + \frac{n_b - 1}{C_1(n_b - 1) + C_2} \quad (2\text{-}153)$$

$$n_b = \sqrt{n \cdot B_c/L_c} \quad (2\text{-}154)$$

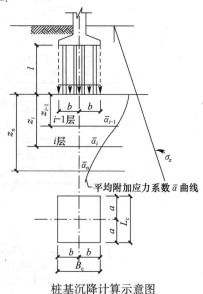

平均附加应力系数 $\bar{\alpha}$ 曲线

桩基沉降计算示意图

计算项目	计算公式

桩中心距不大于6倍桩径的桩基沉降计算

式中　n_b——矩形布桩时的短边布桩数，当布桩不规则时可按式（2-154）近似计算，$n_b>1$；$n_b=$ 1时，可按《建筑桩基技术规范》JGJ 94—2008 式（5.5.14）计算

C_0、C_1、C_2——根据群桩距径比 s_a/d、长径比 l/d 及基础长宽比 L_c/B_c，按《建筑桩基技术规范》JGJ 94—2008 附录 E 确定

L_c、B_c、n——分别为矩形承台的长、宽及总桩数

（5）当布桩不规则时，等效距径比可按下列公式近似计算：

圆形桩　　　　　　　　　　　$s_a/d = \sqrt{A}/(\sqrt{n} \cdot d)$ （2-155）

方形桩　　　　　　　　　　$s_a/d = 0.886\sqrt{A}/(\sqrt{n} \cdot b)$ （2-156）

式中　A——桩基承台总面积

　　　b——方形桩截面边长

单桩、单排桩、疏桩基础沉降计算

（1）对于单桩、单排桩、桩中心距大于6倍桩径的疏桩基础的沉降计算应符合下列规定：

1）承台底地基土不分担荷载的桩基。桩端平面以下地基中由基桩引起的附加应力，按《建筑桩基技术规范》JGJ 94—2008 附录 F 计算确定。将沉降计算点水平面影响范围内各基桩对应力计算点产生的附加应力叠加，采用单向压缩分层总和法计算土层的沉降，并计入桩身压缩 s_e。桩基的最终沉降量可按下列公式计算：

$$s = \psi \sum_{i=1}^{n} \frac{\sigma_{zi}}{E_{si}} \Delta z_i + s_e$$ （2-157）

$$\sigma_{zi} = \sum_{j=1}^{m} \frac{Q_j}{l_j^2}[\alpha_j I_{p,ij} + (1-\alpha_j) I_{s,ij}]$$ （2-158）

$$s_e = \xi_e \frac{Q_j l_j}{E_c A_{ps}}$$ （2-159）

2）承台底地基土分担荷载的复合桩基。将承台底土压力对地基中某点产生的附加应力按《建筑桩基技术规范》JGJ 94—2008 附录 D 计算，与基桩产生的附加应力叠加，采用与1）相同方法计算沉降。其最终沉降量可按下列公式计算：

$$s = \psi \sum_{i=1}^{n} \frac{\sigma_{zi} + \sigma_{zci}}{E_{si}} \Delta z_i + s_e$$ （2-160）

$$\sigma_{zci} = \sum_{k=1}^{u} \alpha_{ki} \cdot p_{c,k}$$ （2-161）

式中　m——以沉降计算点为圆心，0.6倍桩长为半径的水平面影响范围内的基桩数

　　　n——沉降计算深度范围内土层的计算分层数；分层数应结合土层性质，分层厚度不应超过计算深度的0.3倍

　　　σ_{zi}——水平面影响范围内各基桩对应力计算点桩端平面以下第 i 层土 1/2 厚度处产生的附加竖向应力之和；应力计算点应取与沉降计算点最近的桩中心点

　　　σ_{zci}——承台压力对应力计算点桩端平面以下第 i 计算土层 1/2 厚度处产生的应力；可将承台板划分为 u 个矩形块，可按《建筑桩基技术规范》JGJ 94—2008 附录 D 采用角点法计算

　　　Δz_i——第 i 计算土层厚度（m）

　　　E_{si}——第 i 计算土层的压缩模量（MPa），采用土的自重压力至土的自重压力加附加压力作用时的压缩模量

　　　Q_j——第 j 桩在荷载效应准永久组合作用下（对于复合桩基应扣除承台底土分担荷载），桩顶的附加荷载（kN）；当地下室埋深超过3m时，取荷载效应准永久组合作用下的总荷载为考虑回弹再压缩的等代附加荷载

　　　l_j——第 j 桩桩长（m）

　　　A_{ps}——桩身截面积

　　　α_j——第 j 桩总桩端阻力与桩顶荷载之比，近似取极限总端阻力与单桩极限承载力之比

$I_{p,ij}$、$I_{s,ij}$——分别为第 j 桩的桩端阻力和桩侧阻力对计算轴线第 i 计算土层 1/2 厚度处的应力影响系数，可按《建筑桩基技术规范》JGJ 94—2008 附录 F 确定

　　　E_c——桩身混凝土的弹性模量

　　　$p_{c,k}$——第 k 块承台底均布压力，可按 $p_{c,k} = \eta_{c,k} \cdot f_{ak}$ 取值，其中 $\eta_{c,k}$ 为第 k 块承台底板的承台效应系数，f_{ak} 为承台底地基承载力特征值

计算项目	计算公式
单桩、单排桩、疏桩基础沉降计算	α_{ki}——第 k 块承台底角点处，桩端平面以下第 i 计算土层 1/2 厚度处的附加应力系数，可按《建筑桩基技术规范》JGJ 94—2008 附录 D 确定 s_e——计算桩身压缩 ξ_e——桩身压缩系数。端承型桩，取 $\xi_e=1.0$；摩擦型桩，当 $l/d\leqslant30$ 时，取 $\xi_e=2/3$；$l/d\geqslant50$ 时，取 $\xi_e=1/2$；介于两者之间可线性插值 ψ——沉降计算经验系数，无当地经验时，可取 1.0 （2）对于单桩、单排桩、疏桩复合桩基础的最终沉降计算深度 Z_n，可按应力比法确定，即 Z_n 处由桩引起的附加应力 σ_z、由承台土压力引起的附加应力 σ_{zc} 与土的自重应力 σ_c 应符合下式要求： $$\sigma_z + \sigma_{zc} = 0.2\sigma_c \qquad (2\text{-}162)$$
软土地基减沉复合疏桩基础	（1）当软土地基上多层建筑，地基承载力基本满足要求（以底层平面面积计算）时，可设置穿过软土层进入相对较好土层的疏布摩擦型桩，由桩和桩间土共同分担荷载。该种减沉复合疏桩基础，可按下列公式确定承台面积和桩数： $$A_c = \xi \frac{F_k + G_k}{f_{ak}} \qquad (2\text{-}163)$$ $$n \geqslant \frac{F_k + G_k - \eta_c f_{ak} A_c}{R_a} \qquad (2\text{-}164)$$ 式中　A_c——桩基承台总净面积 　　　f_{ak}——承台底地基承载力特征值 　　　ξ——承台面积控制系数，$\xi\geqslant0.60$ 　　　n——基桩数 　　　η_c——桩基承台效应系数 （2）减沉复合疏桩基础中点沉降可按下列公式计算： $$s = \psi(s_s + s_{sp}) \qquad (2\text{-}165)$$ $$s_s = 4p_0 \sum_{i=1}^{m} \frac{z_i \bar{\alpha}_i - z_{(i-1)} \bar{\alpha}_{(i-1)}}{E_{si}} \qquad (2\text{-}166)$$ $$s_{sp} = 280 \frac{\bar{q}_{su}}{\bar{E}_s} \cdot \frac{d}{(s_a/d)^2} \qquad (2\text{-}167)$$ $$p_0 = \eta_p \frac{F - nR_a}{A_c} \qquad (2\text{-}168)$$ 式中　s——桩基中心点沉降量 　　　s_a——由承台底地基土附加压力作用下产生的中点沉降（见下图） 　　　s_{sp}——由桩土相互作用产生的沉降 　　　p_0——按荷载效应准永久值组合计算的假想天然地基平均附加压力（kPa） 　　　E_{si}——承台底以下第 i 层土的压缩模量，应取自重压力至自重压力与附加压力段的模量值 　　　m——地基沉降计算深度范围的土层数；沉降计算深度按 $\sigma_z=0.1\sigma_c$ 确定，σ_z 可按"桩基沉降计算"中 1.（3）确定 　　$\bar{q}_{su}$、$\bar{E}_s$——桩身范围内按厚度加权的平均桩侧极限摩阻力、平均压缩模量 　　　d——桩身直径，当为方形桩时，$d=1.27b$（b 为方形桩截面边长） 　　s_a/d——等效距径比，可按"桩基沉降计算"中 1.（5）执行 　z_i、z_{i-1}——承台底至第 i 层、第 $i-1$ 层土底面的距离 　$\bar{\alpha}_i$、$\bar{\alpha}_{i-1}$——承台底至第 i 层、第 $i-1$ 层土底范围内的角点平均附加应力系数；根据承台等效面积的计算分块矩形长宽比 a/b 及深宽比 $z_i/b=2z_i/B_c$，由《建筑桩基技术规范》JGJ 94—2008 附录 D 确定；其中承台等效宽度 $B_c = B\sqrt{A_c}/L$；B、L 为建筑物基础外缘平面的宽度和长度 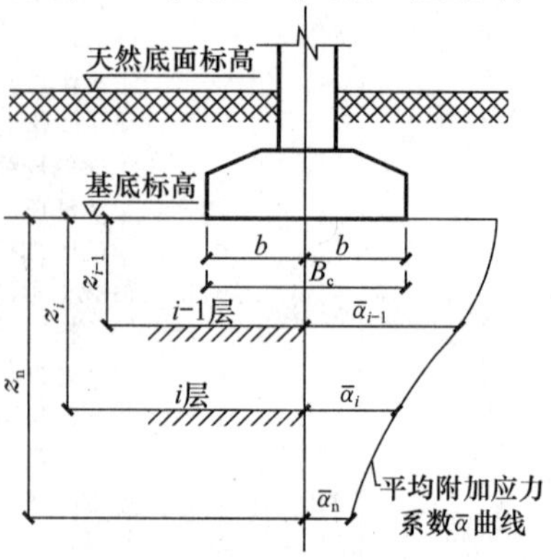 复合疏桩基础沉降计算的分层示意图

计算项目	计算公式
软土地基减沉复合疏桩基础	F——荷载效应准永久值组合下，作用于承台底的总附加荷载（kN） η_p——基桩刺入变形影响系数；按桩端持力层土质确定，砂土为 1.0，粉土为 1.15，黏性土为 1.30 ψ——沉降计算经验系数，无当地经验时，可取 1.0
单桩基础水平承载力与位移计算	（1）受水平荷载的一般建筑物和水平荷载较小的高大建筑物单桩基础和群桩中基桩应满足下式要求： $$H_{ik} \leqslant R_h \qquad (2\text{-}169)$$ 式中 H_{ik}——在荷载效应标准组合下，作用于基桩 i 桩顶处的水平力 R_h——单桩基础或群桩中基桩的水平承载力特征值，对于单桩基础，可取单桩的水平承载力特征值 R_{ha} （2）单桩的水平承载力特征值的确定应符合下列规定： 1）对于受水平荷载较大的设计等级为甲级、乙级的建筑桩基，单桩水平承载力特征值应通过单桩水平静载试验确定，试验方法可按现行行业标准《建筑基桩检测技术规范》JGJ 106—2003 执行 2）对于钢筋混凝土预制桩、钢桩、桩身配筋率不小于 0.65% 的灌注桩，可根据静载试验结果取地面处水平位移为 10mm（对于水平位移敏感的建筑物取水平位移 6mm）所对应的荷载的 75% 为单桩水平承载力特征值 3）对于桩身配筋率小于 0.65% 的灌注桩，可取单桩水平静载试验的临界荷载的 75% 为单桩水平承载力特征值 4）当缺少单桩水平静载试验资料时，可按下列公式估算桩身配筋率小于 0.65% 的灌注桩的单桩水平承载力特征值： $$R_{ha} = \frac{0.75\alpha\gamma_m f_t W_0}{\nu_M}(1.25 + 22\rho_g)\left(1 \pm \frac{\zeta_N N_k}{\gamma_m f_t A_n}\right) \qquad (2\text{-}170)$$ 式中 α——桩的水平变形系数 R_{ha}——单桩水平承载力特征值，±号根据桩顶竖向力性质确定，压力取"+"，拉力取"−" γ_m——桩截面模量塑性系数，圆形截面 $\gamma_m = 2$，矩形截面 $\gamma_m = 1.75$ f_t——桩身混凝土抗拉强度设计值 W_0——桩身换算截面受拉边缘的截面模量，圆形截面为：$W_0 = \frac{\pi d}{32}[d^2 + 2(\alpha_E - 1)\rho_g d_0^2]$；方形截面为：$W_0 = \frac{b}{6}[b^2 + 2(\alpha_E - 1)\rho_g b_0^2]$，其中 d 为桩直径，d_0 为扣除保护层厚度的桩直径；b 为方形截面边长，b_0 为扣除保护层厚度的桩截面宽度；α_E 为钢筋弹性模量与混凝土弹性模量的比值 ν_M——桩身最大弯矩系数，按下表取值，当单桩基础和单排桩基纵向轴线与水平力方向相垂直时，按桩顶铰接考虑

桩顶约束情况	桩的换算埋深（αh）	ν_M	ν_x
铰接、自由	4.0	0.768	2.441
	3.5	0.750	2.502
	3.0	0.703	2.727
	2.8	0.675	2.905
	2.6	0.639	3.163
	2.4	0.601	3.526
固接	4.0	0.926	0.940
	3.5	0.934	0.970
	3.0	0.967	1.028
	2.8	0.990	1.055
	2.6	1.018	1.079
	2.4	1.045	1.095

注：1. 铰接（自由）的 ν_M 系桩身的最大弯矩系数，固接的 ν_M 系桩顶的最大弯矩系数

2. 当 $\alpha h > 4$ 时取 $\alpha h = 4.0$

计算项目	计算公式

单桩基础水平承载力与位移计算

ρ_g——桩身配筋率

A_n——桩身换算截面积，圆形截面为：$A_n=\dfrac{\pi d^2}{4}[1+(\alpha_E-1)\rho_g]$；方形截面为：$A_n=b^2[1+(\alpha_E-1)\rho_g]$

ζ_N——桩顶竖向力影响系数，竖向压力取 0.5；竖向拉力取 1.0

N_k——在荷载效应标准组合下桩顶的竖向力（kN）

5）对于混凝土护壁的挖孔桩，计算单桩水平承载力时，其设计桩径取护壁内直径

6）当桩的水平承载力由水平位移控制，且缺少单桩水平静载试验资料时，可按下式估算预制桩、钢桩、桩身配筋率不小于 0.65% 的灌注桩单桩水平承载力特征值：

$$R_{ha}=0.75\frac{\alpha^3 EI}{\nu_x}\chi_{0a} \tag{2-171}$$

式中　EI——桩身抗弯刚度，对于钢筋混凝土桩，$EI=0.85E_cI_0$；其中 E_c 为混凝土弹性模量，I_0 为桩身换算截面惯性矩：圆形截面为 $I_0=W_0d_0/2$；矩形截面为 $I_0=W_0b_0/2$

　　χ_{0a}——桩顶允许水平位移

　　ν_x——桩顶水平位移系数，按上表取值，取值方法同 ν_M

7）验算永久荷载控制的桩基的水平承载力时，应将上述 2）～5）款方法确定的单桩水平承载力特征值乘以调整系数 0.80；验算地震作用桩基的水平承载力时，应将按上述 2）～5）款方法确定的单桩水平承载力特征值乘以调整系数 1.25

群桩基础水平承载力与位移计算

群桩基础（不含水平力垂直于单排桩基纵向轴线和力矩较大的情况）的基桩水平承载力特征值应考虑由承台、桩群、土相互作用产生的群桩效应，可按下列公式确定：

$$R_h=\eta_h R_{ha} \tag{2-172}$$

考虑地震作用且 $s_a/d\leqslant 6$ 时：

$$\eta_h=\eta_i\eta_r+\eta_l \tag{2-173}$$

$$\eta_i=\frac{\left(\dfrac{s_a}{d}\right)^{0.015n_2+0.45}}{0.15n_1+0.10n_2+1.9} \tag{2-174}$$

$$\eta_l=\frac{m\chi_{0a}B'_c h_c^2}{2n_1 n_2 R_{ha}} \tag{2-175}$$

$$\chi_{0a}=\frac{R_{ha}\nu_x}{\alpha^3 EI} \tag{2-176}$$

其他情况：

$$\eta_h=\eta_i\eta_r+\eta_l+\eta_b \tag{2-177}$$

$$\eta_b=\frac{\mu P_c}{n_1 n_2 R_{ha}} \tag{2-178}$$

$$B'_c=B_c+1 \tag{2-179}$$

$$P_c=\eta_c f_{ak}(A-nA_{ps}) \tag{2-180}$$

式中　η_h——群桩效应综合系数

　　η_i——桩的相互影响效应系数

　　η_r——桩顶约束效应系数（桩顶嵌入承台长度 50～100mm 时），按下表取值

换算深度 αh	2.4	2.6	2.8	3.0	3.5	$\geqslant 4.0$
位移控制	2.58	2.34	2.20	2.13	2.07	2.05
强度控制	1.44	1.57	1.71	1.82	2.00	2.07

注：1. $\alpha=\sqrt[5]{\dfrac{mb_0}{EI}}$，其中，

　　m——桩侧土水平抗力系数的比例系数

　　b_0——桩身的计算宽度（m），圆形桩：当直径 $d\leqslant 1m$ 时，$b_0=0.9(1.5d+0.5)$；当直径 $d>1m$ 时，$b_0=0.9(d+1)$。方形桩：当边宽 $b\leqslant 1m$ 时，$b_0=1.5b+0.5$；当边宽 $b>1m$ 时，$b_0=b+1$。

　　EI——桩身抗弯刚度，对于钢筋混凝土桩，$EI=0.85E_cI_0$；其中 E_c 为混凝土弹性模量，I_0 为桩身换算截面惯性矩：圆形截面为 $I_0=W_0d_0/2$；矩形截面为 $I_0=W_0b_0/2$

　　2. h 为桩的入土长度。

计算项目	计算公式

η_l——承台侧向土水平抗力效应系数（承台外围回填土为松散状态时取 $\eta_l=0$）

η_b——承台底摩阻效应系数

s_a/d——沿水平荷载方向的距径比

n_1、n_2——分别为沿水平荷载方向与垂直水平荷载方向每排桩中的桩数

m——承台侧向土水平抗力系数的比例系数，当无试验资料时可按下表取值

序号	地基土类别	预制桩、钢桩		灌注桩	
		$m/(MN/m^4)$	相应单桩在地面处水平位移/mm	$m/(MN/m^4)$	相应单桩在地面处水平位移/mm
1	淤泥；淤泥质土；饱和湿陷性黄土	2～4.5	10	2.5～6	6～12
2	流塑（$I_L>1$）、软塑（$0.75<I_L\leqslant1$）状黏性土；$e>0.9$ 粉土；松散粉细砂；松散、稍密填土	4.5～6.0	10	6～14	4～8
3	可塑（$0.25<I_L\leqslant0.75$）状黏性土、湿陷性黄土；$e=0.75～0.9$ 粉土；中密填土；稍密细砂	6.0～10	10	14～35	3～6
4	硬塑（$0<I_L\leqslant0.25$）、坚硬（$I_L\leqslant0$）状黏性土、湿陷性黄土；$e<0.75$ 粉土；中密的中粗砂；密实老填土	10～22	10	35～100	2～5
5	中密、密实的砾砂、碎石类土	—	—	100～300	1.5～3

注：1. 当桩顶水平位移大于表列数值或灌注桩配筋率较高（≥0.65%）时，m 值应适当降低；当预制桩的水平向位移小于10mm时，m 值可适当提高。

2. 当水平荷载为长期或经常出现的荷载时，应将表列数值乘以 0.4 降低采用。

3. 当地基为可液化土层时，应将表列数值乘以下表中相应的系数 ψ_l。

$\lambda_N=\dfrac{N}{N_{cr}}$	自地面算起的液化土层深度 d_L/m	ψ_l
$\lambda_N\leqslant0.6$	$d_L\leqslant10$ / $10<d_L\leqslant20$	0 / 1/3
$0.6<\lambda_N\leqslant0.8$	$d_L\leqslant10$ / $10<d_L\leqslant20$	1/3 / 2/3
$0.8<\lambda_N\leqslant1.0$	$d_L\leqslant10$ / $10<d_L\leqslant20$	2/3 / 1.0

注：1. N 为饱和土标贯击数实测值；N_{cr} 为液化判别标贯击数临界值。

2. 对于挤土桩当桩距不大于 $4d$，且桩的排数不少于 5 排、总桩数不少于 25 根时，土层液化影响折减系数可按表列值提高一档取值；桩间土标贯击数达到 N_{cr} 时，取 $\psi_l=1$。

χ_{0a}——桩顶（承台）的水平位移允许值，当以位移控制时，可取 $\chi_{0a}=10mm$（对水平位移敏感的结构物取 $\chi_{0a}=6mm$）；当以桩身强度控制（低配筋率灌注桩）时，可近似按式（2-176）确定

B_c'——承台受侧向土抗力一边的计算宽度（m）

计算项目	计算公式

<table>
<tr><td rowspan="8">群桩基础水平承载力与位移计算</td><td>

B_c——承台宽度（m）

h_c——承台高度（m）

μ——承台底与地基土间的摩擦系数，可按下表取值

土的类别		摩擦系数 μ
黏性土	可塑	$0.25\sim0.30$
	硬塑	$0.30\sim0.35$
	坚硬	$0.35\sim0.45$
粉土	密实、中密（稍湿）	$0.30\sim0.40$
中砂、粗砂、砾砂		$0.40\sim0.50$
碎石土		$0.40\sim0.60$
软岩、软质岩		$0.40\sim0.60$
表面粗糙的较硬岩、坚硬岩		$0.65\sim0.75$

P_c——承台底地基土分担的竖向总荷载标准值

η_c——按"桩基竖向承载力计算"中（3）确定

A——承台总面积

A_{ps}——桩身截面面积

</td></tr>
</table>

受压桩桩身承载力与裂缝控制计算	钢筋混凝土轴心受压桩正截面受压承载力应符合下列规定： （1）当桩顶以下 $5d$ 范围的桩身螺旋式箍筋间距不大于 $100mm$，且符合《建筑桩基技术规范》JGJ 94—2008 第 4.1.1 条规定时： $$N \leqslant \psi_c f_c A_{ps} + 0.9 f_y' A_s' \qquad (2\text{-}181)$$ （2）当桩身配筋不符合上述（1）规定时： $$N \leqslant \psi_c f_c A_{ps} \qquad (2\text{-}182)$$ 式中　N——荷载效应基本组合下的桩顶轴向压力设计值 ψ_c——基桩成桩工艺系数，混凝土预制桩、预应力混凝土空心桩：$\psi_c=0.85$；干作用非挤土灌注桩：$\psi_c=0.90$；泥浆护壁和套管护壁非挤土灌注桩、部分挤土灌注桩、挤土灌注桩：$\psi_c=0.7\sim0.8$；软土地区挤土灌注桩：$\psi_c=0.6$ f_c——混凝土轴心抗压强度设计值 f_y'——纵向主筋抗压强度设计值 A_s'——纵向主筋截面面积
抗拔桩桩身承载力与裂缝控制计算	（1）钢筋混凝土轴心抗拔桩的正截面受拉承载力应符合下式规定： $$N \leqslant f_y A_s + f_{py} A_{py} \qquad (2\text{-}183)$$ 式中　N——荷载效应基本组合下桩顶轴向拉力设计值 f_y，f_{py}——普通钢筋、预应力钢筋的抗拉强度设计值 A_s，A_{py}——普通钢筋、预应力钢筋的截面面积 （2）对于抗拔桩的裂缝控制计算应符合下列规定： 1）对于严格要求不出现裂缝的一级裂缝控制等级预应力混凝土基桩，在荷载效应标准组合下混凝土不应产生拉应力，应符合下式要求： $$\sigma_{ck} - \sigma_{pc} \leqslant 0 \qquad (2\text{-}184)$$ 2）对于一般要求不出现裂缝的二级裂缝控制等级预应力混凝土基桩，在荷载效应标准组合下的拉应力不应大于混凝土轴心受拉强度标准值，应符合下列公式要求： 在荷载效应标准组合下：　$$\sigma_{ck} - \sigma_{pc} \leqslant f_{tk} \qquad (2\text{-}185)$$ 在荷载效应准永久组合下：　$$\sigma_{cq} - \sigma_{pc} \leqslant 0 \qquad (2\text{-}186)$$ 3）对于允许出现裂缝的三级裂缝控制等级基桩，按荷载效应标准组合计算的最大裂缝宽度应符合下列规定： $$w_{max} \leqslant w_{lim} \qquad (2\text{-}187)$$

计算项目	计算公式

抗拔桩桩身承载力与裂缝控制计算

式中　σ_{ck}、σ_{cq}——荷载效应标准组合、准永久组合下正截面法向应力

σ_{pc}——扣除全部应力损失后，桩身混凝土的预应力

f_{tk}——混凝土轴心抗拉强度标准值

w_{max}——按荷载效应标准组合计算的最大裂缝宽度，可按现行国家标准《混凝土结构设计规范》GB 50010—2010 计算

w_{lim}——最大裂缝宽度限值，按下表取用

环境类别		钢筋混凝土桩		预应力混凝土柱	
		裂缝控制等级	w_{lim}/mm	裂缝控制等级	w_{lim}/mm
二	a	三	0.2（0.3）	二	0
	b	三	0.2	二	0
三		三	0.2	一	0

注：1. 水、土为强、中腐蚀性时，抗拔桩裂缝控制等级应提高一级。
　　2. 二 a 类环境中，位于稳定地下水位以下的基桩，其最大裂缝宽度限值可采用括弧中的数值

预制桩吊运和锤击验算

对于裂缝控制等级为一级、二级的混凝土预制桩、预应力混凝土管桩，可按下列规定验算桩身的锤击压应力和锤击拉应力：

（1）最大锤击压应力 σ_p 可按下式计算：

$$\sigma_p = \frac{\alpha\sqrt{2eE\gamma_p H}}{\left[1+\dfrac{A_c}{A_H}\sqrt{\dfrac{E_c\cdot\gamma_c}{E_H\cdot\gamma_H}}\right]\left[1+\dfrac{A}{A_c}\sqrt{\dfrac{E\cdot\gamma_p}{E_c\cdot\gamma_c}}\right]} \qquad (2\text{-}188)$$

式中　σ_p——桩的最大锤击压应力

α——锤型系数；自由落锤为 1.0；柴油锤取 1.4

e——锤击效率系数；自由落锤为 0.6；柴油锤取 0.8

A_H、A_c、A——锤、桩垫、桩的实际断面面积

E_H、E_c、E——锤、桩垫、桩的纵向弹性模量

γ_H、γ_c、γ_p——锤、桩垫、桩的重度

H——锤落距

（2）当桩需穿越软土层或桩存在变截面时，可按下表确定桩身的最大锤击拉应力

（kPa）

应力类别	桩　类	建议值	出现部位
桩轴向拉应力值	预应力混凝土管桩	$(0.33\sim0.5)\sigma_p$	1）桩刚穿越软土层时 2）距桩尖（0.5～0.7）倍桩长处
	混凝土及预应力混凝土桩	$(0.25\sim0.33)\sigma_p$	
桩截面环向拉应力或侧向拉应力	预应力混凝土管桩	$0.25\sigma_p$	最大锤击压应力相应的截面
	混凝土及预应力混凝土桩（侧向）	$(0.22\sim0.25)\sigma_p$	

（3）最大锤击压应力和最大锤击拉应力分别不应超过混凝土的轴心抗压强度设计值和轴心抗拉强度设计值

承台受弯计算

柱下独立桩基承台的正截面弯矩设计值可按下列规定计算：

（1）两桩条形承台和多桩矩形承台弯矩计算截面取在柱边和承台变阶处（见下图 a），可按下列公式计算：

$$M_x = \sum N_i y_i \qquad (2\text{-}189)$$

$$M_y = \sum N_i x_i \qquad (2\text{-}190)$$

计算项目	计算公式
承台受弯计算	式中 M_x、M_y——分别为绕 X 轴和绕 Y 轴方向计算截面处的弯矩设计值 　　　 x_i、y_i——垂直 Y 轴和 X 轴方向自桩轴线到相应计算截面的距离 　　　　 N_i——不计承台及其上土重，在荷载效应基本组合下的第 i 基桩或复合基桩竖向反力设计值 （2）三桩承台的正截面弯矩值应符合下列要求： 1）等边三桩承台（见下图 b） $$M = \frac{N_{max}}{3}\left(s_a - \frac{\sqrt{3}}{4}c\right) \qquad (2-191)$$ 式中　M——通过承台形心至各边边缘正交截面范围内板带的弯矩设计值 　　 N_{max}——不计承台及其上土重，在荷载效应基本组合下三桩中最大基桩或复合基桩竖向反力设计值 　　　 s_a——桩中心距 　　　　 c——方柱边长，圆柱时 $c = 0.8d$（d 为圆柱直径） 2）等腰三桩承台（见下图 c） $$M_1 = \frac{N_{max}}{3}\left(s_a - \frac{0.75}{\sqrt{4-\alpha^2}}c_1\right) \qquad (2-192)$$ $$M_2 = \frac{N_{max}}{3}\left(\alpha s_a - \frac{0.75}{\sqrt{4-\alpha^2}}c_2\right) \qquad (2-193)$$ 式中　M_1、M_2——分别为通过承台形心至两腰边缘和底边边缘正交截面范围内板带的弯矩设计值 　　　 s_a——长向桩中心距 　　　　 α——短向桩中心距与长向桩中心距之比，当 α 小于 0.5 时，应按变截面的二桩承台设计 　　 c_1、c_2——分别为垂直于、平行于承台底边的柱截面边长 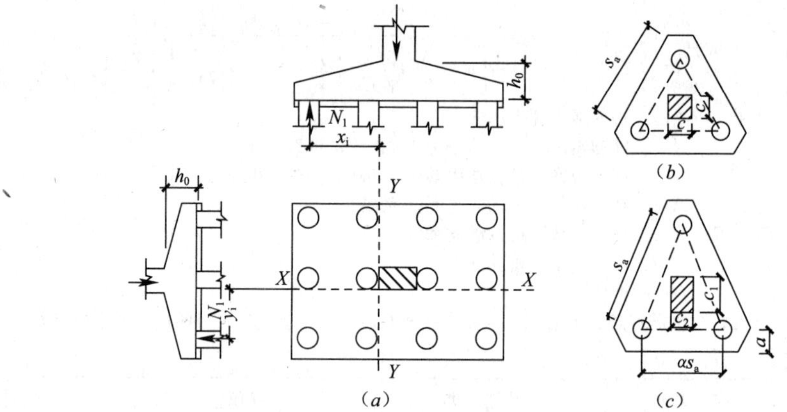 承台弯矩计算示意 （a）矩形多桩承台；（b）等边三桩承台；（c）等腰三桩承台
承台受冲切计算	（1）轴心竖向力作用下桩基承台受柱（墙）的冲切，可按下列规定计算： 1）冲切破坏锥体应采用自柱（墙）边或承台变阶处至相应桩顶边缘连线所构成的锥体，锥体斜面与承台底面之夹角不应小于 45° 2）受柱（墙）冲切承载力可按下列公式计算： $$F_l \leqslant \beta_{hp}\beta_0 u_m f_t h_0 \qquad (2-194)$$ $$F_l = F - \sum Q_i \qquad (2-195)$$ $$\beta_0 = \frac{0.84}{\lambda + 0.2} \qquad (2-196)$$ 式中　F_l——不计承台及其上土重，在荷载效应基本组合下作用于冲切破坏锥体上的冲切力设计值 　　　 f_t——承台混凝土抗拉强度设计值 　　 β_{hp}——承台受冲切承载力截面高度影响系数，当 $h \leqslant 800mm$ 时，β_{hp} 取 1.0，$h \geqslant 2000mm$ 时，β_{hp} 取 0.9，其间按线性内插法取值

计算项目	计算公式
承台受冲切计算	u_m——承台冲切破坏锥体一半有效高度处的周长 h_0——承台冲切破坏锥体的有效高度 β_0——柱（墙）冲切系数 λ——冲跨比，$\lambda = a_0/h_0$，a_0 为柱（墙）边或承台变阶处至桩边水平距离；当 $\lambda < 0.25$ 时，取 $\lambda = 0.25$；当 $\lambda > 1.0$ 时，取 $\lambda = 1.0$ F——不计承台及其上土重，在荷载效应基本组合作用下柱（墙）底的竖向荷载设计值 $\sum Q_i$——不计承台及其上土重，在荷载效应基本组合下冲切破坏锥体内各基桩或复合基桩的反力设计值之和 3）对于柱下矩形独立承台受柱冲切的承载力可按下列公式计算（见下图）： $$F_l \leqslant 2[\beta_{0x}(b_c + a_{0y}) + \beta_{0y}(h_c + a_{0x})]\beta_{hp}f_t h_0 \qquad (2\text{-}197)$$ 式中　β_{0x}、β_{0y}——由式（2-197）求得，$\lambda_{0x} = a_{0x}/h_0$，$\lambda_{0y} = a_{0y}/h_0$；$\lambda_{0x}$、$\lambda_{0y}$ 均应满足 0.25～1.0 的要求 　　　　h_c、b_c——分别为 x、y 方向的柱截面的边长 　　　　a_{0x}、a_{0y}——分别为 x、y 方向柱边至最近桩边的水平距离 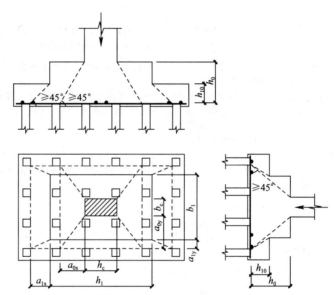 柱对承台的冲切计算示意图 4）对于柱下矩形独立阶形承台受上阶冲切的承载力可按下列公式计算（见上图） $$F_l \leqslant 2[\beta_{1x}(b_1 + a_{1y}) + \beta_{1y}(h_1 + a_{1x})]\beta_{hp}f_t h_{10} \qquad (2\text{-}198)$$ 式中　β_{1x}、β_{1y}——由式（2-196）求得，$\lambda_{1x} = a_{1x}/h_{10}$，$\lambda_{1y} = a_{1y}/h_{10}$；$\lambda_{1x}$、$\lambda_{1y}$ 均应满足 0.25～1.0 的要求 　　　　h_1、b_1——分别为 x、y 方向承台上阶的边长 　　　　a_{1x}、a_{1y}——分别为 x、y 方向承台上阶边至最近桩边的水平距离 对于圆柱及圆桩，计算时应将其截面换算成方柱及方桩，即取换算柱截面边长 $b_c = 0.8d_c$（d_c 为圆柱直径），换算桩截面边长 $b_p = 0.8d$（d 为圆桩直径）。 对于柱下两桩承台，宜按深受弯构件（$l_0/h < 5.0$，$l_0 = 1.15l_n$，l_n 为两桩净距）计算受弯、受剪承载力，不需要进行受冲切承载力计算。 （2）对位于柱（墙）冲切破坏锥体以外的基桩，可按下列规定计算承台受基桩冲切的承载力： 1）四桩以上（含四桩）承台受角桩冲切的承载力可按下列公式计算（见下图） $$N_l \leqslant [\beta_{1x}(c_2 + a_{1y}/2) + \beta_{1y}(c_1 + a_{1x}/2)]\beta_{hp}f_t h_0 \qquad (2\text{-}199)$$ $$\beta_{1x} = \frac{0.56}{\lambda_{1x} + 0.2} \qquad (2\text{-}200)$$ $$\beta_{1y} = \frac{0.56}{\lambda_{1y} + 0.2} \qquad (2\text{-}201)$$

计算项目	计算公式

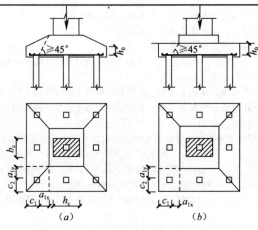

四桩以上（含四桩）承台角桩冲切计算示意

（a）锥形承台；（b）阶形承台

式中　N_l——不计承台及其上土重，在荷载效应基本组合作用下角桩（含复合基桩）反力设计值

　　　β_{1x}、β_{1y}——角桩冲切系数

　　　a_{1x}、a_{1y}——从承台底角桩顶内边缘引 45°冲切线与承台顶面相交点至角桩内边缘的水平距离；当柱（墙）边或承台变阶处位于该 45°线以内时，则取由柱（墙）边或承台变阶处与桩内边缘连线为冲切锥体的锥线（见上图）

　　　h_0——承台外边缘的有效高度

　　　λ_{1x}、λ_{1y}——角桩冲跨比，$\lambda_{1x}=a_{1x}/h_0$，$\lambda_{1y}=a_{1y}/h_0$，其值均应满足 $0.25\sim1.0$ 的要求

承台受冲切计算

2) 对于三桩三角形承台可按下列公式计算受角桩冲切的承载力（见下图）

底部角桩：

$$N_l \leqslant \beta_{11}(2c_1+a_{11})\beta_{hp}\tan\frac{\theta_1}{2}f_t h_0 \quad (2\text{-}202)$$

$$\beta_{11}=\frac{0.56}{\lambda_{11}+0.2} \quad (2\text{-}203)$$

顶部角桩：

$$N_l \leqslant \beta_{12}(2c_2+a_{12})\beta_{hp}\tan\frac{\theta_2}{2}f_t h_0 \quad (2\text{-}204)$$

$$\beta_{12}=\frac{0.56}{\lambda_{12}+0.2} \quad (2\text{-}205)$$

式中　λ_{11}、λ_{12}——角桩冲跨比，$\lambda_{11}=a_{11}/h_0$，$\lambda_{12}=a_{12}/h_0$，其值均应满足 $0.25\sim1.0$ 的要求

　　　a_{11}、a_{12}——从承台底角桩顶内边缘引 45°冲切线与承台顶面相交点至角桩内边缘的水平距离；当柱（墙）边或承台变阶处位于该 45°线以内时，则取由柱（墙）边或承台变阶处与桩内边缘连线为冲切锥体的锥线

三桩三角形承台角桩冲切计算示意

3) 对于箱形、筏形承台，可按下列公式计算承台受内部基桩的冲切承载力：

① 应按下式计算受基桩的冲切承载力，如下图（a）所示：

$$N_1 \leqslant 2.8(b_p+h_0)\beta_{hp}f_t h_0 \quad (2\text{-}206)$$

② 应按下式计算受桩群的冲切承载力，如下图（b）所示：

$$\sum N_{1i} \leqslant 2[\beta_{0x}(b_y+a_{0y})+\beta_{0y}(b_x+a_{0x})]\beta_{hp}f_t h_0 \quad (2\text{-}207)$$

式中　β_{0x}、β_{0y}——由式（2-196）求得，其中 $\lambda_{0x}=a_{0x}/h_0$，$\lambda_{0y}=a_{0y}/h_0$；λ_{0x}、λ_{0y} 均应满足 $0.25\sim1.0$ 的要求

计算项目	计算公式
承台受冲切计算	N_l、$\sum N_{li}$——不计承台和其上土重，在荷载效应基本组合下，基桩或复合基桩的净反力设计值、冲切锥体内各基桩或复合基桩反力设计值之和 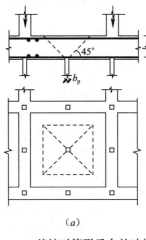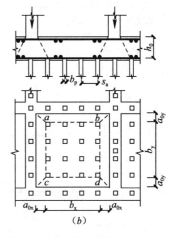 基桩对筏形承台的冲切和墙对筏形承台的冲切计算示意 (a) 受基桩的冲切；(b) 受桩群的冲切
承台受剪计算	(1) 柱下独立桩基承台斜截面受剪承载力应按下列规定计算： 1) 承台斜截面受剪承载力可按下列公式计算（见下图）： $$V \leqslant \beta_{hs} \alpha f_t b_0 h_0 \qquad (2\text{-}208)$$ $$\alpha = \frac{1.75}{\lambda + 1} \qquad (2\text{-}209)$$ $$\beta_{hs} = \left(\frac{800}{h_0}\right)^{1/4} \qquad (2\text{-}210)$$ 式中 V——不计承台及其上土自重，在荷载效应基本组合下，斜截面的最大剪力设计值 f_t——混凝土轴心抗拉强度设计值 b_0——承台计算截面处的计算宽度 h_0——承台计算截面处的有效高度 α——承台剪切系数；按式(2-209)确定 λ——计算截面的剪跨比，$\lambda_x = a_x/h_0$，$\lambda_y = a_y/h_0$；此处，a_x、a_y 为柱边（墙边）或承台变阶处至 y、x 方向计算一排桩的桩边的水平距离，当 $\lambda < 0.25$ 时，取 $\lambda = 0.25$；当 $\lambda > 3$ 时，取 $\lambda = 3$ β_{hs}——受剪切承载力截面高度影响系数；当 $h_0 < 800mm$ 时，取 $h_0 = 800mm$；当 $h_0 > 2000mm$ 时，取 $h_0 = 2000mm$；其间按线性内插法取值 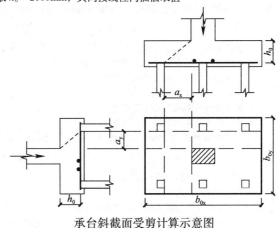 承台斜截面受剪计算示意图

计算项目	计算公式
承台受剪计算	2）对于阶梯形承台应分别在变阶处（A_1-A_1，B_1-B_1）及柱边处（A_2-A_2，B_2-B_2）进行斜截面受剪承载力计算（见下图） 计算变阶处截面（A_1-A_1，B_1-B_1）的斜截面受剪承载力时，其截面有效高度均为 h_{10}，截面计算宽度分别为 b_{y1} 和 b_{x1}。 计算柱边截面（A_2-A_2，B_2-B_2）的斜截面受剪承载力时，其截面有效高度均为 $h_{10}+h_{20}$，截面计算宽度分别为： 对 A_2-A_2 $\qquad b_{y0}=\dfrac{b_{y1}\cdot h_{10}+b_{y2}\cdot h_{20}}{h_{10}+h_{20}}$ (2-211) 对 B_2-B_2 $\qquad b_{x0}=\dfrac{b_{x1}\cdot h_{10}+b_{x2}\cdot h_{20}}{h_{10}+h_{20}}$ (2-212) 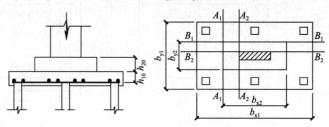 阶梯形承台斜截面受剪计算示意图 3）对于锥形承台应对变阶处及柱边处（A-A 及 B-B）两个截面进行受剪承载力计算（见下图），截面有效高度均为 h_0，截面的计算宽度分别为： 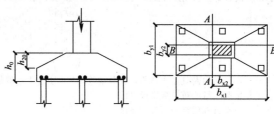 锥形承台斜截面受剪计算示意图 对 A-A $\qquad b_{y0}=\left[1-0.5\dfrac{h_{20}}{h_0}\left(1-\dfrac{b_{y2}}{b_{y1}}\right)\right]b_{y1}$ (2-213) 对 B-B $\qquad b_{x0}=\left[1-0.5\dfrac{h_{20}}{h_0}\left(1-\dfrac{b_{x2}}{b_{x1}}\right)\right]b_{x1}$ (2-214) （2）砌体墙下条形承台梁配有箍筋，但未配弯起钢筋时，斜截面的受剪承载力可按下式计算： $$V\leqslant 0.7f_t bh_0+1.25f_{yv}\dfrac{A_{sv}}{S}h_0$$ (2-215) 式中　V——不计承台及其上土自重，在荷载效应基本组合下，计算截面处的剪力设计值 　　　A_{sv}——配置在同一截面内箍筋各肢的全部截面面积 　　　s——沿计算斜截面方向箍筋的间距 　　　f_{yv}——箍筋抗拉强度设计值 　　　b——承台梁计算截面处的计算宽度 　　　h_0——承台梁计算截面处的有效高度 （3）砌体墙下承台梁配有箍筋和弯起钢筋时，斜截面的受剪承载力可按下式计算： $$V\leqslant 0.7f_t bh_0+1.25f_y\dfrac{A_{sv}}{S}h_0+0.8f_y A_{sb}\sin\alpha_s$$ (2-216) 式中　A_{sb}——同一截面弯起钢筋的截面面积 　　　f_y——弯起钢筋的抗拉强度设计值 　　　α_s——斜截面上弯起钢筋与承台底面的夹角 （4）柱下条形承台梁，当配有箍筋但未配弯起钢筋时，其斜截面的受剪承载力可按下式计算：

计算项目	计算公式
承台受剪计算	$$V \leqslant \frac{1.75}{\lambda+1} f_t b h_0 + f_y \frac{A_{sv}}{S} h_0 \qquad (2\text{-}217)$$ 式中 λ——计算截面的剪跨比，$\lambda = a/h_0$，a 为柱边至桩边的水平距离，当 $\lambda < 1.5$ 时，取 $\lambda = 1.5$；当 $\lambda > 3$ 时，取 $\lambda = 3$

桩的极限侧阻力标准值 q_{sik}（kPa） 　　　　表 2-10

土的名称	土的状态		混凝土预制桩	泥浆护壁钻（冲）孔桩	干作业钻孔桩
填土	—		22～30	20～28	20～28
淤泥	—		14～20	12～18	12～18
淤泥质土	—		22～30	20～28	20～28
黏性土	流塑	$I_L > 1$	24～40	21～38	21～38
	软塑	$0.75 < I_L \leqslant 1$	40～55	38～53	38～53
	可塑	$0.50 < I_L \leqslant 0.75$	55～70	53～68	53～66
	硬可塑	$0.25 < I_L \leqslant 0.50$	70～86	68～84	66～82
	硬塑	$0 < I_L \leqslant 0.25$	86～98	84～96	82～94
	坚硬	$I_L \leqslant 0$	98～105	96～102	94～104
红黏土	$0.7 < a_w \leqslant 1$		13～32	12～30	12～30
	$0.5 < a_w \leqslant 0.7$		32～74	30～70	30～70
粉土	稍密	$e > 0.9$	26～46	24～42	24～42
	中密	$0.75 \leqslant e \leqslant 0.9$	46～66	42～62	42～62
	密实	$e < 0.75$	66～88	62～82	62～82
粉细砂	稍密	$10 < N \leqslant 15$	24～48	22～46	22～46
	中密	$15 < N \leqslant 30$	48～66	46～64	46～64
	密实	$N > 30$	66～88	64～86	64～86
中砂	中密	$15 < N \leqslant 30$	54～74	53～72	53～72
	密实	$N > 30$	74～95	72～94	72～94
粗砂	中密	$15 < N \leqslant 30$	74～95	74～95	76～98
	密实	$N > 30$	95～116	95～116	98～120
砾砂	稍密	$5 < N_{63.5} \leqslant 15$	70～110	50～90	60～100
	中密（密实）	$N_{63.5} > 15$	116～138	116～130	112～130
圆砾、角砾	中密、密实	$N_{63.5} > 10$	160～200	135～150	135～150
碎石、卵石	中密、密实	$N_{63.5} > 10$	200～300	140～170	150～170
全风化软质岩	—	$30 < N \leqslant 50$	100～120	80～100	80～100
全风化硬质岩	—	$30 < N \leqslant 50$	140～160	120～140	120～150
强风化软质岩	—	$N_{63.5} > 10$	160～240	140～200	140～220
强风化硬质岩	—	$N_{63.5} > 10$	220～300	160～240	160～260

注：1. 对于尚未完成自重固结的填土和以生活垃圾为主的杂填土，不计算其侧阻力。

2. a_w 为含水比，$a_w = w/w_l$，w 为土的天然含水量，w_l 为土的液限。

3. N 为标准贯入击数；$N_{63.5}$ 为重型圆锥动力触探击数。

4. 全风化、强风化软质岩和全风化、强风化硬质岩系指其母岩分别为 $f_{rk} \leqslant 15\mathrm{MPa}$、$f_{rk} > 30\mathrm{MPa}$ 的岩石。

桩的极限端阻力标准值 q_{pk} （kPa）　　　　　表 2-10-1

土名称	土的状态	桩型	混凝土预制桩桩长 l/m				泥浆护壁钻（冲）孔桩桩长 l/m				干作业钻孔桩桩长 l/m		
			$l \leqslant 9$	$9 < l \leqslant 16$	$16 < l \leqslant 30$	$l > 30$	$5 \leqslant l < 10$	$10 \leqslant l < 15$	$15 \leqslant l < 30$	$30 \leqslant l$	$5 \leqslant l < 10$	$10 \leqslant l < 15$	$15 \leqslant l$
黏性土	软塑	$0.75 < I_L \leqslant 1$	210~850	650~1400	1200~1800	1300~1900	150~250	250~300	300~450	300~450	200~400	400~700	700~950
	可塑	$0.50 < I_L \leqslant 0.75$	850~1700	1400~2200	1900~2800	2300~3600	350~450	450~600	600~750	750~800	500~700	800~1100	1000~1600
	硬可塑	$0.25 < I_L \leqslant 0.50$	1500~2300	2300~3300	2700~3600	3600~4400	800~900	900~1000	1000~1200	1200~1400	850~1100	1500~1700	1700~1900
	硬塑	$0 < I_L \leqslant 0.25$	2500~3800	3800~5500	5500~6000	6000~6800	1100~1200	1200~1400	1400~1600	1600~1800	1600~1800	2200~2400	2600~2800
粉土	中密	$0.75 \leqslant e \leqslant 0.9$	950~1700	1400~2100	1900~2700	2500~3400	300~500	500~650	650~750	750~850	800~1200	1200~1400	1400~1600
	密实	$e < 0.75$	1500~2600	2100~3000	2700~3600	3600~4400	650~900	750~950	900~1100	1100~1200	1200~1700	1400~1900	1600~2100
粉砂	稍密	$10 < N \leqslant 15$	1000~1600	1500~2300	1900~2700	2100~3000	350~500	450~600	600~700	650~750	500~950	1300~1600	1500~1700
	中密、密实	$N > 15$	1400~2200	2100~3000	3000~4500	3800~5500	600~750	750~900	900~1100	1100~1200	900~1000	1700~1900	1700~1900
细砂	中密、密实	$N > 15$	2500~4000	3600~5000	4400~6000	5300~7000	650~850	900~1200	1200~1500	1500~1800	1200~1600	2000~2400	2400~2700
中砂	中密、密实	$N > 15$	4000~6000	5500~7000	6500~8000	7500~9000	850~1050	1100~1500	1500~1900	1900~2100	1800~2400	2800~3800	3600~4400
粗砂	中密、密实	$N > 15$	5700~7500	7500~8500	8500~10000	9500~11000	1500~1800	2100~2400	2400~2600	2600~2800	2900~3600	4000~4600	4600~5200
砾砂	中密、密实	$N_{63.5} > 10$	6000~9500		9000~10500		1400~2000		2000~3200		3500~5000		
角砾、圆砾	中密、密实	$N_{63.5} > 10$	7000~10000		9500~11500		1800~2200		2200~3600		4000~5500		
碎石、卵石	中密、密实	$N_{63.5} > 10$	8000~11000		10500~13000		2000~3000		3000~4000		4500~6500		
全风化软质岩		$30 < N \leqslant 50$	4000~6000				1000~1600				1200~2000		
全风化硬质岩		$30 < N \leqslant 50$	5000~8000				1200~2000				1400~2400		
强风化软质岩		$N_{63.5} > 10$	6000~9000				1400~2200				1600~2600		
强风化硬质岩		$N_{63.5} > 10$	7000~11000				1800~2800				2000~3000		

注：1. 砂土和碎石类土中桩的极限端阻力取值，宜综合考虑土的密实度，桩端进入持力层的深径比 h_b/d，土愈密实，h_b/d 愈大，取值愈高。

2. 预制桩的岩石极限端阻力指桩端支承于中、微风化基岩表面或进入强风化岩、软质岩一定深度条件下极限端阻力。

3. 全风化、强风化软质岩和全风化、强风化硬质岩指其母岩分别为 $f_{rk} \leqslant 15\mathrm{MPa}$、$f_{rk} > 30\mathrm{MPa}$ 的岩石。

2.2 基坑工程计算公式

2.2.1 支挡式结构

支挡式结构见表 2-11。

支挡式结构　　　　　　　　　　　　　　　　　表 2-11

计算项目	计算公式
结构分析	(1) 作用在挡土构件上的分布土反力应符合下列规定： 分布土反力可按下式计算： $$p_s = k_s v + p_{s0} \qquad (2\text{-}218)$$ 挡土构件嵌固段上的基坑内侧分布土反力应符合下列条件： $$P_{sk} \leqslant E_{pk} \qquad (2\text{-}219)$$ 当不符合公式（2-219）的计算条件时，应增加挡土构件的嵌固长度或取 $P_{sk}=E_{pk}$ 时的分布土反力 式中　p_s——分布土反力（kPa） 　　　k_s——土的水平反力系数（kN/m³），按（2）的规定取值 　　　v——挡土构件在分布土反力计算点使土体压缩的水平位移值（m） 　　　p_{s0}——初始分布土反力（kPa）；挡土构件嵌固段上的基坑内侧初始分布土压力可按《建筑基坑支护技术规程》JGJ 120—2012 公式（3.4.2-1）或公式（3.4.2-5）计算，但应将公式中的 p_{ak} 用 p_{s0} 代替、σ_{ak} 用 σ_{pk} 代替，u_a 用 u_p 代替，且不计（$2c_i\sqrt{K_{a,i}}$）项 　　　P_{sk}——挡土构件嵌固段上的基坑内侧土反力标准值（kN），通过按公式（2-219）计算的分布土反力得出 　　　E_{pk}——挡土构件嵌固段上的被动土压力标准值（kN），通过按《建筑基坑支护技术规程》JGJ 120—2012 公式（3.4.2-3）或公式（3.4.2-6）计算的被动土压力强度标准值得出 (2) 基坑内侧土的水平反力系数可按下列公式计算： $$k_s = m(z - h) \qquad (2\text{-}220)$$ 式中　m——土的水平反力系数的比例系数（kN/m⁴），按（3）确定 　　　z——计算点距地面的深度（m） 　　　h——计算工况下的基坑开挖深度（m） (3) 土的水平反力系数的比例系数宜按桩的水平荷载试验及地区经验取值，缺少试验和经验时，可按下列经验公式计算： $$m = \frac{0.2\varphi^2 - \varphi + c}{v_b} \qquad (2\text{-}221)$$ 式中　m——土的水平反力系数的比例系数（MN/m⁴） 　　　c, φ——土的黏聚力（kPa）、内摩擦角（°）；对多层土，按不同土层分别取值 　　　v_b——挡土构件在坑底处的水平位移量（mm），当此处的水平位移不大于 10mm 时，可取 $v_b = 10$mm (4) 排桩的土反力计算宽度应按下列规定计算（见下图）： 对于圆形桩 $$b_0 = 0.9(1.5d + 0.5) \qquad (d \leqslant 1\text{m}) \qquad (2\text{-}222)$$ $$b_0 = 0.9(d + 1) \qquad (d > 1\text{m}) \qquad (2\text{-}223)$$ 对于矩形桩或工字形桩 $$b_0 = 1.5b + 0.5 \qquad (b \leqslant 1\text{m}) \qquad (2\text{-}224)$$ $$b_0 = b + 1 \qquad (b > 1\text{m}) \qquad (2\text{-}225)$$ 式中　b_0——单根支护桩上的土反力计算宽度（m）；当按式（2-222）~式（2-225）计算的 b_0 大于排桩间距时，b_0 取排桩间距 　　　d——桩的直径（m） 　　　b——矩形桩或工字形桩的宽度（m） (5) 锚杆和内支撑对挡土结构的作用力应按下式确定： $$F_h = k_R(v_R - v_{R0}) + P_h \qquad (2\text{-}226)$$

计算项目	计算公式
结构分析	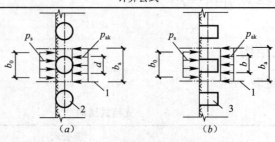 **排桩计算宽度** (*a*) 圆形截面排桩计算宽度；(*b*) 矩形或工字形截面排桩计算宽度 1—排桩对称中心线；2—圆形桩；3—矩形桩或工字形桩 式中　F_h——挡土结构计算宽度内的弹性支点水平反力（kN） 　　　k_R——挡土结构计算宽度内弹性支点刚度系数（kN/m），采用锚杆时可按（6）的规定确定，采用内支撑时可按（7）的规定确定 　　　v_R——挡土构件在支点处的水平位移值（m） 　　　v_{R0}——设置锚杆或支撑时，支点的初始水平位移值（m） 　　　P_h——挡土结构计算宽度内的法向预加力（kN）；采用锚杆或竖向斜撑时，取 $P_h=P \cdot \cos\alpha \cdot b_a/s$；采用水平对撑时，取 $P_h=P \cdot b_a/s$；对不预加轴向压力的支撑，取 $P_h=0$；采用锚杆时，宜取 $P=(0.75\sim0.9)N_k$，采用支撑时，宜取 $P=(0.5\sim0.8)N_k$，此处，P 为锚杆的预加轴向拉力值或支撑的预加轴向压力值（kN），α 为锚杆倾角或支撑仰角（°），b_a 为挡土结构计算宽度（m），对单根支护桩，取排桩间距，对单幅地下连续墙，取包括接头的单幅墙宽度，s 为锚杆或支撑的水平间距（m），N_k 为锚杆轴向拉力标准值或支撑轴向压力标准值（kN） （6）锚拉式支挡结构的弹性支点刚度系数宜通过《建筑基坑支护技术规程》JGJ 120—2012 附录 A 规定的基本试验按下式计算： $$k_R = \frac{(Q_2-Q_1)b_a}{(s_2-s_1)s} \qquad (2\text{-}227)$$ 式中　Q_1、Q_2——锚杆循环加荷或逐级加荷试验中（$Q\sim s$）曲线上对应锚杆锁定值与轴向拉力标准值的荷载值（kN）；对锁定前进行预张拉的锚杆，应取循环加荷试验中在相当于预张拉荷载的加载量下卸载后的再加载曲线上的荷载值 　　　s_1、s_2——（$Q\sim s$）曲线上对应于荷载为 Q_1、Q_2 的锚头位移值（m） 　　　b_a——挡土结构计算宽度（m），对单根支护桩，取排桩间距，对单幅地下连续墙，取包括接头的单幅墙宽度 　　　s——锚杆水平间距（m） 缺少试验时，弹性支点刚度系数也可按下列公式计算： $$k_R = \frac{3E_sE_cA_pAb_a}{[3E_cAl_f+E_sA_p(l-l_f)]s} \qquad (2\text{-}228)$$ $$E_c = \frac{E_sA_p+E_m(A-A_p)}{A} \qquad (2\text{-}229)$$ 式中　E_s——锚杆杆体的弹性模量（kPa） 　　　E_c——锚杆的复合弹性模量（kPa） 　　　A_p——锚杆杆体的截面面积（m²） 　　　A——注浆固结体的截面面积（m²） 　　　l_f——锚杆的自由段长度（m） 　　　l——锚杆长度（m） 　　　E_m——锚杆固结体的弹性模量（kPa） 当锚杆腰梁或冠梁的挠度不可忽略不计时，应考虑梁的挠度对弹性支点刚度系数的影响 （7）支撑式支挡结构的弹性支点刚度系数宜通过对内支撑结构整体进行线弹性结构分析得出的支点力与水平位移的关系确定。对水平对撑，当支撑腰梁或冠梁的挠度可忽略不计时，计算宽度内弹性支点刚度系数（k_R）可按下式计算： $$k_R = \frac{\alpha_R EAb_a}{\lambda l_0 s} \qquad (2\text{-}230)$$

计算项目	计算公式
结构分析	式中　λ——支撑不动点调整系数；支撑两对边基坑的土性、深度、周边荷载等条件相近，且分层对称开挖时，取 $\lambda=0.5$；支撑两对边基坑的土性、深度、周边荷载等条件或开挖时间有差异时，对土压力较大或先开挖的一侧，取 $\lambda=0.5\sim1.0$，且差异大时取大值，反之取小值；对土压力较小或后开挖的一侧，取 $(1-\lambda)$；当基坑一侧取 $\lambda=1$ 时，基坑另一侧应按固定支座考虑；对竖向斜撑构件，取 $\lambda=1$ 　　　　α_R——支撑松弛系数，对混凝土支撑和预加轴向压力的钢支撑，取 $\alpha_R=1.0$，对不预加轴向压力的钢支撑，取 $\alpha_R=0.8\sim1.0$ 　　　　E——支撑材料的弹性模量（kPa） 　　　　A——支撑的截面面积（m²） 　　　　l_0——受压支撑构件的长度（m） 　　　　s——支撑水平间距（m）
稳定性验算	（1）悬臂式支挡结构的嵌固深度（l_d）应符合下式嵌固稳定性的要求（见下图）： 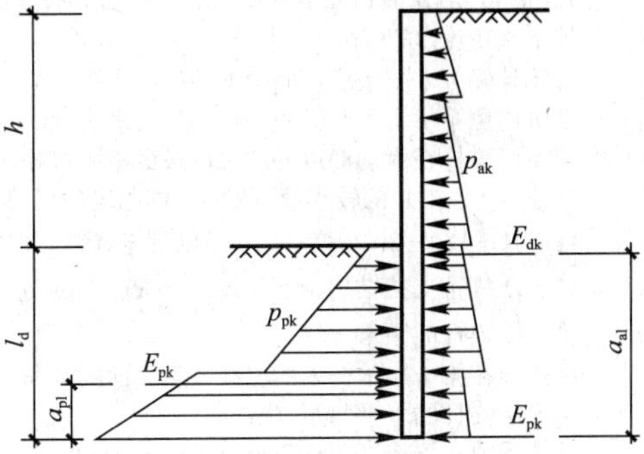 悬臂式结构嵌固稳定性验算 $$\frac{E_{pk}a_{p1}}{E_{ak}a_{a1}}\geqslant K_e \qquad (2-231)$$ 式中　K_e——嵌固稳定安全系数；安全等级为一级、二级、三级的悬臂式支挡结构，K_e 分别不应小于 1.25、1.2、1.15 　E_{ak}、E_{pk}——基坑外侧主动土压力、基坑内侧被动土压力标准值（kN） 　a_{a1}、a_{p1}——基坑外侧主动土压力、基坑内侧被动土压力合力作用点至挡土构件底端的距离（m） （2）单层锚杆和单层支撑的支挡式结构的嵌固深度（l_d）应符合下式嵌固稳定性的要求（见下图）： 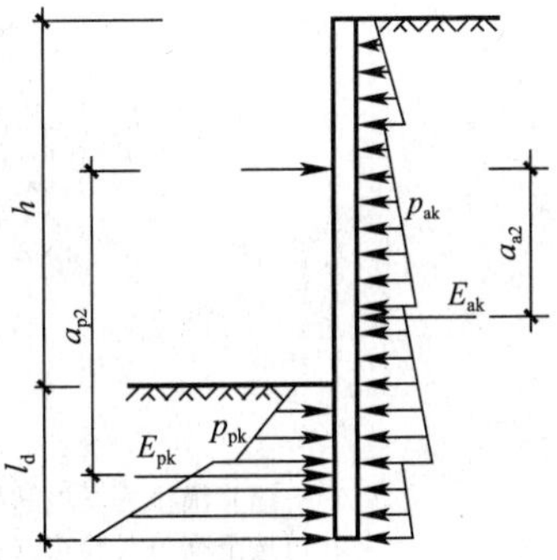 $$\frac{E_{pk}a_{p2}}{E_{ak}a_{a2}}\geqslant K_e \qquad (2-232)$$ 式中　K_e——嵌固稳定安全系数；安全等级为一级、二级、三级的锚拉式支挡结构和支撑式支挡结构，K_e 分别不应小于 1.25、1.2、1.15 　a_{a2}、a_{p2}——基坑外侧主动土压力、基坑内侧被动土压力合力作用点至支点的距离（m） 单支点锚拉式支挡结构和支撑式支挡结构的嵌固稳定性验算 （3）锚拉式、悬臂式支挡结构和双排桩应按下列规定进行整体滑动稳定性验算： 1）整体滑动稳定性可采用圆弧滑动条分法进行验算。 2）采用圆弧滑动条分法时，其整体滑动稳定性应符合下列规定（见下图）： $$\min\{K_{s,1},K_{s,2},\cdots,K_{s,i\cdots}\}\geqslant K_s \qquad (2-233)$$ $$K_{s,i}=\frac{\sum\{c_jl_j+[(q_jb_j+\Delta G_j)\cos\theta_j-u_jl_j]\tan\varphi_j\}+\sum R'_{k,k}[\cos(\theta_k+\alpha_k)+\psi_v]/s_{x,k}}{\sum(q_jb_j+\Delta G_j)\sin\theta_j}$$ $$(2-234)$$

计算项目	计算公式
稳定性验算	式中 K_s——圆弧滑动稳定安全系数；安全等级为一级、二级、三级的支挡式结构，K_s 分别不应小于 1.35、1.3、1.25 $K_{s,i}$——第 i 个圆弧滑动体的抗滑力矩与滑动力矩的比值；抗滑力矩与滑动力矩之比的最小值宜通过搜索不同圆心及半径的所有潜在滑动圆弧确定 c_j、φ_j——第 j 条滑弧面处土的黏聚力（kPa）、内摩擦角（°），按《建筑基坑支护技术规程》JGJ 120—2012 第 3.1.14 条的规定取值 b_j——第 j 土条的宽度（m） θ_j——第 j 土条滑弧面中点处的法线与垂直面的夹角（°） l_j——第 j 土条的滑弧段长度（m），取 $l_j = b_j / \cos\theta_j$ q_j——第 j 土条上的附加分布荷载标准值（kPa） ΔG_j——第 j 土条的自重（kN），按天然重度计算 u_j——第 j 土条在滑弧面上的水压力（kPa）；采用落底式截水帷幕时，对地下水位以下的砂土、碎石土、砂质粉土，在基坑外侧，可取 $u_j = \gamma_w h_{wa,j}$，在基坑内侧，可取 $u_j = \gamma_w h_{wp,j}$；滑弧面在地下水位以上或对地下水位以下的黏性土，取 $u_j = 0$ γ_w——地下水重度（kN/m³） $h_{wa,j}$——基坑外侧第 j 土条滑弧面中点的压力水头（m） $h_{wp,j}$——基坑内侧第 j 土条滑弧面中点的压力水头（m） $R'_{k,k}$——第 k 层锚杆在滑动面以外的锚固段的极限抗拔承载力标准值与锚杆杆体受拉承载力标准值（$f_{ptk}A_p$）的较小值（kN）；锚固段的极限抗拔承载力应按《建筑基坑支护技术规程》JGJ 120—2012 第 4.7.4 条的规定计算，但锚固段应取滑动面以外的长度；对悬臂式、双排桩支挡结构，不考虑，$\sum R'_{k,k}[\cos(\theta_k + \alpha_k) + \psi_v]/s_{x,k}$ 项 α_k——第 k 层锚杆的倾角（°） θ_k——滑动面在第 k 层锚杆处的法线与垂直面的夹角（°） $s_{x,k}$——第 k 层锚杆的水平间距（m） ψ_v——计算系数；可按 $\psi_v = 0.5\sin(\theta_k + \alpha_k)\tan\varphi$ 取值，此处，φ 为第 k 层锚杆与滑弧交点处土的内摩擦角（°） 当挡土构件底端以下存在软弱下卧土层时，整体稳定性验算滑动面中应包括由圆弧与软弱土层层面组成的复合滑动面。 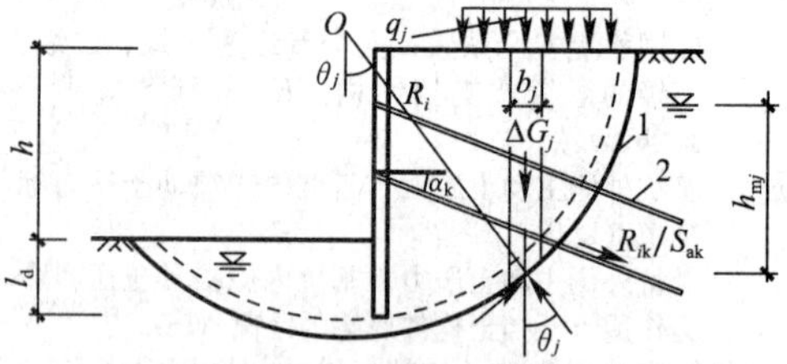 圆弧滑动条分法整体稳定性验算 1—任意圆弧滑动面；2—锚杆 （4）锚拉式支挡结构和支撑式支挡结构，其嵌固深度应满足坑底隆起稳定性要求，抗隆起稳定性可按下列公式验算（见下图1）： $$\frac{\gamma_{m2} l_d N_q + c N_c}{\gamma_{m1}(h + l_d) + q_0} \geqslant K_b \qquad (2\text{-}235)$$ $$N_q = \mathrm{tg}^2\left(45° + \frac{\varphi}{2}\right) e^{\pi\tan\varphi} \qquad (2\text{-}236)$$ $$N_c = (N_q - 1)/\tan\varphi \qquad (2\text{-}237)$$ 式中 K_b——抗隆起安全系数；安全等级为一级、二级、三级的支护结构，K_b 分别不应小于 1.8、1.6、1.4 γ_{m1}——基坑外挡土构件底面以上土的天然重度（kN/m³）；对多层土取各层土按厚度加权的平均重度 γ_{m2}——基坑内挡土构件底面以上土的天然重度（kN/m³）；对多层土取各层土按厚度加权的平均重度

计算项目	计算公式
稳定性验算	l_d——挡土构件的嵌固深度（m） 　h——基坑深度（m） 　q_0——地面均布荷载（kPa） N_c、N_q——承载力系数 　c、φ——挡土构件底面以下土的黏聚力（kPa）、内摩擦角（°），按《建筑基坑支护技术规程》JGJ 120—2012 第 3.1.14 条的规定取值 　　当挡土构件底面以下有软弱下卧层时，坑底隆起稳定性的验算部位尚应包括软弱下卧层。软弱下卧层的隆起稳定性可按公式（2-235）验算，但式中的 γ_{m1}、γ_{m2} 应取软弱下卧层顶面以上土的重度（图 2），l_d 应以 D 代替，D 为基坑底面至软弱下卧层顶面的土层厚度（m）。 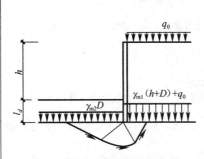 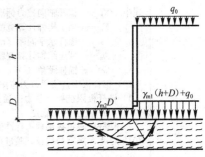 　　图 1　挡土构件底端平面下　　　　图 2　软弱下卧层的隆起稳定性验算 　　　　　土的隆起稳定性验算 　　悬臂式支挡结构可不进行隆起稳定性验算。 　　(5) 锚拉式支挡结构和支撑式支挡结构，当坑底以下为软土时，其嵌固深度应符合下列以最下层支点为轴心的圆弧滑动稳定性要求（见下图）： $$\frac{\sum\left[c_j l_j + (q_j b_j + \Delta G_j)\cos\theta_j \tan\varphi_j\right]}{\sum(q_j b_j + \Delta G_j)\sin\theta_j} \geq K_r \qquad (2\text{-}238)$$ 式中　K_r——以最下层支点为轴心的圆弧滑动稳定安全系数；安全等级为一级、二级、三级的支挡式结构，K_r 分别不应小于 2.2、1.9、1.7 　　c_j、φ_j——第 j 条在滑弧面处土的黏聚力（kPa）、内摩擦角（°），按《建筑基坑支护技术规程》JGJ 120—2012 第 3.1.14 条的规定取值 　　　l_j——第 j 土条的滑弧段长度（m），取 $l_j = b_j/\cos\theta_j$ 　　　q_j——第 j 土条顶面上的竖向压力标准值（kPa） 　　　b_j——第 j 土条的宽度（m） 　　　θ_j——第 j 土条滑弧面中点处的法线与垂直面的夹角（°） 　　ΔG_j——第 j 土条的自重（kN），按天然重度计算 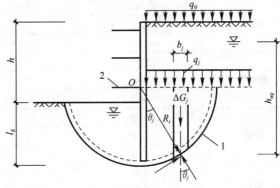 以最下层支点为轴心的圆弧滑动稳定性验算 1—任意圆弧滑动面；2—最下层支点

计算项目	计算公式
锚杆设计	(1) 锚杆的极限抗拔承载力应符合下式要求： $$\frac{R_k}{N_k} \geqslant K_t \qquad (2\text{-}239)$$ 式中　K_t——锚杆抗拔安全系数；安全等级为一级、二级、三级的支护结构，K_t 分别不应小于 1.8、1.6、1.4 　　　N_k——锚杆轴向拉力标准值（kN），按（2）的规定计算 　　　R_k——锚杆极限抗拔承载力标准值（kN），按（3）的规定确定 （2）锚杆的轴向拉力标准值应按下式计算： $$N_k = \frac{F_h s}{b_a \cos\alpha} \qquad (2\text{-}240)$$ 式中　N_k——锚杆轴向拉力标准值（kN） 　　　F_h——挡土构件计算宽度内的弹性支点水平反力（kN） 　　　s——锚杆水平间距（m） 　　　b_a——挡土结构计算宽度（m） 　　　α——锚杆倾角（°） （3）锚杆极限抗拔承载力应按下列规定确定： 　1）锚杆极限抗拔承载力应通过抗拔试验确定，试验方法应符合《建筑基坑支护技术规程》JGJ 120—2012 附录 A 的规定 　2）锚杆极限抗拔承载力标准值也可按下式估算，但应通过《建筑基坑支护技术规程》JGJ 120—2012 附录 A 规定的抗拔试验进行验证： $$R_k = \pi d \sum q_{si,k} l_i \qquad (2\text{-}241)$$ 式中　d——锚杆的锚固体直径（m） 　　　l_i——锚杆的锚固段在第 i 土层中的长度（m）；锚固段长度为锚杆在理论直线滑动面以外的长度，理论直线滑动面按（4）的规定确定 　　　$q_{si,k}$——锚固体与第 i 土层的极限粘结强度标准值（kPa），应根据工程经验并结合下表取值

土的名称	土的状态或密实度	q_{sk}/kPa	
		一次常压注浆	二次压力注浆
填土	—	16～30	30～45
淤泥质土	—	16～20	20～30
黏性土	$I_L>1$	18～30	25～45
	$0.75<I_L \leqslant 1$	30～40	45～60
	$0.50<I_L \leqslant 0.75$	40～53	60～70
	$0.25<I_L \leqslant 0.50$	53～65	70～85
	$0<I_L \leqslant 0.25$	65～73	85～100
	$I_L \leqslant 0$	73～90	100～130
粉土	$e>0.90$	22～44	40～60
	$0.75 \leqslant e \leqslant 0.90$	44～64	60～90
	$e<0.75$	64～100	80～130
粉细砂	稍密	22～42	40～70
	中密	42～63	75～110
	密实	63～85	90～130
中砂	稍密	54～74	70～100
	中密	74～90	100～130
	密实	90～120	130～170
粗砂	稍密	80～130	100～140
	中密	130～170	170～220
	密实	170～220	220～250

计算项目	计算公式			

续

土的名称	土的状态或密实度	q_{sk}/kPa	
		一次常压注浆	二次压力注浆
砾砂	中密、密实	190～260	240～290
风化岩	全风化	80～100	120～150
	强风化	150～200	200～260

注：1. 采用泥浆护壁成孔工艺时，应按表取低值后再根据具体情况适当折减。
　　2. 采用套管护壁成孔工艺时，可取表中的高值。
　　3. 采用扩孔工艺时，可在表中数值基础上适当提高。
　　4. 采用二次压力分段劈裂注浆工艺时，可在表中二次压力注浆数值基础上适当提高。
　　5. 当砂土中的细粒含量超过总质量的30%时，表中数值应乘以0.75。
　　6. 对有机质含量为5%～10%的有机质土，应按表取值后适当折减。
　　7. 当锚杆锚固段长度大于16m时，应对表中数值适当折减。

3）当锚杆锚固段主要位于黏土层、淤泥质土层、填土层时，应考虑土的蠕变对锚杆预应力损失的影响，并应根据蠕变试验确定锚杆的极限抗拔承载力。锚杆的蠕变试验应符合《建筑基坑支护技术规程》JGJ 120—2012附录A的规定

（4）锚杆的非锚固段长度应按下式确定，且不应小于5.0m（见下图）：

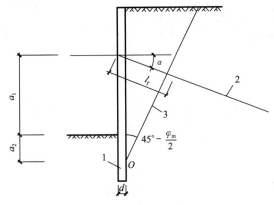

理论直线滑动面
1—挡土构件；2—锚杆；3—理论直线滑动面

$$l_f \geqslant \frac{(a_1 + a_2 - d\tan\alpha)\sin\left(45° - \frac{\varphi_m}{2}\right)}{\sin\left(45° + \frac{\varphi_m}{2} + \alpha\right)} + \frac{d}{\cos\alpha} + 1.5 \qquad (2\text{-}242)$$

式中　l_f——锚杆非锚固段长度（m）
　　　　α——锚杆倾角（°）
　　　　a_1——锚杆的锚头中点至基坑底面的距离（m）
　　　　a_2——基坑底面至基坑外侧主动土压力强度与基坑内侧被动土压力强度等值点O的距离（m）；对或层土，当存在多个等值点时应按其中最深的等值点计算
　　　　d——挡土构件的水平尺寸（m）
　　　　φ_m——O点以上各土层按厚度加权的等效内摩擦角（°）

（5）锚杆杆体的受拉承载力应符合下式规定：

$$N \leqslant f_{py}A_p \qquad (2\text{-}243)$$

式中　N——锚杆轴向拉力设计值（kN）
　　　　f_{py}——预应力筋抗拉强度设计值（kPa）；当锚杆杆体采用普通钢筋时，取普通钢筋的抗拉强度设计值
　　　　A_p——预应力筋的截面面积（m²）

计算项目	计算公式
双排桩设计	（1）采用下图1的结构模型时，作用在后排桩上的主动土压力应按《建筑基坑支护技术规程》JGJ 120—2012第3.4节的规定计算，前排桩嵌固段上的土反力应按《建筑基坑支护技术规程》JGJ 120—2012第4.1.4条确定。作用在单根后排支护桩上的主动土压力计算宽度应取排桩间距，土反力计算宽度应按《建筑基坑支护技术规程》JGJ 120—2012第4.1.7条的规定取值（见图2）。前、后排桩间土对桩侧的压力可按下式计算：

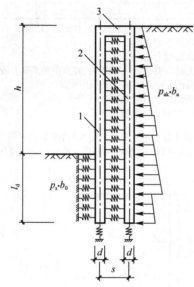 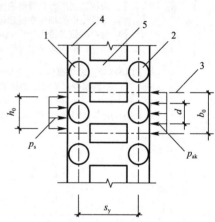

图1　双排桩计算　　　　　　　　图2　双排桩桩顶连梁及计算宽度

1—前排桩；2—后排桩；3—刚架梁　　　1—前排桩；2—后排桩；3—排桩对称中心线；

4—桩顶冠梁；5—刚架梁

$$p_c = k_c \Delta v + p_{c0} \tag{2-244}$$

式中　p_c——前、后排桩间土对桩侧的压力（kPa）；可按作用在前、后排桩上的压力相等考虑

　　　　k_c——桩间土的水平刚度系数（kN/m³）

　　　　Δv——前、后排桩水平位移的差值（m）；当其相对位移减小时为正值；当其相对位移增加时，取 $\Delta v = 0$

　　　　p_{c0}——前、后排桩间土对桩侧的初始压力（kPa），按（3）计算

（2）桩间土的水平刚度系数可按下式计算：

$$k_c = \frac{E_s}{s_y - d} \tag{2-245}$$

式中　E_s——计算深度处，前、后排桩间土的压缩模量（kPa）；当为成层土时，应按计算点的深度分别取相应土层的压缩模量

　　　　s_y——双排桩的排距（m）

　　　　d——桩的直径（m）

（3）前、后排桩间土对桩侧的初始压力可按下式计算：

$$p_{c0} = (2\alpha - \alpha^2)p_{ak} \tag{2-246}$$

$$\alpha = \frac{s_y - d}{h \tan(45 - \varphi_m/2)} \tag{2-247}$$

式中　p_{ak}——支护结构外侧，第 i 层土中计算点的主动土压力强度标准值（kPa），按《建筑基坑支护技术规程》JGJ 120—2012第3.4.2条的规定计算

　　　　h——基坑深度（m）

　　　　φ_m——基坑底面以上各土层按厚度加权的等效内摩擦角平均值（°）

　　　　α——计算系数，当计算的 α 大于1时，取 $\alpha = 1$

计算项目	计算公式
双排桩设计	（4）双排桩的嵌固深度应符合下式嵌固稳定性的要求（见下图）： $$\frac{E_{\mathrm{pk}}a_{\mathrm{p}}+Ga_{\mathrm{G}}}{E_{\mathrm{ak}}a_{\mathrm{a}}} \geqslant K_{\mathrm{e}} \qquad (2\text{-}248)$$ 式中 K_{e}——嵌固稳定安全系数；安全等级为一级、二级、三级的双排桩，K_{e} 分别不应小于 1.25、1.2、1.15 E_{ak}、E_{pk}——基坑外侧主动土压力、基坑内侧被动土压力标准值（kN） a_{a}、a_{p}——基坑外侧主动土压力、基坑内侧被动土压力合力作用点至双排桩底端的距离（m） G——双排桩、刚架梁和桩间土的自重之和（kN） z_{G}——双排桩、刚架梁和桩间土的重心至前排桩边缘的水平距离（m）	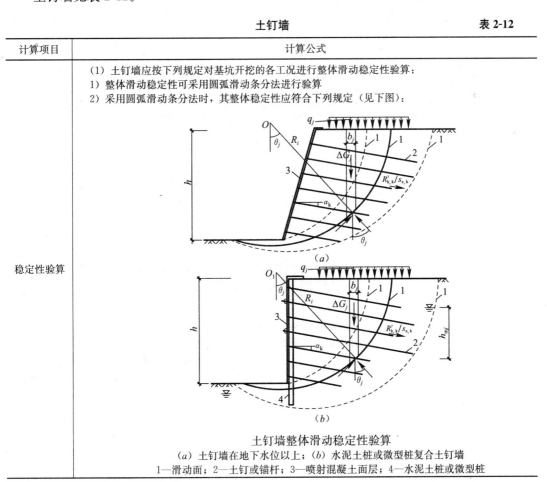 双排桩抗倾覆稳定性验算 1—前排桩；2—后排桩；3—刚架梁

2.2.2 土钉墙

土钉墙见表 2-12。

土钉墙 表 2-12

计算项目	计算公式
稳定性验算	（1）土钉墙应按下列规定对基坑开挖的各工况进行整体滑动稳定性验算： 1）整体滑动稳定性可采用圆弧滑动条分法进行验算； 2）采用圆弧滑动条分法时，其整体稳定性应符合下列规定（见下图）： （a） （b） 土钉墙整体滑动稳定性验算 （a）土钉墙在地下水位以上；（b）水泥土桩或微型桩复合土钉墙 1—滑动面；2—土钉或锚杆；3—喷射混凝土面层；4—水泥土桩或微型桩

101

计算项目	计算公式
稳定性验算	$$\min\{K_{s,1}, K_{s,2}, \cdots, K_{s,i} \cdots\} \geqslant K_s \tag{2-249}$$ $$K_{s,i} = \frac{\sum[c_j l_j + (q_j b_j + \Delta G_j)\cos\theta_j \tan\varphi_j] + \sum R'_{k,k}[\cos(\theta_k + \alpha_k) + \psi_v]/s_{x,k}}{\sum(q_j b_j + \Delta G_j)\sin\theta_j} \tag{2-250}$$ 式中 K_s——圆弧滑动稳定安全系数；安全等级为二级、三级的土钉墙，K_s 分别不应小于 1.3、1.25 $K_{s,i}$——第 i 个圆弧滑动体的抗滑力矩与滑动力矩的比值；抗滑力矩与滑动力矩之比的最小值宜通过搜索不同圆心及半径的所有潜在滑动圆弧确定 c_j、φ_j——第 j 土条滑弧面处土的黏聚力（kPa）、内摩擦角（°），按《建筑基坑支护技术规程》JGJ 120—2012 第 3.1.14 条的规定取值 b_j——第 j 土条的宽度（m） l_j——第 j 土条的滑弧长度（m），取 $l_j = b_j/\cos\theta_j$ q_j——第 j 土条上的附加分布荷载标准值（kPa） ΔG_j——第 j 土条的自重（kN），按天然重度计算 θ_j——第 j 土条滑弧面中点处的法线与垂直面的夹角（°） $R'_{k,k}$——第 k 层土钉或锚杆在滑动面以外的锚固段的极限抗拔承载力标准值与杆体受拉承载力标准值（$f_{yk}A_s$ 或 $f_{ptk}A_p$）的较小值（kN）；锚固段的极限抗拔承载力应按《建筑基坑支护技术规程》JGJ 120—2012 第 5.2.5 条和第 4.7.4 条的规定计算，但锚固段应取圆弧滑动面以外的长度 α_k——第 k 层土钉或锚杆的倾角（°） θ_k——滑弧面在第 k 层土钉或锚杆处的法线与垂直面的夹角（°） $s_{x,k}$——第 k 层土钉或锚杆的水平间距（m） ψ_v——计算系数；可取 $\psi_v = 0.5\sin(\theta_k + \alpha_k)\tan\varphi$，此处，$\varphi$ 为第 k 层土钉或锚杆与滑弧交点处土的内摩擦角 水泥土桩复合土钉墙，在需要考虑地下水压力的作用时，其整体稳定性应按公式（2-233）、（2-234）验算，但 $R'_{k,k}$ 应按本条的规定取值 当基坑面以下存在软弱下卧土层时，整体稳定性验算滑动面中应包括由圆弧与软弱土层层面组成的复合滑动面 微型桩、水泥土桩复合土钉墙，滑弧穿过其嵌固段的土条可适当考虑桩的抗滑作用。 （2）基坑底面下有软土层的土钉墙结构应进行坑底隆起稳定性验算，验算可采用下列公式（见下图）： 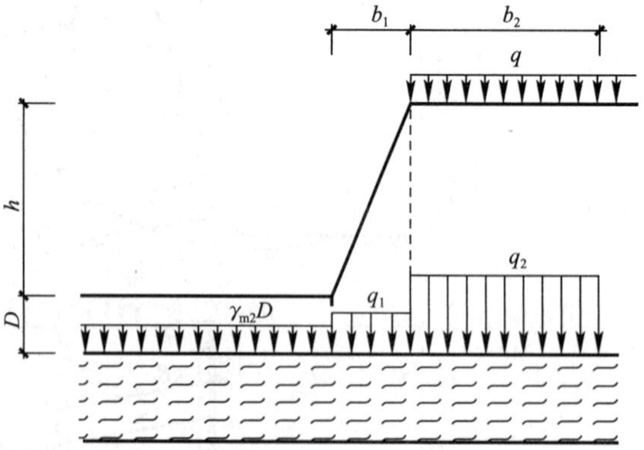 基坑底面下有软土层的土钉墙隆起稳定性验算 $$\frac{\gamma_{m2}DN_q + cN_c}{(q_1 b_1 + q_2 b_2)/(b_1 + b_2)} \geqslant K_b \tag{2-251}$$ $$N_q = \operatorname{tg}^2\left(45° + \frac{\varphi}{2}\right)e^{\pi\tan\varphi} \tag{2-252}$$ $$N_c = (N_q - 1)/\tan\varphi \tag{2-253}$$ $$q_1 = 0.5\gamma_{m1}h + \gamma_{m2}D \tag{2-254}$$ $$q_2 = \gamma_{m1}h + \gamma_{m2}D + q_0 \tag{2-255}$$

计算项目	计算公式
稳定性验算	式中 q_0——地面均布荷载（kPa） γ_{m1}——基坑底面以上土的天然重度（kN/m³）；对多层土取各层土按厚度加权的平均重度 h——基坑深度（m） γ_{m2}——基坑底面至抗隆起计算平面之间土层的天然重度（kN/m³）；对多层土取各层土按厚度加权的平均重度 D——基坑底面至抗隆起计算平面之间土层的厚度（m）；当抗隆起计算平面为基坑底平面时，取 $D=0$ N_c、N_q——承载力系数 c、φ——抗隆起计算平面以下土的黏聚力（kPa）、内摩擦角（°），按《建筑基坑支护技术规程》JGJ 120—2012 第 3.1.14 条的规定取值 b_1——土钉墙坡面的宽度（m）；当土钉墙坡面垂直时取 $b_1=0$ b_2——地面均布荷载的计算宽度（m），可取 $b_2=h$ K_b——抗隆起安全系数；安全等级为二级、三级的土钉墙，K_b 分别不应小于 1.6、1.4
土钉承载力计算	（1）单根土钉的极限抗拔承载力应符合下式规定： $$\frac{R_{k,j}}{N_{k,j}} \geqslant K_t \qquad (2\text{-}256)$$ 式中 K_t——土钉抗拔安全系数；安全等级为二级、三级的土钉墙，K_t 分别不应小于 1.6、1.4 $N_{k,j}$——第 j 层土钉的轴向拉力标准值（kN），应按（2）的规定确定 $R_{k,j}$——第 j 层土钉的极限抗拔承载力标准值（kN），应按（5）的规定确定 （2）单根土钉的轴向拉力标准值可按下式计算： $$N_{k,j} = \frac{1}{\cos\alpha_j}\zeta\eta_j p_{ak,j}s_{x,j}s_{z,j} \qquad (2\text{-}257)$$ 式中 $N_{k,j}$——第 j 层土钉的轴向拉力标准值（kN） α_j——第 j 层土钉的倾角（°） ζ——墙面倾斜时的主动土压力折减系数，可按（3）确定 η_j——第 j 层土钉轴向拉力调整系数，可按公式（2-259）计算 $p_{ak,j}$——第 j 层土钉处的主动土压力强度标准值（kPa） $s_{x,j}$——土钉的水平间距（m） $s_{z,j}$——土钉的垂直间距（m） （3）坡面倾斜时的主动土压力折减系数可按下式计算： $$\zeta = \tan\frac{\beta-\varphi_m}{2}\left(\frac{1}{\tan\dfrac{\beta+\varphi_m}{2}} - \frac{1}{\tan\beta}\right) \Big/ \tan^2\left(45° - \frac{\varphi_m}{2}\right) \qquad (2\text{-}258)$$ 式中 β——土钉墙坡面与水平面的夹角（°） φ_m——基坑底面以上各土层按厚度加权的等效内摩擦角平均值（°） （4）土钉轴向拉力调整系数可按下列公式计算： $$\eta_j = \eta_a - (\eta_a - \eta_b)\frac{z_j}{h} \qquad (2\text{-}259)$$ $$\eta_a = \frac{\sum(h-\eta_b z_j)\Delta E_{aj}}{\sum(h-z_j)\Delta E_{aj}} \qquad (2\text{-}260)$$ 式中 z_j——第 j 层土钉至基坑顶面的垂直距离（m） h——基坑深度（m） ΔE_{aj}——作用在以 $s_{x,j}$、$s_{z,j}$ 为边长的面积内的主动土压力标准值（kN） η_a——计算系数 η_b——经验系数，可取 0.6～1.0 n——土钉层数 （5）单根土钉的极限抗拔承载力应按下列规定确定： 1）单根土钉的极限抗拔承载力应通过抗拔试验确定，试验方法应符合《建筑基坑支护技术规程》JGJ 120—2012 附录 D 的规定。 2）单根土钉的极限抗拔承载力标准值也可按下式估算（见下图），但应通过《建筑基坑支护技术规程》JGJ 120—2012 附录 D 规定的土钉抗拔试验进行验证：

计算项目	计算公式

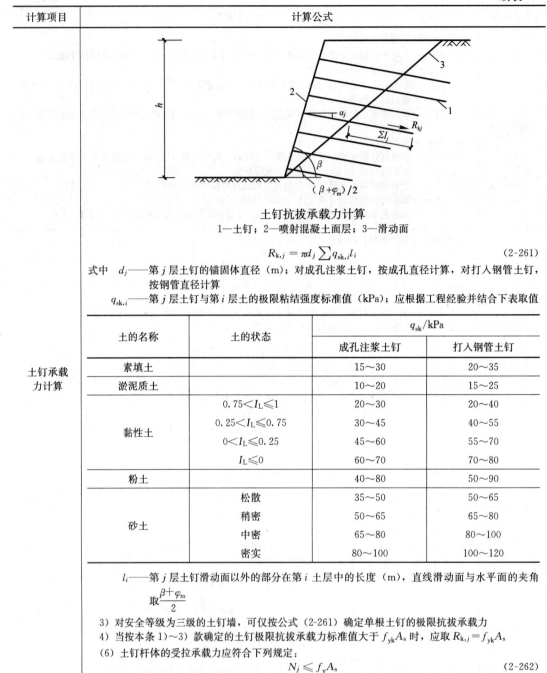

土钉抗拔承载力计算
1—土钉；2—喷射混凝土面层；3—滑动面

$$R_{k,j} = \pi d_j \sum q_{sk,i} l_i \tag{2-261}$$

式中 d_j——第 j 层土钉的锚固体直径（m）；对成孔注浆土钉，按成孔直径计算，对打入钢管土钉，按钢管直径计算

$q_{sk,i}$——第 j 层土钉与第 i 层土的极限粘结强度标准值（kPa）；应根据工程经验并结合下表取值

土的名称	土的状态	q_{sk}/kPa	
		成孔注浆土钉	打入钢管土钉
素填土		15～30	20～35
淤泥质土		10～20	15～25
黏性土	$0.75 < I_L \leqslant 1$	20～30	20～40
	$0.25 < I_L \leqslant 0.75$	30～45	40～55
	$0 < I_L \leqslant 0.25$	45～60	55～70
	$I_L \leqslant 0$	60～70	70～80
粉土		40～80	50～90
砂土	松散	35～50	50～65
	稍密	50～65	65～80
	中密	65～80	80～100
	密实	80～100	100～120

l_i——第 j 层土钉滑动面以外的部分在第 i 土层中的长度（m），直线滑动面与水平面的夹角取 $\dfrac{\beta + \varphi_m}{2}$

3）对安全等级为三级的土钉墙，可仅按公式（2-261）确定单根土钉的极限抗拔承载力

4）当按本条 1）～3）款确定的土钉极限抗拔承载力标准值大于 $f_{yk} A_s$ 时，应取 $R_{k,j} = f_{yk} A_s$

（6）土钉杆体的受拉承载力应符合下列规定：

$$N_j \leqslant f_y A_s \tag{2-262}$$

式中 N_j——第 j 层土钉的轴向拉力设计值（kN）

f_y——土钉杆体的抗拉强度设计值（kPa）

A_s——土钉杆体的截面面积（m²）

计算项目栏：土钉承载力计算

2.2.3　重力式水泥土墙

重力式水泥土墙见表 2-13。

计算项目	计算公式
稳定性与承载力验算	(1) 重力式水泥土墙的滑移稳定性应符合下式规定（见下图）： $$\frac{E_{pk}+(G-u_m B)\tan\varphi+cB}{E_{ak}} \geqslant K_{sl} \quad (2\text{-}263)$$ 式中 K_{sl}——抗滑移安全系数，其值不应小于1.2 　E_{ak}、E_{pk}——水泥土墙上的主动土压力、被动土压力标准值（kN/m），按《建筑基坑支护技术规程》JGJ 120—2012第3.4.2条的规定确定 　G——水泥土墙的自重（kN/m） 　u_m——水泥土墙底面上的水压力（kPa）；水泥土墙底位于含水层时，可取 $u_m=\gamma_w(h_{wa}+h_{wp})/2$，在地下水位以上时，取 $u_m=0$，此处，h_{wa} 为基坑外侧水泥土墙底处的压力水头（m），h_{wp} 为基坑内侧水泥土墙底处的压力水头（m） 　c、φ——水泥土墙底面下土层的黏聚力（kPa）、内摩擦角（°），按《建筑基坑支护技术规程》JGJ 120—2012第3.1.14条的规定取值 　B——水泥土墙的底面宽度（m） 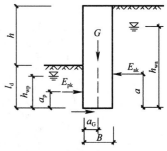 滑移稳定性验算 (2) 重力式水泥土墙的倾覆稳定性应符合下式规定（见下图）： $$\frac{E_{pk}a_p+(G-u_m B)a_G}{E_{ak}a_a} \geqslant K_{ov} \quad (2\text{-}264)$$ 式中 K_{ov}——抗倾覆安全系数，其值不应小于1.3 　a_a——水泥土墙外侧主动土压力合力作用点至墙趾的竖向距离（m） 　a_p——水泥土墙内侧被动土压力合力作用点至墙趾的竖向距离（m） 　a_G——水泥土墙自重与墙底水压力合力作用点至墙趾的水平距离（m） 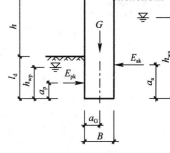 倾覆稳定性验算 (3) 重力式水泥土墙应按下列规定进行圆弧滑动稳定性验算： 1) 可采用圆弧滑动条分法进行验算。 2) 采用圆弧滑动条分法时，其稳定性应符合下式规定（见下图）： 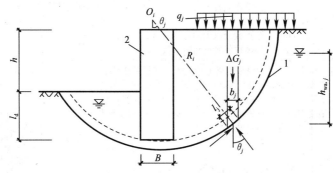 整体滑动稳定性验算 $$\min\{K_{s,1},K_{s,2},\cdots K_{s,i}\cdots\} \geqslant K_s \quad (2\text{-}265)$$ $$K_{s,i}=\frac{\sum\{c_j l_j+[(q_j b_j+\Delta G_j)\cos\theta_j-u_j l_j]\tan\varphi_j\}}{\sum(q_j b_j+\Delta G_j)\sin\theta_j} \quad (2\text{-}266)$$ 式中 K_s——圆弧滑动稳定安全系数，其值不应小于1.3 　$K_{s,i}$——第 i 个圆弧滑动体的抗滑力矩与滑动力矩的比值；抗滑力矩与滑动力矩之比的最小值宜通过搜索不同圆心及半径的所有潜在滑动圆弧确定

计算项目	计算公式
稳定性与承载力验算	c_j、φ_j——第 j 土条滑弧面处土的黏聚力（kPa）、内摩擦角（°），按《建筑基坑支护技术规程》JGJ 120—2012 第 3.1.14 条的规定取值 b_j——第 j 土条的宽度（m） l_j——第 j 土条的滑弧长度（m）；取 $l_j = b_j/\cos\theta_j$ q_j——第 j 土条上的附加分布荷载标准值（kPa） ΔG_j——第 j 土条的自重（kN），按天然重度计算；分条时，水泥土墙可按土体考虑 u_j——第 j 土条滑弧面上的孔隙水压力（kPa）；对地下水位以下的砂土、碎石土、砂质粉土，当地下水是静止的或渗流水力梯度可忽略不计时，在基坑外侧，可取 $u_j = \gamma_w h_{wa,j}$，在基坑内侧，可取 $u_j = \gamma_w h_{wp,j}$；滑弧面在地下水位以上或对地下水位以下的黏性土，取 $u_j = 0$ γ_w——地下水重度（kN/m³） $h_{wa,j}$——基坑外侧第 j 土条滑弧面中点的压力水头（m） $h_{wp,j}$——基坑内侧第 j 土条滑弧面中点的压力水头（m） θ_j——第 j 土条滑弧面中点处的法线与垂直面的夹角（°） 当墙底以下存在软弱下卧土层时，稳定性验算的滑动面中应包括由圆弧与软弱土层层面组成的复合滑动面。 （4）重力式水泥土墙墙体的正截面应符合下列规定： 1）拉应力： $$\frac{6M_i}{B^2} - \gamma_{cs}z \leqslant 0.15f_{cs} \qquad (2\text{-}267)$$ 2）压应力： $$\gamma_0\gamma_F\gamma_{cs}z + \frac{6M_i}{B^2} \leqslant f_{cs} \qquad (2\text{-}268)$$ 3）剪应力： $$\frac{E_{aki} - \mu G_i - E_{pki}}{B} \leqslant \frac{1}{6}f_{cs} \qquad (2\text{-}269)$$ 式中 M_i——水泥土墙验算截面的弯矩设计值（kN·m/m） B——验算截面处水泥土墙的宽度（m） γ_{cs}——水泥土墙的重度（kN/m³） z——验算截面至水泥土墙顶的垂直距离（m） f_{cs}——水泥土开挖龄期时的轴心抗压强度设计值（kPa），应根据现场试验或工程经验确定 γ_F——荷载综合分项系数 E_{aki}、E_{pki}——验算截面以上的主动土压力标准值、被动土压力标准值（kN/m），可按《建筑基坑支护技术规程》JGJ 120—2012 第 3.4.2 条的规定计算；验算截面在坑底以上时，取 $E_{pki}=0$ G_i——验算截面以上的墙体自重（kN/m） μ——墙体材料的抗剪断系数，取 0.4～0.5
构造	重力式水泥土墙采用格栅形式时，格栅的面积置换率，对淤泥质土，不宜小于 0.7；对淤泥，不宜小于 0.8；对一般黏性土、砂土，不宜小于 0.6。格栅内侧的长宽比不宜大于 2。每个格栅内的土体面积应符合下式要求： $$A \leqslant \delta\frac{cu}{\gamma_m} \qquad (2\text{-}270)$$ 式中 A——格栅内的土体面积（m²） δ——计算系数；对黏性土，取 $\delta=0.5$；对砂土、粉土，取 $\delta=0.7$ c——格栅内土的黏聚力（kPa），按《建筑基坑支护技术规程》JGJ 120—2012 第 3.1.14 条的规定确定 u——计算周长（m），按下图计算 γ_m——格栅内土的天然重度（kN/m³）；对多层土，取水泥土墙深度范围内各层土按厚度加权的平均天然重度 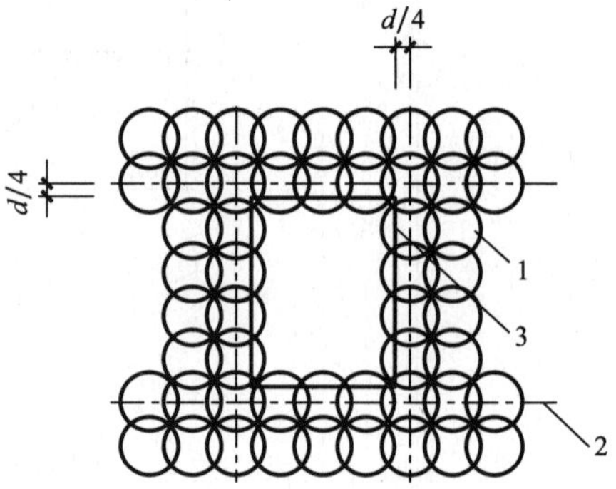 格栅式水泥土墙 1—水泥土桩；2—水泥土桩中心线；3—计算周长

2.2.4 地下水控制

地下水控制见表 2-14。

地下水控制 表 2-14

计算项目	计算公式
截水	当坑底以下存在连续分布、埋深较浅的隔水层时，应采用落底式帷幕。落底式帷幕进入下卧隔水层的深度应满足下式要求，且不宜小于 1.5m： $$l \geqslant 0.2\Delta h - 0.5b \qquad (2\text{-}271)$$ 式中　l——帷幕进入隔水层的深度（m） 　　　Δh——基坑内外的水头差值（m） 　　　b——帷幕的厚度（m）
降水	（1）基坑地下水位降深应符合下式规定： $$s_i \geqslant s_d \qquad (2\text{-}272)$$ 式中　s_i——基坑内任一点的地下水位降深（m） 　　　s_d——基坑地下水位的设计降深（m） （2）当含水层为粉土、砂土或碎石土时，潜水完整井的地下水位降深可按下式计算（下图1、图2）： 图 1　潜水完整井地下水位降深计算 1—基坑面；2—降水井；3—潜水含水层底板 图 2　计算点与降水井的关系 1—第 j 口井；2—第 m 口井；3—降水井所围面积的边线；4—基坑边线 $$s_i = H - \sqrt{H^2 - \sum_{j=1}^{n} \frac{q_j}{\pi k} \ln \frac{R}{r_{ij}}} \qquad (2\text{-}273)$$

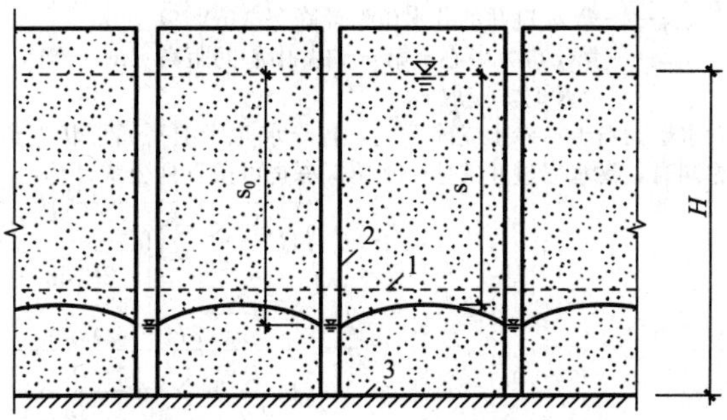

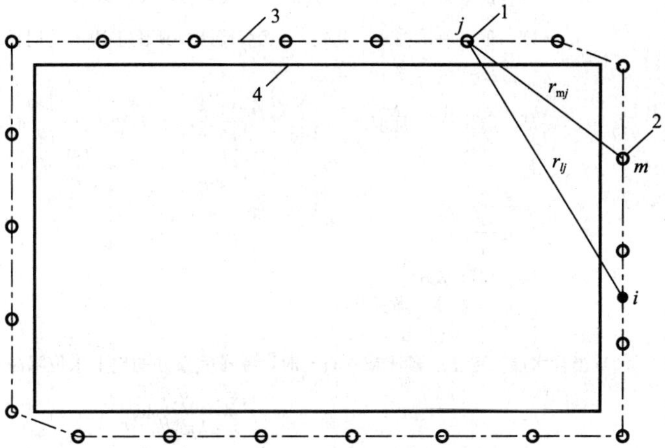

计算项目	计算公式

式中　s_i——基坑内任一点的地下水位降深（m）；基坑内各点中最小的地下水位降深可取各个相邻
　　　　　降水井连线上地下水位降深的最小值；当各降水井的间距和降深相同时，可取任一相邻
　　　　　降水井连线中点的地下水位降深

　　　　H——潜水含水层厚度（m）

　　　　q_j——按干扰井群计算的第 j 口降水井的单井流量（m³/d）

　　　　k——含水层的渗透系数（m/d）

　　　　R——影响半径（m），应按现场抽水试验确定；缺少试验时，也可按式（2-274）、式（2-275）
　　　　　计算并结合当地工程经验确定

1）潜水含水层

$$R = 2s_{\mathrm{w}}\sqrt{kH} \qquad\qquad (2\text{-}274)$$

2）承压含水层

$$R = 10s_{\mathrm{w}}\sqrt{k} \qquad\qquad (2\text{-}275)$$

s_{w}——井水位降深（m）；当井水位降深小于 10m 时，取 $s_{\mathrm{w}}=10\mathrm{m}$

r_{ij}——第 j 口井中心至地下水位降深计算点的距离（m）；当 $r_{ij}>R$ 时，取 $r_{ij}=R$

n——降水井数量

对潜水完整井，按干扰井群计算的第 j 个降水井的单井流量可通过求解下列 n 维线性方程组计算：

$$s_{\mathrm{w,m}} = H - \sqrt{H^2 - \sum_{j=1}^{n}\frac{q_j}{\pi k}\ln\frac{R}{r_{j\mathrm{m}}}}\ (m=1,\cdots,n) \qquad (2\text{-}275\text{-}1)$$

式中　$s_{\mathrm{w,m}}$——第 m 口井的井水位设计降深（m）

　　　　$r_{j\mathrm{m}}$——第 j 口井中心至第 m 口井中心的距离（m）；当 $j=m$ 时，应取降水井半径 r_{w}；当 $r_{j\mathrm{m}}$
　　　　　$>R$ 时，应取 $r_{j\mathrm{m}}=R$

当含水层为粉土、砂土或碎石土，各降水井所围平面形状近似圆形或正方形且各降水井的间距、
降深相同时，潜水完整井的地下水位降深也可按下列公式计算：

$$s_i = H - \sqrt{H^2 - \frac{q}{\pi k}\sum_{j=1}^{n}\ln\frac{R}{2r_0\sin\frac{(2j-1)\pi}{2n}}} \qquad (2\text{-}276)$$

$$q = \frac{\pi k(2H-s_{\mathrm{w}})s_{\mathrm{w}}}{\ln\dfrac{R}{r_{\mathrm{w}}} + \sum_{j=1}^{n-1}\ln\dfrac{R}{2r_0\sin\dfrac{j\pi}{n}}} \qquad (2\text{-}277)$$

式中　q——按干扰井群计算的降水井单井流量（m³/d）

　　　　r_0——井群的等效半径（m）；井群的等效半径应按各降水井所围多边形与等效圆的周长相等确
　　　　　定，取 $r_0=u/(2\pi)$，此处，u 为各降水井所围多边形的周长；当 $r_0>\dfrac{R}{2\sin\dfrac{(2j-1)\pi}{2n}}$ 时，公

　　　　　式（2-276）中应取 $r_0=\dfrac{R}{2\sin\dfrac{(2j-1)\,\pi}{2n}}$，当 $r_0>\dfrac{R}{2\sin\dfrac{j\pi}{n}}$ 时，公式（2-277）中应取 $r_0=$

　　　　　$\dfrac{R}{2\sin\dfrac{j\pi}{n}}$

　　　　j——第 j 口降水井

　　　　s_{w}——井水位的设计降深（m）

　　　　r_{w}——降水井半径（m）

（3）当含水层为粉土、砂土或碎石土时，承压完整井的地下水位降深可按下式计算（见下图）：

$$s_i = \sum_{j=1}^{n}\frac{q_j}{2\pi Mk}\ln\frac{R}{r_{ij}} \qquad (2\text{-}278)$$

式中　M——承压含水层厚度（m）

对承压完整井，按干扰井群计算的第 j 个降水井的单井流量可通过求解下列 n 维线性方程组计算：

$$s_{\mathrm{w,m}} = \sum_{j=1}^{n}\frac{q_j}{2\pi Mk}\ln\frac{R}{r_{j\mathrm{m}}}\ (m=1,\cdots,n) \qquad (2\text{-}279)$$

当含水层为粉土、砂土或碎石土，各降水井所围平面形状近似圆形或正方形且各降水井的间距、
降深相同时，承压完整井的地下水位降深也可按下列公式计算：

（计算项目）降水

计算项目	计算公式
降水	$$s_i = \frac{q}{2\pi Mk} \sum_{j=1}^{n} \ln \frac{R}{2r_0 \sin \frac{(2j-1)\pi}{2n}} \qquad (2\text{-}280)$$ 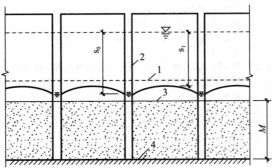 <div align="center">承压水完整井地下水位降深计算</div> <div align="center">1—基坑面；2—降水井；3—承压水含水层顶板；4—承压水含水层底板</div> $$q = \frac{2\pi Mks_{\mathrm{w}}}{\ln \dfrac{R}{r_{\mathrm{w}}} + \sum\limits_{j=1}^{n-1} \ln \dfrac{R}{2r_0 \sin \dfrac{j\pi}{n}}} \qquad (2\text{-}281)$$ 式中 r_0——井群的等效半径（m）；井群的等效半径应按各降水井所围多边形与等效圆的周长相等确定，取 $r_0 = u/(2\pi)$，当 $r_0 > \dfrac{R}{2\sin \dfrac{(2j-1)\pi}{2n}}$ 时，公式（2-280）中应取 $r_0 = \dfrac{R}{2\sin \dfrac{(2j-1)\pi}{2n}}$；当 $r_0 > \dfrac{R}{2\sin \dfrac{j\pi}{n}}$ 时，公式（2-281）中应取 $r_0 = \dfrac{R}{2\sin \dfrac{j\pi}{n}}$ （4）降水井的单井设计流量可按下式计算： $$q = 1.1 \frac{Q}{n} \qquad (2\text{-}282)$$ 式中 q——单井设计流量 Q——基坑降水总涌水量（m³/d），可按《建筑基坑支护技术规程》JGJ 120—2012 附录 E 中相应条件的公式计算 n——降水井数量 （5）降水井的单井出水能力应大于按公式（2-282）计算的设计单井流量。当单井出水能力小于单井设计流量时，应增加井的数量、直径或深度。各类井的单井出水能力可按下列规定取值： 1）真空井点出水能力可取 36～60m³/d 2）喷射井点出水能力可按下表取值

外管直径/mm	喷射管		工作水压力/MPa	工作水流量/(m³/d)	设计单井出水流量/(m³/d)	适用含水层渗透系数/(m/d)
	喷嘴直径/mm	混合室直径/mm				
38	7	14	0.6～0.8	112.8～163.2	100.8～138.2	0.1～5.0
68	7	14	0.6～0.8	110.4～148.8	103.2～138.2	0.1～5.0
100	10	20	0.6～0.8	230.4	259.2～388.8	5.0～10.0
162	19	40	0.6～0.8	720	600～720	10.0～20.0

3）管井的单井出水能力可按下式计算：
$$q_0 = 120\pi r_s l \sqrt[3]{k} \qquad (2\text{-}283)$$
式中 q_0——单井出水能力（m³/d）

r_s——过滤器半径（m）

l——过滤器进水部分的长度（m）

k——含水层渗透系数（m/d）

计算项目	计算公式
降水引起的地层变形计算	(1) 降水引起的地层压缩变形量可按下式计算： $$s = \psi_\mathrm{w} \sum \frac{\Delta \sigma'_{zi} \Delta h_i}{E_{si}} \qquad (2\text{-}284)$$ 式中　s——计算剖面的地层压缩变形量（m） 　　　ψ_w——沉降计算经验系数，应根据地区工程经验取值，无经验时，宜取 $\psi_\mathrm{w}=1$ 　　　$\Delta \sigma'_{zi}$——降水引起的地面下第 i 土层的平均附加有效应力（kPa）；对黏性土，应取降水结束时土的固结度下的附加有效应力 　　　Δh_i——第 i 层土的厚度（m）；土层的总计算厚度应按渗流分析或实际土层分布情况确定 　　　E_{si}——第 i 层土的压缩模量（kPa）；应取土的自重应力至自重应力与附加有效应力之和的压力段的压缩模量 （2）基坑外土中各点降水引起的附加有效应力宜按地下水稳定渗流分析方法计算；当符合非稳定渗流条件时，可按地下水非稳定渗流计算。附加有效应力也可根据"降水"中（2）计算的地下水位降深，按下列公式计算（见下图）： 　1）第 i 土层位于初始地下水位以上时 $$\Delta \sigma'_{zi} = 0 \qquad (2\text{-}285)$$ 　2）第 i 土层位于降水后水位与初始地下水位之间时 $$\Delta \sigma'_{zi} = \gamma_\mathrm{w} z \qquad (2\text{-}286)$$ 　3）第 i 土层位于降水后水位以下时 $$\Delta \sigma'_{zi} = \lambda_i \gamma_\mathrm{w} s_i \qquad (2\text{-}297)$$ 式中　γ_w——水的重度（kN/m³） 　　　z——第 i 土层中点至初始地下水位的垂直距离（m） 　　　λ_i——计算系数，应按地下水渗流分析确定，缺少分析数据时，也可根据当地工程经验取值 　　　s_i——计算剖面对应的地下水位降深（m） 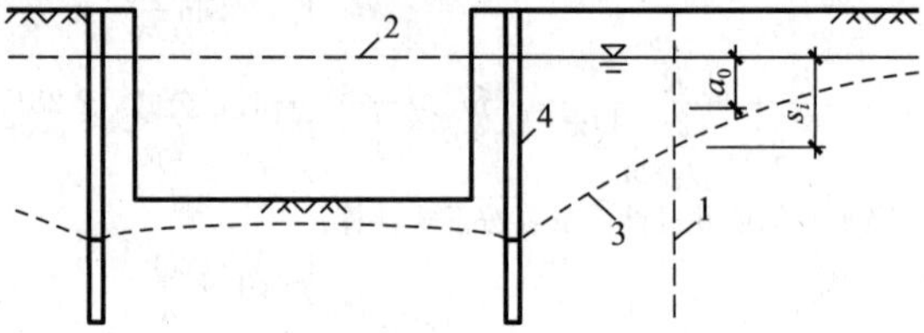 降水引起的附加有效应力计算 1—计算剖面；2—初始地下水位；3—降水后的水位；4—降水井

2.3　土方工程计算公式

2.3.1　土的物理性质指标

土的基本物理性质指标计算见表 2-15。

土的基本物理性质指标　　　　表 2-15

指标名称	符号	单位	物理意义	表达式以及常用换算公式
密度	ρ	t/m³	单位体积土的质量，又称质量密度	$\rho = \dfrac{m}{V}$；$\rho = \rho_\mathrm{d}(1+w)$ $\rho = \dfrac{d_s + s_r e}{1+e} \rho_\mathrm{w}$
重度	γ	kN/m³	单位体积土所受的重力，又称重力密度	$\gamma = \dfrac{W}{V}$ 或 $\gamma = \rho g$ $\gamma = \dfrac{d_s(1+0.01w)}{1+e}$

指标名称	符号	单位	物理意义	表达式以及常用换算公式
相对密度	d_s		土粒单位体积的质量与4℃时蒸馏水的密度之比	$d_s = \dfrac{m_s}{V_s \rho_w}$; $d_s = \dfrac{S_r e}{w}$; $d_s = \dfrac{m_s}{V_s \rho_w}$
干密度	ρ_d	t/m³	土的单位体积内颗粒的质量	$\rho_d = \dfrac{m_s}{V}$; $\rho_d = \dfrac{\rho}{1+w}$; $\rho_d = \dfrac{d_s}{1+e}$
干重度	γ_d	kN/m³	土的单位体积内颗粒的重力	$\gamma_d = \dfrac{W_s}{V}$ 或 $\rho_d g$; $\gamma_d = \dfrac{1}{1+w}\gamma$ $\gamma_d = \dfrac{d_s}{1+e}$
含水量	w	%	土中水的质量与颗粒质量之比	$w = \dfrac{n_w}{m_s} \times 100$; $w = \dfrac{S_r e}{d_s} \times 100$ $w = \left(\dfrac{\gamma}{\gamma_d} - 1 \right) \times 100$
饱和密度	ρ_{sat}	t/m³	土中孔隙完全被水充满时土的密度	$\rho_{sat} = \dfrac{m_s + V_v \rho_w}{V}$ $\rho_{sat} = \rho_d + \dfrac{e}{1+e}$; $\rho_{sat} = \dfrac{d_s + e}{1+e}\rho_w$
饱和重度	γ_{sat}	kN/m³	土中孔隙完全被水充满时土的重度	$\gamma_{sat} = \rho_{sat} g$ $\gamma_{sat} = \dfrac{W_s + V_v \gamma_w}{V}$; $\gamma_{sat} = \dfrac{d_s + e}{1+e}\gamma_w$
有效重度	γ'	kN/m³	在地下水位以下，土体受到水的浮水作用时土的重度，又称浮重度	$\gamma' = \gamma_{sat} - \gamma_w$; $\gamma' = \dfrac{(d_s - 1)\gamma_w}{1+e}$ $\gamma' = \dfrac{m_s - V_s \rho_w}{V} g$
孔隙比	e		土中孔隙体积与土粒体积之比	$e = \dfrac{V_v}{V_s}$; $e = \dfrac{d_s \rho_w}{\rho_d} - 1$; $e = \dfrac{n}{1-n}$
孔隙率	n	%	土中孔隙体积与土的总体积之比	$n = \dfrac{V_v}{V} \times 100$; $n = \dfrac{e}{1+e} \times 100$ $n = \left(1 - \dfrac{\gamma_d}{d_s \gamma_w} \right) \times 100$
饱和度	S_r		土中水的体积与孔隙体积之比	$S_\gamma = \dfrac{V_w}{V_v}$; $S_\gamma = \dfrac{w d_s}{e}$; $S_\gamma \dfrac{w \rho_d}{n}$ $S_\gamma = \dfrac{w(\rho_s' \rho_w)}{e}$
表中符号意义				m——土的总质量（$m = m_s + m_w$）； m_s——土的固体颗粒的质量； m_w——土中水的质量； m_a——土中气体的质量，$m_a \approx 0$； V——土的总体积（$V = V_s + V_w + V_a$）； V_s——土中固体颗粒的体积； V_w——土中水所占的体积； V_a——土中空气所占的体积； V_v——土中空隙体积（$V_s = V_a + V_w$）； W——土的总重力（量）； W_s——土的固体颗粒的重力（量）； W_w——土中水的重力（量）； ρ_w——蒸馏水的密度，一般 $\rho_w = 1t/m^3$； γ_w——水的重度，近似取 $\gamma_w = 10kN/m^3$； g——重力加速度，取 $g = 10m/s^2$

2.3.2 土的力学性质指标

土的力学性质指标见表 2-16。

土的力学性质指标

表 2-16

计算项目	计算公式
土的压缩系数	土的压缩性通常用压缩系数来表示，其值由原状土的压缩试验确定。压缩系数按下式计算： $$a = 1000 \times \frac{e_1 - e_2}{p_1 - p_2} \tag{2-288}$$ 式中　a——土的压缩系数（MPa^{-1}） p_1、p_2——固结压力（kPa） e_1、e_2——相对于 p_1、p_2 时的孔隙比 1000——单位换算系数 评价地基压缩性时，按 p_1 为 100kPa，p_2 为 200kPa 时，相对应的压缩系数值 $a_{1\text{-}2}$ 划分压缩性等级，并按下表的规定执行 <table><tr><td>压缩系数 a/MPa^{-1}</td><td>$a_{1\text{-}2}<0.1$</td><td>$0.1 \leqslant a_{1\text{-}2} < 0.5$</td><td>$a_{1\text{-}2} \geqslant 0.5$</td></tr><tr><td>压缩性等级</td><td>低压缩性</td><td>中压缩性</td><td>高压缩性</td></tr></table>
土的压缩模量	工程上也常用室内试验求压缩模量，作为土的压缩性指标，按下式计算： $$E_s = \frac{1 + e_0}{a} \tag{2-289}$$ 式中　E_s——土的压缩模量（MPa） e_0——土的天然（自重压力下）孔隙比 a——从土的自重应力至土的自重加附加应力段的压缩系数（MPa^{-1}） 用压缩模量划分压缩性等级和评价土的压缩性，可按下表的规定 <table><tr><td>室内压缩模量 E_s/MPa</td><td>压缩等级</td><td>室内压缩模量 E_s/MPa</td><td>压缩等级</td></tr><tr><td><2</td><td>特高压缩性</td><td>$7.6\sim11$</td><td>中压缩性</td></tr><tr><td>$2\sim4$</td><td>高压缩性</td><td>$11.1\sim15$</td><td>中低压缩性</td></tr><tr><td>$4.1\sim7.5$</td><td>中高压缩性</td><td>>15</td><td>低压缩性</td></tr></table>
土的变形模量	土的变形模量是通过野外荷载试验，得出荷载板底面应力与沉降量的 p-s 曲线（见下图），选取一直线段利用弹性力学公式可反算地基土的变形模量，其计算公式为： $$E_0 = w(1 + v^2)\frac{p_{cr}b}{s} \times 10^{-3} \tag{2-290}$$ 式中　E_0——地基土的变形模量（MPa） w——沉降量系数，刚性正方形荷载板 $w=0.88$；刚性圆形荷载板 $w=0.79$ v——地基土的泊松比，为有侧胀竖向压缩时土的侧向应变与竖向压缩应变的比值 p_{cr}——p-s 曲线直线段终点所对应的应力（kPa） s——与直线段终点所对应的沉降量（mm） b——承压板宽度或直径（mm） 地基土的变形模量 E_0 的参考值见下表 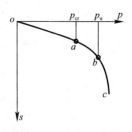 <div align="center">荷载板下应力 p 与沉降量 s 的关系曲线图</div>

计算项目	计算公式

土的变形模量：

土的种类	E_0		土的种类	E_0	
砾石及卵石	65~54			密实的	中密的
碎石	65~29		干的粉土	16.0	12.5
砂石	42~14		湿的粉土	12.5	9.0
	密实的	中密的	饱和的粉土	9.0	5.0
粗砂、砾砂	48.0	36.0		坚硬	塑性状态
中砂	42.0	31.0	粉土	59~16	16~4
干的细砂	36.0	25.0	粉质黏土	39~16	16~4
湿的及饱和的细砂	31.0	19.0	淤泥	3	
干的粉砂	21.0	17.5	泥炭	2~4	
湿的粉砂	17.5	14.0	处于流动状态的黏性土、粉土	3	
饱和的粉砂	14.0	19.0			

土的变形模量与压缩：

土的变形模量 E_0 与压缩模量 E_s 的关系可按弹性理论得出，即：

$$E_0 = \beta E_s \tag{2-291}$$

$$E_s = \frac{E_0}{\beta} \tag{2-292}$$

其中

$$\beta = 1 - \frac{2v^2}{1-v^2}$$

式中　E_s——土的压缩模量（MPa）

　　　　β——与土的泊松比有关的系数

2.3.3　土的可松性与压缩性计算

土的可松性与压缩性计算见表 2-17。

土的可松性与压缩性计算　　　　　　　　　　　　　表 2-17

计算项目	计算公式
土的可松性计算	土的可松性是指土经过挖掘后，组织破坏，体积增加，以后虽经回填压实，仍不能恢复成原来的体积的性质。土的可松性根据其开挖后和经过填压实后增加体积量的不同，分为最初可松性系数和最后可松性系数，按下式计算： 最初可松性系数：　　$K_1 = \dfrac{V_2}{V_1}$　　　(2-293) 最后可松性系数：　　$K_2 = \dfrac{V_3}{V_1}$　　　(2-294) 式中　V_1——开挖前土在自然状态下的体积（m^3） 　　　　V_2——土经开挖后的松散体积（m^3） 　　　　V_3——土经回填压实后的体积（m^3） 一般土的可松性系数参考数值参见下表：

计算项目	计算公式				

<table>
<tr><td rowspan="9">土的可松性
计算</td><td colspan="6">
<table>
<tr><td rowspan="2">土的名称</td><td colspan="2">体积增加百分比</td><td colspan="2">可松性系数</td></tr>
<tr><td>最初</td><td>最后</td><td>K_1</td><td>K_2</td></tr>
<tr><td>砂土、粉土</td><td>8～17</td><td>1～2.5</td><td>1.08～1.17</td><td>1.01～1.03</td></tr>
<tr><td>种植土、淤泥、淤泥质土</td><td>20～30</td><td>3～4</td><td>1.20～1.30</td><td>1.03～1.04</td></tr>
<tr><td>粉质黏土、潮湿黄土、砂土（或粉土）
混碎（卵）石、填土</td><td>14～28</td><td>1.5～5</td><td>1.14～1.28</td><td>1.02～1.05</td></tr>
<tr><td>黏土、砾石土、干黄土、黄土（或粉质黏）
混碎（卵）石、压实填土</td><td>24～30</td><td>4～7</td><td>1.24～1.30</td><td>1.04～1.07</td></tr>
<tr><td>黏土、黏土混碎（卵）石、卵石土、密实黄土</td><td>26～32</td><td>6～9</td><td>1.26～1.32</td><td>1.06～1.09</td></tr>
<tr><td>泥灰岩</td><td>33～37</td><td>11～15</td><td>1.33～1.37</td><td>1.11～1.15</td></tr>
<tr><td>软质岩石、次硬质岩石</td><td>30～45</td><td>10～20</td><td>1.30～1.45</td><td>1.10～1.20</td></tr>
<tr><td>硬质岩石</td><td>45～50</td><td>20～30</td><td>1.45～1.50</td><td>1.20～1.30</td></tr>
</table>
</td></tr>
</table>

计算项目	计算公式	
土的压缩性计算	取土回填或移挖作填，松土经运输、填压以后，均会压缩，一般以压缩率表示，可按下式计算： $$p = \frac{(\rho - \rho_d)}{\rho_d} \times 100\%$$ 式中　p——土的压缩率（%） 　　　ρ——压实后土的干密度（t/m³） 　　　ρ_d——原状土的干密度（t/m³）	(2-295)

2.3.4　场地平整土方量计算

场地平整土方量计算见表 2-18。

场地平整土方量计算　　　　　　　　　　表 2-18

计算项目	计算公式	
土方横截面法	根据横截面面积计算土方工程量（见下图）： 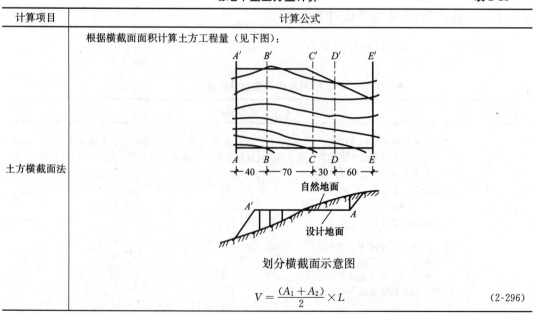 划分横截面示意图 $$V = \frac{(A_1 + A_2)}{2} \times L$$	(2-296)

计算项目	计算公式
土方横截面法	式中 V——相邻两截面间土方量（m³） A_1、A_2——相邻两截面的挖方（一）或填方（＋）的截面积（m²） L——相邻两截面间的间距（m） 再按下表的格式汇总全部土方工程量

截　面	填方面积/m²	挖方面积/m²	截面间距/m	填方体积/m³	挖方体积/m³
$A\text{-}A'$					
$B\text{-}B'$					
$C\text{-}C'$					
合计					

计算项目	计算公式
土方方格网法	根据工程地形图（一般用1：500的地形图）将计算场地分成若干个方格网，逐格计算土方量，最后将所有方格汇总即得场地总挖填土方量。 （1）方格边长根据地形变化的复杂程度，一般为10m、20m、30m或40m，根据地形图的自然等高线高程和设计地面标高，在方格角点右下角上自然地面标高，在右上角上设计地面标高，并在两者地面标高差值，标高方格角点的左上角，挖方为（＋），填方为（一）。 （2）按下表计算出方格网边零点位置，并标注于方格网上，零点连接线便是挖方区与填方区的分界线：

项　目	图　示	计算公式
方点格网零位置	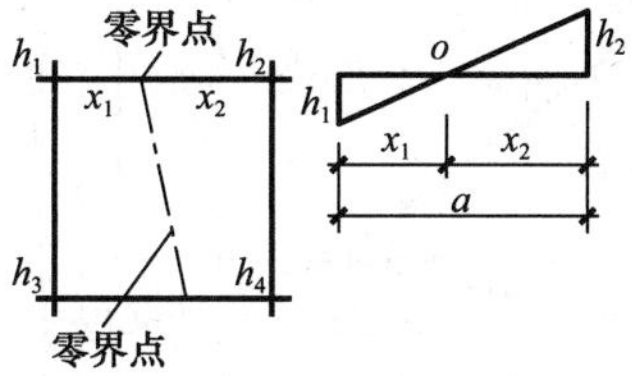	$x_1 = \dfrac{h_1}{h_1 + h_2} a$ $x_2 = \dfrac{h_2}{h_1 + h_2} a$
一点填方或挖方（三角形）	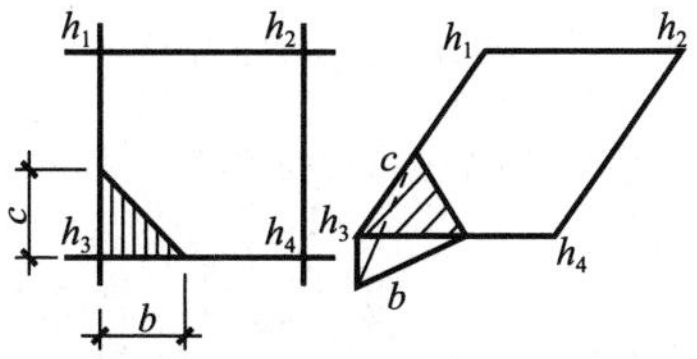	$V = \dfrac{1}{2} bc \dfrac{\sum h}{3} = \dfrac{bch_3}{6}$ 当 $b = c = a$ 时，$V = \dfrac{a^2 h_3}{6}$
二点填方或挖方（梯形）	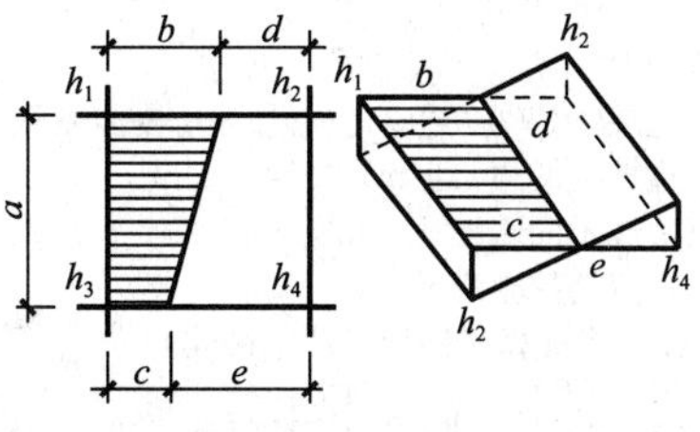	$V_- = \dfrac{b+c}{2} a \dfrac{\sum h}{4} = \dfrac{a}{8}(b+c)(h_1 + h_3)$ $V_+ = \dfrac{d+e}{2} a \dfrac{\sum h}{4} = \dfrac{a}{8}(d+e)(h_2 + h_4)$
三点填方或挖方（五角形）	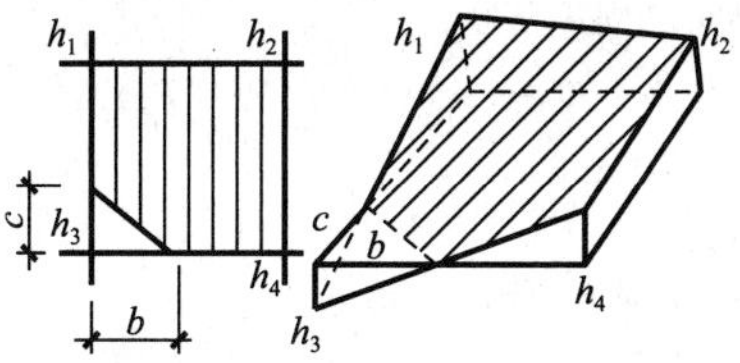	$V = \left(a^3 - \dfrac{bc}{2}\right) \dfrac{\sum h}{5}$ $= \left(a^2 - \dfrac{bc}{2}\right) \dfrac{h_1 + h_2 + h_4}{5}$

计算项目	计算公式

项　目	图　　示	计算公式
土方方格网法	四点填方或挖方（正方形）	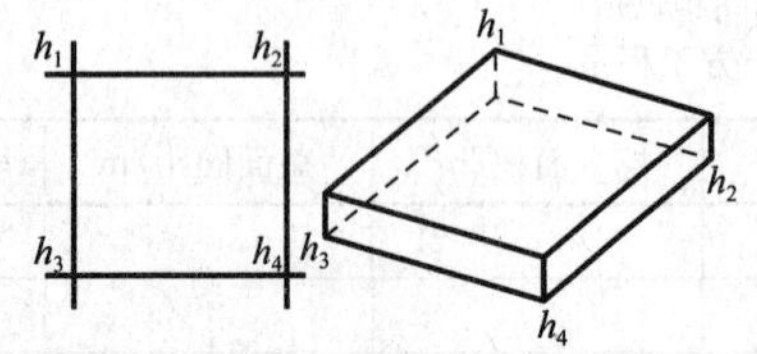	$V = \dfrac{a^2}{4} \sum h = \dfrac{a^2}{4}(h_1 + h_2 + h_3 + h_4)$

注：表内计算公式中 a 为方格网的边长（m）；b、c、d、e 为零点到一角的边长（m）；h_1、h_2、h_3、h_4 为各角点的施工高程，用绝对值代入；V 为挖方或填方的体积（m³）；x_1、x_2 为角点到零点的距离（m）。

（3）计算每个方格网内的挖方或填方量并汇总

根据地形图和边坡竖向布置图和现场测绘图，将要计算的边坡划分为多个两种近似的几何形体，如下图所示，一种为三角棱体（如体积①～③、⑤～⑪）；另一种为三角棱柱体（如体积④）

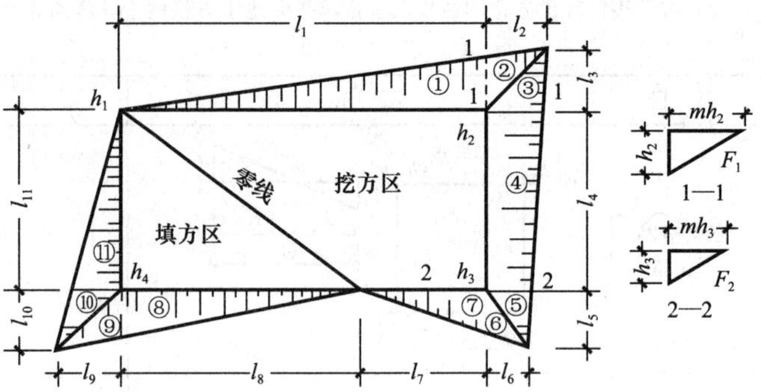

场地边坡计算简图

边坡三角棱柱体积计算

边坡三角棱体体积 V 可按下式计算（例如上图中的①）

$$V_1 = \frac{1}{3} F_1 l_1 \tag{2-297}$$

其中

$$F_1 = \frac{h_2(mh_2)}{2} = \frac{mh_2^2}{2} \tag{2-298}$$

V_2、V_3、$V_5 \sim V_{11}$ 计算方法同上

式中　V_2、V_3、$V_5 \sim V_{11}$——边坡①、②、③、⑤～⑪三角棱体体积（m³）

l_1——边坡①的边长（m）

F_1——边坡①的端面积（m²）

h_2——角点的挖土高度（m）

边坡三角棱柱体体积 V_4 可按下式计算（例如上图中的④）

$$V_4 = \frac{F_1 + F_2}{2} l_4 \tag{2-299}$$

当两端横截面面积相差很大时，则：

$$V_4 = \frac{l_4}{6}(F_1 + 4F_0 + F_2) \tag{2-300}$$

F_1、F_2、F_0 计算方法同上

式中　　m——边坡的坡度系数

V_4——边坡④三角棱柱体体积（m³）

l_4——边坡④的长度（m）

F_1、F_2、F_0——边坡④两端及中部的横截面面积

2.3.5 土坡分析与计算

土坡分析与计算见表 2-19。

土坡分析与计算 表 2-19

计算项目	计算公式
无黏性土坡稳定性	简单土坡是指土坡的顶面和底面均为水平面并延伸一定距离。 一般无黏性土坡的稳定分析按下式计算（见下图）: $$K_s = \frac{\tan\varphi}{\tan\alpha} \qquad (2\text{-}301)$$ 式中　K_s——土坡稳定安全系数。$K_s=1$ 时为极限平衡状态，$K_s>1$ 为稳定，$K_s<1$ 为不稳定 　　　α——土坡倾角 　　　φ——土内摩擦角 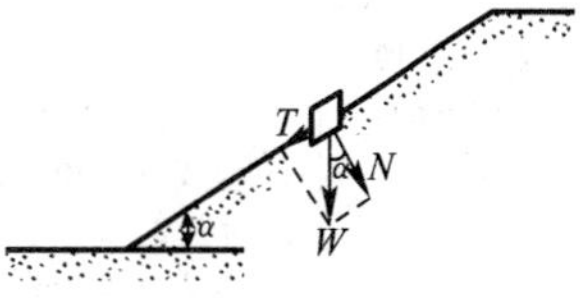 一般的无黏性土土坡 有渗透作用的无黏性土坡的稳定分析按下式计算（见下图）: $$K_s = \frac{\gamma'\tan\varphi}{\gamma_{sat}\tan\alpha} \qquad (2\text{-}302)$$ 式中　γ'——浮重度 　　　γ_{sat}——土的饱和重度 　　　φ——土的内摩擦角 　　　α——土坡倾角 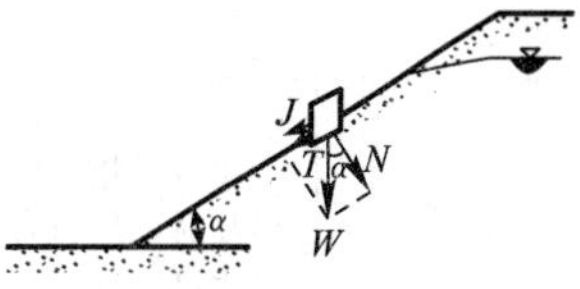 有渗流作用的无黏性土土坡
黏性土坡稳定性	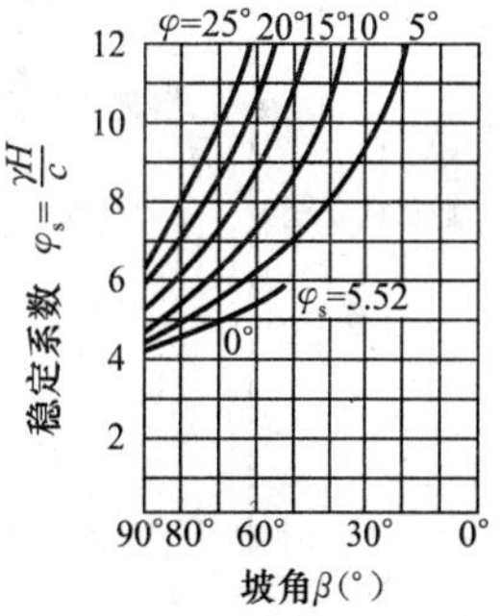 黏性土坡的稳定性常用稳定系数法进行计算。应用图简便地分析简单土坡的稳定性，下图中纵坐标表示稳定系数由下式确定: $$\varphi_s = \frac{\gamma H}{c} \qquad (2\text{-}303)$$ 横坐标表示土的坡度角 β。假定土黏聚力不随深度变化，对于一个给定的土的内摩擦角 φ 值，边坡的临界高度及稳定安全高度，可由下式计算: $$\left.\begin{array}{l} H_c = \varphi_s \dfrac{c}{\gamma} \\[2mm] H = \varphi_s \dfrac{c}{K\gamma} \end{array}\right\} \qquad (2\text{-}304)$$ 式中　H_c——边坡的临界高度（m），即边坡的稳定高度 　　　H——边坡的稳定安全高度（m） 　　　φ_s——稳定系数 　　　K——稳定安全系数，一般取 1.1~1.5 　　　c——土的黏聚力（kN/m²） 　　　γ——土的重度（kN/m³） 　式（2-304）中已知 β 及土的 c、φ、γ 值，可以求出稳定安全的坡高 H 值；已知 H 或 H_c、φ_s-β 曲线及土的 c、φ、γ 值可以分别求出稳定安全系数 K 值或稳定的坡角 β 值 不同内摩擦角 φ_s-β 曲线
挖方边坡高度的计算	土方开挖放坡应根据土的类别、挖土深度，按施工及验收规范确定。挖方边坡高度按以下计算: 如下图所示，假定边坡滑动面通过坡脚一平面，滑动面上部土体为 ABC，其重力为: $$G = \frac{\gamma h^2}{2} \cdot \frac{\sin(\theta-\alpha)}{\sin\theta\sin\alpha} \qquad (2\text{-}305)$$ 当土体处于极限平衡状态时，挖方边坡的允许最大高度可按下式计算:

计算项目	计算公式

挖方边坡高度的计算

$$h = \frac{2c\sin\theta\cos\varphi}{\gamma\sin^2\left(\frac{\theta-\varphi}{2}\right)} \qquad (2\text{-}306)$$

挖方边坡计算简图

式中　h——挖方边坡的允许最大高度（m）

　　　G——滑动土体 ABC 的重力（kN/m）

　　　γ——土的重度（kN/m³）

　　　θ——边坡的坡度角（°）

　　　c——土的黏聚力（kN/m²）

　　　φ——土的内摩擦角（°）

由式（2-306），如知土的 γ、φ、c 值，假定开挖边坡的坡度角 θ 值，即可求得挖方边坡的允许最大 h 值。

由式（2-306）还可知以下情况：

(1) 当 $\theta=\varphi$ 时，$h=\infty$，即边坡的极限高度不受限制，土坡处于平衡状态，此时土的黏聚力未被利用

(2) 当 $\theta>\varphi$ 时，为陡坡，此时 c 值越大，允许的边坡高度 h 可越高

(3) 当 $\theta>\varphi$ 时，若 $c=0$，则 $h=0$，此时挖方边坡的任何高度将是不稳定的

(4) 当 $\theta<\varphi$ 时，为缓坡，此时 θ 越小，允许坡高越大

土方直立壁开挖高度计算

土方开挖时，当土质均匀，且地下水位低于基坑（槽、沟）底面标高时，挖方边坡可以做成直立壁且不加支撑。对黏性土垂直允许最大高度 h_{max} 可以按以下步骤计算：

令作用在坑壁上的土压力 $E_a=0$，按下图，即：

$$E_a = \frac{\gamma h^2}{2}\tan^2\left(45°-\frac{\varphi}{2}\right) - 2ch\times\tan^2\left(45°-\frac{\varphi}{2}\right) + \frac{2c^2}{\gamma} = 0$$

$$(2\text{-}307)$$

解之并令安全系数为 K（一般用 1.25），则

$$h_{max} = \frac{2c}{K\gamma\tan\left(45°-\frac{\varphi}{2}\right)} \qquad (2\text{-}308)$$

直立壁最大高度计算简图

当坑顶护道上有均布荷载 q（kN/m²）作用时，则：

$$h_{max} = \frac{2c}{K\gamma\tan\left(45°-\frac{\varphi}{2}\right)} - \frac{q}{\gamma} \qquad (2\text{-}309)$$

式中　γ——坑壁土的重度（kN/m³）

　　　φ——坑壁土的内摩擦角（°）

　　　c——坑壁土的黏聚力（kN/m²）

　　　h——基坑开挖高度（m）

　　　E_a——主动土压力（kN/m³）

　　　h_{max}——直立壁开挖允许最大高度（m）

基坑土方开挖最小深度计算

基坑土方开挖后，应进行验槽，除了检验基坑尺寸，标高、土质是否符合设计要求外，还应检验或核算基坑土方开挖的深度能否满足承载力要求。

如下图所示，假定基础坑底 AB 上，因上部结构物重量受到单位压力 p_1 作用，则在基底四周的土层，应有一个侧压力 p_2 来支持，按朗肯理论，两者的关系为：

$$p_2 = p_1\tan^2\left(45°-\frac{\varphi}{2}\right) \qquad (2\text{-}310)$$

压力 p_3 等于基底以上土重，其深度为 D，设土的单位重力为 γ，则：

$$p_3 = \gamma D, \text{ 或 } p_3 = p_2\tan^2\left(45°-\frac{\varphi}{2}\right)$$

$$D = \frac{p_1}{\gamma}\tan^4\left(45°-\frac{\varphi}{2}\right) \qquad (2\text{-}311)$$

计算项目	计算公式
基坑土方开挖最小深度计算	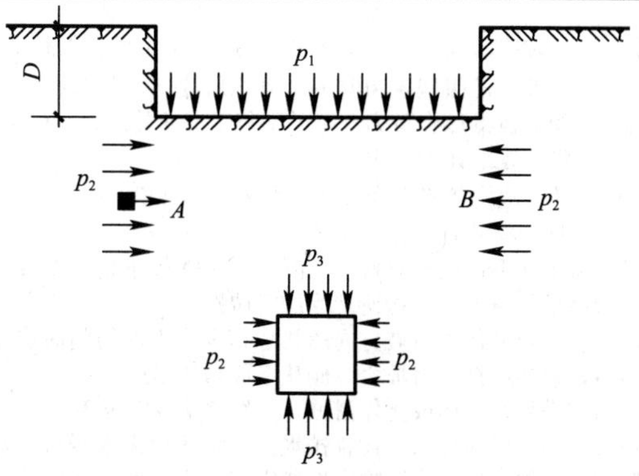 A大样 基础坑的最小深度验算简图 式（2-311）为无黏性土中基础的理论最小深度，如果为黏性土，分析方法同上，根据土压力计算公式可得到相当于式（2-312）的最小深度公式为： $$D = \frac{p_1}{\gamma}\tan^4\left(45° - \frac{\varphi}{2}\right) - \frac{2c}{\gamma}\cdot\frac{\tan\left(45° - \frac{\varphi}{2}\right)}{\cos^2\left(45° - \frac{\varphi}{2}\right)} \qquad (2\text{-}312)$$ 式中　p_1——基础对地基的压力（kN/m²）; γ——土的单位重力（kN/m³）; φ——土的内摩擦角（°）; D——基底深度（m）; p_3——基底以上土重（kN/m²）; c——土的黏聚力（kN/m²）
土体滑坡分析与计算	为了评价山坡的稳定性和设置支挡结构，预防滑坡，工程施工前，常需进行滑坡的分析与计算，求出推力大小、方向和作用点，以确保施工和工程使用安全。 　　滑坡推力指滑坡体向下滑动的力与岩土抵抗向下滑动力之差（又称剩余下滑力），常用折线法（又称传递系数法）进行分析和计算。当滑体具有多层滑动面时，应取推力最大的滑动面确定滑坡推力。计算时，假定滑坡面为折线形，斜坡土石体沿着坚硬土层或岩层面做整体滑动（滑坡面一般由工程地质勘察报告提供）；并设滑坡推力作用点位于两段界面的中点，方向平行于各段滑面的方向。 　　计算时，顺滑坡主轴取1m宽的土条作为计算基本截面，不考虑土条两侧的摩阻力。如下图所示，假设滑体处于极限平衡状态，则滑坡推力可按式（2-313）计算： 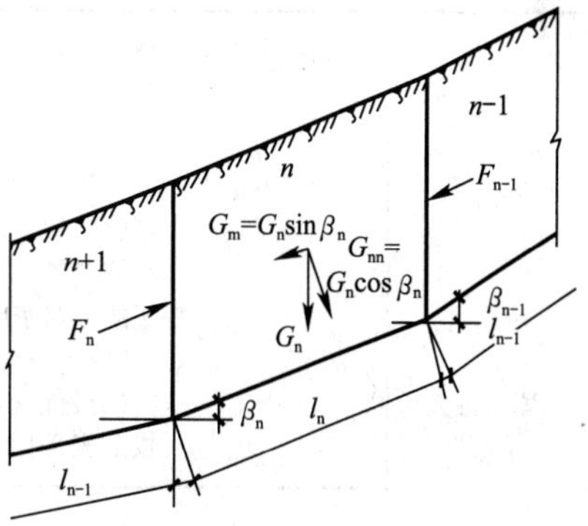 滑坡推力计算简图 $$F_n = F_{n-1}\varphi + \gamma_t G_{nt} - G_{nn}\tan\varphi_n - c_n l_n \qquad (2\text{-}313)$$ $$\varphi = \cos(\beta_{n-1} - \beta_n) - \sin(\beta_{n-1} - \beta_n)\tan\varphi_n \qquad (2\text{-}314)$$ $$G_{nt} = G_n\sin\beta_n; \quad G_{nm} = G_n\cos\beta_n$$ 式中　F_n——第 n 段滑体沿着滑面的剩余下滑力（kN/m）; F_{n-1}——第 $n-1$ 段滑体沿着滑面的剩余下滑力（kN/m）; φ——推力传递系数; β_n、β_{n-1}——第 n 段和第 $n-1$ 段滑面与水平面的夹角（°）; φ_n——第 n 段滑体沿滑面上的内摩擦角标准值（°）

计算项目	计算公式
土体滑坡分析与计算	γ_t——滑坡推力安全系数，根据滑坡现状及其对工程的影响等因素确定，对甲级建筑物取 1.25，乙级建筑物取 1.15，丙级建筑物取 1.05 G_{nt}、G_{nn}——第 n 段滑体自重力产生的平行于滑面的分力和垂直于滑面的分力（kN/m） G_n——第 n 段滑体的自重力（kN/m） c_n——第 n 段滑体沿着滑面土的黏聚力标准值（kN/m²） l_n——第 n 段滑动面的长度（m） 计算时，从上往下逐段计算剩余下滑力，并逐段下传，一直到滑体的最后一段或支挡结构，可得出滑坡的最终推力或支挡结构所承受的滑坡推力。 计算时，应选择平行于滑坡方向的几个具有代表性的剖面进行计算。如果计算出的剩余下滑力为零或者负值，表明不存在滑坡力，应从下段重新累计。 为防止边坡失稳，山体或土体滑坡，一般常采取措施为： （1）做好坡面、地面排水，设置排水沟，防止地面水浸入滑坡地段，必要时采取防渗措施，如对坡面坡脚进行保护，避免在影响边坡稳定范围内积水；在地下水较大地段，应做好地下排水工程或进行井点降水 （2）采取卸载措施，减少坡面坡顶堆载，将边坡设计成台阶或缓坡，减小下滑土体自重；或去土减重，保持适当坡度 （3）设置支挡结构，可根据边坡失稳时推力的大小、方向、作用点，设置重力式抗滑挡墙、阻滑桩、抗滑锚杆、护坡桩、土钉墙等抗滑结构加固坡脚，并将支护、支挡结构埋置于滑动面以下的稳定岩土层中

2.3.6 填土施工计算

填土施工计算见表 2-20。

表 2-20

填土施工计算

计算项目	计算公式
填土最大干密度	当填土为黏土或砂土时，其最大干密度一般宜用夯实试验确定，当无试验资料时，可按下式计算： $$\rho_{dmax} = \eta \frac{\rho_w d_s}{1 + 0.01 w_{0p} d_s} \qquad (2\text{-}315)$$ 式中 ρ_{dmax}——压实填土的最大干密度（t/m³） η——经验系数，对于黏土取 0.95；粉质黏土取 0.96；粉土取 0.97 ρ_w——水的密度（t/m³） d_s——土的相对密度（比重），一般取黏土 2.74～2.76；粉质黏土 2.72～2.73；粉土 2.70～2.71；砂土 2.65～2.69t/m³ w_{0p}——土的最优含水量（%），可按当地经验或取塑限 $w_p + 2$ 或根据试验确定，如无试验或按下表采用

土的种类	变动范围	
	最优含水量（%）（重量比）	最大干密度/(t/m³)
砂土	8～12	1.80～1.88
粉土	16～22	1.61～1.80
粉质黏土	12～15	1.85～1.95
黏土	19～23	1.58～1.70

计算项目	计算公式
填土土料需补充水量	填土时，土料含水量应控制在最优含水量范围内，当土料含水量很低时，应洒水进行润湿，每立方米铺好的土料需要补充的水量可按下式计算： $$W = \frac{\rho'_w}{1 + w}(w_{0p} - w) \qquad (2\text{-}316)$$

计算项目	计算公式
填土土料需补充水量	式中　W——单位体积内需要补充的水量（kg/m³） 　　　w——土的天然含水量（%） 　　　ρ'_w——含水量为 w 时的土的密度（kg/m³）

2.4　砌筑工程计算公式

砌体工程计算见表 2-21。

砌体工程计算　　　　　　　　　　　　　　　　　　　表 2-21

计算项目	计算公式
受压构件计算	(1) 受压构件的承载力，应符合下式的要求： $$N \leqslant \varphi f A \qquad (2\text{-}317)$$ 式中　N——轴向力设计值 　　　φ——高厚比 β 和轴向力的偏心距 e 对受压构件承载力的影响系数 　　　f——砌体的抗压强度设计值 　　　A——截面面积 (2) 确定影响系数 φ 时，构件高厚比 β 应按下列公式计算： 对矩形截面：　$$\beta = \gamma_\beta \frac{H_0}{h} \qquad (2\text{-}318)$$ 对 T 形截面：　$$\beta = \gamma_\beta \frac{H_0}{h_T} \qquad (2\text{-}319)$$ 式中　γ_β——不同材料砌体构件的高厚比修正系数，按下表采用

砌体材料类别	γ_β
烧结普通砖、烧结多孔砖	1.0
混凝土普通砖、混凝土多孔砖、混凝土及轻集料混凝土砌块	1.1
蒸压灰砂普通砖、蒸压粉煤灰普通砖、细料石	1.2
粗料石、毛石	1.5

注：对灌孔混凝土砌块砌体，γ_β 取 1.0。

H_0——受压构件的计算高度，按下表确定

房屋类别			柱		带壁柱墙或周边拉接的墙		
			排架方向	垂直排架方向	$s>2H$	$2H \geqslant s>H$	$s \leqslant H$
有吊车的单层房屋	变截面柱上段	弹性方案	$2.5H_u$	$1.25H_u$	$2.5H_u$		
		刚性、刚弹性方案	$2.0H_u$	$1.25H_u$	$2.0H_u$		
	变截面柱下段		$1.0H_l$	$0.8H_l$	$1.0H_l$		
无吊车的单层和多层房屋	单跨	弹性方案	$1.5H$	$1.0H$	$1.5H$		
		刚弹性方案	$1.2H$	$1.0H$	$1.2H$		
	多跨	弹性方案	$1.25H$	$1.0H$	$1.25H$		
		刚弹性方案	$1.10H$	$1.0H$	$1.1H$		
	刚性方案		$1.0H$	$1.0H$	$1.0H$	$0.4s+0.2H$	$0.6s$

注：1. 表中 H_u 为变截面柱的上段高度；H_l 为变截面柱的下段高度；
　　2. 对于上端为自由端的构件，$H_0=2H$；
　　3. 独立砖柱，当无柱间支撑时，柱在垂直排架方向的 H_0 应按表中数值乘以 1.25 后采用；
　　4. s 为房屋横墙间距；
　　5. 自承重墙的计算高度应根据周边支承或拉接条件确定。

计算项目	计算公式
受压构件计算	h——矩形截面轴向力偏心方向的边长，当轴心受压时为截面较小边长 h_T——T形截面的折算厚度，可近似按 $3.5i$ 计算，i 为截面回转半径
局部受压计算	(1) 砌体截面中受局部均匀压力时的承载力，应满足下式的要求： $$N_l \leqslant \gamma f A_l \qquad (2\text{-}320)$$ 式中 N_l——局部受压面积上的轴向力设计值 γ——砌体局部抗压强度提高系数 f——砌体的抗压强度设计值，局部受压面积小于 0.3m^2，可不考虑强度调整系数 γ_a 的影响 A_l——局部受压面积 (2) 砌体局部抗压强度提高系数 γ，应符合下列规定： 1) γ 可按下式计算： $$\gamma = 1 + 0.35\sqrt{\dfrac{A_0}{A_l} - 1} \qquad (2\text{-}321)$$ 式中 A_0——影响砌体局部抗压强度的计算面积 2) 计算所得 γ 值，尚应符合下列规定： ① 在下图（a）的情况下，$\gamma \leqslant 2.5$ ② 在下图（b）的情况下，$\gamma \leqslant 2.0$ ③ 在下图（c）的情况下，$\gamma \leqslant 1.5$ ④ 在下图（d）的情况下，$\gamma \leqslant 1.25$ ⑤ 按《砌体结构设计规范》GB 50003—2011 第 6.2.13 条的要求灌孔的混凝土砌块砌体，在①、②款的情况下，尚应符合 $\gamma \leqslant 1.5$。未灌孔混凝土砌块砌体，$\gamma = 1.0$ ⑥ 对多孔砖砌体孔洞难以灌实时，应按 $\gamma = 1.0$ 取用；当设置混凝土垫块时，按垫块下的砌体局部受压计算 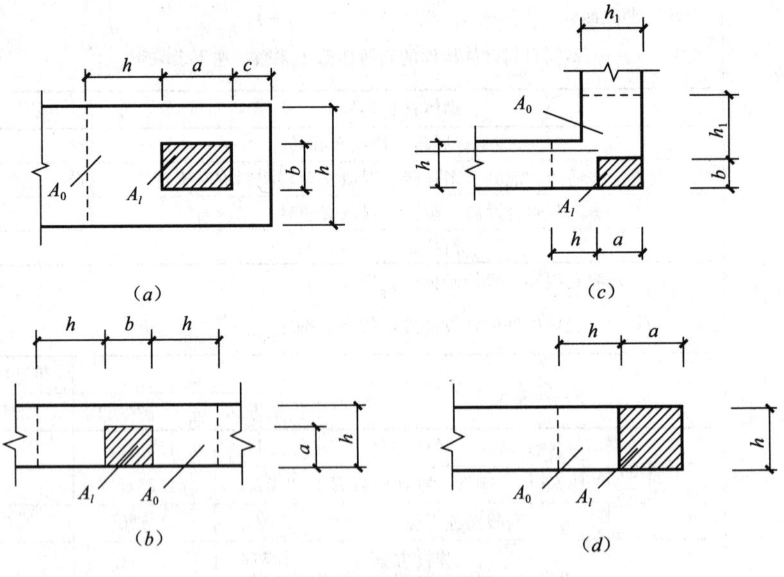 影响局部抗压强度的面积 A_0 (3) 影响砌体局部抗压强度的计算面积，可按下列规定采用： 1) 在上图（a）的情况下，$A_0 = (a+c+h)h$ 2) 在上图（b）的情况下，$A_0 = (b+2h)h$ 3) 在上图（c）的情况下，$A_0 = (a+h)h + (b+h_1-h)h_1$ 4) 在上图（d）的情况下，$A_0 = (a+h)h$ 式中 a、b——矩形局部受压面积 A_l 的边长 h、h_1——墙厚或柱的较小边长，墙厚 c——矩形局部受压面积的外边缘至构件边缘的较小距离，当大于 h 时，应取为 h

计算项目	计算公式

局部受压计算	(4) 梁端支承处砌体的局部受压承载力，应按下列公式计算：
	
	$$\psi N_0 + N_l \leqslant \eta \gamma f A_l \qquad (2\text{-}322)$$
	
	$$\psi = 1.5 - 0.5\frac{A_0}{A_l} \qquad (2\text{-}323)$$
	
	$$N_0 = \sigma_0 A_l \qquad (2\text{-}324)$$
	
	$$A_l = a_0 b \qquad (2\text{-}325)$$
	
	$$a_0 = 10\sqrt{\frac{h_c}{f}} \qquad (2\text{-}326)$$
	
	式中 ψ——上部荷载的折减系数，当 A_0/A_l 大于或等于 3 时，应取 ψ 等于 0
	    N_0——局部受压面积内上部轴向力设计值（N）
	    N_l——梁端支承压力设计值（N）
	    σ_0——上部平均压应力设计值（N/mm²）
	    η——梁端底面压应力图形的完整系数，应取 0.7，对于过梁和墙梁应取 1.0
	    a_0——梁端有效支承长度（mm）；当 a_0 大于 a 时，应取 a_0 等于 a，a 为梁端实际支承长度（mm）
	    b——梁的截面宽度（mm）
	    h_c——梁的截面高度（mm）
	    f——砌体的抗压强度设计值（MPa）
	(5) 在梁端设有刚性垫块时的砌体局部受压，应符合下列规定：
	1) 刚性垫块下的砌体局部受压承载力，应按下列公式计算：
	
	$$N_0 + N_l \leqslant \varphi \gamma_1 f A_b \qquad (2\text{-}323)$$
	
	$$N_0 = \sigma_0 A_b \qquad (2\text{-}324)$$
	
	$$A_b = a_b b_b \qquad (2\text{-}325)$$
	
	式中 N_0——垫块面积 A_b 内上部轴向力设计值（N）
	    φ——垫块上 N_0 与 N_l 合力的影响系数，应取 β 小于或等于 3
	    γ_1——垫块外砌体面积的有利影响系数，γ_1 应为 0.8γ，但不小于 1.0。γ 为砌体局部抗压强度提高系数，按公式（2-321）以 A_b 代替 A_l 计算得出
	    A_b——垫块面积（mm²）
	    a_b——垫块伸入墙内的长度（mm）
	    b_b——垫块的宽度（mm）
	2) 刚性垫块的构造，应符合下列规定：
	① 刚性垫块的高度不应小于 180mm，自梁边算起的垫块挑出长度不应大于垫块高度 t_b
	② 在带壁柱墙的壁柱内设刚性垫块时（见下图），其计算面积应取壁柱范围内的面积，而不应计算翼缘部分，同时壁柱上垫块伸入翼墙内的长度不应小于 120mm
	③ 当现浇垫块与梁端整体浇筑时，垫块可在梁高范围内设置
	
	壁柱上设有垫块时梁端局部受压
	
	3) 梁端设有刚性垫块时，垫块上 N_l 作用点的位置可取梁端有效支承长度 a_0 的 0.4 倍。a_0 应按下式确定：
	
	$$a_0 = \delta_1\sqrt{\frac{h_c}{f}} \qquad (2\text{-}330)$$

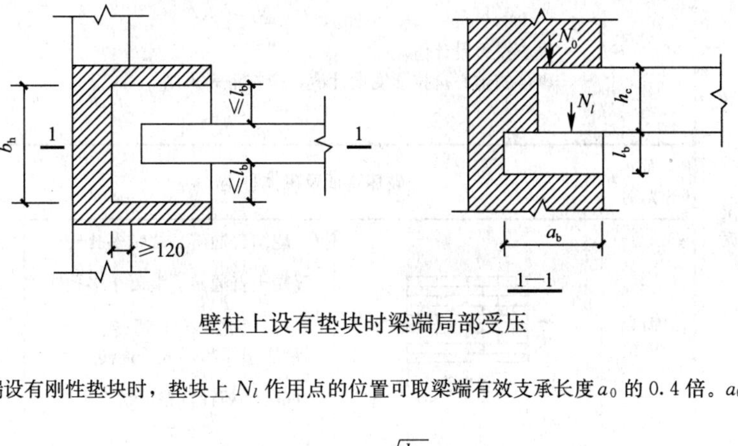

计算项目	计算公式

局部受压计算

式中　δ_1——刚性垫块的影响系数，可按下表采用

σ_0/f	0	0.2	0.4	0.6	0.8
δ_1	5.4	5.7	6.0	6.9	7.8

（6）梁下设有长度大于 πh_0 的垫梁时，垫梁上梁端有效支承长度 a_0 可按公式（2-330）计算。垫梁下的砌体局部受压承载力（见下图），应按下列公式计算：

$$N_0 + N_l \leqslant 2.4\delta_2 f b_b h_0 \qquad (2\text{-}331)$$
$$N_0 = \pi b_b h_0 \sigma_0 / 2 \qquad (2\text{-}332)$$
$$h_0 = 2\sqrt[3]{\frac{E_c I_c}{Eh}} \qquad (2\text{-}333)$$

式中　N_0——垫梁上部轴向力设计值（N）
　　　b_b——垫梁在墙厚方向的宽度（mm）
　　　δ_2——垫梁底面压应力分布系数，当荷载沿墙厚方向均匀分布时可取1.0，不均匀分布时可取0.8
　　　h_0——垫梁折算高度（mm）
　　　E_c、I_c——分别为垫梁的混凝土弹性模量和截面惯性矩
　　　E——砌体的弹性模量
　　　h——墙厚（mm）

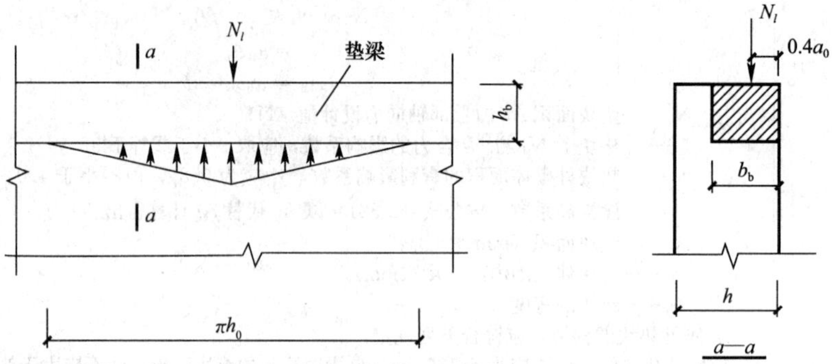

垫梁局部受压

轴心受拉构件计算

轴心受拉构件的承载力，应满足下式的要求：

$$N_t \leqslant f_t A \qquad (2\text{-}340)$$

式中　N_t——轴心拉力设计值
　　　f_t——砌体的轴心抗拉强度设计值，应按下表采用

（MPa）

强度类别	破坏特征及砌体种类		砂浆强度等级			
			≥M10	M7.5	M5	M2.5
轴心抗拉	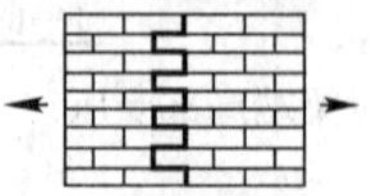 沿齿缝	烧结普通砖、烧结多孔砖	0.19	0.16	0.13	0.09
		混凝土普通砖、混凝土多孔砖	0.19	0.16	0.13	—
		蒸压灰砂普通砖、蒸压粉煤灰普通砖	0.12	0.10	0.08	—
		混凝土和轻骨料混凝土砌块	0.09	0.08	0.07	—
		毛石	—	0.07	0.06	0.04

124

计算项目	计算公式					

计算项目	强度类别	破坏特征及砌体种类		砂浆强度等级			
				≥M10	M7.5	M5	M2.5
轴心受拉构件计算	弯曲抗拉	沿齿缝	烧结普通砖、烧结多孔砖	0.33	0.29	0.23	0.17
			混凝土普通砖、混凝土多孔砖	0.33	0.29	0.23	—
			蒸压灰砂普通砖、蒸压粉煤灰普通砖	0.24	0.20	0.16	—
			混凝土和轻集料混凝土砌块	0.11	0.09	0.08	—
			毛石	—	0.11	0.09	0.07
		沿通缝	烧结普通砖、烧结多孔砖	0.17	0.14	0.11	0.08
			混凝土普通砖、混凝土多孔砖	0.17	0.14	0.11	—
			蒸压灰砂普通砖、蒸压粉煤灰普通砖	0.12	0.10	0.08	—
			混凝土和轻集料混凝土砌块	0.08	0.06	0.05	—
	抗剪	烧结普通砖、烧结多孔砖		0.17	0.14	0.11	0.08
		混凝土普通砖、混凝土多孔砖		0.17	0.14	0.11	—
		蒸压灰砂普通砖、蒸压粉煤灰普通砖		0.12	0.10	0.08	—
		混凝土和轻骨料混凝土砌块		0.09	0.08	0.06	—
		毛石		—	0.19	0.16	0.11

注：1. 对于用形状规则的块体砌筑的砌体，当搭接长度与块体高度的比值小于 1 时，其轴心抗拉强度设计值 f_t 和弯曲抗拉强度设计值 f_{tm} 应按表中数值乘以搭接长度与块体高度比值后采用；

2. 表中数值是依据普通砂浆砌筑的砌体确定，采用经研究性试验且通过技术鉴定的专用砂浆砌筑的蒸压灰砂普通砖、蒸压粉煤灰普通砖砌体，其抗剪强度设计值按相应普通砂浆强度等级砌筑的烧结普通砖砌体采用；

3. 对混凝土普通砖、混凝土多孔砖、混凝土和轻集料混凝土砌块砌体，表中的砂浆强度等级分别为：≥Mb10、Mb7.5 及 Mb5。

计算项目	计算公式
受弯构件计算	(1) 受弯构件的承载力，应满足下式的要求：

$$M \leqslant f_{tm}W \tag{2-335}$$

式中　M——弯矩设计值
　　　f_{tm}——砌体弯曲抗拉强度设计值
　　　W——截面抵抗矩

(2) 受弯构件的受剪承载力，应按下列公式计算：

$$V \leqslant f_v bz \tag{2-336}$$

$$z = I/S \tag{2-337}$$

式中　V——剪力设计值
　　　f_v——砌体的抗剪强度设计值
　　　b——截面宽度
　　　z——内力臂，当截面为矩形时取 z 等于 $2h/3$（h 为截面高度）
　　　I——截面惯性矩
　　　S——截面面积矩

沿通缝或沿阶梯形截面破坏时受剪构件的承载力，应按下列公式计算：

$$V \leqslant (f_v + \alpha\mu\sigma_0)A \tag{2-338}$$

当 $\gamma_G = 1.2$ 时：

$$\mu = 0.26 - 0.082\frac{\sigma_0}{f} \tag{2-339}$$

当 $\gamma_G = 1.35$ 时：

$$\mu = 0.23 - 0.065\frac{\sigma_0}{f} \tag{2-340}$$

计算项目	计算公式
受弯构件 计算	式中 V——剪力设计值 A——水平截面面积 f_v——砌体抗剪强度设计值，对灌孔的混凝土砌块砌体取 f_{vg} α——修正系数；当 $\gamma_G=1.2$ 时，砖（含多孔砖）砌体取 0.60，混凝土砌块砌体取 0.64；当 $\gamma_G=1.35$ 时，砖（含多孔砖）砌体取 0.64，混凝土砌块砌体取 0.66 μ——剪压复合受力影响系数 f——砌体的抗压强度设计值 σ_0——永久荷载设计值产生的水平截面平均压应力，其值不应大于 $0.8f$

（1）砂浆的试配强度应按下式计算：

$$f_{m,0}=kf_2 \tag{2-341}$$

式中 $f_{m,0}$——砂浆的试配强度（MPa），应精确至 0.1MPa

f_2——砂浆强度等级值（MPa），应精确至 0.1MPa

k——系数，按下表取值

施工水平 ＼ 强度等级	强度标准差 σ/MPa							k
	M5	M7.5	M10	M15	M20	M25	M30	
优良	1.00	1.50	2.00	3.00	4.00	5.00	6.00	1.15
一般	1.25	1.88	2.50	3.75	5.00	6.25	7.50	1.20
较差	1.50	2.25	3.00	4.50	6.00	7.50	9.00	1.25

（2）砂浆强度标准差的确定应符合下列规定：

1）当有统计资料时，砂浆强度标准差应按下式计算：

$$\sigma=\sqrt{\frac{\sum_{i=1}^{n}f_{m,i}^2-n\mu_{fm}^2}{n-1}} \tag{2-342}$$

式中 $f_{m,i}$——统计周期内同一品种砂浆第 i 组试件的强度（MPa）

μ_{fm}——统计周期内同一品种砂浆 n 组试件强度的平均值（MPa）

n——统计周期内同一品种砂浆试件的总组数，$n\geqslant25$

2）当无统计资料时，砂浆强度标准差可按上表取值。

（3）水泥用量的计算应符合下列规定：

1）每立方米砂浆中的水泥用量，应按下式计算：

$$Q_c=1000(f_{m,0}-\beta)/(\alpha\cdot f_{ce}) \tag{2-343}$$

式中 Q_c——每立方米砂浆的水泥用量（kg），应精确至 1kg

f_{ce}——水泥的实测强度（MPa），应精确至 0.1MPa

α、β——砂浆的特征系数，其中 α 取 3.03，β 取 -15.09

注：各地区也可用本地区试验资料确定 α、β 值，统计用的试验组数不得少于 30 组。

2）在无法取得水泥的实测强度值时，可按下式计算：

$$f_{ce}=\gamma_c\cdot f_{ce,k} \tag{2-344}$$

式中 $f_{ce,k}$——水泥强度等级值（MPa）

γ_c——水泥强度等级值的富余系数，宜按实际统计资料确定；无统计资料时可取 1.0

（4）石膏用量应按下式计算：

$$Q_D=Q_A-Q_c \tag{2-345}$$

式中 Q_D——每立方米砂浆的石膏用量（kg），应精确至 1kg；石灰膏使用时的稠度为 120 ± 5mm

Q_c——每立方米砂浆的水泥用量（kg），应精确至 1kg

Q_A——每立方米砂浆中水泥和石灰膏总量，应精确至 1kg，可为 350kg

左栏计算项目：水泥混合砂浆配合比计算

2.5 钢筋工程计算公式

2.5.1 钢筋锚固长度计算

钢筋锚固长度计算见表 2-22。

钢筋锚固长度计算   表 2-22

计算项目	计算公式

钢筋锚固长度计算	当计算中充分利用钢筋的抗拉强度时，受拉钢筋的锚固应符合下列要求：
	（1）基本锚固长度应按下列公式计算：
	普通钢筋
	
	$$l_{ab} = a \frac{f_y}{f_t} d \qquad (2\text{-}346)$$
	
	$$l_{ab} = a \frac{f_{py}}{f_t} d \qquad (2\text{-}347)$$
	
	式中 l_{ab}——受拉钢筋的基本锚固长度
	    f_y、f_{py}——普通钢筋、预应力筋的抗拉强度设计值
	    f_t——混凝土轴心抗拉强度设计值，当混凝土强度等级高于 C60 时，按 C60 取值
	    d——锚固钢筋的直径
	    α——锚固钢筋的外形系数，按下表取用
	
	表格见下
	
	注：光面钢筋末端应做 180°弯钩，弯后平直段长度不应小于 3d，但作受压钢筋时可不做弯钩。
	（2）受拉钢筋的锚固长度应根据具体锚固条件按下列公式计算，且不应小于 200mm：
	$$l_a = \zeta_a l_{ab} \qquad (2\text{-}348)$$
	式中 l_a——受拉钢筋的锚固长度
	    l_{ab}——受拉钢筋的基本锚固长度
	    ζ_a——锚固长度修正系数，按（4）的规定取用，当多于一项时，可按连乘计算，但不应小于 0.6
	（3）当锚固钢筋保护层厚度不大于 5d 时，锚固长度范围内应配置横向构造钢筋，其直径不应小于 $d/4$；对梁、柱等杆状构件间距不应大于 5d，对板、墙等平面构件间距不大于 10d，且均不应小于 100mm，此处 d 为锚固钢筋的直径。
	（4）纵向受拉普通钢筋的锚固长度修正系数 ζ_a 应根据钢筋的锚固条件按下列规定取用：
	1）当带肋钢筋的公称直径大于 25mm 时取 1.10
	2）环氧树脂涂层带肋钢筋取 1.25
	3）施工过程中易受扰动的钢筋取 1.10
	4）当纵向受力钢筋的实际配筋面积大于其设计计算面积时，修正系数取设计计算面积与实际配筋面积的比值，但对有抗震设防要求及直接承受动力荷载的结构构件，不应考虑此项修正
	5）锚固区保护层厚度为 3d 时修正系数可取 0.80，保护层厚度为 5d 时修正系数可取 0.70，中间按内插取值，此处 d 为纵向受力带肋钢筋的直径

钢筋类型	光圆钢筋	带肋钢筋	螺旋肋钢丝	三股钢铰线	七股钢绞线
α	0.16	0.14	0.13	0.16	0.17

2.5.2 钢筋下料长度计算

钢筋下料长度计算见表 2-23。

钢筋下料长度计算   表 2-23

计算项目	计算公式
下料长度	直钢筋下料长度＝构件长度－保护层厚度＋弯钩增加长度 弯起钢筋下料长度＝直段长度＋斜段长度＋弯钩增加长度－弯钩调整值 箍筋下料长度＝箍筋周长＋弯钩增加长度±弯曲调整值

计算项目	计算公式

钢筋弯钩有半圆弯钩、直弯钩及斜弯钩三种形式（见下图），各种弯钩增加长度 l_z 按下式计算：

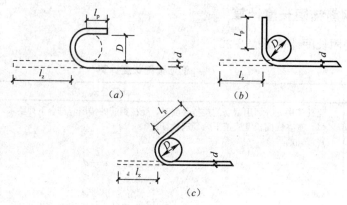

(a) (b)

(c)

钢筋弯钩形式

(a) 半圆（180°）弯钩；(b) 直（90°）弯钩；(c) 斜（135°）弯钩

半圆弯钩：	$l_z=1.071D+0.571d+l_p$	(2-349)
直弯钩：	$l_z=0.285D-0.215d+l_p$	(2-350)
斜弯钩：	$l_z=0.678D+0.178d+l_p$	(2-351)

式中　D——圆弧弯曲直径，对 HPB300 级钢筋取 $2.5d$；HRB335 级钢筋取 $4d$；HPB400 级、RRB400 级钢筋取 $5d$

　　　　d——钢筋直径

　　　　l_p——弯钩的平直部分长度

弯钩增加长度　采用 HPB300 级钢筋，按圆弧弯曲直径为 $2.5d$，$l_p=3d$ 考虑，半圆弯钩增加长度应为 $6.25d$；直弯钩 l_p 按 $5d$，考虑增加长度应为 $5.5d$；斜弯钩 l_p 按 $10d$ 考虑，增加长度为 $12d$。三种弯钩形式各种规格钢筋弯钩增加长度可参见下表

钢筋直径/ mm	半圆弯钩/mm		半圆弯钩/mm（不带平直部分）		直弯钩/mm		斜弯钩/mm	
	1个钩长	2个钩长	1个钩长	2个钩长	1个钩长	2个钩长	1个钩长	2个钩长
6	40	75	20	40	35	70	75	150
8	50	100	25	50	45	90	95	190
9	60	115	30	60	50	100	110	220
10	65	125	35	70	55	110	120	240
12	75	150	40	80	65	130	145	290
14	90	175	45	90	75	150	170	170
16	100	200	50	100				
18	115	225	60	120				
20	125	250	65	130				
22	140	275	70	140				
25	160	315	80	160				
28	175	350	85	190				
32	200	400	105	210				
36	225	450	115	230				

注：1. 半圆弯钩计算长度为 $6.25d$；半圆弯钩不带平直部分为 $3.25d$；直弯钩计算长度为 $5.5d$；斜弯钩计算长度为 $12d$。

　　2. 半圆弯钩取 $l_p=3d$；直弯钩取 $l_p=5d$；斜弯钩取 $l_p=10d$；直弯钩在楼板中使用时，其长度取决于楼板厚度。

　　3. 本表为 HPB300 级钢筋，弯曲直径为 $2.5d$，取尾数为 5 或 0 的弯钩增加长度

计算项目	计算公式
弯起钢筋斜长	梁类构件常配置弯起钢筋，弯起角度为30°、45°和60°三种，弯起钢筋的斜长系数如下图所示。 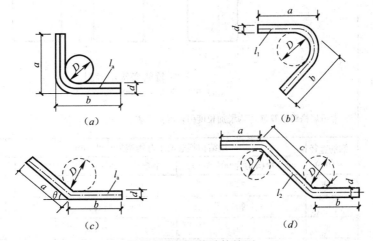 斜边长度 $s=2.0h$　$s=1.414h$　$s=1.155h$ 底边长度 $l=1.732h$　$l=1.000h$　$l=0.577h$ 增加长度 $s-l=0.268h$　$s-l=0.414h$　$s-l=0.578h$ 弯起钢筋斜长计算简图
弯曲调整值	钢筋弯曲时，内皮缩短，外皮延长，只有中心线尺寸不变，故下料长度即为中心线尺寸。一般钢筋成形后量度尺寸都是沿直线量外皮尺寸；同时弯曲处又成圆弧，因此弯曲钢筋的量度尺寸大于下料尺寸，两者之间的差值称为"弯曲调整值"，即在下料时，下料长度应等于量度尺寸减去弯曲调整值。 　　不同级别钢筋弯折90°和135°时（见下图 a、b）的弯曲调整值参见下表1。对一次弯折钢筋（见下图 c）和弯起钢筋（见下图 d）的弯曲直径 D 不应小于钢筋直径 d 的5倍，其弯折角度为30°、45°、60°的弯曲调整值参见下表2。

钢筋弯曲调整值计算简图

（a）钢筋弯折90°；（b）钢筋弯折135°（c）钢筋一次弯折30°、45°、60°；（d）钢筋弯曲30°、45°、60°

a、b—量度尺寸　l_x—下料长度

钢筋弯折90°和135°时的弯曲调整值　　　　　　　表1

弯折角度	钢筋级别	弯曲调整值	
		计算式	取值
90°	HPB300 级	$\Delta=0.125D+1.215d$	1.75d
	HRB335 级		2.08d
	HRB400 级		2.29d
135°	HPB300 级	$\Delta=0.822d-0.178D$	0.38d
	HRB335 级		0.11d
	HRB400 级		−0.07d

注：1. 弯曲直径：HPB300 级钢筋 $D=2.5d$；HRB335 级钢筋 $D=4d$；HRB400 级、RRB400 级钢筋 $D=5d$。

　　2. 弯曲图见上图 a、b

计算项目	计算公式				

钢筋一次弯折和弯起 30°、45°、60°的弯曲调整值　　表2

弯曲调整值	弯折角度	一次弯折的弯曲调整值		弯起钢筋的弯曲调整值	
		计算式	按 $D=5d$	计算式	按 $D=5d$
	30°	$\Delta=0.006D+0.274d$	$0.3d$	$\Delta=0.012D+0.28d$	$0.34d$
	45°	$\Delta=0.022D+0.436d$	$0.55d$	$\Delta=0.043D+0.457d$	$0.67d$
	60°	$\Delta=0.054D+0.631d$	$0.9d$	$\Delta=0.106D+0.685d$	$1.23d$

注：弯曲图见上图 c、d

箍筋弯钩增加长度

　　箍筋的末端应做弯钩，用 HPB300 级钢筋或冷拔低碳钢丝制作的箍筋，其弯钩的弯曲直径应大于受力钢筋直径，且不小于箍筋直径的 2.5 倍；弯钩平直部分的长度，对一般结构，不宜小于箍筋直径的 5 倍，对有抗震要求的结构，不应小于箍筋的 10 倍。

　　弯钩形式，可按下图 a、b 加工，对有抗震要求和受扭的结构，可按下图 c 加工。

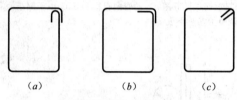

箍筋弯钩示意图
(a) 90°/180°；(b) 90°/90°；(c) 135°/135°

常用规格钢筋箍筋弯钩增加长度值可参见下表：

钢筋直径 d/mm	一般结构箍筋两个弯钩增加长度/mm		抗震结构两个弯钩增加长度（28d）/mm
	两个弯钩均为 90°（15d）	一个弯钩 90°另一个弯钩 180°（17d）	
≤5	75	85	140
6	90	102	168
8	120	136	224
10	150	170	280
12	180	204	336

变截面构件箍筋下料长度

　　变截面构件的箍筋下料长度（见下图），可用数学法根据比例关系进行计算，每根相邻钢筋的长短差 Δ 按下式计算：

$$\Delta = \frac{h_d - h_c}{n-1} \qquad (2\text{-}352)$$

其中

$$n = \frac{s}{a} + 1 \qquad (2\text{-}353)$$

式中　Δ——每根钢筋长短差
　　　h_d——箍筋的最大高度
　　　h_c——箍筋的最小高度
　　　n——箍筋个数
　　　s——最高箍筋与最低箍筋之间的总距离
　　　a——箍筋间距

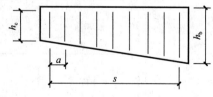

变截面构件箍筋下料长度计算简图

计算项目	计算公式

圆形构件下料长度

（1）按弦长布置（见下图）。先根据下式算出钢筋所在处的弦长，再减去两端保护层厚度，即得钢筋下料长度：

按弦长布置钢筋下料长度计算简图

（a）按弦长单数间距布置；（b）按弦长双数间距布置

当配筋间距为单数时：

$$l_i = a \sqrt{(n+1)^2 - (2i-1)^2} \qquad (2\text{-}354)$$

当配筋间距为双数时：

$$l_i = a \sqrt{(n+1)^2 - (2i)^2} \qquad (2\text{-}355)$$

其中

$$n = \frac{D}{a} - 1 \qquad (2\text{-}356)$$

式中 l_i——第 i 根（从圆心向两边数）钢筋所在的弦长

i——序号数

n——钢筋根数

a——钢筋间距

D——圆直径

（2）按圆周布置（见下图）。一般按比例方法先求出每根钢筋的圆直径，再乘以圆周率所得的圆周长，即为圆形钢筋的下料长度。

按圆周布置下料长度计算

圆形切块下料长度

确定钢筋所在位置的弦与圆心间的距离（弦心距），弦长即可按下式计算：

$$K = \sqrt{D^2 - 4c^2} \qquad (2\text{-}357)$$

或

$$K = 2\sqrt{R^2 - c^2} \qquad (2\text{-}358)$$

式中 K——圆形切块的弦长

D——圆形切块的直径

c——弦心距，即圆心至弦的垂线长度

R——圆形切块的半径

螺旋箍筋下料长度

在圆柱形构件中，螺旋箍筋沿圆周表面缠绕，每米钢筋骨架长的螺旋箍筋长度可按下式计算（见下图）：

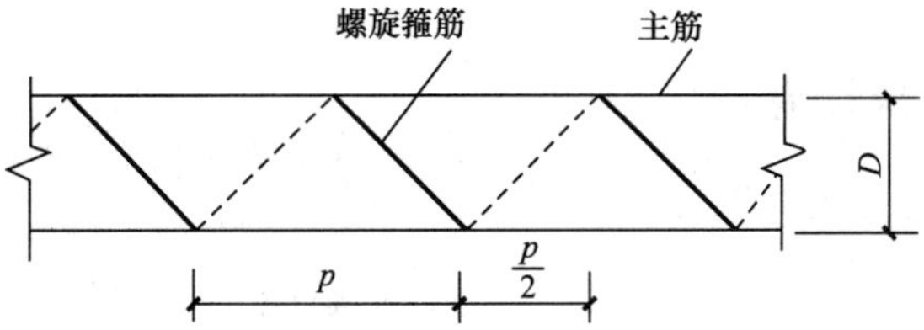

螺旋箍筋下料长度计算简图

$$l = \frac{2000\pi a}{p} \left[1 - \frac{e^2}{4} - \frac{3}{64}(e^2)^2 \right] \qquad (2\text{-}359)$$

计算项目	计算公式
螺旋箍筋下料长度	其中 $$a = \frac{\sqrt{p^2 + 4D^2}}{4} \qquad (2\text{-}360)$$ $$e^2 = \frac{4a^2 - D^2}{4a^2} \qquad (2\text{-}361)$$ 也可按以下简化公式计算： $$l = \frac{1000}{p} \sqrt{(\pi D)^2 + p^2} + \frac{\pi d}{2} \qquad (2\text{-}362)$$ $$l = \sqrt{H^2 + (\pi D n)^2} \qquad (2\text{-}363)$$ 式中　l——每 1m 钢筋骨架长的螺旋箍筋长度 　　　π——圆周率，取 3.1416 　　　p——螺距 　　　a——箍筋间距 　　　e——偏心距 　　　D——螺旋线的缠绕直径 　　　d——螺旋箍筋的直径，可采用箍筋中心距，即主筋外皮距离加上箍筋直径 　　　H——螺旋线起点到终点的垂直高度 　　　n——螺旋线的缠绕直径
曲线构件钢筋下料长度	曲线构件中曲线的走向和形状是以"曲线方程"确定的，钢筋下料长度分别按以下计算： （1）曲线钢筋根据曲线方程 $y = f(x)$，沿水平方向分段，每段长度 $l = x_i - x_{i-1}$（一般取 0.3～0.5m 为一段），求已知 x 值时的相应 y 值，然后用勾股弦定理计算每段斜长，再叠加即得曲线钢筋长度（近似值）（见下图）。 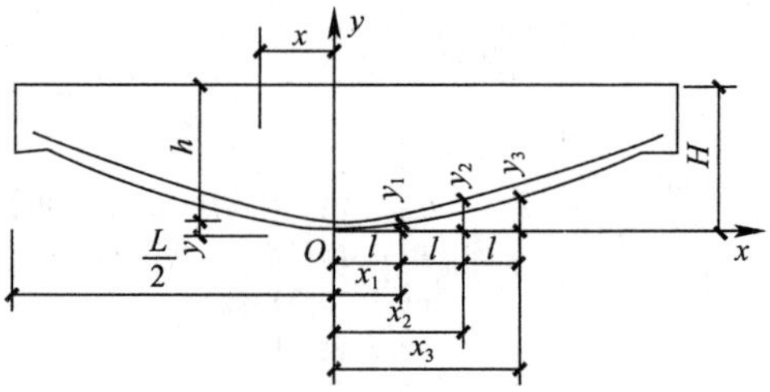 $$L = 2 \sum_{i=1}^{n} \sqrt{(y_i - y_{i-1})^2 + l^2}$$ $$\qquad\qquad (2\text{-}364)$$ 式中　L——曲线钢筋长度 　　　l——水平方向每段长度 　　　x_i、y_i——曲线钢筋上任一点在 x、y 轴上的投影距离 （2）箍筋高度根据曲线方程，以箍筋间距确定的 x_i 值，求得 y_i 值，然后计算该处的梁高 $h_i = H - y_i$，再扣除上下层混凝土保护层厚度，即得箍筋高度。 抛物线钢筋下料长度 L（见下图），可按下式计算： $$L = 1 + \frac{8h^2}{3l_1^2} \qquad (2\text{-}365)$$ 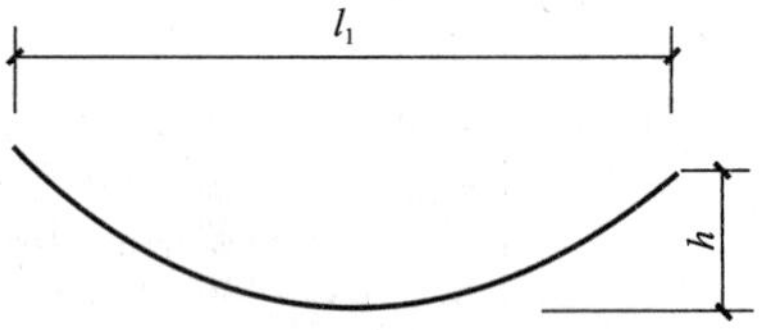 式中符号意义向上	曲线钢筋下料长度计算简图 x_i、y_i—曲线钢筋上任一点在 x、y 轴上的投影距离； H—曲线构件高度；h—抛物线的矢高； l—抛物线的水平投影长度 抛物线钢筋下料长度计算简图

2.5.3　钢筋代换计算

钢筋代换计算见表 2-24。

钢筋代换计算　　　　　　　　　　　　　　　　　表 2-24

计算项目	计算公式
钢筋等强度代换计算	当结构构件按强度控制时，可按强度相等的方法进行代换，即代换后钢筋的"钢筋抗力"不小于施工图纸上原设计配筋的"钢筋抗力"，即：

计算项目	计算公式

钢筋等强度代换计算

$$\left.\begin{array}{l} A_{s1}f_{y1} \leqslant A_{s2}f_{y2} \\ n_1 d_1^2 f_{y1} \leqslant n_2 d_2^2 f_{y2} \end{array}\right\} \qquad (2\text{-}366)$$

式中　f_{y1}、f_{y2}——原设计钢筋和拟换用钢筋的抗拉强度设计值（N/mm²）

　　　　A_{s1}、A_{s2}——原设计钢筋和拟代换钢筋的计算截面面积（mm²）

　　　　n_1、n_2——原设计钢筋和拟代换钢筋的根数（根）

　　　　d_1、d_2——原设计钢筋和拟代换钢筋的直径（mm）

　　$f_{y1}A_{s1}$、$f_{y2}A_{s2}$——原设计钢筋和拟代换钢筋的钢筋抗力（N）

钢筋等面积代换计算

当构件按最小配筋率配筋时，钢筋可按面积相等的方法按下式进行代换：

$$\left.\begin{array}{l} A_{s1} \leqslant A_{s2} \\ n_1 d_1^2 \leqslant n_2 d_2^2 \end{array}\right\} \qquad (2\text{-}367)$$

式中　A_{s1}、n_1、d_1——原设计钢筋的计算截面面积（mm²）、根数（根）、直径（mm）

　　　　A_{s2}、n_2、d_2——拟代换钢筋的计算截面面积（mm²）、根数（根）、直径（mm）

钢筋等弯矩代换计算

由钢筋混凝土结构计算知，矩形截面所能承受的设计弯矩 M_u 为：

$$M_u = f_y A_s \left(h_0 - \frac{f_{y1}A_s}{2\alpha_1 f_c b} \right) \qquad (2\text{-}368)$$

由钢筋代换后应满足下式要求：

$$f_{y2}A_{s2}\left(h_{02} - \frac{f_{y2}A_{s2}}{2\alpha_1 f_c b} \right) \geqslant f_{y1}A_{s1}\left(h_{01} - \frac{f_{y1}A_{s1}}{2\alpha_1 f_c b} \right) \qquad (2\text{-}369)$$

式中　f_y、f_{y2}——原设计钢筋和拟代换用钢筋的抗拉强度设计值（N/mm²）

　　　　A_{s1}、A_{s2}——原设计钢筋和拟代换钢筋的计算截面面积（mm²）

　　　　h_{01}、h_{02}——原设计钢筋和拟代换钢筋合力点至构件截面受压边缘的距离（mm）

　　　　α_1——系数。当混凝土强度等级不超过 C50 时，α_1 取为 1.0，当混凝土强度等级为 C80 时，α_1 取为 0.94，其间按线性内插法确定

　　　　f_c——混凝土轴心抗压强度设计值

　　　　b——构件截面宽度（mm）

钢筋混凝土最大裂缝宽度计算

在矩形、T 形、倒 T 形和工形截面的钢筋混凝土受拉、受弯和偏心受压构件及预应力混凝土轴心受拉和受弯构件中，按荷载效应的标准组合并考虑长期作用影响的最大裂缝宽度（mm）可按下列公式计算：

$$w_{max} = \alpha_{cr}\psi\frac{\sigma_{sk}}{E_s}\left(1.9c + 0.08\frac{d_{eq}}{\rho_{te}} \right) \qquad (2\text{-}370)$$

$$\psi = 1.1 - 0.65\frac{f_{tk}}{\rho_{te}\sigma_{sk}} \qquad (2\text{-}371)$$

$$d_{eq} = \frac{\sum n_i d_i^2}{\sum n_i v_i d_i} \qquad (2\text{-}372)$$

$$\rho_{te} = \frac{A_s + A_p}{A_{te}} \qquad (2\text{-}373)$$

式中　α_{cr}——构件受力特征系数，按下表采用

类　型	α_{cr}	
	钢筋混凝土构件	预应力混凝土构件
受弯、偏心受压	2.1	1.7
偏心受拉	2.4	—
轴心受拉	2.7	2.2

计算项目	计算公式

钢筋混凝土最大裂缝宽度计算

ψ——裂缝间纵向受拉钢筋应变不均匀系数；当 $\psi < 0.2$ 时，取 $\psi = 0.2$；当 $\psi > 1$ 时，取 $\psi = 1$；对直接承受重复荷载的构件，取 $\psi = 1$

σ_{sk}——按荷载效应的标准组合计算的钢筋混凝土构件纵向受拉钢筋的应力或预应力混凝土构件纵向受拉钢筋的等效应力

E_s——钢筋弹性模量

c——最外层纵向受拉钢筋外边缘至受拉区底边的距离（mm）；当 $c < 20$ 时，取 $c = 20$；当 $c > 65$ 时，取 $c = 65$

ρ_{te}——按有效受拉混凝土截面面积计算的纵向受拉钢筋配筋率；在最大裂缝宽度计算中，当 $\rho_{te} < 0.01$ 时，取 $\rho_{te} = 0.01$

A_{te}——有效受拉混凝土截面面积：对轴心受拉构件，取构件截面面积；对受弯、偏心受压和偏心受拉构件，取 $A_{te} = 0.5bh + (b_f - b)h_f$，此处，$b_f$、$h_f$ 为受拉翼缘的宽度、高度

A_s——受拉区纵向非预应力钢筋截面面积

A_p——受拉区纵向预应力钢筋截面面积

d_{eq}——受拉区纵向钢筋的等效直径（mm）

d_i——受拉区第 i 种纵向钢筋的公称直径（mm）

n_i——受拉区第 i 种纵向钢筋的根数

ν_i——受拉区第 i 种纵向钢筋的相对粘结特性系数，按下表采用

钢筋类别	非预应力钢筋		先张法预应力钢筋			后张法预应力钢筋		
	光圆钢筋	带肋钢筋	带肋钢筋	螺旋肋钢丝	刻痕钢丝、钢绞线	带肋钢筋	钢绞线	光圆钢丝
ν_i	0.7	1.0	1.0	0.8	0.6	0.8	0.5	0.4

注：对环氧树脂涂层带肋钢筋，其相对黏结特征系数应按表中系数的 0.8 倍取用。

对承受吊车荷载但不需作疲劳验算的受弯构件，可将计算求得的最大裂缝宽度乘以系数 0.85；对 $e_0/h_0 \leqslant 0.55$ 的偏心受压构件，可不验算裂缝宽度

钢筋混凝土挠度计算

一般简单的钢筋混凝土构件受荷情况及其最大挠度值 f_{max} 可按下式计算：

$$f_{max} = k_y \cdot \frac{M_s}{B} \cdot l_0^2 \qquad (2\text{-}374)$$

式中 B——受弯构件刚度

$$B = \frac{M_k}{M_q(\theta - 1) + M_k} B_s \qquad (2\text{-}375)$$

钢筋混凝土受弯构件短期刚度

$$B_s = \frac{E_s A_s h_0^2}{1.15\psi + 0.2 + \dfrac{6\alpha_E \rho}{1 + 3.5\gamma_f'}} \qquad (2\text{-}376)$$

k_y——系数，简支梁受均布荷载为 5/48；受中心集中荷载为 1/12；两端受弯构件为 1/8

M_s——梁所受最大弯矩

l_0——梁的净跨度

M_k——按荷载效应的标准组合计算的弯矩，取计算区段内的最大弯矩值

M_q——按荷载效应的准永久组合计算的弯矩，取计算区段内的最大弯矩值

B_s——荷载效应的标准组合作用下受弯构件的短期刚度

θ——考虑荷载长期作用对挠度增大的影响系数

ψ——裂缝间纵向受拉钢筋应变不均匀系数

α_E——钢筋弹性模量与混凝土弹性模量的比值：$\alpha_E = E_s/E_c$

ρ——纵向受拉钢筋配筋率：对钢筋混凝土受弯构件，取 $\rho = A_s/(bh_0)$；对预应力混凝土受弯构件，取 $\rho = (A_p + A_s)/(bh_0)$

γ_f'——受拉翼缘截面面积与腹板有效截面面积的比值

钢筋代换抗剪承载力验算

弯起钢筋影响斜截面抗剪承载力（强度）的降低值 V_j 可按下式计算：

$$V_j = 0.8(f_{y1}A_{sb}^1 - f_{y2}A_{sb}^2)\sin\alpha_s \qquad (2\text{-}377)$$

式中 f_{y1}、f_{y2}——原设计钢筋和拟代换钢筋的抗拉强度设计值（N/mm²）

A_{sb}^1、A_{sb}^2——同一弯起平面内原设计钢筋和拟代换钢筋的截面面积（mm²）

计算项目	计算公式	
钢筋代换抗剪承载力验算	α_s——斜截面上弯起钢筋与构件纵向轴线的夹角（°） 代换箍筋量按下式计算： $$\frac{f_{yv2}A_{sv2}}{S_2} \geqslant \frac{f_{yv1}A_{sv1}}{S_1} + \frac{2V_j}{3h_0}$$ 式中　f_{yv1}、f_{yv2}——原设计和拟代换箍筋的抗拉强度设计值（N/mm²） 　　　A_{sv1}、A_{sv2}——原设计和拟代换单肢箍筋的截面面积（mm²） 　　　S_1、S_2——原设计和拟代换箍筋沿构件长度方向上的间距（mm） 　　　h_0——构件截面的有效高度（mm）	(2-378)

2.5.4　钢筋冷拉计算

钢筋冷拉计算见表 2-25。

钢筋冷拉计算　　　　　　　　　　　　　　　　　　表 2-25

计算项目	计算公式
钢筋冷拉设备拉力计算	卷扬机冷拉设备的拉力 Q（kN）（见下图），可按下式计算： $$Q = Tm\eta - R \qquad (2\text{-}379)$$ 设备拉力，为安全可靠，一般为钢筋冷拉力的 1.2～1.5 倍 式中　T——卷扬机牵引力（kN） 　　　m——滑轮组的工作线数 　　　η——滑轮组总效率，查下表 冷拉设备受力计算简图

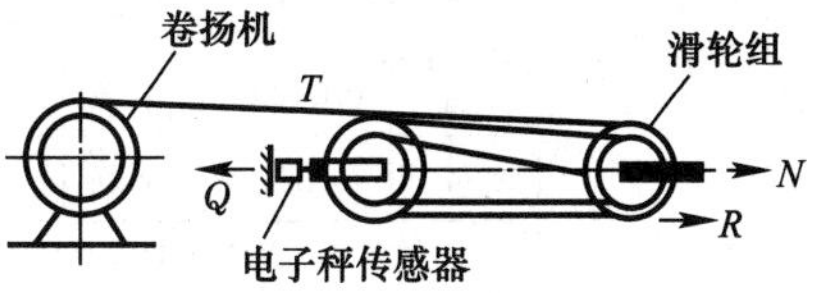

滑轮组门数	工作线数 m	总效率 η	$\dfrac{1}{m\eta}$	$\alpha = 1 - \dfrac{1}{m\eta}$
3	7	0.88	0.16	0.84
4	9	0.85	0.13	0.87
5	11	0.83	0.11	0.89
6	13	0.80	0.10	0.90
7	15	0.77	0.09	0.91
8	17	0.74	0.08	0.92

	R——设备阻力（kN），由冷拉小车与地面摩擦力和回程装置阻力组成，一般可取 5～10kN
钢筋冷拉速度计算	钢筋冷拉速度 v（m/min），可按下式计算： $$v = \frac{\pi D n}{m} \qquad (2\text{-}380)$$ 式中　π——圆周率，取 3.1416 　　　D——卷扬机卷筒直径（m） 　　　n——卷扬机卷筒转速（r/min） 钢筋冷拉速度 v，根据实践，一般不宜大于 1.0m/min（拉直细钢筋时可不受此限）
测力器负荷计算	测力器的负荷 P（kN），可按下列两式计算。 当测力器装在冷拉线尾端时： $$P = N - R_0 \qquad (2\text{-}381)$$ 当测力器装在冷拉线前端时： $$P = N + R_0 - T = \alpha(N + R) \qquad (2\text{-}382)$$

135

续表

计算项目	计算公式

测力器负荷计算

式中 N——钢筋冷拉力（kN）

R_0——设备阻力，由尾端连接器及测力器等产生，根据实践经验，采用弹簧测力器及放大表盘时，一般为5kN

α——系数，查“钢筋冷拉设备拉力计算”中的表

钢筋冷拉力计算

钢筋冷拉采用控制应力法时，其冷拉力 N，可按下式计算：

$$N=\sigma_{con}A_s \tag{2-383}$$

式中 N——钢筋冷拉力（N）

σ_{con}——钢筋冷拉的控制应力（N/mm^2）

A_s——钢筋冷拉前的截面面积（mm^2）

采用的冷拉控制应力及最大冷拉率应符合下表的规定：

项次	钢筋级别	直径范围/mm	冷拉应力/（N/mm^2）		最大冷拉率 γ（%）
			用以冷拉控制应力时	用以测定冷拉率时	
1	HPB300级钢筋	6～12	280	310	10.0
2	HRB335级钢筋	≤25	450	480	5.5
		28～40	430	460	
3	HRB400级钢筋	8～40	500	530	5.0
4	HRB500级钢筋	10～28	700	730	4.0

注：1. 表中HRB500级盘圆钢筋的冷拉率，已包括调整冷拉率1%在内。

2. 成束钢筋冷拉时，各根钢筋的下料长度的长短差不得超过构件长度的0.1%，并不得大于20mm。

3. HRB335级钢筋直径大于25mm时，冷拉控制应力降为430N/mm^2，测冷拉率时降为460N/mm^2。

4. 采用控制冷拉率方法冷拉钢筋时，冷拉率必须由试验确定

钢筋冷拉伸长值计算

钢筋冷拉采用控制冷拉率法时，其冷拉伸长值 ΔL，可按下式计算：

$$\Delta L=\gamma L \tag{2-384}$$

式中 ΔL——钢筋冷拉伸长值

γ——钢筋的冷拉率

L——钢筋冷拉前的长度（mm）

冷拉率必须由试验确定。测定同炉批钢筋冷拉率的冷拉应力应符合“钢筋冷拉力计算”中表的规定，其试样不少于4个，并取其平均值作为该批钢筋实际采用的冷拉率。冷拉后的实际伸长值，还应扣除弹性回缩值

钢筋冷拉率计算

钢筋冷拉后，冷拉率可按下式计算：

$$\gamma=\frac{L_1-L}{L} \tag{2-385}$$

式中 γ——钢筋冷拉率（%）

L——钢筋或试件冷拉前量得的长度（mm）

L_1——钢筋或试件在控制冷拉力下冷拉后量得的长度（mm）

钢筋弹性回缩率计算

钢筋冷拉后产生一定弹性回缩，其弹性回缩率可按下式计算：

$$\gamma_1=\frac{L_1-L_2}{L_1} \tag{2-386}$$

式中 γ_1——钢筋弹性回缩率（%）

L_1——钢筋或试件在控制冷拉力下冷拉后量得的长度（mm）

L_2——钢筋冷拉完毕放松，弹性回缩后量得的长度（mm）

2.5.5 钢筋冷拔计算

钢筋冷拔计算见表 2-26。

钢筋冷拔计算　　　　　　　　　　　　　　　　　　　　　表 2-26

计算项目	计算公式
钢筋冷拔总压缩率计算	钢筋冷拔总压缩率为钢筋冷拔的重要质量控制指标，即由盘条拔至成品钢丝的横截面总缩减率，可按式（2-387）计算： $$\beta = \frac{d_0^2 - d^2}{d_0^2} \times 100\% \qquad (2\text{-}387)$$ 式中　β——钢筋冷拔总压缩率（%） 　　　d_0——盘条钢筋直径（mm） 　　　d——冷拔后成品钢丝直径（mm） 　　冷拔总压缩率愈大，钢丝的抗拉强度愈高，但塑性也愈差，因此必须加以控制，一般 β 控制在 60%~80%。 　　冷拔次数与每道压缩量之间的关系，可按经验式（2-388）计算： $$d_2 = (0.85 \sim 0.9)d_1 \qquad (2\text{-}388)$$ 式中　d_1——前道钢丝直径（mm） 　　　d_2——后道钢丝直径（mm） 　　冷拔次数不宜过多或少，过多会使钢筋发脆，影响伸长率，降低生产效率；过少会使各道压缩量过大，易发生断丝和设备安全事故。钢丝常用冷拔次数参见下表：

钢丝直径	盘条直径	冷拔总压缩率（%）	冷拔次数和拔后直径/mm					
			第1次	第2次	第3次	第4次	第5次	第6次
$\phi^b 5$	$\phi 85$	61.0	6.5	5.7	5.0	—	—	—
			7.0	6.3	5.7	5.0	—	—
$\phi^b 4$	$\phi 6.5$	62.2	5.5	4.6	4.0	—	—	—
			5.7	5.0	4.5	4.0	—	—
$\phi^b 3$	$\phi 6.5$	78.7	5.5	4.6	4.0	3.5	3.0	—
			5.7	5.0	4.5	4.0	3.5	3.0

计算项目	计算公式
钢筋冷拔设备功率计算	冷拔设备电机功率可根据拔丝力和拔丝速度按式（2-389）计算： $$\left. \begin{array}{l} N = \dfrac{PDn}{19500\eta} \\ P < 0.8f_{stk}A_s \end{array} \right\} \qquad (2\text{-}389)$$ 式中　N——拔丝机电动机功率（kW） 　　　P——拔丝力（N），根据实测资料，一般小于 $0.8f_{stk}A_s$ 　　　f_{stk}——所拔出的钢丝抗拉强度（N/mm²） 　　　A_s——所拔出的钢丝截面面积（mm²） 　　　D——拔丝机卷筒直径（m） 　　　n——拔丝机卷筒转速（r/min） 　　　η——机械传动效率，取 0.88~0.92

2.6　模板工程计算公式

2.6.1　混凝土模板用量计算

混凝土模板用量计算见表 2-27。

计算项目	计算公式
展开面积	在现浇钢筋混凝土结构施工中，常需估算模板的耗用量，即计算每 $1m^3$ 混凝土结构的展开面积用量，其计算如下： $$U = \frac{A}{V} \qquad (2\text{-}390)$$ 式中　U——每 $1m^3$ 混凝土结构的模板（展开面积）用量（m^2/m^3） 　　　A——模板的展开面积（m^2） 　　　V——混凝土的体积（m^3）
各种截面柱模板的展开面积	（1）正方形截面柱 边长为 $a \times a$ 时，模板用量按下式计算： $$U_1 = \frac{4}{a} \qquad (2\text{-}391)$$ 式中　U_1——正方形截面柱每 $1m^3$ 混凝土的模板用量（m^2/m^3） 　　　a——柱长、短边长度（m） （2）圆形截面柱 直径为 d 时，模板用量按下式计算： $$U_2 = \frac{4}{d} \qquad (2\text{-}392)$$ 式中　U_2——圆形截面柱每 $1m^3$ 混凝土的模板用量（m^2/m^3） 　　　d——柱直径（m） （3）矩形截面柱 边长为 $a \times b$ 时，模板用量按下式计算： $$U_3 = \frac{2(a+b)}{a \cdot b} \qquad (2\text{-}393)$$ 式中　U_3——矩形截面柱每 $1m^3$ 混凝土的模板用量（m^2/m^3） 　　　a、b——柱长、短边长度（m） 正方形或圆形截面柱每 $1m^3$ 混凝土的模板用量 U 值见下表：

正方形或圆形截面柱每 $1m^3$ 混凝土的模板用量 U 值见下表：

柱横截面尺寸 $a \times a$ /(m×m)	模板用量 $U=4/a$ /(m^2/m^3)	柱横截面尺寸 $a \times a$ /(m×m)	模板用量 $U=4/a$ /(m^2/m^3)
0.3×0.3	13.33	0.9×0.9	4.44
0.4×0.4	10.00	1.0×1.0	4.00
0.5×0.5	8.00	1.1×1.1	3.64
0.6×0.6	6.67	1.3×1.3	3.08
0.7×0.7	5.71	1.5×1.5	2.67
0.8×0.8	5.00	2.0×2.0	2.00

矩形截面柱子每 $1m^3$ 混凝土的模板用量 U 值见下表：

柱横截面尺寸 $a \times b$ /(m×m)	模板用量 $U=\dfrac{2(a+b)}{ab}$ /(m^2/m^3)	柱横截面尺寸 $a \times b$ /(m×m)	模板用量 $U=\dfrac{2(a+b)}{ab}$ /(m^2/m^3)
0.4×0.3	11.67	0.8×0.6	5.83
0.5×0.3	10.67	0.9×0.45	6.67
0.6×0.3	10.00	0.9×0.60	6.56
0.7×0.35	8.57	1.0×0.50	6.00
0.8×0.40	7.50	1.0×0.70	4.86

计算项目	计算公式
主梁和次梁模板的展开面积	钢筋混凝土主梁和次梁，每 $1m^3$ 混凝土的模板用量按下式计算： $$U_4 = \frac{2h + b_1}{b_1 h} \qquad (2\text{-}394)$$

计算项目	计算公式
主梁和次梁模板的展开面积	式中 U_4——主梁或次梁每 $1m^3$ 混凝土的模板用量（m^2/m^3） b_1——主梁或次梁宽度（m） h——主梁或次梁高度（m） 常用矩形截面主梁及次梁的 U 值见下表： 表格见下

柱横截面尺寸 $h×b$ /(m×m)	模板用量 $U=\dfrac{2h+b}{hb}$ /(m²/m³)	柱横截面尺寸 $h×b$ /(m×m)	模板用量 $U=\dfrac{2h+b}{hb}$ /(m²/m³)
0.30×0.2	13.33	0.80×0.40	6.25
0.40×0.2	12.50	1.00×0.50	5.00
0.50×0.25	10.00	1.20×0.60	4.17
0.60×0.30	8.33	1.40×0.70	3.57

楼板模板的展开面积

钢筋混凝土楼板，每 $1m^3$ 混凝土的模板用量按下式计算：

$$U_5 = \frac{1}{d_1} \tag{2-395}$$

式中 U_5——楼板每 $1m^3$ 混凝土的模板用量（m^2/m^3）
　　 d_1——楼板的厚度（m）

肋形楼板的厚度，一般为 $0.06\sim0.14m$。无梁楼板的厚度为 $0.17\sim0.22m$，其模板用量 U 值见下表：

板厚/m	模板用量 $U=1/d$/(m²/m³)	板厚/m	模板用量 $U=1/d$/(m²/m³)
0.06	16.67	0.14	7.14
0.08	12.50	0.17	5.88
0.10	10.00	0.19	5.26
0.12	8.33	0.22	4.55

墙模板的展开面积

混凝土或钢筋混凝土墙，每 $1m^3$ 混凝土的模板用量按式（2-396）计算：

$$U_6 = \frac{2}{d_2} \tag{2-396}$$

式中 U_6——墙每 $1m^3$ 混凝土的模板用量（m^2/m^3）
　　 d_2——墙厚度（m）

常用的墙厚与相应的模板用量 U 值见下表：

墙厚/m	模板用量 $U=\dfrac{2}{d}$/(m²/m³)	墙厚/m	模板用量 $U=\dfrac{2}{d}$/(m²/m³)
0.06	33.33	0.18	11.11
0.08	25.00	0.20	10.00
0.10	20.00	0.25	8.00
0.12	16.67	0.30	6.67
0.14	14.29	0.35	5.71
0.16	12.50	0.40	5.00

2.6.2 模板构件临界长度的计算

模板构件临界长度的计算见表 2-28。

计算项目	计算公式
梁按弯矩与剪力的临界长度	已知弯矩： $$M = f_{\mathrm{m}}W$$ 则： $$\frac{1}{10}ql^2 = 13\frac{bh^2}{6} \qquad (2\text{-}397)$$ 移项得： $$bh^2 = \frac{0.6}{13}ql^2 \qquad (2\text{-}398)$$ 又知： $$V = f_{\mathrm{v}}\frac{bh}{1.5}, \quad 0.6ql = 1.5\frac{bh}{1.5}$$ $$bh = 0.6ql \qquad (2\text{-}399)$$ 式中　M——梁承受的弯矩（N·mm） 　　　f_{m}——木梁抗弯强度设计值，取 13N/mm^2 　　　W——梁的净截面抵抗矩（mm），对矩形截面为 $\frac{bh^2}{6}$ 　　　q——梁上均布荷载（N/mm） 　　　l——梁的跨度（mm） 　　　b——梁截面宽度（m） 　　　h——梁截面高度（mm） 　　　V——梁的剪力（N） 　　　f_{v}——木梁抗剪强度设计值，取 1.5N/mm^2 将式（2-399）两边乘以 h，使其与式（2-398）相等： 则： $$\frac{0.6}{13}ql^2 = 0.6qlh$$ 移项化简得： $$\frac{l}{h} = 13.0 \qquad (2\text{-}400)$$ 当 $\frac{l}{h}=13.0$ 时，梁的抗弯与抗剪是等强的；当 $\frac{l}{h}<13.0$ 时，抗剪控制；当 $\frac{l}{h}>13.0$ 时，抗弯控制。
梁按弯矩与挠度的临界长度	已知挠度： $$w = \frac{0.677ql^4}{100EI} \leqslant [w]$$ $$\frac{0.677ql^4 \times 12}{100 \times 9.5 \times 10^3 \times bh^2} = \frac{1}{400}$$ 移项化简得： $$bh^3 = 0.00342ql^3 \qquad (2\text{-}401)$$ 将式（2-398）两边乘以 h，使其与式（2-401）相等。 则： $$\frac{0.6}{13}ql^2 h = 0.00342ql^3$$ 移项化简得： $$\frac{l}{h} = 13.5 \qquad (2\text{-}402)$$ 当 $\frac{l}{h}<13.5$ 时，抗弯控制；当 $\frac{l}{h}>13.5$ 时，挠度控制。 式中　E——弹性模量，取 $9.5 \times 10^3\text{N/mm}^2$ 　　　$[w]$——受弯构件的容许挠度，取 $l/400$ 　　　w——木梁的挠度（mm） 　　　I——木梁的截面惯性矩（mm⁴） 　　　l——梁的跨度（mm） 　　　h——梁截面高度（mm）

计算项目	计算公式
梁按剪力与挠度的临界长度	将式（2-399）两边乘以 h^2，使其与式（2-401）相等，则： $$0.6qlh^2 = 0.0342ql^3$$ 移项化简得： $$\frac{l}{h} = 13.3 \qquad (2\text{-}403)$$ 当 $\frac{l}{h} < 13.3$ 时，抗剪控制；当 $\frac{l}{h} > 13.3$ 时，挠度控制。 式中 l——梁的跨度（mm） $\quad\quad h$——梁截面高度（mm） $\quad\quad q$——梁上均布荷载（N/mm） 当 f_m、f_v、E 一定时，根据不同的 $[w]$ 值，可以算出不同的 l/h，列于下表中，以供应用：

容许挠度 $[w]$	临界长度比（l/h）		
	弯矩对剪力	弯矩对挠度	剪刀对挠度
$l/250$	13.0	21.6	16.7
$l/400$	13.0	15.5	13.3
$l/500$	13.0	10.8	11.8

注: 1. 表中木材取 $f_m = 13\text{N/mm}^2$；$f_v = 1.5\text{N/mm}^2$；$E = 9.5 \times 10^4\text{N/mm}^2$。
2. 荷载图示：均布荷载的三跨连续梁

2.6.3 模板承受侧压力计算

模板承受侧压力计算见表 2-29。

模板承受侧压力计算　　　　　　　　　　　　　　　表 2-29

计算项目	计算公式
最大侧压力计算	混凝土作用于模板的侧压力，一般随混凝土的浇筑高度而增加，当浇筑高度达到某一临界值时，侧压力就不再增加，此时的侧压力即为新浇筑混凝土的最大侧压力。侧压力达到最大值的浇筑高度称为混凝土的有效压头。 采用内部振捣器时，新浇筑的混凝土作用于模板的最大侧压力，可按下列二式计算，并取二式中的较小值： $$F = 0.22\gamma_c t_0 \beta_1 \beta_2 v^{\frac{1}{2}} \qquad (2\text{-}404)$$ $$F = \gamma_c H \qquad (2\text{-}405)$$ 式中 β_1——外加剂影响修正系数，不掺外加剂时取 1.0；掺具有缓凝作用的外加剂时取 1.2 $\quad\quad \beta_2$——混凝土坍落度影响修正系数，当坍落度小于 30mm 时，取 0.85；50～90mm 时，取 1.0；110～150mm 时，取 1.15 $\quad\quad F$——新浇筑混凝土对模板的最大侧压力（kN/m²） $\quad\quad \gamma_c$——混凝土的重力密度（kN/m³） $\quad\quad t_0$——新浇混凝土的初凝时间（h），可按实测确定。当缺乏试验资料时，可采用 $t_0 = 200/(T+15)$ 计算 $\quad\quad T$——混凝土的温度（℃） $\quad\quad v$——混凝土的浇筑速度（m/h） $\quad\quad H$——混凝土侧压力计算位置处至新浇筑混凝土顶面的总高度（m）
有效压头高度计算	混凝土侧压力的计算分布图形如下图所示，有效压头高度按下式计算： $$h = \frac{F}{\gamma_c} \qquad (2\text{-}406)$$ 式中 h——有效压头高度（m）

计算项目	计算公式
有效压头 高度计算	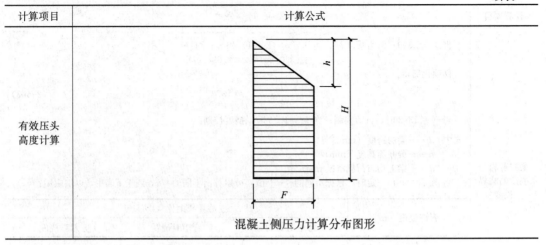 <div align="center">混凝土侧压力计算分布图形</div>

2.6.4　现浇混凝土模板简易计算

现浇混凝土模板简易计算见表 2-30。

现浇混凝土模板简易计算　　　　　　　　表 2-30

计算项目	计算公式
梁模板计算	（1）木模底板 梁木模板的底板（如下图所示）多支承在顶撑或楞木上（顶撑或楞木的间距为 1.0m 左右），一般按连续梁计算，底模上所受荷载按均布荷载考虑，底板按强度和刚度计算需要的厚度，可按下式计算： 1) 按强度要求： $$M = \frac{1}{10} q_1 l^2 = [f_m] \frac{1}{6} b_1 h^2$$ $$h = \frac{l}{4.65} \sqrt{\frac{q_1}{b_1}} \qquad (2\text{-}407)$$ 式中　M——计算最大弯矩 　　　$[f_m]$——木材抗弯强度设计值；采用松木模板取 13N/mm² 　　　q_1——作用在梁底模板上的均布荷载（N/cm） 　　　l——计算跨度，对底板为顶撑间距 　　　h——底板厚度（mm） 　　　b_1——梁底板宽度（mm） 2) 按刚度要求： $$w = \frac{q_1 l^4}{150EI} = \frac{l}{250}$$ $$h = \frac{l}{7.8} \sqrt[3]{\frac{q_1}{b_1}} \qquad (2\text{-}408)$$ 式中　w——容许挠度值，梁模板不得超过 $l/250$ 　　　E——木材弹性模量，取 $(9\sim10)\times10^3 N/mm^2$ 　　　I——底板截面惯性矩 h 取二式中的较大值。 （2）木模侧板 梁侧模板受到浇筑混凝土时侧压力的作用，侧压力计算见 2.6.3 中"最大侧压力"。 梁侧模支承在竖向立档上，其支承条件由立档的间距所决定，一般按三～四跨连续梁计算，求出最大弯矩和挠度，然后用底板同样方法，按强度和刚度要求确定其侧板厚度。

计算项目	计算公式
梁模板计算	（3）木模顶撑 木顶撑（立柱）主要承受梁底板或楞木传来竖向荷载的作用，一般按两端铰接的轴心受压杆件进行设计或验算。当顶撑中部无拉条，其计算长度 $l_0=l$；当顶撑中间两个方向设水平拉条时，计算长度 $l_0=l/2$。 木顶撑间距一般取 1.0m 左右，顶撑头截面为 50mm×100mm，顶撑立柱截面为 100mm×100mm，顶撑承受两根顶撑之间的梁荷载，按下式进行强度和稳定性验算： 1）按强度要求： $$\frac{N}{A_0}\leqslant f_c \qquad (2\text{-}409)$$ 2）按稳定性要求： $$\frac{N}{\varphi A_0}\leqslant f_c \qquad (2\text{-}410)$$ 式中 N——轴向压力，即两根顶撑之间承受的荷载 　　　f_c——木材顺纹抗压强度设计值（N/mm²） 　　　A_0——木顶撑截面的计算面积，当木材无缺口时， 　　　　　　$A_0=A$ 根据经验，顶撑截面尺寸的选定一般以稳定性来控制。 （4）组合钢模底模 梁模采用组合钢模板时，多用钢管脚手支模，由梁模、小楞、大楞和立柱组成（见下图），梁底模按简支梁计算，按强度和刚度的要求，允许的跨度按下式计算： 1）按强度要求： $$M=\frac{1}{8}q_1 l^2[f] \qquad (2\text{-}411)$$ $$l=41.5\sqrt{\frac{W}{q_1}} \qquad (2\text{-}412)$$ 2）按刚度要求： $$w=\frac{5q_1 l^4}{384E_1 I}=\frac{l}{250} \qquad (2\text{-}413)$$ $$l=43\sqrt[3]{\frac{I}{q_1}} \qquad (2\text{-}414)$$ 式中 M——计算最大弯矩（N·mm） 　　　q_1——作用在梁底模上的均布荷载（N/mm） 　　　l——计算跨距，对底板为顶撑立柱纵向间距（mm） 　　　$[f]$——钢材的抗拉、抗压、抗弯设计强度，Q235 钢取 215N/mm² 　　　W——钢管截面抵抗矩，$W=\frac{\pi}{32}\left(\frac{d^4-d_1^4}{d}\right)$，$\phi48\times3.5$mm 钢管，$W=1840$mm³ 　　　d——钢管外径（mm） 　　　d_1——钢管内径（mm） 　　　w——容许挠度值，梁模板挠度不允许超过 $l/250$ 　　　E——钢材弹性模量，取 2.6×10^5（N/mm²） 　　　I——钢管截面惯性矩，$I=\frac{\pi}{64}(d^4-d_1^4)$，$\phi48\times3.5$ 钢管，$I=44176$mm⁴ （5）组合钢模钢管小楞 小楞间距一般取 30cm、40cm、50cm、60cm，小楞按简支梁计算。在计算刚度时，梁作用在小楞上的荷载，可简化为一个集中荷载，按强度和刚度要求，容许的跨度按下式计算： 1）按强度要求： $$M=\frac{1}{8}Pl\left(2-\frac{b}{l}\right) \qquad (2\text{-}415)$$ $$l=860\frac{W}{P}+\frac{b}{2} \qquad (2\text{-}416)$$

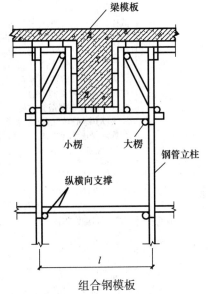

梁模板

小楞　　大楞

钢管立柱

纵横向支撑

l

组合钢模板

计算项目	计算公式
梁模板计算	2）按刚度要求： $$w = \frac{Pl_2}{48EI} = \frac{l}{250} \quad (2\text{-}417)$$ $$l = 223.4 \sqrt{\frac{I}{P}} \quad (2\text{-}418)$$ 式中　M——计算最大弯矩（N·mm） 　　　P——作用在小楞上的集中荷载（N） 　　　l——计算跨距，对小楞为顶撑立柱横向间距（mm） 　　　b——梁宽度（mm） 　　　w——容许挠度值，小楞挠度不得超过 $l/250$ 其他符号意义同（4）。 （6）组合钢模钢管大楞 大楞用 $\phi48\times3.5\text{mm}$ 钢管，按连续梁计算，承受小楞传来的集中荷载，为简化计算，转换为均布荷载，精度满足要求，大楞按强度和刚度要求，容许的跨度按下式计算： 1）按强度要求： $$M = \frac{1}{10} q_2 l^2 = [f]W \quad (2\text{-}419)$$ $$l = 1989 \sqrt{\frac{1}{q_2}} \quad (2\text{-}420)$$ 2）按刚度要求： $$w = \frac{q_2 l^4}{150EI} = \frac{l}{250} \quad (2\text{-}421)$$ $$l = 1902 \sqrt[3]{\frac{1}{q_2}} \quad (2\text{-}422)$$ 式中　M——计算最大弯矩（N·mm） 　　　q_2——小楞作用在大楞上的均布荷载（N/mm） 　　　l——大楞计算跨距（mm） 其他符号意义同（4）。 （7）钢管立柱 立柱多用 $\phi48\times3.5\text{mm}$ 钢管，其连接有对接和搭接两种，前者的偏心假定为 $1D$，即为 48mm；后者的偏心假定为 $2D$，即为 96mm，立柱一般由稳定性控制，按下式计算： $$N = \varphi_1 A_1 [f] \quad (2\text{-}423)$$ $$N = 105135\varphi_1 \quad (2\text{-}424)$$ 式中　N——钢管立柱容许荷载（N） 　　　φ_1——钢构件轴心受压稳定系数 　　　A_1——钢管净截面积（mm²），$\phi48\times3.5\text{mm}$ 钢管 $A_1 = 489\text{mm}^2$ 　　　D——钢管直径（mm） 其他符号意义同（4）
柱模板计算	（1）构造与荷载 柱模板的一般构造如下图所示，柱模板主要承受混凝土的侧压力和倾倒混凝土的振动荷载，荷载计算与梁的侧模板相同。浇筑混凝土时倾倒混凝土的振动荷载按 2kPa 采用。 （2）柱箍及拉紧螺栓 柱箍为模板的支撑和支承，其间距 s 由柱的侧模板刚度来控制。按两跨连续梁计算，其挠度按下式计算，并应满足以下条件： $$w = \frac{K_f^4}{100E_t I} \leqslant [w] = \frac{s}{400} \quad (2\text{-}425)$$ 整理得： $$s = \sqrt[3]{\frac{E_t I}{4K_f q}} \quad (2\text{-}426)$$ 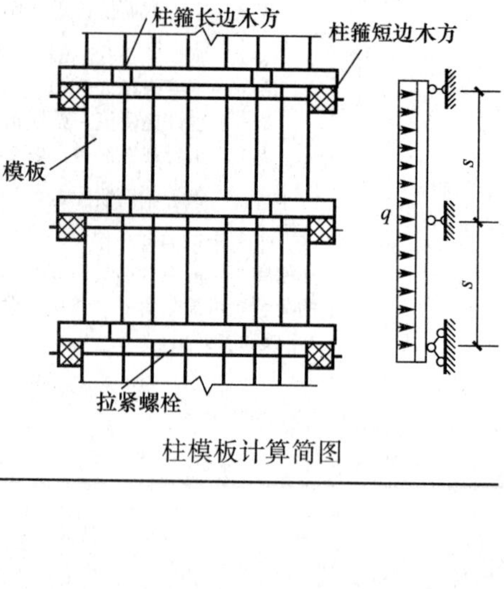 柱模板计算简图

144

计算项目	计算公式
柱模板计算	式中　s——柱箍的间距 　　　　w——柱箍的挠度 　　　　$[w]$——柱模的允许挠度值 　　　　E_t——木材的弹性模量，$E_t=(9\sim12)\times10^3\,\text{N/mm}^2$ 　　　　I——柱模板截面的惯性 　　　　K_f——系数，两跨连续梁，$K_f=0.521$ 　　　　q——侧压力线荷载，如模板每块拼板宽为100mm，则 $q=0.1F$ 　　柱箍的截面选择如下图所示，对于长边，假定设置钢拉杆，则按悬臂简支梁计算；不设钢拉杆，则按简支梁计算。其最大弯矩按下式计算： 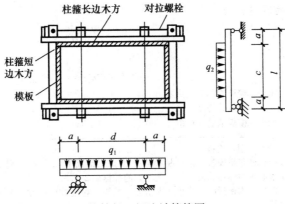 柱箍长、短边计算简图 $$M_{\max}=(1-4\lambda^2)\frac{q_1d^2}{8}　　　　(2\text{-}427)$$ 式中　$M_{\max}$——柱箍长、短边最大弯矩 　　　　d——长边跨中长度 　　　　q_1——作用于长边上的线荷载 　　柱箍长边需要的截面抵抗矩： $$W_1=\frac{M_{\max}}{f_m}　　　　(2\text{-}428)$$ 式中　W_1——柱箍长、短边截面抵抗矩 　　　　f_m——木材抗弯强度设计值，可提高15%，采用松木取 $13\times1.15\,\text{N/mm}^2=14.95\,\text{N/mm}^2$ 　　对于短边按简支梁计算，其最大弯矩由下式计算： $$M_{\max}=(2-\eta)\frac{q_2d}{8}　　　　(2\text{-}429)$$ 式中　η——c 与 l 的比值，即 $\eta=\dfrac{c}{l}$ 　　　　q_2——作用于短边上的线荷载 　　　　c——短边线荷载分布长度 　　　　l——短边计算长度 　　柱箍短边需要的截面抵抗矩： $$W_2=\frac{M_{\max}}{f_m}　　　　(2\text{-}430)$$ 式中　W_2——柱箍长、短边截面抵抗矩 　　柱箍的做法有两种：①单根方木用矩形钢箍加楔块夹紧；②两根方木中间用螺栓夹紧。螺栓受到的拉力等于箍柱处的反力。 　　拉紧螺栓的拉力和需要的截面积按下式计算： $$N=\frac{1}{2}q_3l_1　　　　(2\text{-}431)$$ $$A_0=\frac{N}{f}　　　　(2\text{-}432)$$

计算项目	计算公式
柱模板计算	式中　q_3——作用于柱箍上的线荷载 　　　　l_1——柱箍的计算长度 　　　　A_0——螺栓需要的截面面积 　　　　f——钢材抗拉强度设计值，采用 HPB300 级钢筋，$f=215\text{N/mm}^2$ （3）模板截面尺寸 模板按简支梁考虑，模板承受的弯矩 M、需要的截面惯性矩、挠度控制值分别按下式计算： 弯矩： $$M=\frac{1}{8}ql_2 \qquad (2\text{-}433)$$ 截面抵抗矩： $$W=\frac{M}{f_{\mathrm{m}}} \qquad (2\text{-}434)$$ 挠度： $$w_{\mathrm{A}}=\frac{5l_4}{384EI}\leqslant [w]=\frac{l}{400} \qquad (2\text{-}435)$$ 式中　W——模板的截面抵抗矩 　　　w_{A}——模板的挠度 　　　M——模板承受的弯矩
墙模板计算	（1）墙木（钢）模板 墙模板构件包括模板（钢模或木模）、内楞（钢或木）、外楞（钢或木）及对拉螺栓等墙侧模板受到浇筑混凝土时侧压力的作用，侧压力的计算见 2.6.3。 当墙侧采用木模板时，支承在内楞上一般按三跨连续梁计算，按强度和刚度要求，容许的跨度按下式计算： 1）按强度要求： $$M=\frac{1}{10}q_1l^2[f_{\mathrm{m}}]\times\frac{1}{6}bh^2$$ $$l=4.65h\sqrt{\frac{b}{q_1}} \qquad (2\text{-}436)$$ 式中　M——计算最大弯矩（N·mm） 　　　q_1——作用在模板上的侧压力（N/mm） 　　　l——计算跨度（mm） 　　$[f_{\mathrm{m}}]$——木材抗弯强度设计值，采用松木模板取 13N/mm^2 　　　b——侧板宽度（mm） 　　　h——侧板厚度（mm） 2）按刚度要求 $$w=\frac{q_1l_4}{150EI}=\frac{l}{400}$$ $$l=6.67h\sqrt[3]{\frac{b}{q_1}} \qquad (2\text{-}437)$$ 式中　w——容许挠度值，墙模板不得超过 $l/400$ 　　　E——弹性模量，木材取 $(9\sim10)\times10^3\text{N/mm}^2$；钢材取 $2.6\times10^5\text{N/mm}^2$ 　　　l——墙模板截面惯性矩（mm） 当墙侧模采用组合钢模板时，板长为 120cm 或 150cm，墙头用 U 形卡连接，板的跨度不宜大于板长，一般取 $600\sim1050\text{mm}$，可不进行计算。 （2）墙模板内外木（钢）楞 内楞承受模板、墙模板作用的荷载，按多跨连续梁计算，其允许跨度按下式计算： 对木楞： 1）按强度要求： $$M=\frac{1}{10}q_2l^2=[f_{\mathrm{m}}]W$$ $$l=11.4\sqrt{\frac{W}{q^2}} \qquad (2\text{-}438)$$

计算项目	计算公式
墙模板计算	2）按刚度要求： $$w = \frac{q_2 l^4}{150EI} = \frac{l}{400}$$ $$l = 15.3 \sqrt[3]{\frac{I}{q_2}} \qquad (2\text{-}439)$$ 对钢楞： 按强度要求： $$M = \frac{1}{10} q_2 l^2 = [f]W$$ $$l = 46.4 \sqrt{\frac{W}{q_2}} \qquad (2\text{-}440)$$ 按刚度要求： $$w = \frac{q_2 l^4}{150EI} = \frac{l}{400}$$ $$l = 21.3 \sqrt[3]{\frac{I}{q_2}} \qquad (2\text{-}441)$$ 式中 M——内楞计算最大弯矩（N·mm） 　　　q_2——作用在内楞上的荷载（N/mm） 　　　l——内楞计算跨矩（mm） 　　　W——内楞截面抵抗矩（mm³） 　　　w——容许挠度值，对内楞不超过 $l/400$ 　　　I——内楞的截面惯性矩（mm⁴） 　　　$[f]$——钢材的抗拉、抗压、抗弯强度设计值，采用 Q235 钢，取 215N/mm²。其他符号意义同墙模板 外钢楞的作用主要是加强各部分的连接及模板的整体刚度，不是一种受力构件，可不进行计算。 （3）对拉螺栓 对拉螺栓一般设在外钢楞相交处，直接承受内、外楞传来的集中荷载，其允许拉力按下式计算： $$N = A_1[f] \qquad (2\text{-}442)$$ 或 $$N = 215A_1 \qquad (2\text{-}443)$$ 式中 N——对拉螺栓允许拉力（N） 　　　A_1——对拉螺栓净截面积（mm²） 　　　$[f]$——钢材抗拉强度设计值，取 215N/mm²

2.7 预应力工程计算公式

2.7.1 预应力筋下料长度计算

预应力筋下料长度计算见表 2-31。

<table>
<tr><td colspan="2" style="text-align:center">预应力筋下料长度计算</td><td style="text-align:right">表 2-31</td></tr>
<tr><td>计算项目</td><td colspan="2" style="text-align:center">计算公式</td></tr>
<tr><td>先张法预应力钢筋下料长度</td><td>长线台座整根粗钢筋下料长度计算
钢筋的计算长度：

$$L_0 = l + l_3 + l_4 + l_5 + (3 \sim 5)\text{cm}$$

钢筋下料总长度：

$$L = \frac{L_0}{1 + r - \delta}$$</td><td style="text-align:right">(2-444)

(2-445)</td></tr>
</table>

计算项目	计算公式
先张法预应力钢筋下料长度	长线台座分段粗钢筋下料长度计算： $$L_0 = l + 2b + 2h - 2l_7 - (m-1)l_9 + (3 \sim 5)\text{cm} \qquad (2\text{-}446)$$ $$L = \frac{L_0}{1+r-\delta} + n_1 l_1 - 2m l_2 \qquad (2\text{-}447)$$ 模外张拉钢丝下料长度计算： $$L_0 = l + 2a + 2l_6 \qquad (2\text{-}448)$$ $$\Delta l = \frac{\sigma_{\text{con}}}{E_s}(1+2a) \qquad (2\text{-}449)$$ $$L = L_0 - \Delta l + n_2 l_2 \qquad (2\text{-}450)$$ 式中 L_0——钢筋的计算长度 　　L——钢筋下料总长度 　　r——钢筋冷拉拉长率（由试验确定） 　　δ——钢筋冷拉后的弹性回缩值（由试验确定） 　　m——钢筋分段数 　　n_1——对焊接头的数量 　　n_2——镦粗头的数量 　　l——长线台座（包括横梁、定位板在内）或构件孔道的长度 　　l_1——每个对焊接头的预留量（一般为钢筋直径） 　　l_2——每个镦粗头的压缩长度 　　l_3——镦头（包括锚板）或帮条锚具长度 　　l_4——锥形夹具的长度（一般为 5.5cm） 　　l_5——穿心式千斤顶长度（千斤顶脚至顶上夹具末端之间的间距） 　　l_6——钢丝伸出钢模端板至锚固板之间的距离 　　l_7——螺丝端杆长度（一般为 32cm） 　　l_9——钢筋连接器中间部分的长度 　　a——模板厚度
后张法预应力钢筋下料长度	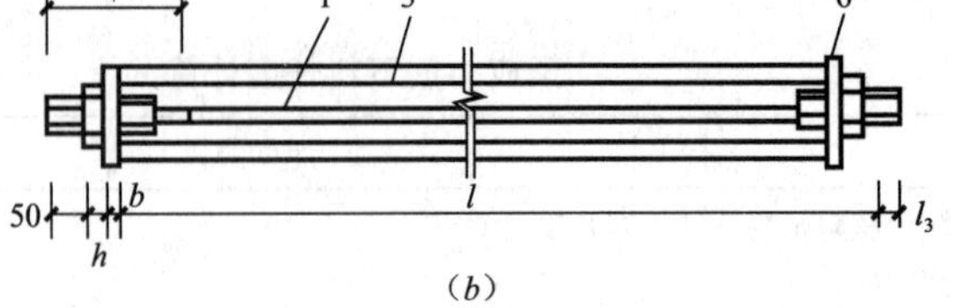 预应力粗钢筋下料长度计算： (1) 当两端用螺丝端杆锚具时（见下图 a） $$L_0 = l + 2b + 2h - 2l_7 + (3 \sim 5)\text{cm} \qquad (2\text{-}451)$$ $$L = \frac{L_0}{1+r-\delta} + n_1 l_1 \qquad (2\text{-}452)$$ (2) 当一端用螺丝端杆锚具，另一端用帮条锚具（或镦粗头）时（见下图 b） $$L_0 = l + b + h + l_3 - l_7 + 5\text{cm} \qquad (2\text{-}453)$$ $$L = \frac{L_0}{1+r-\delta} + n_1 l_1 + n_2 l_2 \qquad (2\text{-}454)$$ 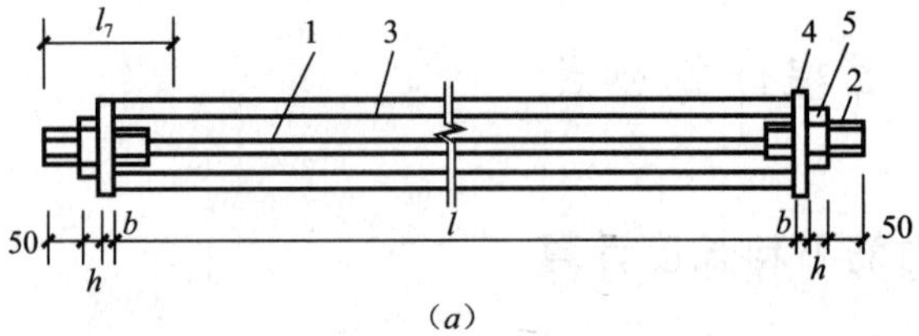 预应力粗筋下料长度计算简图 (a) 两端用螺丝端杆锚具时；(b) 一端用螺丝端杆锚具，另一端用帮条锚具（或镦粗头）时 1—预应力筋；2—螺丝端杆；3—混凝土孔道；4—垫板；5—螺母；6—帮条锚具

计算项目	计算公式

后张法预应力钢筋下料长度	注：用帮条锚具时为一块垫板。
	预应力钢筋束或钢绞线束下料长度计算：
	（1）当两端张拉时（见下图 a）
	
	$$L = l + 2l_5 \qquad (2\text{-}455)$$
	
	（2）当一端张拉时（见下图 b）
	
	$$L = l + l_5 + l_3 + 3\text{cm} \qquad (2\text{-}456)$$
	
	预应力钢丝束下料长度计算（见下图 c）：
	
	预应力钢筋束或钢绞线束和钢丝束下料长度计算简图
	（a）预应力钢筋束或钢绞线束两端张拉时；（b）预应力钢筋束或钢绞线束一端张拉时；
	（c）预应力钢丝束下料长度
	1—混凝土构件；2—孔道；3—钢筋束；4—JM12型锚具；5—帮条锚具；6—双作用千斤顶；
	7—千斤顶卡环；8—锥形锚具；9—钢丝束；10—垫板
	
	（1）当两端张拉时：
	
	$$L = l + 2l_5 + 2l_8 + 2b + 2c \qquad (2\text{-}457)$$
	
	（2）当一端张拉时：
	
	$$L = l + l_5 + 2l_8 + 2b + c + 5\text{cm} \qquad (2\text{-}458)$$
	
	式中 l_8——锚具长度（锥形锚具为4cm）
	      b——构件端部垫板厚度
	      c——钢丝外露出卡环端部长度
	      h——螺母高度
	5cm为一端杆外伸长度（供长度调整和接拉伸机用）

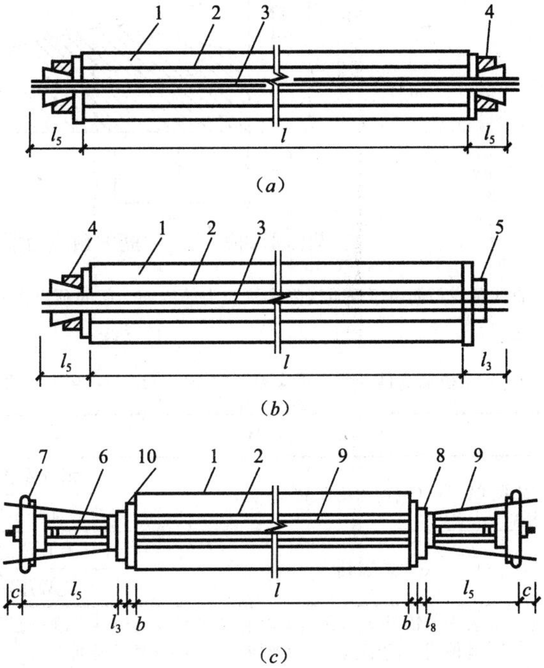

2.7.2 预应力损失值计算

预应力损失值计算见表 2-32。

计算项目	计算公式
锚固损失	张拉端锚固时，由于锚具变形和预应力筋内缩引起的预应力损失称为锚固损失。圆弧形曲线预应力钢筋的预应力损失如下图所示： 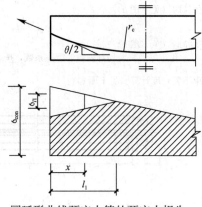 圆弧形曲线预应力筋的预应力损失 σ_{l1} （1）直线预应力筋由于锚具变形和预应力筋内缩引起的预应力损失值 σ_{l1} 应按下列公式计算： $$\sigma_{l1} = \frac{a}{l}E_s \qquad (2\text{-}459)$$ 式中　a——张拉端锚具变形和预应力筋内缩值（mm），可按下表采用

锚具类别		a
支承式锚具（钢丝束镦头锚具等）	螺帽缝隙	1
	每块后加垫板的缝隙	1
夹片式锚具	有顶压时	5
	无顶压时	6～8

注：1. 表中的锚具变形和预应力筋内缩值也可根据实测数据确定。
　　2. 其他类型的锚具变形和预应力筋内缩值应根据实测数据确定。

　　l——张拉端至锚固端之间的距离（mm）
　　E_s——预应力钢筋弹性模量（$\times 10^5 \text{N/mm}^2$），按下表采用

牌号或种类	弹性模量 E_s
HPB300 钢筋	2.10
HRB335、HRB400、HRB500 钢筋 HRBF335、HRBF400、HRBF500 钢筋 RRB400 钢筋 预应力螺纹钢筋	2.00
消除应力钢丝、中强度预应力钢丝	2.05
钢绞线	1.95

　　注：必要时可采用实测的弹性模量。

　　块体拼成的结构，其预应力损失尚应计及块体间填缝的预压变形。当采用混凝土或砂浆为填缝材料时，每条填缝的预压变形值可取为 1mm。

　　（2）后张法构件曲线预应力筋的锚具损失，当其对应的圆心角 $\theta \leqslant 45°$ 时（对无粘结预应力筋 $\theta \leqslant 90°$），可按下式计算：

$$\sigma_{l1} = 2\sigma_{con}l_f\left(\frac{\mu}{r_c} + \kappa\right)\left(1 - \frac{x}{l_f}\right) \qquad (2\text{-}460)$$

　　反向摩擦影响长度 l_f(m) 可按下列公式计算：

计算项目	计算公式

$$l_\mathrm{f} = \sqrt{\dfrac{aE_\mathrm{s}}{1000\sigma_\mathrm{con}(\mu/r_\mathrm{c} + \kappa)}} \qquad (2\text{-}461)$$

式中　σ_con——预应力筋的张拉控制应力

　　　r_c——圆弧形曲线预应力筋的曲率半径（m）

　　　μ——预应力筋与孔道壁之间的摩擦系数，按下表采用

　　　κ——考虑孔道每米长度局部偏差的摩擦系数，按下表采用

孔道成型方式	κ	μ	
		钢绞线、钢丝束	预应力螺纹钢筋
预埋金属波纹管	0.0015	0.25	0.50
预埋塑料波纹管	0.0015	0.15	—
预埋钢管	0.0010	0.30	—
抽芯成型	0.0014	0.55	0.60
无粘结预应力筋	0.0040	0.09	—

注：摩擦系数也可根据实测数据确定。

　　　x——张拉端至计算截面的距离（m）

　　　a——张拉端锚具变形和预应力筋内缩值（mm）

　　　E_s——预应力弹性模量

（3）端部为直线（直线长度为 l_0），而后由两条圆弧形曲线（圆弧对应的圆心角 $\theta \leqslant 45°$，对无粘结预应力筋取 $\theta \leqslant 90°$）组成的预应力筋（见下图），预应力损失值 σ_{l1} 可按下列公式计算：

锚固损失

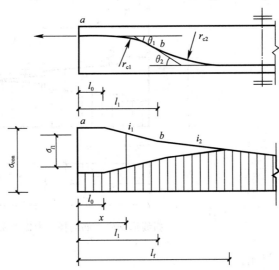

两条圆弧形曲线组成的预应力筋的预应力损失 σ_{l1}

当 $x \leqslant l_0$ 时：

$$\sigma_{l1} = 2i_1(l_1 - l_0) + 2i_2(l_\mathrm{f} - l_1) \qquad (2\text{-}462)$$

当 $l_0 < x \leqslant l_1$ 时：

$$\sigma_{l1} = 2i_1(l_1 - x) + 2i_2(l_\mathrm{f} - l_1) \qquad (2\text{-}463)$$

当 $l_1 < x \leqslant l_\mathrm{f}$ 时：

$$\sigma_{l1} = 2i_2(l_\mathrm{f} - x) \qquad (2\text{-}464)$$

反向摩擦影响长度 l_f（m）可按下列公式计算：

计算项目	计算公式
锚固损失	$$l_{\mathrm{f}} = \sqrt{\frac{aE_{\mathrm{s}}}{1000i_2} - \frac{i_1(l_1^2 - l_0^2)}{i_2} + l_1^2} \qquad (2\text{-}465)$$ $$i_1 = \sigma_{\mathrm{a}}(\kappa + \mu/r_{\mathrm{c1}}) \qquad (2\text{-}466)$$ $$i_2 = \sigma_{\mathrm{b}}(\kappa + \mu/r_{\mathrm{c2}}) \qquad (2\text{-}467)$$ 式中 l_1——预应力筋张拉端起点至反弯点的水平投影长度 l_{f}——反向摩擦影响长度 l_0——直线长度 i_1、i_2——第一、二段圆弧曲线预应力筋中应力近似直线变化的斜率 x——张拉端至计算截面的距离 a——张拉端锚具变形和预应力筋内缩值（mm） E_{s}——预应力弹性模量 μ——预应力筋与孔道壁之间的摩擦系数 κ——考虑孔道每米长度局部偏差的摩擦系数 r_{c1}、r_{c2}——第一、二段圆弧曲线预应力筋的曲率半径 σ_{a}、σ_{b}——预应力筋在 a、b 点的应力 （4）当折线形预应力筋的锚固损失消失于折点 c 之外时（见下图），预应力损失值 σ_{l1} 可按下列公式计算： 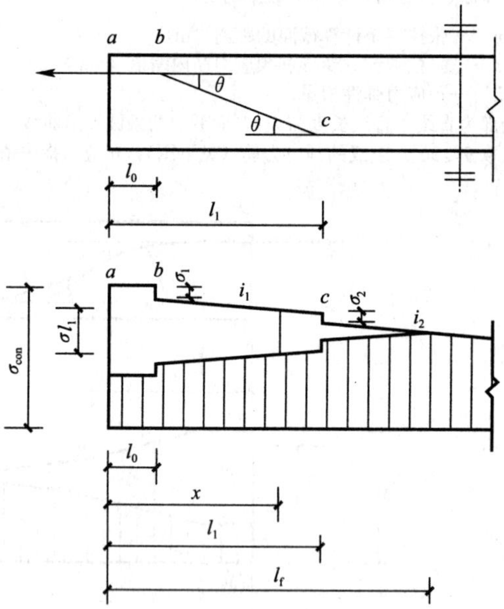 折线形预应力筋的预应力损失 σ_{l1} 当 $x \leqslant l_0$ 时： $$\sigma_{l1} = 2\sigma_1 + 2i_1(l_1 - l_0) + 2\sigma_2 + 2i_2(l_{\mathrm{f}} - l_1) \qquad (2\text{-}468)$$ 当 $l_0 < x \leqslant l_1$ 时： $$\sigma_{l1} = 2i_1(l_1 - x) + 2\sigma_2 + 2i_2(l_{\mathrm{f}} - l_1) \qquad (2\text{-}469)$$ 当 $l_1 < x \leqslant l_{\mathrm{f}}$ 时： $$\sigma_{l1} = 2i_2(l_{\mathrm{f}} - x) \qquad (2\text{-}470)$$ 反向摩擦影响长度 l_{f}（m）可按下列公式计算： $$l_{\mathrm{f}} = \sqrt{\frac{aE_{\mathrm{s}}}{1000i_2} - \frac{i_1(l_1 - l_0)^2 + 2i_1l_0(l_1 - l_0) + 2\sigma_1l_0 + 2\sigma_2l_1}{i_2} + l_1^2} \qquad (2\text{-}471)$$

计算项目	计算公式
锚固损失	$$i_1 = \sigma_{con}(1-\mu\theta)\kappa \qquad (2\text{-}472)$$ $$i_2 = \sigma_{con}[1-\kappa(l_1-l_0)](1-\mu\theta)^2\kappa \qquad (2\text{-}473)$$ $$\sigma_1 = \sigma_{con}\mu\theta \qquad (2\text{-}474)$$ $$\sigma_2 = \sigma_{con}[1-\kappa(l_1-l_0)](1-\mu\theta)\mu\theta \qquad (2\text{-}475)$$ 式中　l_1——张拉端起点至预应力筋折点 c 的水平投影长度 　　　l_f——反向摩擦影响长度 　　　l_0——直线长度 　　　i_1——预应力筋 bc 段中应力近似直线变化的斜率 　　　i_2——预应力筋在折点 c 以外应力近似直线变化的斜率 　　　x——张拉端至计算截面的距离 　　　a——张拉端锚具变形和预应力筋内缩值（mm） 　　　E_s——预应力弹性模量 　　　μ——预应力筋与孔道壁之间的摩擦系数 　　　κ——考虑孔道每米长度局部偏差的摩擦系数 　　　θ——从张拉端至计算截面曲线孔道各部分切线的夹角之和 　　　σ_{con}——预应力筋的张拉控制应力
孔道摩擦损失	预应力钢筋与孔道壁之间的摩擦引起的预应力损失（简称孔道摩擦损失，见下图），可按下式计算：$$\sigma_{l2} = \sigma_{con}\left(1-\frac{1}{e^{\kappa x+\mu\theta}}\right) \qquad (2\text{-}476)$$ 　　当（$\kappa x + \theta$）不大于 0.3 时，σ_{l2} 可按以下近似公式计算：$$\sigma_{l2} = (\kappa x + \mu\theta)\sigma_{con} \qquad (2\text{-}477)$$ 　　注：当采用夹片式群锚体系时，在 σ_{con} 中宜扣除锚口摩擦损失。 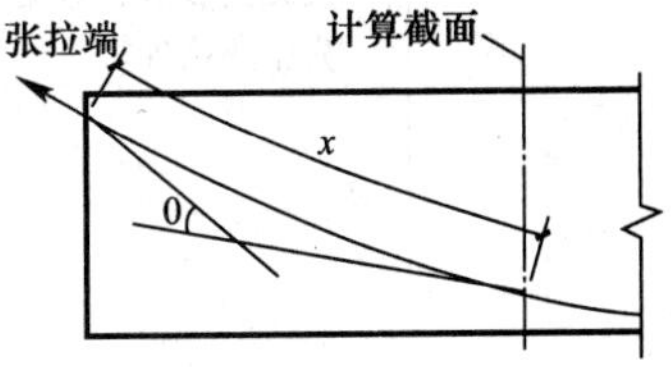 式中　σ_{l2}——预应力钢筋与孔道壁之间的摩擦引起的预应力损失（见上图） 　　　σ_{con}——预应力筋的张拉控制应力值（N/mm^2） 　　　κ——考虑孔道每米长度局部偏差的摩擦因数 　　　x——从张拉端至计算截面的孔道长度，可近似取该段孔道在纵轴上的投影长度（m） 　　　μ——预应力筋与孔道壁之间的摩擦因数 　　　θ——从张拉端至计算截面曲线孔道部分切线的夹角（rad） 　　在公式（2-476）中，对按抛物线、圆弧曲线变化的空间曲线及可分段后叠加的广义空间曲线，夹角之和 θ 可按下列近似公式计算： 　　抛物线、圆弧曲线：$$\theta = \sqrt{\alpha_v^2 + \alpha_h^2} \qquad (2\text{-}478)$$ 　　广义空间曲线：$$\theta = \sum \sqrt{\Delta\alpha_v^2 + \Delta\alpha_h^2} \qquad (2\text{-}479)$$ 式中　α_v、α_h——按抛物线、圆弧曲线变化的空间曲线预应力筋在竖直向、水平向投影所形成抛物线、圆弧曲线的弯转角 　　　$\Delta\alpha_v$、$\Delta\alpha_h$——广义空间曲线预应力筋在竖直向、水平向投影所形成分段曲线的弯转角增量
温差损失	混凝土加热养护时，张拉钢筋与张拉台座之间的温度差所引起的预应力损失（简称温差损失），按下式计算：$$\sigma_{l3} = 2\Delta t \qquad (2\text{-}480)$$ 式中　σ_{l3}——预应力钢筋与张拉台座之间的温差所引起的预应力损失（N/mm^2） 　　　2——每度温差所引起的预应力损失 　　　Δt——预应力筋与台座之间的温度差（℃）

孔道摩擦损失计算简图

计算项目	计算公式
应力松弛损失	预应力钢筋的应力松弛损失，可按下式计算： （1）消除应力钢丝、钢绞线 普通松弛： $$\sigma_{l4} = 0.4\left(\frac{\sigma_{con}}{f_{ptk}} - 0.5\right)\sigma_{con} \qquad (2\text{-}481)$$ 低松弛：当 $\sigma_{con} \leqslant 0.7f_{ptk}$ 时 $$\sigma_{l4} = 0.125\left(\frac{\sigma_{con}}{f_{ptk}} - 0.5\right)\sigma_{con} \qquad (2\text{-}482)$$ 当 $0.7f_{ptk} < \sigma_{con} \leqslant 0.8f_{ptk}$ 时 $$\sigma_{l4} = 0.20\left(\frac{\sigma_{con}}{f_{ptk}} - 0.575\right)\sigma_{con} \qquad (2\text{-}483)$$ （2）中强度预应力钢丝 $\qquad \sigma_{l4} = 0.08\sigma_{con} \qquad (2\text{-}484)$ （3）预应力螺纹钢筋 $\qquad \sigma_{l4} = 0.03\sigma_{con} \qquad (2\text{-}485)$ 式中 σ_{con}——预应力筋的张拉控制应力值（N/mm²） $\quad\sigma_{l4}$——预应力钢筋的应力松弛损失（N/mm²） $\quad f_{ptk}$——预应力筋的强度标准值（N/mm²）
混凝土收缩徐变损失	混凝土收缩、徐变引起受拉区和受压区纵向预应力筋的预应力损失值 σ_{l5}、σ'_{l5} 可按下式计算： 先张法构件： $$\sigma_{l5} = \frac{60 + 340\dfrac{\sigma_{pc}}{f'_{cu}}}{1 + 15\rho} \qquad (2\text{-}486)$$ $$\sigma'_{l5} = \frac{60 + 340\dfrac{\sigma'_{pc}}{f'_{cu}}}{1 + 15\rho'} \qquad (2\text{-}487)$$ 后张法构件： $$\sigma_{l5} = \frac{55 + 300\dfrac{\sigma_{pc}}{f'_{cu}}}{1 + 15\rho} \qquad (2\text{-}488)$$ $$\sigma'_{l5} = \frac{55 + 300\dfrac{\sigma'_{pc}}{f'_{cu}}}{1 + 15\rho'} \qquad (2\text{-}489)$$ 式中 σ_{pc}、σ'_{pc}——受拉区、受压区预应力筋合力点处的混凝土法向应力 $\quad f'_{cu}$——施加预应力时的混凝土立方体抗压强度 $\quad\rho$、ρ'——受拉、受压区预应力筋和普通钢筋的配筋率：对先张法构件，$\rho = (A_p + A_s)/A_0$，$\rho' = (A'_p + A'_s)/A_0$；对后张法构件，$\rho = (A_p + A_s)/A_n$，$\rho' = (A'_p + A'_s)/A_n$；对于对称配置预应力筋和普通钢筋的构件，配筋率 ρ、ρ' 应按钢筋总截面面积的一半计算 　　计算 σ_{pc}、σ'_{pc} 时，预应力损失值仅考虑混凝土预压前（第一批）的损失，其普通钢筋中的应力 σ_{l5}、σ'_{l5} 值应取为零；σ_{pc}、σ'_{pc} 值不得大于 $0.5f'_{cu}$；当 σ'_{pc} 为拉应力时，公式（2-488）、公式（2-489）中的 σ'_{pc} 应取为零。计算混凝土法向应力 σ_{pc}、σ'_{pc} 时，可根据构件制作情况考虑自重的影响。 　　当结构处于年平均相对湿度低于 40% 的环境下，σ_{l5} 和 σ'_{l5} 值应增加 30%。 　　对重要的结构构件，当需要考虑与时间相关的混凝土收缩、徐变及预应力筋应力松弛预应力损失值时，应按下列规定计算： 　　（1）混凝土收缩和徐变引起预应力筋的预应力损失终极值可按下列规定计算： 　　1）受拉区纵向预应力筋的预应力损失终极值 σ_{l5} $$\sigma_{l5} = \frac{0.9\alpha_p\sigma_{pc}\varphi_\infty + E_s\varepsilon_\infty}{1 + 15\rho} \qquad (2\text{-}490)$$ 式中 σ_{pc}——受拉区预应力筋合力点处由预加力（扣除相应阶段预应力损失）和梁自重产生的混凝土法向压应力，其值不得大于 $0.5f'_{cu}$；简支梁可取跨中截面与 1/4 跨度处截面的平均值；连续梁和框架可取若干有代表性截面的平均值 $\quad\varphi_\infty$——混凝土徐变系数终极值

计算项目	计算公式

ε_∞——混凝土收缩应变终极值

E_s——预应力筋弹性模量

α_p——预应力筋弹性模量与混凝土弹性模量的比值

ρ——受拉区预应力筋和普通钢筋的配筋率：先张法构件，$\rho=(A_p+A_s)/A_0$；后张法构件，$\rho=(A_p+A_s)/A_n$；对于对称配置预应力筋和普通钢筋的构件，配筋率 ρ 取钢筋总截面面积的一半

当无可靠资料时，φ_∞、ε_∞ 值可按表1及表2采用。如结构处于年平均相对湿度低于 40% 的环境下，表列数值应增加 30%。

混凝土徐变系数终极值 φ_∞　　　　表1

年平均相对湿度 RH		40%≤RH<70%				70%≤RH≤99%			
理论厚度 $2A/u$/mm		100	200	300	≥600	100	200	300	≥600
预加应力时的混凝土龄期 t_0/d	3	3.51	3.14	2.94	2.63	2.78	2.55	2.43	2.23
	7	3.00	2.68	2.51	2.25	2.37	2.18	2.08	1.91
	10	2.80	2.51	2.35	2.10	2.22	2.04	1.94	1.78
	14	2.63	2.35	2.21	1.97	2.08	1.91	1.82	1.67
	28	2.31	2.06	1.93	1.73	1.82	1.68	1.60	1.47
	60	1.99	1.78	1.67	1.49	1.58	1.45	1.38	1.27
	≥90	1.85	1.65	1.55	1.38	1.46	1.34	1.28	1.17

注：1. 预加力时的混凝土龄期，先张法构件可取 3～7d，后张法构件可取 7～28d。

2. A 为构件截面面积，u 为该截面与大气接触的周边长度；当构件为变截面时，A 和 u 均可取其平均值。

3. 本表适用于由一般的硅酸盐类水泥或快硬水泥配置而成的混凝土；表中数值系按强度等级 C40 混凝土计算所得，对 C50 及以上混凝土，表列数值应乘以 $\sqrt{\dfrac{32.4}{f_{ck}}}$，式中 f_{ck} 为混凝土轴心抗压强度标准值（MPa）。

4. 本表适用于季节性变化的平均温度 -20～+40℃。

5. 当实际构件的理论厚度和预加力时的混凝土龄期为表列数值的中间值时，可按线性内插法确定。

混凝土收缩应变终极值 ε_∞（×10^{-4}）　　　　表2

年平均相对湿度 RH		40%≤RH<70%				70%≤RH≤99%			
理论厚度 $2A/u$/mm		100	200	300	≥600	100	200	300	≥600
预加应力时的混凝土龄期 t_0/d	3	4.83	4.09	3.57	3.09	3.47	2.95	2.60	2.26
	7	4.35	3.89	3.44	3.01	3.12	2.80	2.49	2.18
	10	4.06	3.77	3.37	2.96	2.91	2.70	2.42	2.14
	14	3.73	3.62	3.27	2.91	2.67	2.59	2.35	2.10
	28	2.90	3.20	3.01	2.77	2.07	2.28	2.15	1.98
	60	1.92	2.54	2.58	2.54	1.37	1.80	1.82	1.80
	≥90	1.45	2.12	2.27	2.38	1.03	1.50	1.60	1.68

2）受压区纵向预应力筋的预应力损失终极值 σ'_{l5}

$$\sigma'_{l5}=\frac{0.9\alpha_p\sigma'_{pc}\varphi_\infty+E_s\varepsilon_\infty}{1+15\rho'} \tag{2-491}$$

式中　σ'_{pc}——受压区预应力筋合力点处由预加力（扣除相应阶段预应力损失）和梁自重产生的混凝土法向压应力，其值不得大于 $0.5f'_{cu}$，当 σ'_{pc} 为拉应力时，取 $\sigma'_{pc}=0$

φ_∞——混凝土徐变系数终极值

ε_∞——混凝土收缩应变终极值

E_s——预应力筋弹性模量

（左栏）混凝土收缩徐变损失

计算项目	计算公式

<table>
<tr><td rowspan="1">计算项目</td><td>计算公式</td></tr>
</table>

计算项目	计算公式
混凝土收缩 徐变损失	α_p——预应力筋弹性模量与混凝土弹性模量的比值 ρ'——受压区预应力筋和普通钢筋的配筋率：先张法构件，$\rho'=(A_p'+A_s')/A_0$；后张法构件，$\rho'=(A_p'+A_s')/A_n$ （2）考虑时间影响的混凝土收缩和徐变引起的预应力损失值，可由（1）计算的预应力损失终极值 σ_{l5}、σ_{l5}' 乘以下表中相应的系数确定。 考虑时间影响的预应力筋应力松弛引起的预应力损失值，可由"应力松弛损失"计算的预应力损失值 σ_{l4} 乘以下表中相应的系数确定。 （详见下表） 注：1. 先张法预应力混凝土构件的松弛损失时间从张拉完成开始计算，收缩徐变损失从放张完成开始计算。 2. 后张法预应力混凝土构件的松弛损失、收缩徐变损失均从张拉完成开始计算

时间/d	松弛损失系数	收缩徐变损失系数
2	0.50	—
10	0.77	0.33
20	0.88	0.37
30	0.95	0.40
40		0.43
60		0.50
90	1.00	0.60
180		0.75
365		0.85
1095		1.00

计算项目	计算公式
弹性压缩损失	先张法构件放张或后张法构件张拉时，由于混凝土受到弹性压缩引起的预应力损失，称为弹性压缩损失。 （1）先张法弹性压缩损失 先张法构件放张时，预应力传递给混凝土使构件缩短，预应力筋随着构件缩短而引起的应力损失可按下式计算： $$\sigma_{l6}=E_s\frac{\sigma_{pc}''}{E_c} \quad (2\text{-}492)$$ 对轴心受预压的构件： $$\sigma_{pc}=\frac{P_{yl}}{A} \quad (2\text{-}493)$$ 对偏心受预压的构件（如梁、板）： $$\sigma_{pc}=\frac{P_{yl}}{A}+\frac{P_{yl}e^2}{I}-\frac{M_Ge}{I} \quad (2\text{-}494)$$ （2）后张法弹性压缩损失 当全部预应力筋同时张拉时，混凝土弹性压缩在锚固前完成，没有弹性压缩损失；当多根预应力筋依次张拉时，先批张拉的预应力筋，受后批预应力筋张拉所产生的混凝土压缩而引起的平均应力损失，可按下式计算： $$\sigma_{l6}=0.5E_s\frac{\sigma_{pc}''}{E_c} \quad (2\text{-}495)$$ 用螺旋式预应力筋作配筋的环形构件，当直径 $d\leqslant3m$ 时，可取 $\sigma_{l6}=30\text{N/mm}^2$。 式中 σ_{l6}——混凝土受到弹性压缩引起的预应力损失（N/mm²） E_s——预应力钢筋弹性模量 E_c——混凝土的弹性模量 σ_{pc}''——由于预应力所引起位于钢筋水平处混凝土的应力 P_{yl}——扣除第一批预应力损失后的张拉力，一般取 $P_{yl}=0.9p_j$ A——混凝土截面面积，可近似地取毛面积 M_G——构件自重引起的弯矩

计算项目	计算公式
弹性压缩损失	e——构件重心至预应力筋合力点的距离 I——毛截面惯性矩

预应力混凝土构件在各阶段的预应力损失值宜按下表的规定进行组合

预应力损失值的组合	先张法构件	后张法构件
混凝土预压前（第一批）的损失	$\sigma_{l1}+\sigma_{l2}+\sigma_{l3}+\sigma_{l4}$	$\sigma_{l1}+\sigma_{l2}$
混凝土预压后（第二批）的损失	σ_{l5}	$\sigma_{l4}+\sigma_{l5}+\sigma_{l6}$

预应力损失组合

注：先张法构件由于预应力筋应力松弛引起的损失值 σ_{l4} 在第一批和第二批损失中所占的比例，如需区分，可根据实际情况确定

当计算求得的预应力总损失值小于下列数值时，应按下列数值取用：

先张法构件：100N/mm²

后张法构件：80N/mm²

2.7.3 预应力筋放张施工计算

预应力筋放张施工计算见表 2-33。

预应力筋放张施工计算   表 2-33

计算项目	计算公式

放张回缩值

预应力筋放张，除混凝土强度符合要求外，同时应检查钢丝与混凝土的粘结效果。可根据钢丝应力传递长度 l_{tr}（即钢丝应力由端部为零逐步增至 σ_{pl} 所需的长度），如下图所示，求出放张时钢丝在混凝土内的回缩值 a。如放张时实测回缩值 a' 小于 a，则认为钢丝与混凝土粘结良好，可以进行放张。

长度范围内预应力值的变化范围回缩值 a 可按下式计算：

$$a = \frac{1}{2}\frac{\sigma_{pl}}{E_s}l_{tr} > a' \qquad (2\text{-}496)$$

先张法构件预应力筋传递

式中　a——钢丝在混凝土内的回缩值（mm）

σ_{pl}——第一批预应力损失完成后，预应力钢丝中的有效预应力（N/mm²）

E_s——钢丝的弹性模量（N/mm²）

l_{tr}——预应力筋传递长度，可按下表取用（mm）

项 次	钢筋种类	混凝土强度等级			
		C20	C30	C40	≥C50
1	刻痕钢丝直径 $d=5$mm，$\sigma_{pl}=1000$N/mm²	150d	100d	65d	50d
2	钢绞线直径 $d=9\sim15$mm	—	85d	70d	70d
3	消除应力钢丝直径 $d=4\sim5$mm	110d	90d	80d	70d

注：1. 确定传递长度 l_{tr} 时，表中混凝土强度等级应按传力锚固阶段混凝土立方体抗压强降压确定。

2. 当刻痕钢丝的有效预应力值 σ_{pl} 大于或小于 1000N/mm² 时，其传递长度应根据本表项次 1 的数值按比例增减。

3. 当采用骤然放张预应力钢筋的施工工艺时，l_{tr} 起点应从离构件末端 $0.25l_{tr}$ 处开始计算。

4. 冷拉 HRB335 级、HRB400 级钢筋的传递长 l_{tr} 可不考虑。

a'——放张时实测回缩值（mm）

计算项目	计算公式
放张楔块竖向力与砂箱筒壁厚度	预应力筋放张数量较多时，应同时缓慢放张，以避免构件应力传递长度骤增，使端部开裂。一般采取在横梁支点处放置楔块或穿心式砂箱来放张。 （1）楔块放张构造如下图所示，在台座与横梁间预先设置楔块，放张时旋转螺母，将螺杆向上移动，而使楔块退出，并同时放张预应力筋。 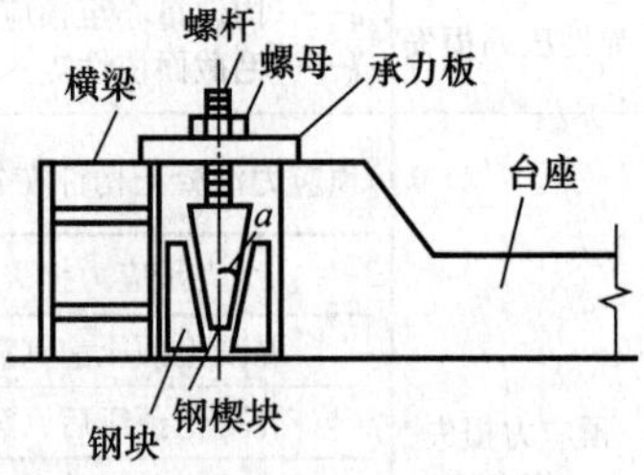 楔块坡角应选择恰当，过大楔块易滑出，过小则又不易拔出，α 角的正切应略小于楔块与钢块之间的摩擦因数 μ，即： $$\tan\alpha \leqslant \mu \qquad (2\text{-}497)$$ 式中　α——楔块坡角（°） 　　　μ——楔块与钢块之间的摩擦因数，取 0.15～0.20 如张拉后横梁对钢块的正压力为 N，放张时拔出楔块所需的竖向力（即螺杆所受之竖向力）为 Q，即： $$Q = N(\mu + \mu\cos 2\alpha - \sin 2\alpha) \qquad (2\text{-}498)$$ 根据 Q，即可选择螺杆及螺母。 楔块放张适于张拉力不大（<300kN）的情况。 式中　μ——楔块与钢块之间的摩擦因数，取 0.15～0.20 　　　Q——放张时拔出楔块所需的竖向力（kN） 　　　N——横梁对钢块的正压力（kN） （2）砂箱放张砂箱按 1600kN 设计，构造如下图所示，内装干石英砂。当张拉钢筋时，箱内砂被压实，承担着横梁的反力，放松钢筋时，将出砂口打开，使砂慢慢流出，因而便可慢慢放张钢筋。 砂箱的承载能力主要取决于筒壁的厚度 t，可按下式计算： $$t \geqslant \frac{pr}{[f]} \qquad (2\text{-}499)$$ $$p = \frac{N_0}{A}\tan^2\left(45° - \frac{\varphi}{2}\right) \qquad (2\text{-}500)$$ 式中　t——砂箱筒壁的厚度（mm） 　　　p——筒壁所受压力（N/mm²） 　　　N_0——砂箱所受正压力（即横梁对砂箱的压力）（kN） 　　　A——砂箱活塞面积（mm²） 　　　φ——砂的内摩擦角（°） 　　　r——砂箱的内半径（mm） 　　　$[f]$——筒壁钢板允许应力（N/mm²） 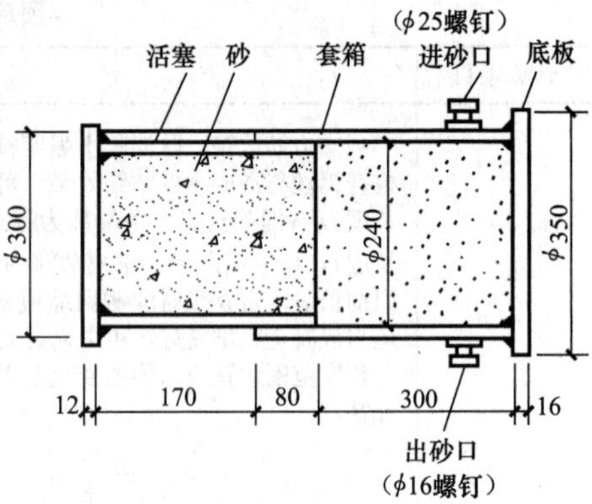

楔块放张预应力筋构造

砂箱构造

2.8　混凝土工程计算公式

2.8.1　受弯构件计算

受弯构件计算见表 2-34。

受弯构件计算　　　　　　　　　　表 2-34

计算项目	计算公式
受弯构件正截面受弯承载力计算	（1）基本假定 正截面承载力应按下列基本假定进行计算：

计算项目	计算公式

受弯构件正截面受弯承载力计算

1) 截面应变保持平面

2) 不考虑混凝土的抗拉强度

3) 混凝土受压的应力与应变关系按下列规定取用：

当 $\varepsilon_c \leqslant \varepsilon_0$ 时：

$$\sigma_c = f_c \left[1 - \left(1 - \frac{\varepsilon_c}{\varepsilon_0} \right)^n \right] \qquad (2\text{-}501)$$

当 $\varepsilon_0 < \varepsilon_c \leqslant \varepsilon_{cu}$ 时：

$$\sigma_c = f_c \qquad (2\text{-}502)$$

$$n = 2 - \frac{1}{60}(f_{cu,k} - 50) \qquad (2\text{-}503)$$

$$\varepsilon_0 = 0.002 + 0.5(f_{cu,k} - 50) \times 10^{-5} \qquad (2\text{-}504)$$

$$\varepsilon_{cu} = 0.0033 - (f_{cu,k} - 50) \times 10^{-5} \qquad (2\text{-}505)$$

式中　σ_c——混凝土压应变为 ε_c 时的混凝土压应力

　　　　f_c——混凝土轴心抗压强度设计值，按下表采用

(N/mm^2)

强　度	混凝土强度等级						
	C15	C20	C25	C30	C35	C40	C45
f_c	7.2	9.6	11.9	14.3	16.7	19.1	21.1
f_t	0.91	1.10	1.27	1.43	1.57	1.71	1.80

强　度	混凝土强度等级					
	C50	C55	C60	C65	C70	C75	C80
f_c	23.1	25.3	27.5	29.7	31.8	33.8	35.9
f_t	1.89	1.96	2.04	2.09	2.14	2.18	2.22

　　ε_0——混凝土压应力刚达到 f_c 时的混凝土压应变，当计算的 ε_0 值小于 0.002 时，取为 0.002

　　ε_{cu}——正截面的混凝土极限压应变，当处于非均匀受压时，按公式（2-511）计算，如计算的值大于 0.0033，取为 0.0033；当处于轴心受压时取为 ε_0

　　$f_{cu,k}$——混凝土立方体抗压强度标准值

　　n——系数，当计算的 n 值大于 2.0 时，取为 2.0

4) 纵向受拉钢筋的极限拉应变取为 0.01

5) 纵向钢筋的应力应按下列规定确定：

① 纵向钢筋应力宜按下列公式计算：

普通钢筋：

$$\sigma_{si} = E_s \varepsilon_{cu} \left(\frac{\beta_1 h_{0i}}{x} - 1 \right) \qquad (2\text{-}506)$$

预应力筋：

$$\sigma_{pi} = E_s \varepsilon_{cu} \left(\frac{\beta_1 h_{0i}}{x} - 1 \right) + \sigma_{p0i} \qquad (2\text{-}507)$$

② 纵向钢筋应力也可按下列近似公式计算：

普通钢筋：

$$\sigma_{si} = \frac{f_y}{\xi_b - \beta_1} \left(\frac{x}{h_{0i}} - \beta_1 \right) \qquad (2\text{-}508)$$

预应力筋：

$$\sigma_{pi} = \frac{f_{py} - \sigma_{p0i}}{\xi_b - \beta_1} \left(\frac{x}{h_{0i}} - \beta_1 \right) + \sigma_{p0i} \qquad (2\text{-}509)$$

③ 按公式（2-506）～公式（2-509）计算的纵向钢筋应力取钢筋应变与其弹性模量的乘积，但其值应符合下列要求：

计算项目	计算公式

$$-f_y' \leqslant \sigma_{si} \leqslant f_y \tag{2-510}$$

$$\sigma_{p0i} - f_{py}' \leqslant \sigma_{pi} \leqslant f_{py} \tag{2-511}$$

式中　h_{0i}——第 i 层纵向钢筋截面重心至截面受压边缘的距离

　　　E_s——钢筋弹性模量，按下表采用

（$\times 10^5\,\mathrm{N/mm^2}$）

牌号或种类	弹性模量 E_s
HPB300 钢筋	2.10
HRB335、HRB400、HRB500 钢筋 HRBF335、HRBF400、HRBF500 钢筋 RRB400 钢筋 预应力螺纹钢筋	2.00
消除应力钢丝、中强度预应力钢丝	2.05
钢绞线	1.95

注：必要时可采用实测的弹性模量。

　　ε_{cu}——非均匀受压时的混凝土极限压应变，按公式（2-505）计算

　　β_1——系数，当混凝土强度等级不超过 C50 时，β_1 取为 0.80，当混凝土强度等级为 C80 时，β_1 取为 0.74，其间按线性内插法确定

　　x——等效矩形应力图形的混凝土受压区高度

σ_{si}、σ_{pi}——第 i 层纵向普通钢筋、预应力筋的应力，正值代表拉应力，负值代表压应力

　　σ_{p0i}——第 i 层纵向预应力筋截面重心处混凝土法向应力等于零时的预应力筋应力

　　ξ_b——相对界限受压区高度，取 x_b/h_0

f_y、f_{py}——普通钢筋、预应力筋抗拉强度设计值，按表（1）、表（2）采用

f_y'、f_{py}'——普通钢筋、预应力筋抗压强度设计值，按表（1）、表（2）采用

受弯构件正截面受弯承载力计算

表（1）（$\mathrm{N/mm^2}$）

牌　号	抗拉强度设计值 f_y	抗压强度设计值 f_y'
HPB300	270	270
HRB335、HRBF335	300	300
HRB400、HRBF400、RRB400	360	360
HRB500、HRBF500	435	410

表（2）（$\mathrm{N/mm^2}$）

种　类	极限强度标准值 f_{ptk}	抗拉强度设计值 f_{py}	抗压强度设计值 f_{py}'
中强度预应力钢丝	800	510	410
	970	650	
	1270	810	
消除应力钢丝	1470	1040	410
	1570	1110	
	1860	1320	
钢绞线	1570	1110	390
	1720	1220	
	1860	1320	
	1960	1390	
预应力螺纹钢筋	980	650	410
	1080	770	
	1230	900	

注：当预应力筋的强度标准值不符合本表的规定时，其强度设计值应进行相应的比例换算。

计算项目	计算公式

受弯构件正截面受弯承载力计算	(2) 相对界限受压区高度 ξ_b
	纵向受拉钢筋屈服与受压区混凝土破坏同时发生时的相对界限受压区高度 ξ_b 应按下列公式计算：
	1）钢筋混凝土构件
	有屈服点普通钢筋：
	$$\xi_b = \frac{\beta_1}{1 + \dfrac{f_y}{E_s \varepsilon_{cu}}} \qquad (2\text{-}512)$$
	无屈服点普通钢筋：
	$$\xi_b = \frac{\beta_1}{1 + \dfrac{0.002}{\varepsilon_{cu}} + \dfrac{f_y}{E_s \varepsilon_{cu}}} \qquad (2\text{-}513)$$
	2）预应力混凝土构件：
	$$\xi_b = \frac{\beta_1}{1 + \dfrac{0.002}{\varepsilon_{cu}} + \dfrac{f_y - \sigma_{p0}}{E_s \varepsilon_{cu}}} \qquad (2\text{-}514)$$
	式中 ξ_b——相对界限受压区高度，取 x_b/h_0
	       x_b——界限受压区高度
	       h_0——截面有效高度：纵向受拉钢筋合力点至截面受压边缘的距离
	       E_s——钢筋弹性模量
	       f_y——普通钢筋抗拉强度设计值
	       σ_{p0}——受拉区纵向预应力筋合力点处混凝土法向应力等于零时的预应力筋应力
	       ε_{cu}——非均匀受压时的混凝土极限压应变，按公式 (2-505) 计算
	       β_1——系数，当混凝土强度等级不超过 C50 时，β_1 取为 0.80，当混凝土强度等级为 C80 时，β_1 取为 0.74，其间按线性内插法确定
	   注：当截面受拉区内配置有不同种类或不同预应力值的钢筋时，受弯构件的相对界限受压区高度应分别计算，并取其较小值。
	(3) 矩形截面受弯构件
	   矩形截面或翼缘位于受拉边的倒 T 形截面受弯构件，其正截面受弯承载力应符合下列规定（见下图）：
	
	 矩形截面受弯构件正截面受弯承载力计算
	$$M \leqslant \alpha_1 f_c bx \left(h_0 - \frac{x}{2} \right) + f'_y A'_s (h_0 - a'_s) - (\sigma'_{p0} - f'_{py}) A'_p (h_0 - a'_p) \qquad (2\text{-}515)$$
	混凝土受压区高度应按下列公式确定：
	$$\alpha_1 f_c bx = f_y A_s - f'_y A'_s + f_{py} A_p + (\sigma'_{p0} - f'_{py}) A'_p \qquad (2\text{-}516)$$
	混凝土受压区高度尚应符合下列条件：
	$$x \leqslant \xi_b h_0 \qquad (2\text{-}517)$$
	$$x \geqslant 2a' \qquad (2\text{-}518)$$
	式中 M——弯矩设计值
	       α_1——系数，当混凝土强度等级不超过 C50 时，α_1 取为 1.0，当混凝土强度等级为 C80 时，α_1 取为 0.94，其间按线性内插法确定

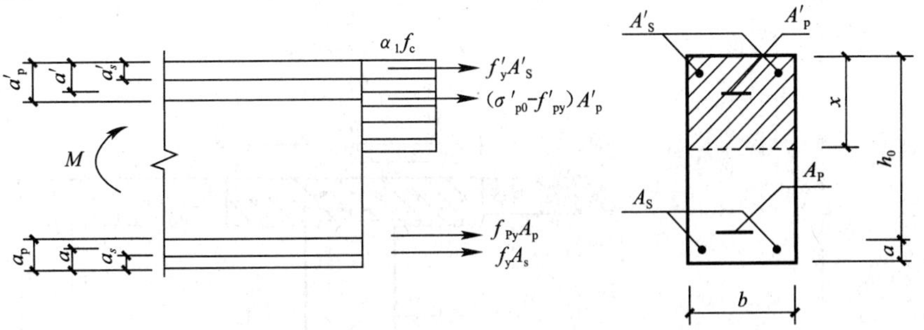

计算项目	计算公式
受弯构件正截面受弯承载力计算	f_c——混凝土轴心抗压强度设计值 A_s、A'_s——受拉区、受压区纵向普通钢筋的截面面积 A_p、A'_p——受拉区、受压区纵向预应力筋的截面面积 σ'_{p0}——受压区纵向预应力筋合力点处混凝土法向应力等于零时的预应力筋应力 b——矩形截面的宽度或倒 T 形截面的腹板宽度 x——等效矩形应力图形的混凝土受压区高度 h_0——截面有效高度 a'_s、a'_p——受压区纵向普通钢筋合力点、预应力筋合力点至截面受压边缘的距离 a'——受压区全部纵向钢筋合力点至截面受压边缘的距离，当受压区未配置纵向预应力筋或受压区纵向预应力筋应力 $(\sigma'_{p0}-f'_{py})$ 为拉应力时，公式（2-518）中的 a' 用 a'_s 代替 ξ_b——相对界限受压区高度，取 x_b/h_0 f_y、f_{py}——普通钢筋、预应力筋抗拉强度设计值 f'_y、f'_{py}——普通钢筋、预应力筋抗压强度设计值 （4）I 形截面受弯构件 翼缘位于受压区的 T 形、I 形截面受弯构件（见下图），其正截面受弯承载力计算应符合下列规定： 　1）当满足下列条件时，应按宽度为 b'_f 的矩形截面计算： $$f_yA_s+f_{py}A_p\leqslant \alpha_1 f_c b'_f h'_f+f'_yA'_s-(\sigma'_{p0}-f'_{py})A'_p \qquad (2\text{-}525)$$ 　2）当不满足公式（2-519）的条件时，应按下列公式计算： $$M\leqslant \alpha_1 f_c bx\left(h_0-\frac{x}{2}\right)+\alpha_1 f_c(b'_f-b)h'_f\left(h_0-\frac{h'_f}{2}\right)+f'_yA'_s(h_0-a'_s)-(\sigma'_{p0}-f'_{py})A'_p(h_0-a'_p) \qquad (2\text{-}520)$$ 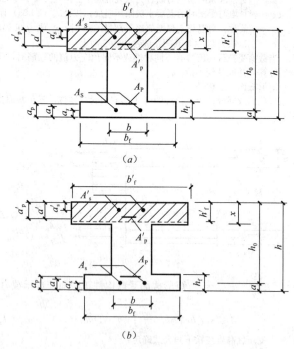 I 形截面受弯构件受压区高度位置 （a）$x\leqslant h'_f$；（b）$x>h'_f$ 混凝土受压区高度应按下列公式确定： $$\alpha_1 f_c[bx+(b'_f-b)h'_f]=f_yA_s-f'_yA'_s+f_{py}A_p+{}'(\sigma'_{p0}-f'_{py})A'_p \qquad (2\text{-}521)$$ 式中　h'_f——T 形、I 形截面受压区的翼缘高度 　　　b'_f——T 形、I 形截面受压区的翼缘计算宽度，按下表所列情况中的最小值取用

计算项目	计算公式			

	情　况	T形、I形截面		倒L形截面
		肋形梁（板）	独立梁	肋形梁（板）
1	按计算跨度 l_0 考虑	$l_0/3$	$l_0/3$	$l_0/6$
2	按梁（肋）净距 s_n 考虑	$b+s_n$	—	$b+s_n/2$
3	按翼缘高度 h_f' 考虑	$b+12h_f'$	b	$b+5h_f'$

注：1. 表中 b 为梁的腹板厚度。
　　2. 肋形梁在梁跨内设有间距小于纵肋间距的横肋时，可不考虑表中情况3的规定。
　　3. 加腋的 T形、I形和倒L形截面，当受压区加腋的高度 h_h 不小于 h_f' 且加腋的长度 b_h 不大于 $3h_h$ 时，其翼缘计算宽度可按表中情况3的规定分别增加 $2b_h$（T形、I形截面）和 b_h（倒L形截面）。
　　4. 独立梁受压区的翼缘板在荷载作用下经验算沿纵肋方向可能产生裂缝时，其计算宽度应取腹板宽度 b。

M——弯矩设计值
α_1——系数，当混凝土强度等级不超过 C50 时，α_1 取为 1.0，当混凝土强度等级为 C80 时，α_1 取为 0.94，其间按线性内插法确定
f_c——混凝土轴心抗压强度设计值
A_s、A_s'——受拉区、受压区纵向普通钢筋的截面面积
A_p、A_p'——受拉区、受压区纵向预应力筋的截面面积
σ_{p0}'——受压区纵向预应力筋合力点处混凝土法向应力等于零时的预应力筋应力
b——矩形截面的宽度或倒T形截面的腹板宽度
x——等效矩形应力图形的混凝土受压区高度
h_0——截面有效高度
a_s'、a_p'——受压区纵向普通钢筋合力点、预应力筋合力点至截面受压边缘的距离
f_y、f_{py}——普通钢筋、预应力筋抗拉强度设计值
f_y'、f_{py}'——普通钢筋、预应力筋抗压强度设计值

受弯构件正截面受弯承载力计算

受弯构件斜截面受剪承载力计算

（1）矩形、T形和I形截面受弯构件
1）矩形、T形和I形截面受弯构件的受剪截面应符合下列条件：
当 $h_w/b \leqslant 4$ 时：

$$V \leqslant 0.25\beta_c f_c bh_0 \tag{2-522}$$

当 $h_w/b \geqslant 6$ 时：

$$V \leqslant 0.2\beta_c f_c bh_0 \tag{2-523}$$

当 $4 < h_w/b < 6$ 时，按线性内插法确定。
式中　V——构件斜截面上的最大剪力设计值
　　　β_c——混凝土强度影响系数：当混凝土强度等级不超过 C50 时，β_c 取 1.0；当混凝土强度等级为 C80 时，β_c 取 0.8；其间按线性内插法确定
　　　f_c——混凝土轴心抗压强度设计值
　　　b——矩形截面的宽度，T形截面或I形截面的腹板宽度
　　　h_0——截面的有效高度
　　　h_w——截面的腹板高度：矩形截面，取有效高度；T形截面，取有效高度减去翼缘高度；I形截面，取腹板净高
注：1. 对 T形或I形截面的简支受弯构件，当有实践经验时，公式（2-522）中的系数可改用0.3。
2. 对受拉边倾斜的构件，当有实践经验时，其受剪截面的控制条件可适当放宽。
2）当仅配置箍筋时，矩形、T形和I形截面受弯构件的斜截面受剪承载力应符合下列规定：

$$V \leqslant V_{cs} + V_p \tag{2-524}$$

$$V_{cs} = \alpha_{cv} f_t bh_0 + f_{yv}\frac{A_{sv}}{s}h_0 \tag{2-525}$$

$$V_p = 0.05N_{p0} \tag{2-526}$$

计算项目	计算公式
受弯构件斜截面受剪承载力计算	式中　V_{cs}——构件斜截面上混凝土和箍筋的受剪承载力设计值 　　　　V_p——由预加力所提高的构件受剪承载力设计值 　　　　α_{cv}——斜截面混凝土受剪承载力系数，对于一般受弯构件取 0.7；对集中荷载作用下（包括作用有多种荷载，其中集中荷载对支座截面或节点边缘所产生的剪力值占总剪力的 75%以上的情况）的独立梁，取 α_{cv} 为 $\dfrac{1.75}{\lambda+1}$，λ 为计算截面的剪跨比，可取 λ 等于 a/h_0，当 λ 小于 1.5 时，取 1.5，当 λ 大于 3 时，取 3，a 取集中荷载作用点至支座截面或节点边缘的距离 　　　　f_t——混凝土轴心抗拉强度设计值 　　　　b——矩形截面的宽度，T 形截面或 I 形截面的腹板宽度 　　　　h_0——截面的有效高度 　　　　A_{sv}——配置在同一截面内箍筋各肢的全部截面面积，即 nA_{sv1}，此处，n 为在同一个截面内箍筋的肢数，A_{sv1} 为单肢箍筋的截面面积 　　　　s——沿构件长度方向的箍筋间距 　　　　f_{yv}——箍筋的抗拉强度设计值 　　　　N_{p0}——计算截面上混凝土法向预应力等于零时的预加力，当 N_{p0} 大于 $0.3f_cA_0$ 时，取 $0.3f_cA_0$，此处，A_0 为构件的换算截面面积 　注：1. 对预加力 N_{p0} 引起的截面弯矩与外弯矩方向相同的情况，以及预应力混凝土连续梁和允许出现裂缝的预应力混凝土简支梁，均应取 V_p 为 0。 　2. 先张法预应力混凝土构件，在计算合力 N_{p0} 时，应按《混凝土结构设计规范》GB 50010—2010 第 7.1.9 条和第 10.1.9 条的规定考虑预应力筋传递长度的影响。 　3）当配置箍筋和弯起钢筋时，矩形、T 形和 I 形截面受弯构件的斜截面受剪承载力应符合下列规定： $$V \leqslant V_{cs}+V_p+0.8f_{yv}A_{sb}\sin\alpha_s+0.8f_{py}A_{pb}\sin\alpha_p \qquad (2\text{-}527)$$ 式中　V——配置弯起钢筋处的剪力设计值 　　　　V_{cs}——构件斜截面上混凝土和箍筋的受剪承载力设计值 　　　　V_p——由预加力所提高的构件受剪承载力设计值，按公式（2-526）计算，但计算预加力 N_{p0} 时不考虑预应力筋的作用 　　　　f_{yv}——箍筋的抗拉强度设计值 　　　　f_{py}——预应力筋抗拉强度设计值 A_{sb}、A_{pb}——分别为同一平面内的弯起普通钢筋、弯起预应力筋的截面面积 　α_s、α_p——分别为斜截面上弯起普通钢筋、弯起预应力筋的切线与构件纵轴线的夹角 　4）矩形、T 形和 I 形截面的一般受弯构件，当符合下式要求时，可不进行斜截面的受剪承载力计算： $$V \leqslant \alpha_{cv}f_tbh_0+0.05N_{p0} \qquad (2\text{-}528)$$ 式中　α_{cv}——截面混凝土受剪承载力系数，对于一般受弯构件取 0.7；对集中荷载作用下（包括作用有多种荷载，其中集中荷载对支座截面或节点边缘所产生的剪力值占总剪力的 75% 以上的情况）的独立梁，取 α_{cv} 为 $\dfrac{1.75}{\lambda+1}$，λ 为计算截面的剪跨比，可取 λ 等于 a/h_0，当 λ 小于 1.5 时，取 1.5，当 λ 大于 3 时，取 3，a 取集中荷载作用点至支座截面或节点边缘的距离 　　　　f_t——混凝土轴心抗拉强度设计值 　　　　b——矩形截面的宽度，T 形截面或 I 形截面的腹板宽度 　　　　h_0——截面的有效高度 　　　　N_{p0}——计算截面上混凝土法向预应力等于零时的预加力，当 N_{p0} 大于 $0.3f_cA_0$ 时，取 $0.3f_cA_0$，此处，A_0 为构件的换算截面面积 　梁中箍筋的配置应符合下列规定： 　① 按承载力计算不需要箍筋的梁，当截面高度大于 300mm 时，应沿梁全长设置构造箍筋；当截面高度 $h=150\sim300$mm 时，可仅在构件端部 $l_0/4$ 范围内设置构造箍筋，l_0 为跨度。但当在构件中部 $l_0/2$ 范围内有集中荷载作用时，则应沿梁全长设置箍筋。当截面高度小于 150mm 时，可以不设置箍筋 　② 截面高度大于 800mm 的梁，箍筋直径不宜小于 8mm；对截面高度不大于 800mm 的梁，不宜小于 6mm。梁中配有计算需要的纵向受压钢筋时，箍筋直径尚不应小于 $d/4$，d 为受压钢筋最大直径 　③ 梁中箍筋的最大间距宜符合下表的规定；当 V 大于 $0.7f_tbh_0+0.05N_{p0}$ 时，箍筋的配筋率 ρ_{sv} $[\rho_{sv}=A_{sv}/(bs)]$ 尚不应小于 $0.24f_t/f_{yv}$

计算项目	计算公式		
			（mm）
	梁高 h	$V>0.7f_tbh_0+0.05N_{p0}$	$V\leqslant0.7f_tbh_0+0.05N_{p0}$
	$150<h\leqslant300$	150	200
	$300<h\leqslant500$	200	300
	$500<h\leqslant800$	250	350
	$h>800$	300	400

④ 当梁中配有按计算需要的纵向受压钢筋时，箍筋应符合以下规定：

a. 箍筋应做成封闭式，且弯钩直线段长度不应小于 $5d$，d 为箍筋直径

b. 箍筋的间距不应大于 $15d$，并不应大于 400mm。当一层内的纵向受压钢筋多于 5 根且直径大于 18mm 时，箍筋间距不应大于 $10d$，d 为纵向受压钢筋的最小直径

c. 当梁的宽度大于 400mm 且一层内的纵向受压钢筋多于 3 根时，或当梁的宽度不大于 400mm 但一层内的纵向受压钢筋多于 4 根时，应设置复合箍筋

5）受拉边倾斜的矩形、T形和I形截面受弯构件，其斜截面受剪承载力应符合下列规定（见下图）：

受弯构件斜截面受剪承载力计算

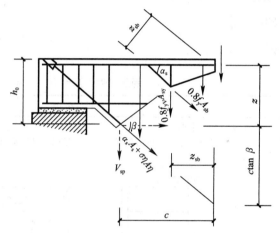

受拉边倾斜的受弯构件的斜截面受剪承载力计算

$$V\leqslant V_{cs}+V_{sp}+0.8f_yA_{sb}\sin\alpha_s \tag{2-529}$$

$$V_{sp}=\frac{M-0.8\left(\sum f_{yv}A_{sv}z_{sv}+\sum f_yA_{sb}z_{sb}\right)}{z+c\tan\beta}\tan\beta \tag{2-530}$$

式中　M——构件斜截面受压区末端的弯矩设计值

　　　V_{cs}——构件斜截面上混凝土和箍筋的受剪承载力设计值，按公式（2-525）计算，其中 h_0 取斜截面受拉区始端的垂直截面有效高度

　　　V_{sp}——构件截面上受拉边倾斜的纵向非预应力和预应力受拉钢筋的合力设计值在垂直方向的投影；对钢筋混凝土受弯构件，其值不应大于 $f_yA_s\sin\beta$；对预应力混凝土受弯构件，其值不应大于 $(f_{py}A_p+f_yA_s)\sin\beta$，且不应小于 $\sigma_{pe}A_p\sin\beta$

　　　f_y——普通钢筋抗拉强度设计值

　　　A_{sb}——同一平面内的弯起普通钢筋的截面面积

　　　α_s——斜截面上弯起普通钢筋的切线与构件纵轴线的夹角

　　　f_{yv}——箍筋的抗拉强度设计值

　　　A_{sv}——配置在同一截面内箍筋各肢的全部截面面积，即 nA_{sv1}，此处，n 为在同一个截面内箍筋的肢数，A_{sv1} 为单肢箍筋的截面面积

　　　z_{sv}——同一截面内箍筋的合力至斜截面受压区合力点的距离

　　　z_{sb}——同一弯起平面内的弯起普通钢筋的合力至斜截面受压区合力点的距离

　　　z——斜截面受拉区始端处纵向受拉钢筋合力的水平分力至斜截面受压区合力点的距离，可近似取为 $0.9h_0$

计算项目	计算公式
受弯构件斜截面受剪承载力计算	β——斜截面受拉区始端处倾斜的纵向受拉钢筋的倾角 c——斜截面的水平投影长度，可近似取为 h_0 注：在梁截面高度开始变化处，斜截面的受剪承载力应按等截面高度梁和变截面高度梁的有关公式分别计算，并应按不利者配置箍筋和弯起钢筋。 （2）无腹筋板受弯构件 不配置箍筋和弯起钢筋的一般板类受弯构件，其斜截面受剪承载力应符合下列规定： $$V \leqslant 0.7\beta_h f_t b h_0 \qquad (2\text{-}531)$$ $$\beta_h = \left(\frac{800}{h_0}\right)^{1/4} \qquad (2\text{-}532)$$ 式中　β_h——截面高度影响系数：当 h_0 小于800mm时，取800mm；当 h_0 大于2000mm时，取2000mm 　　　f_t——混凝土轴心抗拉强度设计值 　　　b——矩形截面的宽度，T形截面或I形截面的腹板宽度 　　　h_0——截面的有效高度

2.8.2 受压构件计算

受压构件计算见表 2-35。

受压构件计算　　　　　　　　　　　　　　　　　　　　　表 2-35

计算项目	计算公式
轴心受压正截面承载力计算	（1）配置箍筋的轴压构件 钢筋混凝土轴心受压构件，当配置的箍筋符合规定时，其正截面受压承载力应符合下列规定（见下图）： 配置箍筋的钢筋混凝土轴心受压构件 $$N \leqslant 0.9\varphi(f_c A + f'_y A'_s) \qquad (2\text{-}533)$$ 式中　N——轴向压力设计值 　　　φ——钢筋混凝土构件的稳定系数，按下表采用

l_0/b	$\leqslant 8$	10	12	14	16	18	20	22	24	26	28
l_0/d	$\leqslant 7$	8.5	10.5	12	14	15.5	17	19	21	22.5	24
l_0/i	$\leqslant 28$	35	42	48	55	62	69	76	83	90	97
φ	1.00	0.98	0.95	0.92	0.87	0.81	0.75	0.70	0.65	0.60	0.56
l_0/b	30	32	34	36	38	40	42	44	46	48	50
l_0/d	26	28	29.5	31	33	34.5	36.5	38	40	41.5	43
l_0/i	104	111	118	125	132	139	146	153	160	167	174
φ	0.52	0.48	0.44	0.40	0.36	0.32	0.29	0.26	0.23	0.21	0.19

注：1. l_0 为构件的计算长度，见下表1、表2。

　　2. b 为矩形截面的短边尺寸，d 为圆形截面的直径，i 为截面的最小回转半径。

计算项目	计算公式

表1

柱的类别		l_0		
		排架方向	垂直排架方向	
			有柱间支撑	无柱间支撑
无吊车房屋柱	单跨	$1.5H$	$1.0H$	$1.2H$
	两跨及多跨	$1.25H$	$1.0H$	$1.2H$
有吊车房屋柱	上柱	$2.0H_u$	$1.25H_u$	$1.5H_u$
	下柱	$1.0H_l$	$0.8H_l$	$1.0H_l$
露天吊车柱和栈桥柱		$2.0H_l$	$1.0H_l$	—

注：1. 表中 H 为从基础顶面算起的柱子全高；H_l 为从基础顶面至装配式吊车梁底面或现浇式吊车梁顶面的柱子下部高度；H_u 为从装配式吊车梁底面或从现浇式吊车梁顶面算起的柱子上部高度。

2. 表中有吊车房屋排架柱的计算长度，当计算中不考虑吊车荷载时，可按无吊车房屋柱的计算长度采用，但上柱的计算长度仍可按有吊车房屋采用。

3. 表中有吊车房屋排架柱的上柱在排架方向的计算长度，仅适用于 H_u/H_l 不小于0.3的情况；当 H_u/H_l 小于0.3时，计算长度宜采用 $2.5H_u$。

表2

楼盖类型	柱的类别	l_0
现浇楼盖	底层柱	$1.0H$
	其余各层柱	$1.25H$
装配式楼盖	底层柱	$1.25H$
	其余各层柱	$1.5H$

注：表中 H 为底层柱从基础顶面到一层楼盖顶面的高度；对其余各层柱为上下两层楼盖顶面之间的高度。

f_c——混凝土轴心抗压强度设计值

f_y'——普通钢筋抗压强度设计值

A——构件截面面积

A_s'——全部纵向钢筋的截面面积

当纵向钢筋配筋率大于3%时，公式（2-533）中的 A 应改用（$A-A_s'$）代替。

（2）配置螺旋式箍筋的轴压构件

钢筋混凝土轴心受压构件，当配置的螺旋式或焊接环式间接钢筋时，其正截面受压承载力应符合下列规定（见下图）：

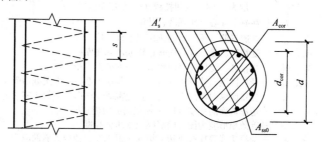

配置螺旋式间接钢筋的钢筋混凝土轴心受压构件截面

$$N \leqslant 0.9(f_c A_{cor} + f_y' A_s' + 2\alpha f_{yv} A_{ss0}) \qquad (2\text{-}534)$$

$$A_{ss0} = \frac{\pi d_{cor} A_{ss1}}{s} \qquad (2\text{-}535)$$

式中 f_{yv}——间接钢筋的抗拉强度设计值

f_c——混凝土轴心抗压强度设计值

（计算项目左栏：轴心受压正截面承载力计算）

计算项目	计算公式
轴心受压正截面承载力计算	f'_y——普通钢筋抗压强度设计值 A_{cor}——构件的核心截面面积：间接钢筋内表面范围内的混凝土面积 A'_s——全部纵向钢筋的截面面积 A_{ss0}——螺旋式或焊接环式间接钢筋的换算截面面积 d_{cor}——构件的核心截面直径：间接钢筋内表面之间的距离 A_{ss1}——螺旋式或焊接环式单根间接钢筋的截面面积 s——间接钢筋沿构件轴线方向的间距 α——间接钢筋对混凝土约束的折减系数：当混凝土强度等级不超过 C50 时，取 1.0，当混凝土强度等级为 C80 时，取 0.85，其间按线性内插法确定 注：1. 按公式（2-534）算得的构件受压承载力设计值不应大于按公式（2-533）算得的构件受压承载力设计值的 1.5 倍。 2. 当遇到下列任意一种情况时，不应计入间接钢筋的影响，而应按（1）的规定进行计算： ① 当 $l_0/d > 12$ 时 ② 当按公式（2-534）算得的受压承载力小于按公式（2-533）算得的受压承载力时 ③ 当间接钢筋的换算截面面积 A_{ss0} 小于纵向钢筋的全部截面面积的 25% 时
偏心受压正截面承载力计算	（1）矩形截面偏心受压构件正截面受压承载力应符合下列规定（见下图）： 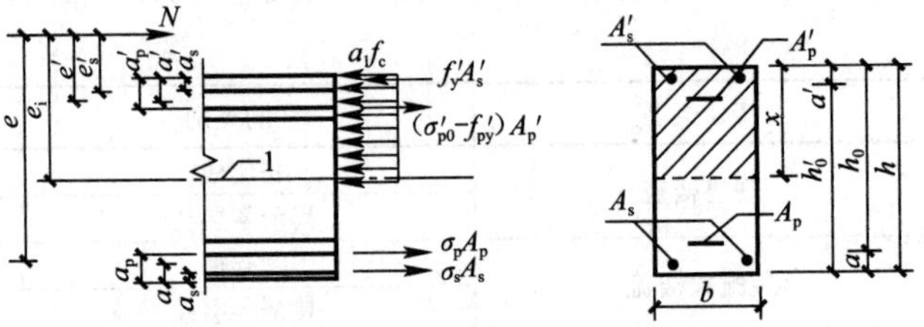 矩形截面偏心受压构件正截面受压承载力计算 1—截面重心轴 $$N \leqslant \alpha_1 f_c bx + f'_y A'_s - \sigma_s A_s - (\sigma'_{p0} - f'_{py})A'_p - \sigma_p A_p \qquad (2\text{-}537)$$ $$Ne \leqslant \alpha_1 f_c bx \left(h_0 - \frac{x}{2}\right) + f'_y A'_s (h_0 - a'_s) - (\sigma'_{p0} - f'_{py})A'_p (h_0 - a'_p) \qquad (2\text{-}538)$$ $$e = e_i + \frac{h}{2} - a \qquad (2\text{-}539)$$ $$e_i = e_0 + e_a \qquad (2\text{-}540)$$ 式中 α_1——系数，当混凝土强度等级不超过 C50 时，α_1 取为 1.0，当混凝土强度等级为 C80 时，α_1 取为 0.94，其间按线性内插法确定 f_c——混凝土轴心抗压强度设计值 f'_y、f'_{py}——普通钢筋、预应力筋抗压强度设计值 A_s、A'_s——受拉区、受压区纵向普通钢筋的截面面积 A_p、A'_p——受拉区、受压区纵向预应力筋的截面面积 a'_s、a'_p——受压区纵向普通钢筋合力点、预应力筋合力点至截面受压边缘的距离 σ'_{p0}——受压区纵向预应力筋合力点处混凝土法向应力等于零时的预应力筋应力 b——矩形截面的宽度或倒 T 形截面的腹板宽度 x——等效矩形应力图形的混凝土受压区高度 σ_s、σ_p——受拉边或受压较小边的纵向普通钢筋、预应力筋的应力 e——轴向压力作用点至纵向受拉普通钢筋和受拉预应力筋的合力点的距离 e_i——初始偏心距 a——纵向受拉普通钢筋和受拉预应力筋的合力点至截面近边缘的距离 e_0——轴向压力对截面重心的偏心距，取为 M/N $$M = C_m \eta_{ns} M_2 \qquad (2\text{-}541)$$ $$C_m = 0.7 + 0.3 \frac{M_1}{M_2} \qquad (2\text{-}542)$$

计算项目	计算公式
偏心受压正截面承载力计算	$$\eta_{ns} = 1 + \frac{1}{1300(M_2/N+e_a)/h_0}\left(\frac{l_c}{h}\right)^2 \zeta_c \qquad (2\text{-}543)$$ $$\zeta_c = \frac{0.5 f_c A}{N} \qquad (2\text{-}544)$$ 当 $C_m \eta_{ns}$ 小于 1.0 时取 1.0；对剪力墙及核心筒，可取 $C_m \eta_{ns}$ 等于 1.0。 　C_m——构件端截面偏心距调节系数，当小于 0.7 时取 0.7 　η_{ns}——弯矩增大系数 M_1、M_2——分别为已考虑侧移影响的偏心受压构件两端截面按结构弹性分析确定的对同一主轴的组合弯矩设计值，绝对值较大端为 M_2，绝对值较小端为 M_1，当构件按单曲率弯曲时，M_1/M_2 取正值，否则取负值 　N——与弯矩设计值 M_2 相应的轴向压力设计值 　ζ_c——截面曲率修正系数，当计算值大于 1.0 时取 1.0 　l_c——构件的计算长度，可近似取偏心受压构件相应主轴方向上下支撑点之间的距离 　h——截面高度；对环形截面，取外直径；对圆形截面，取直径 　h_0——截面有效高度；对环形截面，取 $h_0 = r_2 + r_s$；对圆形截面，取 $h_0 = r + r_s$ 　A——构件截面面积 　e_a——附加偏心距，其值应取 20mm 和偏心方向截面最大尺寸的 1/30 两者中的较大值 按上述规定计算时，尚应符合下列要求： 1）钢筋的应力 σ_s、σ_p 可按下列情况确定： ① 当 ξ 不大于 ξ_b 时为大偏心受压构件，取 σ_s 为 f_y、σ_p 为 f_{py}，此处，ξ 为相对受压区高度，取为 x/h_0 ② 当 ξ 大于 ξ_b 时为小偏心受压构件，σ_s、σ_p 按前面的规定进行计算 2）矩形截面非对称配筋的小偏心受压构件，当 N 大于 $f_c bh$ 时，尚应按下列公式进行验算： $$Ne' \leqslant f_c bh\left(h_0' - \frac{h}{2}\right) + f_y' A_s(h_0' - a_s) - (\sigma_{p0} - f_{yp}')A_p(h_0' - a_p) \qquad (2\text{-}544)$$ $$e' = \frac{h}{2} - a' - (e_0 - e_a) \qquad (2\text{-}545)$$ 式中　f_c——混凝土轴心抗压强度设计值 　b——矩形截面的宽度或倒 T 形截面的腹板宽度 　h——截面高度；对环形截面，取外直径；对圆形截面，取直径 　h_0'——纵向受压钢筋合力点至截面远边的距离 　f_y'、f_{py}'——普通钢筋、预应力筋抗压强度设计值 　A_s、A_p——受拉区纵向普通钢筋、预应力筋的截面面积 　a_s、a_p——受拉区纵向普通钢筋、预应力筋至受拉边缘的距离 　e'——轴向压力作用点至受压区纵向钢筋和预应力钢筋的合力点的距离 　a'——受压区全部纵向钢筋合力点至截面受压边缘的距离，当受压区未配置纵向预应力筋或受压区纵向预应力筋应力 $(\sigma_{p0}' - f_{py}')$ 为拉应力时，公式（2-518）中的 a' 用 a_s' 代替 　e_0——轴向压力对截面重心的偏心距，取为 M/N 　e_a——附加偏心距，其值应取 20mm 和偏心方向截面最大尺寸的 1/30 两者中的较大值 3）矩形截面对称配筋（$A_s' = A_s$）的钢筋混凝土小偏心受压构件，也可按下列近似公式计算纵向普通钢筋截面面积： $$A_s' = \frac{Ne - \xi(1-0.5\xi)\alpha_1 f_c bh_0^2}{f_y'(h_0 - a_s')} \qquad (2\text{-}546)$$ 此处，相对受压区高度 ξ 可按下列公式计算： $$\xi = \frac{N - \xi_b \alpha_1 f_c bh_0}{\dfrac{Ne - 0.43\alpha_1 f_c bh_0^2}{(\beta_1 - \xi_b)(h_0 - a_s')} + \alpha_1 f_c bh_0} + \xi_b \qquad (2\text{-}547)$$ 式中　N——与弯矩设计值 M_2 相应的轴向压力设计值 　e——轴向压力作用点至纵向受拉普通钢筋和受拉预应力筋的合力点的距离 　α_1——系数，当混凝土强度等级不超过 C50 时，α_1 取为 1.0，当混凝土强度等级为 C80 时，α_1 取为 0.94，其间按线性内插法确定

计算项目	计算公式

f_c——混凝土轴心抗压强度设计值

b——矩形截面的宽度或倒 T 形截面的腹板宽度

h_0——截面有效高度；对环形截面，取 $h_0=r_2+r_s$；对圆形截面，取 $h_0=r+r_s$

f'_y——普通钢筋抗压强度设计值

a'_s——受压区纵向普通钢筋合力点至截面受压边缘的距离

ξ_b——相对界限受压区高度，取 x_b/h_0

β_1——系数，当混凝土强度等级不超过 C50 时，β_1 取为 0.80，当混凝土强度等级为 C80 时，β_1 取为 0.74，其间按线性内插法确定

(2) I 形截面偏心受压构件正截面受压承载力应符合下列规定：

1) 当受压区高度 x 不大于 h'_f 时，应按宽度为受压翼缘计算宽度 b'_f 的矩形截面计算

2) 当受压区高度 x 大于 h'_f 时（见下图），应符合下列规定：

I 形截面偏心受压构件正截面受压承载力计算
1—截面重心轴

偏心受压正截面承载力计算

$$N \leqslant \alpha_1 f_c [bx+(b'_f-b)h'_f]+f'_y A'_s-\sigma_s A_s-(\sigma'_{p0}-f'_{py})A'_p-\sigma_p A_p \qquad (2\text{-}548)$$

$$Ne \leqslant \alpha_1 f_c \left[bx\left(h_0-\frac{x}{2}\right)+(b'_f-b)h'_f\left(h_0-\frac{h'_f}{2}\right)\right]+f'_y A'_s(h_0-a'_s)-(\sigma'_{p0}-f'_{py})A'_p(h_0-a'_p)$$
$$\qquad (2\text{-}549)$$

式中　N——与弯矩设计值 M_2 相应的轴向压力设计值

e——轴向压力作用点至纵向受拉普通钢筋和受拉预应力筋的合力点的距离

α_1——系数，当混凝土强度等级不超过 C50 时，α_1 取为 1.0，当混凝土强度等级为 C80 时，α_1 取为 0.94，其间按线性内插法确定

f_c——混凝土轴心抗压强度设计值

b——矩形截面的宽度或倒 T 形截面的腹板宽度

h_0——截面有效高度；对环形截面，取 $h_0=r_2+r_s$；对圆形截面，取 $h_0=r+r_s$

A_s、A'_s——受拉区、受压区纵向普通钢筋的截面面积

A_p、A'_p——受拉区、受压区纵向预应力筋的截面面积

a'_s、a'_p——受压区纵向普通钢筋合力点、预应力筋合力点至截面受压边缘的距离

σ'_{p0}——受压区纵向预应力筋合力点处混凝土法向应力等于零时的预应力筋应力

x——等效矩形应力图形的混凝土受压区高度

σ_s、σ_p——受拉边或受压较小边的纵向普通钢筋、预应力筋的应力

h'_f——T 形、I 形截面受压区的翼缘高度

b'_f——T 形、I 形截面受压区的翼缘计算宽度

f'_y、f'_{py}——普通钢筋、预应力筋抗压强度设计值

公式中的钢筋应力 σ_s、σ_p 以及是否考虑纵向受压普通钢筋的作用，均应按 1) 的有关规定确定

3) 当 x 大于 $(h-h_f)$ 时，其正截面受压承载力计算应计入受压较小边翼缘受压部分的作用

4) 对采用非对称配筋的小偏心受压构件，当 N 大于 $f_c A$ 时，尚应按下列公式进行验算：

$$Ne' \leqslant f_c \left[bh\left(h'_0-\frac{h}{2}\right)+(b_f-b)h_f\left(h'_0-\frac{h_f}{2}\right)+(b'_f-b)h'_f\left(\frac{h'_f}{2}-a'\right)\right]$$
$$+f'_y A_s(h'_0-a_s)-(\sigma_{p0}-f'_{py})A_p(h'_0-a') \qquad (2\text{-}550)$$
$$e'=y'-a'-(e_0-e_a) \qquad (2\text{-}551)$$

计算项目	计算公式
偏心受压正截面承载力计算	式中 N——与弯矩设计值 M_2 相应的轴向压力设计值 　　e'——轴向压力作用点至受压区纵向钢筋和预应力钢筋的合力点的距离 　　f_c——混凝土轴心抗压强度设计值 　　b——矩形截面的宽度或倒 T 形截面的腹板宽度 　　h——截面高度；对环形截面，取外直径；对圆形截面，取直径 　　h_0'——纵向受压钢筋合力点至截面远边的距离 　A_s、A_p——受拉区纵向普通钢筋、预应力筋的截面面积 　　a'——受压区全部纵向钢筋合力点至截面受压边缘的距离，当受压区未配置纵向预应力筋或受压区纵向预应力筋应力（$\sigma_{p0}' - f_{py}'$）为拉应力时，公式（2-518）中的 a' 用 a_s' 代替 　a_s、a_p——受拉区纵向普通钢筋、预应力筋至受拉边缘的距离 　　σ_{p0}——受拉区纵向预应力筋合力点处混凝土法向应力等于零时的预应力筋应力 　　b_f——T 形、I 形截面受压较小边翼缘高度 　　h_f——T 形、I 形截面受压较小边翼缘计算宽度 　　h_f'——T 形、I 形截面受压区的翼缘高度 　　b_f'——T 形、I 形截面受压区的翼缘计算宽度 　f_y'、f_{py}'——普通钢筋、预应力筋抗压强度设计值 　　y'——截面重心至离轴向压力较近一侧受压边的距离，当截面对称时，取 $h/2$ 　　e_0——轴向压力对截面重心的偏心距，取为 M/N 　　e_a——附加偏心距，其值应取 20mm 和偏心方向截面最大尺寸的 1/30 两者中的较大值 注：对仅在离轴向压力较近一侧有翼缘的 T 形截面，可取 b_f' 为 b；对仅在离轴向压力较远一侧有翼缘的倒 T 形截面，可取 b_f' 为 b。 沿截面腹部均匀配筋的 I 形截面 （3）沿截面腹部均匀配置纵向钢筋的矩形、T 形或 I 形截面钢筋混凝土偏心受压构件（见下图），其正截面受压承载力宜符合下列规定： $$N \leqslant \alpha_1 f_c [\xi b h_0 + (b_f' - b)h_f'] + f_y' A_s' - \sigma_s A_s + N_{sw} \quad (2\text{-}552)$$ $$Ne \leqslant \alpha_1 f_c \left[\xi(1 - 0.5\xi) b h_0^2 + (b_f' - b)h_f' \left(h_0 - \frac{h_f'}{2}\right) \right] + f_y' A_s'(h_0 - a_s') + M_{sw} \quad (2\text{-}553)$$ $$N_{sw} = \left(1 + \frac{\xi - \beta_1}{0.5\beta_1 \omega}\right) f_{yw} A_{sw} \quad (2\text{-}554)$$ $$M_{sw} = \left[0.5 - \left(\frac{\xi - \beta_1}{\beta_1 \omega}\right)^2\right] f_{yw} A_{sw} h_{sw} \quad (2\text{-}555)$$ 式中 N——与弯矩设计值 M_2 相应的轴向压力设计值 　　e——轴向压力作用点至纵向受拉普通钢筋和受拉预应力筋的合力点的距离 　　α_1——系数，当混凝土强度等级不超过 C50 时，α_1 取为 1.0，当混凝土强度等级为 C80 时，α_1 取为 0.94，其间按线性内插法确定 　　f_c——混凝土轴心抗压强度设计值 　　b——矩形截面的宽度或倒 T 形截面的腹板宽度 　　h_0——截面有效高度；对环形截面，取 $h_0 = r_2 + r_s$；对圆形截面，取 $h_0 = r + r_s$ 　　ξ——相对受压区高度 　A_s、A_s'——受拉区、受压区纵向普通钢筋的截面面积 　　a_s'——受压区纵向普通钢筋合力点至截面受压边缘的距离 　　σ_s——受拉边或受压较小边的纵向普通钢筋的应力 　　h_f'——T 形、I 形截面受压区的翼缘高度 　　b_f'——T 形、I 形截面受压区的翼缘计算宽度 　　f_y'——普通钢筋抗压强度设计值 　　β_1——系数，当混凝土强度等级不超过 C50 时，β_1 取为 0.80，当混凝土强度等级为 C80 时，β_1 取为 0.74，其间按线性内插法确定

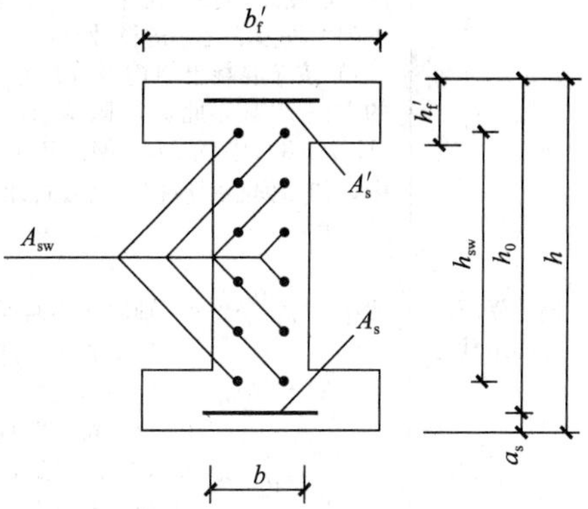

计算项目	计算公式

A_{sw}——沿截面腹部均匀配置的全部纵向普通钢筋截面面积

f_{yw}——沿截面腹部均匀配置的纵向钢筋强度设计值

N_{sw}——沿截面腹部均匀配置的纵向钢筋所承担的轴向压力，当ξ大于β_1时，取为β_1进行计算

M_{sw}——沿截面腹部均匀配置的纵向钢筋的内力对A_s重心的力矩，当ξ大于β_1时，取为β_1进行计算

ω——均匀配置纵向钢筋区段的高度h_{sw}与截面有效高度h_0的比值（h_{sw}/h_0），宜取h_{sw}为(h_0-a_s')

h_{sw}——均匀配置纵向钢筋区段的高度

受拉边或受压较小边钢筋A_s中的应力σ_s以及在计算中是否考虑受压钢筋和受压较小边翼缘受压部分的作用，应按1）和2）的有关规定确定。

注：本条适用于截面腹部均匀配置纵向钢筋的数量每侧不少于4根的情况。

（4）对截面具有两个互相垂直的对称轴的钢筋混凝土双向偏心受压构件（见下图），其正截面受压承载力可选用下列两种方法之一进行计算：

1）按《混凝土结构设计规范》GB 50010—2010 附录 E 的方法计算，此时，附录 E 公式（E.0.1-7）和公式（E.0.1-8）中的M_x、M_y应分别用Ne_{ix}、Ne_{iy}代替，其中，初始偏心距应按下列公式计算：

$$e_{ix} = e_{0x} + e_{ax} \tag{2-556}$$

$$e_{iy} = e_{0y} + e_{ay} \tag{2-557}$$

式中　e_{0x}、e_{0y}——轴向压力对通过截面重心的y轴、x轴的偏心距；即M_{0x}/N、M_{0y}/N

M_{0x}、M_{0y}——轴向压力在x轴、y轴方向的弯矩设计值为按相关规定确定的弯矩设计值

e_{ax}、e_{ay}——x轴、y轴方向上的附加偏心距，其值应取20mm和偏心方向截面最大尺寸的1/30两者中的较大值

双向偏心受压构件截面
1—轴向压力作用点；2—受压区

2）按下列近似公式计算：

$$N \leqslant \cfrac{1}{\cfrac{1}{N_{ux}} + \cfrac{1}{N_{uy}} - \cfrac{1}{N_{u0}}} \tag{2-558}$$

式中　N_{u0}——构件的截面轴心受压承载力设计值

N_{ux}——轴向压力作用于x轴并考虑相应的计算偏心距e_{ix}后，按全部纵向普通钢筋计算的构件偏心受压承载力设计值

N_{uy}——轴向压力作用于y轴并考虑相应的计算偏心距e_{iy}后，按全部纵向普通钢筋计算的构件偏心受压承载力设计值

构件的截面轴心受压承载力设计值N_{u0}，可按公式（2-533）计算，但应取等号，将N以N_{u0}代替，且不考虑稳定系数φ及系数0.9。

构件的偏心受压承载力设计值N_{ux}，可按下列情况计算：

a. 当纵向普通钢筋沿截面两对边配置时，N_{ux}可按（1）或（2）的规定进行计算，但应取等号，将N以N_{ux}代替

b. 当纵向普通钢筋沿截面腹部均匀配置时，N_{ux}可按（3）的规定进行计算，但应取等号，将N以N_{ux}代替

构件的偏心受压承载力设计值N_{uy}可采用与N_{ux}相同的方法计算

计算项目： 偏心受压正截面承载力计算

计算项目： 受压斜截面受剪承载力计算

（1）矩形、T形和I形截面的钢筋混凝土偏心受压构件，其斜截面受剪承载力应符合下列规定：

$$V \leqslant \frac{1.75}{\lambda+1}f_t b h_0 + f_{yv}\frac{A_{sv}}{s}h_0 + 0.07N \tag{2-559}$$

式中　λ——偏心受压构件计算截面的剪跨比，取为$M/(Vh_0)$

f_t——混凝土轴心抗拉强度设计值

b——矩形截面的宽度，T形截面或I形截面的腹板宽度

h_0——截面的有效高度

计算项目	计算公式
受压斜截面受剪承载力计算	A_{sv}——配置在同一截面内箍筋各肢的全部截面积，即 nA_{sv1}，此处，n 为在同一个截面内箍筋的肢数，A_{sv1} 为单肢箍筋的截面面积 s——沿构件长度方向的箍筋间距 f_{yv}——箍筋的抗拉强度设计值 N——与剪力设计值 V 相应的轴向压力设计值，当大于 $0.3f_cA$ 时，取 $0.3f_cA$，此处，A 为构件的截面面积 计算截面的剪跨比 λ 应按下列规定取用： 1）对框架结构中的框架柱，当其反弯点在层高范围内时，可取为 $H_n/(2h_0)$。当 λ 小于 1 时，取 1；当 λ 大于 3 时，取 3。此处，M 为计算截面上与剪力设计值 V 相应的弯矩设计值，H_n 为柱净高 2）其他偏心受压构件，当承受均布荷载时，取 1.5；当承受集中荷载时（包括作用有多种荷载，其中集中荷载对支座截面或节点边缘所产生的剪力值占总剪力的 75% 以上的情况），取为 a/h_0，且当 λ 小于 1.5 时取 1.5，当 λ 大于 3 时取 3 （2）矩形、T 形和 I 形截面的钢筋混凝土偏心受压构件，当符合下列要求时，可不进行斜截面受剪承载力计算，仅需按构造要求配置箍筋： $$V \leqslant \frac{1.75}{\lambda+1}f_tbh_0 + 0.07N \qquad (2\text{-}560)$$ 式中 λ——偏心受压构件计算截面的剪跨比，取为 $M/(Vh_0)$ 　　f_t——混凝土轴心抗拉强度设计值 　　b——矩形截面的宽度，T 形截面或 I 形截面的腹板宽度 　　h_0——截面的有效高度 　　N——与剪力设计值 V 相应的轴向压力设计值，当大于 $0.3f_cA$ 时，取 $0.3f_cA$，此处，A 为构件的截面面积 （3）钢筋混凝土剪力墙在偏心受压时的斜截面受剪承载力应符合下列规定： $$V \leqslant \frac{1}{\lambda-0.5}\left(0.5f_tbh_0 + 0.13N\frac{A_w}{A}\right) + f_{yv}\frac{A_{sh}}{s_v}h_0 \qquad (2\text{-}561)$$ 式中 N——与剪力设计值 V 相应的轴向压力设计值，当 N 大于 $0.2f_cbh$ 时，取 $0.2f_cbh$ 　　f_t——混凝土轴心抗拉强度设计值 　　b——矩形截面的宽度，T 形截面或 I 形截面的腹板宽度 　　h_0——截面的有效高度 　　f_{yv}——箍筋的抗拉强度设计值 　　A——剪力墙的截面面积 　　A_w——T 形、I 形截面剪力墙腹板的截面面积，对矩形截面剪力墙，取为 A 　　A_{sh}——配置在同一水平截面内的水平分布钢筋的全部截面面积 　　s_v——水平分布钢筋的竖向间距 　　λ——计算截面的剪跨比，取为 $M/(Vh_0)$；当 λ 小于 1.5 时，取 1.5，当 λ 大于 2.2 时，取 2.2；此处，M 为与剪力设计值 V 相应的弯矩设计值；当计算截面与墙底之间的距离小于 $h_0/2$ 时，λ 可按距墙底 $h_0/2$ 处的弯矩值与剪力值计算

2.8.3 受拉构件计算

受拉构件计算见表 2-36。

受拉构件计算　　　　　　　　　　　　　　　　　表 2-36

计算项目	计算公式
轴心受拉构件正截面承载力计算	轴心受拉构件的正截面受拉承载力应符合下列规定： $$N \leqslant f_yA_s + f_{py}A_p \qquad (2\text{-}562)$$ 式中 N——轴向拉力设计值 　　f_y、f_{py}——普通钢筋、预应力筋抗拉强度设计值 　　A_s、A_p——纵向普通钢筋、预应力筋的全部截面面积

计算项目	计算公式
偏心受拉构件正截面承载力计算	(1) 矩形截面偏心受拉构件的正截面受拉承载力应符合下列规定： 1) 小偏心受拉构件 当轴向拉力作用在钢筋 A_s 与 A_p 的合力点和 A'_s 与 A'_p 的合力点之间时（见下图）： 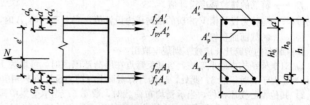 <div align="center">小偏心受拉构件</div>

$$Ne \leqslant f_y A'_s (h_0 - a'_s) + f_{py} A'_p (h_0 - a'_p) \qquad (2\text{-}563)$$

$$Ne' \leqslant f_y A_s (h'_0 - a_s) + f_{py} A_p (h'_0 - a_p) \qquad (2\text{-}564)$$

式中　N——轴向拉力设计值

e——轴向拉力作用点至纵向受拉普通钢筋和受拉预应力筋的合力点的距离

e'——轴向拉力作用点至受拉区纵向钢筋和预应力钢筋的合力点的距离

f_y、f_{py}——普通钢筋、预应力筋抗拉强度设计值

A'_s、A'_p——受压区纵向普通钢筋、预应力筋的截面面积

A_s、A_p——受拉区纵向普通钢筋、预应力筋的全部截面面积

h_0——截面有效高度；对环形截面，取 $h_0 = r_2 + r_s$；对圆形截面，取 $h_0 = r + r_s$

h'_0——纵向受压钢筋合力点至截面远边的距离

a_s、a_p——受拉区纵向普通钢筋、预应力筋至受拉边缘的距离

a'_s、a'_p——受压区纵向普通钢筋合力点、预应力筋合力点至截面受压边缘的距离

2) 大偏心受拉构件

当轴向拉力不作用在钢筋 A_s 与 A_p 的合力点和 A'_s 与 A'_p 的合力点之间时（见下图）：

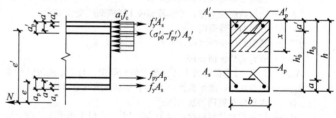

大偏心受拉构件

$$N \leqslant f_y A_s + f_{py} A_p - f'_y A'_s + (\sigma'_{p0} - f'_{py}) A'_p - \alpha_1 f_c bx \qquad (2\text{-}565)$$

$$Ne \leqslant \alpha_1 f_c bx \left(h_0 - \frac{x}{2} \right) + f'_y A'_s (h_0 - a'_s) - (\sigma'_{p0} - f'_{py}) A'_p (h_0 - a'_p) \qquad (2\text{-}566)$$

式中　N——轴向拉力设计值

e——轴向拉力作用点至纵向受拉普通钢筋和受拉预应力筋的合力点的距离

f_y、f_{py}——普通钢筋、预应力筋抗拉强度设计值

f'_y、f'_{py}——普通钢筋、预应力筋抗压强度设计值

A'_s、A'_p——受压区纵向普通钢筋、预应力筋的截面面积

A_s、A_p——受拉区纵向普通钢筋、预应力筋的全部截面面积

σ'_{p0}——受压区纵向预应力筋合力点处混凝土法向应力等于零时的预应力筋应力

x——等效矩形应力图形的混凝土受压区高度

α_1——系数，当混凝土强度等级不超过 C50 时，α_1 取为 1.0，当混凝土强度等级为 C80 时，α_1 取为 0.94，其间按线性内插法确定

f_c——混凝土轴心抗压强度设计值

b——矩形截面的宽度或倒 T 形截面的腹板宽度

h_0——截面有效高度；对环形截面，取 $h_0 = r_2 + r_s$；对圆形截面，取 $h_0 = r + r_s$

计算项目	计算公式
偏心受拉构件正截面承载力计算	a'_s、a'_p——受压区纵向普通钢筋合力点、预应力筋合力点至截面受压边缘的距离 3）对称配筋的矩形截面偏心受拉构件，不论大、小偏心受拉情况，均可按公式（2-564）计算 （2）对称配筋的矩形截面钢筋混凝土双向偏心受拉构件，其正截面受拉承载力应符合下列规定： $$N \leqslant \frac{1}{\dfrac{1}{N_{u0}} + \dfrac{e_0}{M_u}} \qquad (2\text{-}567)$$ 式中　N_{u0}——构件的轴心受拉承载力设计值 　　　e_0——轴向拉力作用点至截面重心的距离 　　　M_u——按通过轴向拉力作用点的弯矩平面计算的正截面受弯承载力设计值 　　构件的轴心受拉承载力设计值 N_{u0}，按公式（2-563）计算，但应取等号，并以 N_{u0} 代替 N。按通过轴向拉力作用点的弯矩平面计算的正截面受弯承载力设计值 M_u，可按有关规定进行计算。 　　公式（2-567）中的 e_0/M_u 也可按下列公式计算： $$\frac{e_0}{M_u} = \sqrt{\left(\frac{e_{0x}}{M_{ux}}\right)^2 + \left(\frac{e_{0y}}{M_{uy}}\right)^2} \qquad (2\text{-}574)$$ 式中　e_{0x}、e_{0y}——轴向拉力对截面重心 y 轴、x 轴的偏心距 　　　M_{ux}、M_{uy}——x 轴、y 轴方向的正截面受弯承载力设计值 　　（3）沿截面腹部均匀配置纵向普通钢筋的矩形、T 形或 I 形截面钢筋混凝土偏心受拉构件，其正截面受拉承载力应符合公式（2-567）的规定，式中正截面受弯承载力设计值 M_u 可按公式（2-558）和公式（2-553）进行计算，但应取等号，同时应分别取 N 为 0 和以 M_u 代替 Ne_i
受拉构件斜截面受剪承载力计算	（1）矩形、T 形和 I 形截面的钢筋混凝土偏心受拉构件，其斜截面受剪承载力应符合下列规定： $$V \leqslant \frac{1.75}{\lambda+1} f_t b h_0 + f_{yv} \frac{A_{sv}}{s} h_0 - 0.2N \qquad (2\text{-}575)$$ 式中　λ——计算截面的剪跨比，取为 $M/(Vh_0)$ 　　　f_t——混凝土轴心抗拉强度设计值 　　　b——矩形截面的宽度，T 形截面或 I 形截面的腹板宽度 　　　h_0——截面的有效高度 　　　A_{sv}——配置在同一截面内箍筋各肢的全部截面面积，即 nA_{sv1}，此处，n 为在同一个截面内箍筋的肢数，A_{sv1} 为单肢箍筋的截面面积 　　　s——沿构件长度方向的箍筋间距 　　　f_{yv}——箍筋的抗拉强度设计值 　　　N——与剪力设计值 V 相应的轴向拉力设计值 　　当公式（2-569）右边的计算值小于 $f_{yv}\dfrac{A_{sv}}{s}h_0$ 时，应取等于 $f_{yv}\dfrac{A_{sv}}{s}h_0$，且 $f_{yv}\dfrac{A_{sv}}{s}h_0$ 值不应小于 $0.36f_t b h_0$。 　　（2）钢筋混凝土剪力墙在偏心受拉时的斜截面受剪承载力应符合下列规定： $$V \leqslant \frac{1}{\lambda-0.5}\left(0.5f_t b h_0 - 0.13N\frac{A_w}{A}\right) + f_{yv}\frac{A_{sh}}{s_v}h_0 \qquad (2\text{-}570)$$ 　　当上式右边的计算值小于 $f_{yv}\dfrac{A_{sh}}{s_v}h_0$ 时，取等于 $f_{yv}\dfrac{A_{sh}}{s_v}h_0$ 　　式中　N——与剪力设计值 V 相应的轴向拉力设计值 　　　f_t——混凝土轴心抗拉强度设计值 　　　b——矩形截面的宽度，T 形截面或 I 形截面的腹板宽度 　　　h_0——截面的有效高度 　　　f_{yv}——箍筋的抗拉强度设计值 　　　A——剪力墙的截面面积 　　　A_w——T 形、I 形截面剪力墙腹板的截面面积，对矩形截面剪力墙，取为 A 　　　A_{sh}——配置在同一水平截面内的水平分布钢筋的全部截面面积 　　　s_v——水平分布钢筋的竖向间距 　　　λ——计算截面的剪跨比，取为 $M/(Vh_0)$；当 λ 小于 1.5 时，取 1.5，当 λ 大于 2.2 时，取 2.2；此处，M 为与剪力设计值 V 相应的弯矩设计值；当计算截面与墙底之间的距离小于 $h_0/2$ 时，λ 可按距墙底 $h_0/2$ 处的弯矩值与剪力值计算

2.8.4 受扭构件计算

受扭构件计算见表 2-37。

计算项目	计算公式

矩形截面纯扭构件承载力计算	矩形截面纯扭构件的受扭承载力应符合下列规定：
	
	$$T \leqslant 0.35 f_t W_t + 1.2\sqrt{\zeta} f_{yv} \frac{A_{st1} A_{cor}}{s} \qquad (2\text{-}571)$$
	
	$$\zeta = \frac{f_y A_{stl} s}{f_{yv} A_{st1} u_{cor}} \qquad (2\text{-}572)$$
	
	偏心距 e_{p0} 不大于 $h/6$ 的预应力混凝土纯扭构件，当计算的 ζ 值不小于 1.7 时，取 1.7，并可在公式 (2-571) 的右边增加预加力影响项 $0.05\dfrac{N_{p0}}{A_0}W_t$，此处，当 N_{p0} 大于 $0.3 f_c A_0$ 时，取 $0.3 f_c A_0$，此处，A_0 为构件的换算截面面积。
	
	式中 ζ——受扭的纵向钢筋与箍筋的配筋强度比值，ζ 值不应小于 0.6，当 ζ 大于 1.7 时，取 1.7
	     f_t——混凝土轴心抗拉强度设计值
	     f_y——普通钢筋抗拉强度设计值
	     W_t——受扭构件的截面受扭塑性抵抗矩，按下式计算：
	
	$$W_t = \frac{b^2}{3}(3h - b) \qquad (2\text{-}573)$$
	
	b、h——分别为矩形截面的短边尺寸、长边尺寸
	     A_{stl}——受扭计算中取对称布置的全部纵向普通钢筋截面面积
	     A_{st1}——受扭计算中沿截面周边配置的箍筋单肢截面面积
	     f_{yv}——受扭箍筋的抗拉强度设计值
	     A_{cor}——截面核心部分的面积，取为 $b_{cor} h_{cor}$，此处，b_{cor}、h_{cor} 为分别为箍筋内表面范围内截面核心部分的短边、长边尺寸
	     s——沿构件长度方向的箍筋间距
	     u_{cor}——截面核心部分的周长，取 $2(b_{cor} + h_{cor})$
	注：当 ζ 小于 1.7 或 e_{p0} 大于 $h/6$ 时，不应考虑预加力影响项，而应按钢筋混凝土纯扭构件计算

T 形和 I 形截面纯扭构件承载力计算	T 形和 I 形截面纯扭构件，可将其截面划分为几个矩形截面，分别按（1）进行受扭承载力计算。每个矩形截面的扭矩设计值可按下列规定计算：
	1）腹板
	
	$$T_w = \frac{W_{tw}}{W_t} T \qquad (2\text{-}574)$$
	
	2）受压翼缘
	
	$$T'_f = \frac{W'_{tf}}{W_t} T \qquad (2\text{-}575)$$
	
	3）受拉翼缘
	
	$$T_f = \frac{W_{tf}}{W_t} T \qquad (2\text{-}576)$$
	
	式中 T_w——腹板所承受的扭矩设计值
	   T'_f、T_f——分别为受压翼缘、受拉翼缘所承受的扭矩设计值
	     W_t——受扭构件的截面受扭塑性抵抗矩，按下式计算：
	
	$$W_t = W_{tw} + W'_{tf} + W_{tf} \qquad (2\text{-}577)$$
	
	W_{tw}、W'_{tf}、W_{tf}——分别为腹板、受压翼缘及受拉翼缘部分的矩形截面受扭塑性抵抗矩，按下式计算：
	1）腹板
	
	$$W_{tw} = \frac{b^2}{6}(3h - b) \qquad (2\text{-}578)$$
	
	2）受压翼缘
	
	$$W'_{tf} = \frac{h'^2_f}{2}(b'_f - b) \qquad (2\text{-}579)$$
	
	3）受拉翼缘
	
	$$W_{tf} = \frac{h^2_f}{2}(b_f - b) \qquad (2\text{-}580)$$

计算项目	计算公式
T形和I形截面纯扭构件承载力计算	式中　b、h——分别为截面的腹板宽度、截面高度 　　　　b_{f}'、b_{f}——分别为截面受压区、受拉区的翼缘宽度 　　　　h_{f}'、h_{f}——分别为截面受压区、受拉区的翼缘高度 计算时取用的翼缘宽度尚应符合 b_{f}' 不大于 $b+6h_{\mathrm{f}}'$ 及 b_{f} 不大于 $b+6h_{\mathrm{f}}$ 的规定
箱形截面纯扭构件承载力计算	箱形截面钢筋混凝土纯扭构件的受扭承载力应符合下列规定： $$T \leqslant 0.35\alpha_{\mathrm{h}} f_{\mathrm{t}} W_{\mathrm{t}} + 1.2\sqrt{\zeta} f_{\mathrm{yv}} \frac{A_{\mathrm{st1}} A_{\mathrm{cor}}}{s} \qquad (2\text{-}581)$$ $$\alpha_{\mathrm{h}} = 2.5 t_{\mathrm{w}}/b_{\mathrm{h}} \qquad (2\text{-}582)$$ 式中　α_{h}——箱形截面壁厚影响系数，当 α_{h} 大于 1.0 时，取 1.0 　　　ζ——受扭的纵向钢筋与箍筋的配筋强度比值，ζ 值不应小于 0.6，当 ζ 大于 1.7 时，取 1.7 　　　f_{t}——混凝土轴心抗拉强度设计值 　　　W_{t}——受扭构件的截面受扭塑性抵抗矩，按下式计算： $$W_{\mathrm{t}} = \frac{b_{\mathrm{h}}^2}{6}(3h_{\mathrm{h}} - b_{\mathrm{h}}) - \frac{(b_{\mathrm{h}} - 2t_{\mathrm{w}})^2}{6}\big[3h_{\mathrm{w}} - (b_{\mathrm{h}} - 2t_{\mathrm{w}})\big] \qquad (2\text{-}583)$$ 　　　b_{h}、h_{h}——分别为箱形截面的短边尺寸、长边尺寸 　　　h_{w}——截面的腹板高度：对矩形截面，取有效高度 h_0；对 T 形截面，取有效高度减去翼缘高度；对 I 形和箱形截面，取腹板净高 　　　t_{w}——箱形截面壁厚，其值不应小于 $b_{\mathrm{h}}/7$，此处，b_{h} 为箱形截面的宽度 　　　A_{st1}——受扭计算中沿截面周边配置的箍筋单肢截面面积 　　　f_{yv}——受扭箍筋的抗拉强度设计值 　　　A_{cor}——截面核心部分的面积，取为 $b_{\mathrm{cor}} h_{\mathrm{cor}}$，此处，$b_{\mathrm{cor}}$、$h_{\mathrm{cor}}$ 为分别为箍筋内表面范围内截面核心部分的短边、长边尺寸 　　　s——沿构件长度方向的箍筋间距
压扭构件承载力计算	在轴向压力和扭矩共同作用下的矩形截面钢筋混凝土构件，其受扭承载力应符合下列规定： $$T \leqslant \left(0.35 f_{\mathrm{t}} + 0.07\frac{N}{A}\right) W_{\mathrm{t}} + 1.2\sqrt{\zeta} f_{\mathrm{yv}} \frac{A_{\mathrm{st1}} A_{\mathrm{cor}}}{s} \qquad (2\text{-}584)$$ 式中　N——与扭矩设计值 T 相应的轴向压力设计值，当 N 大于 $0.3 f_{\mathrm{c}} A$ 时，取 $0.3 f_{\mathrm{c}} A$ 　　　A——构件截面面积 　　　ζ——受扭的纵向钢筋与箍筋的配筋强度比值，ζ 值不应小于 0.6，当 ζ 大于 1.7 时，取 1.7 　　　f_{t}——混凝土轴心抗拉强度设计值 　　　W_{t}——受扭构件的截面受扭塑性抵抗矩 　　　A_{st1}——受扭计算中沿截面周边配置的箍筋单肢截面面积 　　　f_{yv}——受扭箍筋的抗拉强度设计值 　　　A_{cor}——截面核心部分的面积，取为 $b_{\mathrm{cor}} h_{\mathrm{cor}}$，此处，$b_{\mathrm{cor}}$、$h_{\mathrm{cor}}$ 为分别为箍筋内表面范围内截面核心部分的短边、长边尺寸 　　　s——沿构件长度方向的箍筋间距
拉扭构件承载力计算	在轴向拉力和扭矩共同作用下的矩形截面钢筋混凝土构件，其受扭承载力应符合下列规定： $$T \leqslant \left(0.35 f_{\mathrm{t}} + 0.2\frac{N}{A}\right) W_{\mathrm{t}} + 1.2\sqrt{\zeta} f_{\mathrm{yv}} \frac{A_{\mathrm{st1}} A_{\mathrm{cor}}}{s} \qquad (2\text{-}585)$$ 式中　N——与扭矩设计值相应的轴向拉力设计值，当 N 大于 $1.75 f_{\mathrm{t}} A$ 时，取 $1.75 f_{\mathrm{t}} A$ 　　　A——构件截面面积 　　　ζ——受扭的纵向钢筋与箍筋的配筋强度比值，ζ 值不应小于 0.6，当 ζ 大于 1.7 时，取 1.7 　　　f_{t}——混凝土轴心抗拉强度设计值 　　　W_{t}——受扭构件的截面受扭塑性抵抗矩 　　　A_{st1}——受扭计算中沿截面周边配置的箍筋单肢截面面积 　　　f_{yv}——受扭箍筋的抗拉强度设计值 　　　A_{cor}——截面核心部分的面积，取为 $b_{\mathrm{cor}} h_{\mathrm{cor}}$，此处，$b_{\mathrm{cor}}$、$h_{\mathrm{cor}}$ 为分别为箍筋内表面范围内截面核心部分的短边、长边尺寸 　　　s——沿构件长度方向的箍筋间距

计算项目	计算公式
矩形截面剪扭构件承载力计算	在剪力和扭矩共同作用下的矩形截面剪扭构件，其受剪扭承载力验算应符合下列规定： (1) 一般剪扭构件 1) 受剪承载力 $$V \leqslant (1.5 - \beta_t)(0.7 f_t b h_0 + 0.05 N_{p0}) + f_{yv} \frac{A_{sv}}{s} h_0 \qquad (2\text{-}586)$$ $$\beta_t = \frac{1.5}{1 + 0.5 \dfrac{V W_t}{T b h_0}} \qquad (2\text{-}587)$$ 式中　A_{sv}——受剪承载力所需的箍筋截面面积 　　β_t——一般剪扭构件混凝土受扭承载力降低系数；当 β_t 小于 0.5 时，取 0.5；当 β_t 大于 1.0 时，取 1.0 　　f_t——混凝土轴心抗拉强度设计值 　　b——矩形截面的宽度，T 形截面或 I 形截面的腹板宽度 　　h_0——截面的有效高度 　　f_{yv}——受扭箍筋的抗拉强度设计值 　　N_{p0}——计算截面上混凝土法向预应力等于零时的预加力，当 N_{p0} 大于 $0.3 f_c A_0$ 时，取 $0.3 f_c A_0$，此处，A_0 为构件的换算截面面积 　　W_t——受扭构件的截面受扭塑性抵抗矩 　　s——沿构件长度方向的箍筋间距 　　2) 受扭承载力 $$T \leqslant \beta_t \left(0.35 f_t + 0.05 \frac{N_{p0}}{A_0} \right) W_t + 1.2 \sqrt{\zeta} f_{yv} \frac{A_{st1} A_{cor}}{s} \qquad (2\text{-}588)$$ 式中　β_t——一般剪扭构件混凝土受扭承载力降低系数：当 β_t 小于 0.5 时，取 0.5；当 β_t 大于 1.0 时，取 1.0 　　f_t——混凝土轴心抗拉强度设计值 　　N_{p0}——计算截面上混凝土法向预应力等于零时的预加力，当 N_{p0} 大于 $0.3 f_c A_0$ 时，取 $0.3 f_c A_0$，此处，A_0 为构件的换算截面面积 　　W_t——受扭构件的截面受扭塑性抵抗矩 　　ζ——受扭的纵向钢筋与箍筋的配筋强度比值，ζ 值不应小于 0.6，当 ζ 大于 1.7 时，取 1.7 　　f_{yv}——受扭箍筋的抗拉强度设计值 　　A_{st1}——受扭计算中沿截面周边配置的箍筋单肢截面面积 　　A_{cor}——截面核心部分的面积，取为 $b_{cor} h_{cor}$，此处，b_{cor}、h_{cor} 为分别为箍筋内表面范围内截面核心部分的短边、长边尺寸 　　s——沿构件长度方向的箍筋间距 (2) 集中荷载作用下的独立剪扭构件 1) 受剪承载力 $$V \leqslant (1.5 - \beta_t) \left(\frac{1.75}{\lambda + 1} f_t b h_0 + 0.05 N_{p0} \right) + f_{yv} \frac{A_{sv}}{s} h_0 \qquad (2\text{-}589)$$ $$\beta_t = \frac{1.5}{1 + 0.2(\lambda + 1) \dfrac{V W_t}{T b h_0}} \qquad (2\text{-}590)$$ 式中　A_{sv}——受剪承载力所需的箍筋截面面积 　　f_t——混凝土轴心抗拉强度设计值 　　b——矩形截面的宽度，T 形截面或 I 形截面的腹板宽度 　　h_0——截面的有效高度 　　f_{yv}——受扭箍筋的抗拉强度设计值 　　N_{p0}——计算截面上混凝土法向预应力等于零时的预加力，当 N_{p0} 大于 $0.3 f_c A_0$ 时，取 $0.3 f_c A_0$，此处，A_0 为构件的换算截面面积 　　W_t——受扭构件的截面受扭塑性抵抗矩 　　s——沿构件长度方向的箍筋间距 　　λ——计算截面的剪跨比，取为 $M/(V h_0)$；当 λ 小于 1.5 时，取 1.5，当 λ 大于 2.2 时，取 2.2；此处，M 为与剪力设计值 V 相应的弯矩设计值；当计算截面与墙底之间的距离小于 $h_0/2$ 时，λ 可按距墙底 $h_0/2$ 处的弯矩值与剪力值计算

计算项目	计算公式
矩形截面剪扭构件承载力计算	β_t——集中荷载作用下剪扭构件混凝土受扭承载力降低系数：当 β_t 小于 0.5 时，取 0.5；当 β_t 大于 1.0 时，取 1.0 2）受扭承载力 受扭承载力仍应按公式（2-588）计算，但式中的 β_t 应按公式（2-590）计算
箱形截面剪扭构件承载力计算	箱形截面钢筋混凝土剪扭构件的受剪扭承载力可按下列规定验算： （1）一般剪扭构件 1）受剪承载力 $$V \leqslant 0.07(1.5 - \beta_t)f_t b h_0 + f_{yv}\frac{A_{sv}}{s}h_0 \qquad (2\text{-}591)$$ 2）受扭承载力 $$T \leqslant 0.35\alpha_h\beta_t f_t W_t + 1.2\sqrt{\zeta}f_{yv}\frac{A_{st1}A_{cor}}{s} \qquad (2\text{-}592)$$ 式中　β_t——按公式（2-587）计算，但式中的 W_t 应代之以 $\alpha_h W_t$ 　　　f_t——混凝土轴心抗拉强度设计值 　　　b——矩形截面的宽度，T 形截面或 I 形截面的腹板宽度 　　　h_0——截面的有效高度 　　　f_{yv}——受扭箍筋的抗拉强度设计值 　　　A_{sv}——受剪承载力所需的箍筋截面面积 　　　s——沿构件长度方向的箍筋间距 　　　W_t——受扭构件的截面受扭塑性抵抗矩 　　　α_h——箱形截面壁厚影响系数，当 α_h 大于 1.0 时，取 1.0 　　　ζ——受扭的纵向钢筋与箍筋的配筋强度比值，ζ 值不应小于 0.6，当 ζ 大于 1.7 时，取 1.7 　　　A_{st1}——受扭计算中沿截面周边配置的箍筋单肢截面面积 　　　A_{cor}——截面核心部分的面积，取为 $b_{cor}h_{cor}$，此处，b_{cor}、h_{cor} 为分别为箍筋内表面范围内截面核心部分的短边、长边尺寸 （2）集中荷载作用下的独立剪扭构件 1）受剪承载力 $$V \leqslant (1.5 - \beta_t)\frac{1.75}{\lambda+1}f_t b h_0 + f_{yv}\frac{A_{sv}}{s}h_0 \qquad (2\text{-}593)$$ 式中　β_t——按公式（2-590）计算，但式中的 W_t 应代之以 $\alpha_h W_t$ 　　　λ——计算截面的剪跨比，取为 $M/(Vh_0)$；当 λ 小于 1.5 时，取 1.5，当 λ 大于 2.2 时，取 2.2；此处，M 为与剪力设计值 V 相应的弯矩设计值；当计算截面与墙底之间的距离小于 $h_0/2$ 时，λ 可按距墙底 $h_0/2$ 处的弯矩值与剪力值计算 　　　f_t——混凝土轴心抗拉强度设计值 　　　b——矩形截面的宽度，T 形截面或 I 形截面的腹板宽度 　　　h_0——截面的有效高度 　　　f_{yv}——受扭箍筋的抗拉强度设计值 　　　A_{sv}——受剪承载力所需的箍筋截面面积 　　　s——沿构件长度方向的箍筋间距 2）受扭承载力 受扭承载力仍应按公式（2-592）计算，但式中的 β_t 值应按公式（2-590）计算
弯剪扭构件承载力计算	（1）在弯矩、剪力和扭矩共同作用下，h_w/b 不大于 6 的矩形、T 形、I 形截面和 h_w/t_w 不大于 6 的箱形截面构件（见下图），其截面应符合下列条件： 当 h_w/b（或 h_w/t_w）不大于 4 时： $$\frac{V}{bh_0} + \frac{T}{0.8W_t} \leqslant 0.25\beta_c f_c \qquad (2\text{-}594)$$ 当 h_w/b（或 h_w/t_w）等于 6 时： $$\frac{V}{bh_0} + \frac{T}{0.8W_t} \leqslant 0.2\beta_c f_c \qquad (2\text{-}595)$$ 当 $4 < h_w/b$（或 h_w/t_w）< 6 时，按线性内插法确定

续表

计算项目	计算公式

弯剪扭构件承载力计算

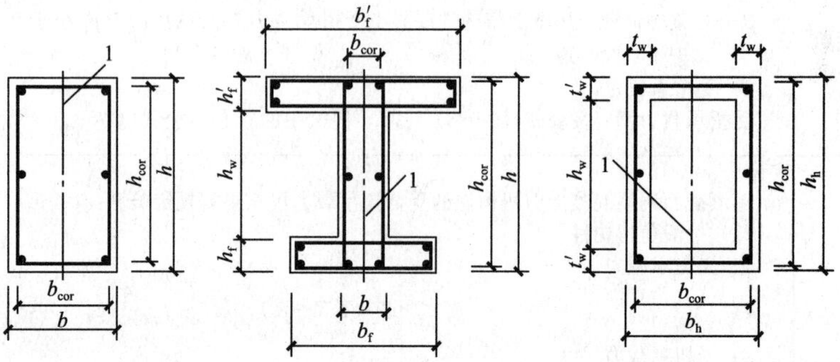

(*a*)　　(*b*)　　(*c*)

受扭构件截面

(*a*) 矩形截面；(*b*) T形、I形截面；(*c*) 箱形截面（$t_w \leqslant t_w'$）

1—弯矩、剪力作用平面

式中　T——扭矩设计值

b——矩形截面的宽度，T形或I形截面取腹板宽度，箱形截面取两侧壁总厚度 $2t_w$

h_0——截面的有效高度

W_t——受扭构件的截面受扭塑性抵抗矩

β_c——混凝土强度影响系数：当混凝土强度等级不超过C50时，β_c 取1.0；当混凝土强度等级为C80时，β_c 取0.8；其间按线性内插法确定

f_c——混凝土轴心抗压强度设计值

h_w——截面的腹板高度：对矩形截面，取有效高度 h_0；对T形截面，取有效高度减去翼缘高度；对I形和箱形截面，取腹板净高

t_w——箱形截面壁厚，其值不应小于 $b_h/7$，此处，b_h 为箱形截面的宽度

注：当 h_w/b 大于6或 h_w/t_w 大于6时，受扭构件的截面尺寸要求及扭曲截面承载力计算应符合专门规定。

(2) 在弯矩、剪力和扭矩共同作用下的构件，当符合下列要求时，可不进行构件受剪扭承载力计算，但应按构造要求配置纵向钢筋和箍筋：

$$\frac{V}{bh_0}+\frac{T}{W_t}\leqslant 0.7f_t+0.05\frac{N_{p0}}{bh_0} \tag{2-596}$$

或

$$\frac{V}{bh_0}+\frac{T}{0.8W_t}\leqslant 0.7f_t+0.07\frac{N}{bh_0} \tag{2-597}$$

式中　N_{p0}——计算截面上混凝土法向预应力等于零时的预加力，当 N_{p0} 大于 $0.3f_cA_0$ 时，取 $0.3f_cA_0$，此处，A_0 为构件的换算截面面积

N——与剪力、扭矩设计值 V、T 相应的轴向压力设计值，当 N 大于 $0.3f_cA_0$ 时，取 $0.3f_cA_0$，此处，A 为构件的截面面积

b——矩形截面的宽度，T形或I形截面取腹板宽度，箱形截面取两侧壁总厚度 $2t_w$

h_0——截面的有效高度

W_t——受扭构件的截面受扭塑性抵抗矩

f_t——混凝土轴心抗拉强度设计值

(3) 在弯矩、剪力和扭矩共同作用下的矩形、T形、I形和箱形截面的弯剪扭构件，可按下列规定进行承载力计算：

1) 当 V 不大于 $0.35f_tbh_0$ 或 V 不大于 $0.875f_tbh_0/(\lambda+1)$ 时，可仅验算受弯构件的正截面受弯承载力和纯扭构件的受扭承载力

2) 当 T 不大于 $0.175f_tW_t$ 或 T 不大于 $0.175\alpha_hf_tW_t$ 时，可仅验算受弯构件的正截面受弯承载力和斜截面受剪承载力

(4) 矩形、T形、I形和箱形截面弯剪扭构件，其纵向钢筋截面面积应分别按受弯构件的正截面受弯承载力和剪扭构件的受扭承载力计算确定，并应配置在相应的位置；箍筋截面面积应分别按剪扭构件的受剪承载力和受扭承载力计算确定，并应配置在相应的位置

计算项目	计算公式
压弯剪扭构件承载力计算	(1) 在轴向压力、弯矩、剪力和扭矩共同作用下的钢筋混凝土矩形截面框架柱，其受剪扭承载力可按下列规定验算： 1) 受剪承载力 $$V \leqslant (1.5 - \beta_t)\left(\frac{1.75}{\lambda + 1}f_t b h_0 + 0.07N\right) + f_{yv}\frac{A_{sv}}{s}h_0 \qquad (2\text{-}598)$$ 2) 受扭承载力 $$T \leqslant \beta_t\left(0.35f_t + 0.07\frac{N}{A}\right)W_t + 1.2\sqrt{\zeta}f_{yv}\frac{A_{st1}A_{cor}}{s} \qquad (2\text{-}599)$$ 式中 λ——计算截面的剪跨比，取为 $M/(Vh_0)$ 　　β_t——剪扭构件混凝土受扭承载力降低系数：当 β_t 小于 0.5 时，取 0.5；当 β_t 大于 1.0 时，取 1.0 　　f_t——混凝土轴心抗拉强度设计值 　　b——矩形截面的宽度，T 形截面或 I 形截面的腹板宽度 　　h_0——截面的有效高度 　　ζ——受扭的纵向钢筋与箍筋的配筋强度比值，ζ 值不应小于 0.6，当 ζ 大于 1.7 时，取 1.7 　　N——与剪力、扭矩设计值 V、T 相应的轴向压力设计值，当 N 大于 $0.3f_cA_0$ 时，取 $0.3f_cA_0$，此处，A 为构件的截面面积 　　W_t——受扭构件的截面受扭塑性抵抗矩 　　f_{yv}——受扭箍筋的抗拉强度设计值 　　A_{sv}——受剪承载力所需的箍筋截面面积 　　A_{st1}——受扭计算中沿截面周边配置的箍筋单肢截面面积 　　A_{cor}——截面核心部分的面积，取为 $b_{cor}h_{cor}$，此处，b_{cor}、h_{cor} 为分别为箍筋内表面范围内截面核心部分的短边、长边尺寸 　　s——沿构件长度方向的箍筋间距 (2) 在轴向压力、弯矩、剪力和扭矩共同作用下的钢筋混凝土矩形截面框架柱，当 T 不大于 $(0.175f_t + 0.035N/A)W_t$ 时，可仅验算偏心受压构件的正截面承载力和斜截面受剪承载力。 (3) 在轴向压力、弯矩、剪力和扭矩共同作用下的钢筋混凝土矩形截面框架柱，其纵向普通钢筋截面面积应分别按偏心受压构件的正截面承载力和剪扭构件的受扭承载力计算确定，并应配置在相应的位置；箍筋截面面积应分别按剪扭构件的受剪承载力和受扭承载力计算确定，并应配置在相应的位置
拉弯剪扭构件承载力计算	(1) 在轴向拉力、弯矩、剪力和扭矩共同作用下的钢筋混凝土矩形截面框架柱，其受剪扭承载力应符合下列规定： 1) 受剪承载力 $$V \leqslant (1.5 - \beta_t)\left(\frac{1.75}{\lambda + 1}f_t b h_0 - 0.2N\right) + f_{yv}\frac{A_{sv}}{s}h_0 \qquad (2\text{-}600)$$ 2) 受扭承载力 $$T \leqslant \beta_t\left(0.35f_t - 0.2\frac{N}{A}\right)W_t + 1.2\sqrt{\zeta}f_{yv}\frac{A_{st1}A_{cor}}{s} \qquad (2\text{-}601)$$ 当公式（2-600）右边的计算值小于 $f_{yv}\frac{A_{sv}}{s}h_0$ 时，取 $f_{yv}\frac{A_{sv}}{s}h_0$；当公式（2-607）右边的计算值小于 $1.2\sqrt{\zeta}f_{yv}\frac{A_{st1}A_{cor}}{s}$ 时，取 $1.2\sqrt{\zeta}f_{yv}\frac{A_{st1}A_{cor}}{s}$。 式中 λ——计算截面的剪跨比，取为 $M/(Vh_0)$ 　　β_t——剪扭构件混凝土受扭承载力降低系数：当 β_t 小于 0.5 时，取 0.5；当 β_t 大于 1.0 时，取 1.0 　　f_t——混凝土轴心抗拉强度设计值 　　b——矩形截面的宽度，T 形截面或 I 形截面的腹板宽度 　　h_0——截面的有效高度 　　ζ——受扭的纵向钢筋与箍筋的配筋强度比值，ζ 值不应小于 0.6，当 ζ 大于 1.7 时，取 1.7 　　N——与剪力、扭矩设计值 V、T 相应的轴向拉力设计值 　　W_t——受扭构件的截面受扭塑性抵抗矩 　　f_{yv}——受扭箍筋的抗拉强度设计值 　　A_{sv}——受剪承载力所需的箍筋截面面积

计算项目	计算公式
拉弯剪扭构件承载力计算	A_{stl}——受扭计算中沿截面周边配置的箍筋单肢截面面积 A_{cor}——截面核心部分的面积，取为 $b_{cor}h_{cor}$，此处，b_{cor}、h_{cor} 为分别为箍筋内表面范围内截面核心部分的短边、长边尺寸 s——沿构件长度方向的箍筋间距 （2）在轴向拉力、弯矩、剪力和扭矩共同作用下的钢筋混凝土矩形截面框架柱，当 $T \leqslant (0.175f_t - 0.1N/A)W_t$ 时，可仅验算偏心受拉构件的正截面承载力和斜截面受剪承载力。 （3）在轴向拉力、弯矩、剪力和扭矩共同作用下的钢筋混凝土矩形截面框架柱，其纵向普通钢筋截面面积应分别按偏心受拉构件的正截面承载力和剪扭构件的受扭承载力计算确定，并应配置在相应的位置；箍筋截面面积应分别按剪扭构件的受剪承载力和受扭承载力计算确定，并应配置在相应的位置

2.8.5 受冲切承载力计算

受冲切承载力计算见表 2-38。

受冲切承载力计算   表 2-38

计算项目	计算公式
不配置箍筋或弯起钢筋时	在局部荷载或集中反力作用下，不配置箍筋或弯起钢筋的板的受冲切承载力应符合下列规定（见下图）： $$F_l \leqslant (0.7\beta_h f_t + 0.25\sigma_{pc,m})\eta u_m h_0 \qquad (2\text{-}602)$$ 公式（2-602）公中的系数 η，应按下列两个公式计算，并取其中较小值： $$\eta_1 = 0.4\frac{1.2}{\beta_s} \qquad (2\text{-}603)$$ $$\eta_2 = 0.5\frac{\alpha_s h_0}{4u_m} \qquad (2\text{-}604)$$ 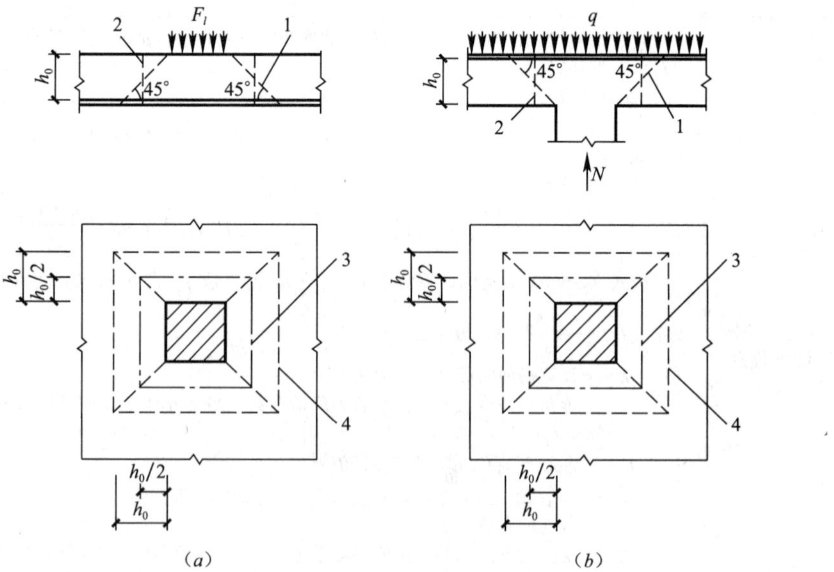 **板受冲切承载力计算** （a）局部荷载作用下；（b）集中反力作用下 1—冲切破坏锥体的斜截面；2—计算截面；3—计算截面的周长；4—冲切破坏锥体的底面线

计算项目	计算公式
不配置箍筋或弯起钢筋时	式中　F_l——局部荷载设计值或集中反力设计值；板柱节点，取柱所承受的轴向压力设计值的层间差值减去柱顶冲切破坏锥体范围内板所承受的荷载设计值；当有不平衡弯矩时，应取等效集中反力设计值 $F_{l,\text{eq}}$ 值 　　β_h——截面高度影响系数：当 h 不大于 800mm 时，取 β_h 为 1.0；当 h 不小于 2000mm 时，取 β_h 为 0.9，其间按线性内插法取用 　　f_t——混凝土轴心抗拉强度设计值，按下表采用

强　　度	混凝土强度等级						
	C15	C20	C25	C30	C35	C40	C45
f_c	7.2	9.6	11.9	14.3	16.7	19.1	21.1
f_t	0.91	1.10	1.27	1.43	1.57	1.71	1.80

强　　度	混凝土强度等级					
	C50	C55	C60	C65	C70	C75	C80
f_c	23.1	25.3	27.5	29.7	31.8	33.8	35.9
f_t	1.89	1.96	2.04	2.09	2.14	2.18	2.22

$\sigma_{\text{pc,m}}$——计算截面周长上两个方向混凝土有效预压应力按长度的加权平均值，其值宜控制在 $1.0 \sim 3.5\text{N/mm}^2$ 范围内

u_m——计算截面的周长，取距离局部荷载或集中反力作用面积周边 $h_0/2$ 处板垂直截面的最不利周长

h_0——截面有效高度，取两个方向配筋的截面有效高度平均值

η_1——局部荷载或集中反力作用面积形状的影响系数

η_2——计算截面周长与板截面有效高度之比的影响系数

β_s——局部荷载或集中反力作用面积为矩形时的长边与短边尺寸的比值，β_s 不宜大于 4；当 β_s 小于 2 时取 2；对圆形冲切面，β_s 取 2

α_s——柱位置影响系数：中柱，α_s 取 40；边柱，α_s 取 30；角柱，α_s 取 20

当板开有孔洞且孔洞至局部荷载或集中反力作用面积边缘的距离不大于 $6h_0$ 时，受冲切承载力计算中取用的计算截面周长 u_m，应扣除局部荷载或集中反力作用面积中心至开孔外边画出两条切线之间所包含的长度（见下图）：

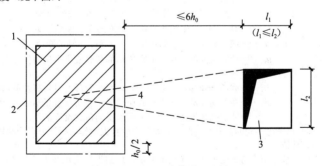

邻近孔洞时的计算截面周长

1—局部荷载或集中反力作用面；2—计算截面周长；3—孔洞；4—应扣除的长度

注：当图中 l_1 大于 l_2 时，孔洞边长 l_2 用 $\sqrt{l_1 l_2}$ 代替

板柱节点中的板

（1）在竖向荷载、水平荷载作用下的板柱节点，其受冲切承载力计算中所用的等效集中反力设计值 $F_{l,\text{eq}}$ 可按下列情况确定：

1）传递单向不平衡弯矩的板柱节点

当不平衡弯矩作用平面与柱矩形截面两个轴线之一相重合时，可按下列两种情况进行计算：

① 由节点受剪传递的单向不平衡弯矩 $\alpha_0 M_{\text{unb}}$，当其作用的方向指向见下图的 AB 边时，等效集中反力设计值可按下列公式计算：

计算项目	计算公式

$$F_{l,\text{eq}} = F_l + \frac{\alpha_0 M_{\text{unb}} a_{\text{AB}}}{I_c} u_m h_0 \tag{2-605}$$

$$M_{\text{unb}} = M_{\text{unb,c}} - F_l e_g \tag{2-606}$$

② 由节点受剪传递的单向不平衡弯矩 $\alpha_0 M_{\text{unb}}$，当其作用的方向指向下图的 CD 边时，等效集中反力设计值可按下列公式计算：

$$F_{l,\text{eq}} = F_l + \frac{\alpha_0 M_{\text{unb}} a_{\text{CD}}}{I_c} u_m h_0 \tag{2-607}$$

$$M_{\text{unb}} = M_{\text{unb,c}} + F_l e_g \tag{2-608}$$

式中　F_l——在竖向荷载、水平荷载作用下，柱所承受的轴向压力设计值的层间差值减去柱顶冲切破坏锥体范围内板所承受的荷载设计值

　　　　α_0——计算系数，按（2）计算

　　　　M_{unb}——竖向荷载、水平荷载引起对临界截面周长重心轴（下图中的轴线 2）处的不平衡弯矩设计值

　　　　$M_{\text{unb,c}}$——竖向荷载、水平荷载引起对柱截面重心轴（下图中的轴线 1）处的不平衡弯矩设计值

　a_{AB}、a_{CD}——临界截面周长重心轴至 AB、CD 边缘的距离

　　　　I_c——按临界截面计算的类似极惯性矩，按（2）计算

　　　　u_m——计算截面的周长，取距离局部荷载或集中反力作用面积周边 $h_0/2$ 处板垂直截面的最不利周长

　　　　h_0——截面有效高度，取两个方向配筋的截面有效高度平均值

　　　　e_g——在弯矩作用平面内柱截面重心轴至临界截面周长重心轴的距离，按本节（2）计算；对中柱截面和弯矩作用平面平行于自由边的边柱截面，$e_g = 0$

2）传递双向不平衡弯矩的板柱节点

当节点受剪传递到临界截面周长两个方向的不平衡弯矩为 $\alpha_{0x} M_{\text{unb,x}}$、$\alpha_{0y} M_{\text{unb,y}}$ 时，等效集中反力设计值可按下列公式计算：

$$F_{l,\text{eq}} = F_l + \tau_{\text{unb,max}} u_m h_0 \tag{2-609}$$

$$\tau_{\text{unb,max}} = \frac{\alpha_{0x} M_{\text{unb,x}} a_x}{I_{cx}} + \frac{\alpha_{0y} M_{\text{unb,y}} a_y}{I_{cy}} \tag{2-610}$$

式中　$\tau_{\text{unb,max}}$——由受剪传递的双向不平衡弯矩临界截面上产生的最大剪应力设计值

$M_{\text{unb,x}}$、$M_{\text{unb,y}}$——竖向荷载、水平荷载引起对临界截面周长重心处 x 轴、y 轴方向的不平衡弯矩设计值，可按公式（2-606）或公式（2-607）同样的方法确定

　α_{0x}、α_{0y}——x 轴、y 轴的计算系数，按（2）和（3）确定

　　I_{cx}、I_{cy}——对 x 轴、y 轴按临界截面计算的类似极惯性矩，按（2）和（3）确定

　　　a_x、a_y——最大剪应力 τ_{max} 的作用点至 x 轴、y 轴的距离

　　　　u_m——计算截面的周长，取距离局部荷载或集中反力作用面积周边 $h_0/2$ 处板垂直截面的最不利周长

　　　　h_0——截面有效高度，取两个方向配筋的截面有效高度平均值

　　　　F_l——在竖向荷载、水平荷载作用下，柱所承受的轴向压力设计值的层间差值减去柱顶冲切破坏锥体范围内板所承受的荷载设计值

3）当考虑不同的荷载组合时，应取其中的较大值作为板柱节点受冲切承载力计算用的等效集中反力设计值。

（2）板柱节点考虑受剪传递单向不平衡弯矩的受冲切承载力计算中，与等效集中反力设计值 $F_{l,\text{eq}}$ 有关的参数和下图中所示的几何尺寸，可按下列公式计算：

1）中柱处临界截面的类似极惯性矩、几何尺寸及计算系数可按下列公式计算（下图 a）：

$$I_c = \frac{h_0 a_t^3}{6} + 2h_0 a_m \left(\frac{a_t}{2}\right)^2 \tag{2-611}$$

$$a_{\text{AB}} = a_{\text{CD}} = \frac{a_t}{2} \tag{2-612}$$

$$e_g = 0 \tag{2-613}$$

$$\alpha_0 = 1 - \frac{1}{1 + \dfrac{2}{3}\sqrt{\dfrac{h_c + h_0}{b_c + h_0}}} \tag{2-614}$$

（板柱节点中的板）

计算项目	计算公式
板柱节点中的板	2）边柱处临界截面的类似极惯性矩、几何尺寸及计算系数可按下列公式计算： ① 弯矩作用平面垂直于自由边（下图 b） $$I_c = \frac{h_0 a_t^3}{6} + h_0 a_m a_{AB}^2 + 2h_0 a_t \left(\frac{a_t}{2} - a_{AB}\right)^2 \qquad (2\text{-}615)$$ $$a_{AB} = \frac{a_t^2}{a_m + 2a_t} \qquad (2\text{-}616)$$ $$a_{CD} = a_t - a_{AB} \qquad (2\text{-}617)$$ $$e_g = a_{CD} - \frac{h_c}{2} \qquad (2\text{-}618)$$ $$\alpha_0 = 1 - \frac{1}{1 + \frac{2}{3}\sqrt{\dfrac{h_c + h_0/2}{b_c + h_0}}} \qquad (2\text{-}619)$$ ② 弯矩作用平面平行于自由边（下图 c） $$I_c = \frac{h_0 a_t^3}{12} + 2h_0 a_m \left(\frac{a_t}{2}\right)^2 \qquad (2\text{-}620)$$ $$a_{AB} = a_{CD} = \frac{a_t}{2} \qquad (2\text{-}621)$$ $$e_g = 0 \qquad (2\text{-}622)$$ $$\alpha_0 = 1 - \frac{1}{1 + \frac{2}{3}\sqrt{\dfrac{h_c + h_0}{b_c + h_0/2}}} \qquad (2\text{-}623)$$ 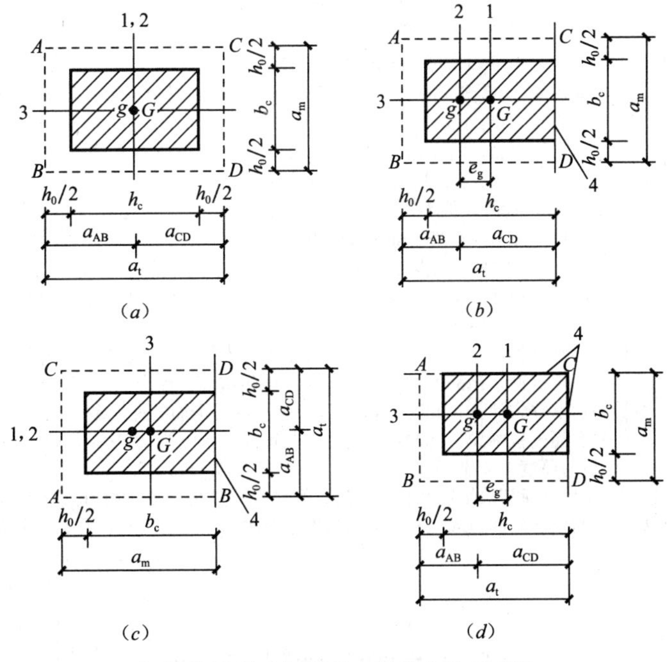 矩形柱及受冲切承载力计算的几何参数 （a）中柱截面；（b）边柱截面（弯矩作用平面垂直于自由边）； （c）边柱截面（弯矩作用平面平行于自由边）；（d）角柱截面 1—柱截面重心 G 的轴线；2—临界截面周长重心 g 的轴线；3—不平衡弯矩作用平面；4—自由边 3）角柱处临界截面的类似极惯性矩、几何尺寸及计算系数可按下列公式计算（下图 d） $$I_c = \frac{h_0 a_t^3}{12} + h_0 a_m a_{AB}^2 + h_0 a_t \left(\frac{a_t}{2} - a_{AB}\right)^2 \qquad (2\text{-}624)$$ $$a_{AB} = \frac{a_t^2}{2(a_m + a_t)} \qquad (2\text{-}625)$$

计算项目	计算公式
板柱节点中的板	$$a_{CD} = a_t - a_{AB} \tag{2-626}$$ $$e_g = a_{CD} - \frac{h_c}{2} \tag{2-627}$$ $$\alpha_0 = 1 - \frac{1}{1 + \frac{2}{3}\sqrt{\dfrac{h_c + h_0/2}{b_c + h_0/2}}} \tag{2-628}$$ (3) 在按公式（2-609）、公式（2-610）进行板柱节点考虑传递双向不平衡弯矩的受冲切承载力计算中，如将（2）的规定视作 x 轴（或 y 轴）的类似极惯性矩、几何尺寸及计算系数，则与其相应的 y 轴（或 x 轴）的类似极惯性矩、几何尺寸及计算系数，可将前述的 x 轴（或 y 轴）的相应参数进行换算确定。 （4）当边柱、角柱部位有悬臂板时，临界截面周长可计算至垂直于自由边的板端处，按此计算的临界截面周长应与按中柱计算的临界截面周长相比较，并取两者中的较小值。在此基础上，应按（2）和（3）的原则，确定板柱节点考虑受剪传递不平衡弯矩的受冲切承载力计算所用等效集中反力设计值 $F_{l,eq}$ 的有关参数
配置箍筋或弯起钢筋时	（1）在局部荷载或集中反力作用下，当受冲切承载力不满足"不配置箍筋或弯起钢筋时"的要求且板厚受到限制时，可配置箍筋或弯起钢筋，并应符合（3）的构造规定。此时，受冲切截面及受冲切承载力应符合下列要求： 1）受冲切截面 $$F_l \leqslant 1.2 f_t \eta u_m h_0 \tag{2-629}$$ 2）配置箍筋、弯起钢筋时的受冲切承载力 $$F_l \leqslant (0.5 f_t + 0.25 \sigma_{pc,m}) \eta u_m h_0 + 0.8 f_{yv} A_{svu} + 0.8 f_y A_{sbu} \sin\alpha \tag{2-630}$$ 式中 f_{yv}——箍筋的抗拉强度设计值 f_t——混凝土轴心抗拉强度设计值 u_m——计算截面的周长，取距离局部荷载或集中反力作用面积周边 $h_0/2$ 处板垂直截面的最不利周长 h_0——截面有效高度，取两个方向配筋的截面有效高度平均值 η——系数，见式（2-602）、式（2-603） $\sigma_{pc,m}$——计算截面周长上两个方向混凝土有效预压应力按长度的加权平均值，其值宜控制在 $1.0 \sim 3.5 \text{N/mm}^2$ 范围内 A_{svu}——与呈 $45°$ 冲切破坏锥体斜截面相交的全部箍筋截面面积 A_{sbu}——与呈 $45°$ 冲切破坏锥体斜截面相交的全部弯起钢筋截面面积 α——弯起钢筋与板底面的夹角 注：当有条件时，可采取配置栓钉、型钢剪力架等形式的抗冲切措施。 （2）配置抗冲切钢筋的冲切破坏锥体以外的截面，尚应按"不配置箍筋或弯起钢筋时"的规定进行受冲切承载力计算，此时，u_m 应取配置抗冲切钢筋的冲切破坏锥体以外 $0.5h_0$ 处的最不利周长。 （3）混凝土板中配置抗冲切箍筋或弯起钢筋时，应符合下列构造要求： 1）板的厚度不应小于 200mm。 2）按计算所需的箍筋及相应的架立钢筋应配置在与 $45°$ 冲切破坏锥面相交的范围内，且从集中荷载作用面或柱截面边缘向外的分布长度不应小于 $1.5h_0$（见下图 a）；箍筋直径不应小于 6mm，且应 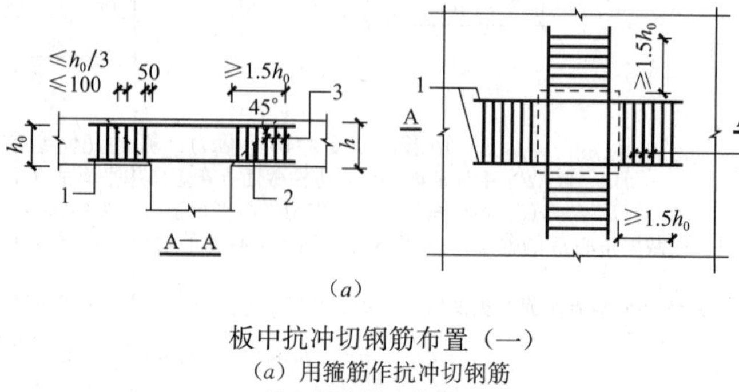 (a) 板中抗冲切钢筋布置（一） (a) 用箍筋作抗冲切钢筋 注：图中尺寸单位 mm 1—架立钢筋；2—冲切破坏锥面；3—箍筋；4—弯起钢筋

计算项目	计算公式
配置箍筋或弯起钢筋时	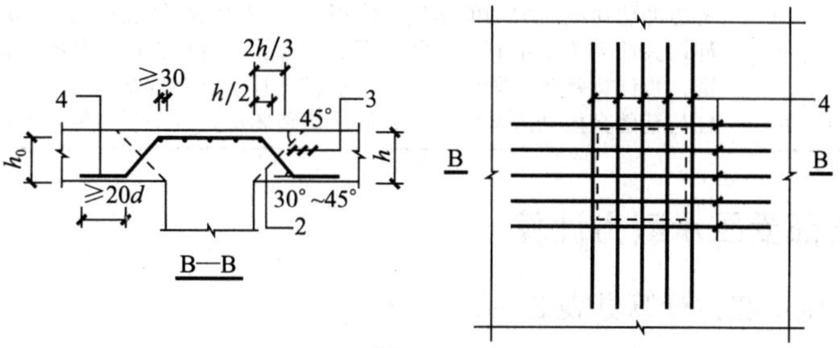 （b） **板中抗冲切钢筋布置（二）** （b）用弯起钢筋作抗冲切钢筋 注：图中尺寸单位 mm 1—架立钢筋；2—冲切破坏锥面；3—箍筋；4—弯起钢筋 做成封闭式，间距不应大于 $h_0/3$，且不应大于100mm。 3）按计算所需弯起钢筋的弯起角度可根据板的厚度在30°～45°之间选取；弯起钢筋的倾斜段应与冲切破坏锥面相交（见下图b），其交点应在集中荷载作用面或柱截面边缘以外（1/2～2/3）h 的范围内。弯起钢筋直径不宜小于12mm，且每一方向不宜少于3根
阶形基础	矩形截面柱的阶形基础，在柱与基础交接处以及基础变阶处的受冲切承载力应符合下列规定（见下图）： $$F_l \leqslant 0.7\beta_{\rm h}f_{\rm t}b_{\rm m}h_0 \qquad (2\text{-}631)$$ $$F_l = p_{\rm s}A \qquad (2\text{-}632)$$ $$b_{\rm m} = \frac{b_{\rm t}+b_{\rm b}}{2} \qquad (2\text{-}633)$$ 式中　h_0——柱与基础交接处或基础变阶处的截面有效高度，取两个方向配筋的截面有效高度平均值 　　　$f_{\rm t}$——混凝土轴心抗拉强度设计值 　　　$\beta_{\rm h}$——截面高度影响系数：当 h 不大于 800mm 时，取 $\beta_{\rm h}$ 为 1.0；当 h 不小于 2000mm 时，取 $\beta_{\rm h}$ 为 0.9，其间按线性内插法取用 　　　$p_{\rm s}$——按荷载效应基本组合计算并考虑结构重要性系数的基础底面地基反力设计值（可扣除基础自重及其上的土重），当基础偏心受力时，可取用最大的地基反力设计值 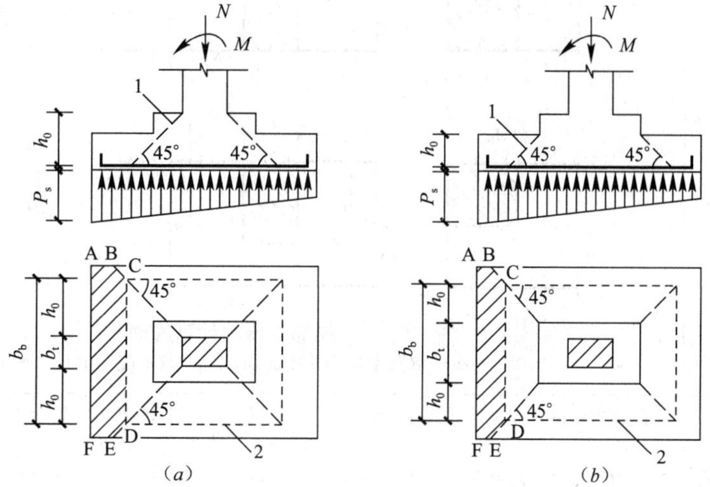 **计算阶形基础的受冲切承载力截面位置** （a）柱与基础交接处；（b）基础变阶处 1—冲切破坏锥体最不利一侧的斜截面；2—冲切破坏锥体的底面线

计算项目	计算公式
阶形基础	A——考虑冲切荷载时取用的多边形面积（下图中的阴影面积 ABCDEF） b_t——冲切破坏锥体最不利一侧斜截面的上边长：当计算柱与基础交接处的受冲切承载力时，取柱宽；当计算基础变阶处的受冲切承载力时，取上阶宽 b_b——柱与基础交接处或基础变阶处的冲切破坏锥体最不利一侧斜截面的下边长，取 b_t+2h_0

2.8.6 局部受压承载力计算

局部受压承载力计算见表 2-39。

局部受压承载力计算   表 2-39

计算项目	计算公式

局部受压区的截面尺寸	配置间接钢筋的混凝土结构构件，其局部受压区的截面尺寸应符合下列要求：
	$$F_l \leqslant 1.35\beta_c\beta_l f_c A_{ln} \quad (2\text{-}634)$$
	$$\beta_l = \sqrt{\frac{A_b}{A_l}} \quad (2\text{-}635)$$
	式中 F_l——局部受压面上作用的局部荷载或局部压力设计值
	    f_c——混凝土轴心抗压强度设计值
	    β_c——混凝土强度影响系数：当混凝土强度等级不超过 C50 时，β_c 取 1.0；当混凝土强度等级为 C80 时，β_c 取 0.8；其间按线性内插法确定
	    β_l——混凝土局部受压时的强度提高系数
	    A_l——混凝土局部受压面积
	    A_{ln}——混凝土局部受压净面积；对后张法构件，应在混凝土局部受压面积中扣除孔道、凹槽部分的面积
	    A_b——局部受压的计算底面积，可由局部受压面积与计算底面积按同心、对称的原则确定；常用情况，可按下图取用 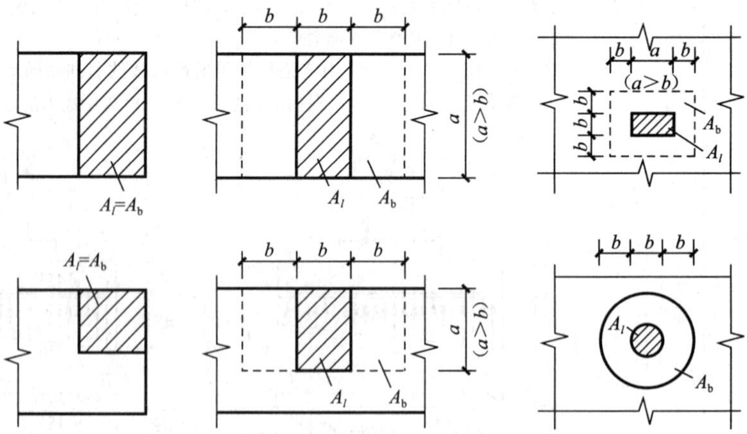
	
	<div align="center">局部受压的计算底面积
	A_l—混凝土局部受压面积；A_b—局部受压的计算底面积</div>

局部受压承载力计算	配置方格网式或螺旋式间接钢筋（图 6-11）的局部受压承载力应符合下列规定： $$F_l \leqslant 0.9(\beta_c\beta_l f_c + 2\alpha\rho_v\beta_{cor} f_{yv})A_{ln} \quad (2\text{-}636)$$ 当为方格网式配筋时（见下图 a），钢筋网两个方向上单位长度内钢筋截面面积的比值不宜大于 1.5，其体积配筋率 ρ_v 应按下列公式计算： $$\rho_v = \frac{n_1 A_{s1} l_1 + n_2 A_{s2} l_2}{A_{cor} s} \quad (2\text{-}637)$$

计算项目	计算公式
局部受压承载力计算	当为螺旋式配筋时（见下图 b），其体积配筋率 ρ_v 应按下列公式计算： $$\rho_v = \frac{4A_{ss1}}{d_{cor}s} \qquad (2\text{-}638)$$ 式中 β_{cor}——配置间接钢筋的局部受压承载力提高系数，可公式（2-635）计算，但公式中 A_b 应代之以 A_{cor}，且当 A_{cor} 大于 A_b，取 A_b β_l——混凝土局部受压时的强度提高系数 f_c——混凝土轴心抗压强度设计值 α——间接钢筋对混凝土约束的折减系数：当混凝土强度等级不超过 C50 时，取 1.0，当混凝土强度等级为 C80 时，取 0.85，其间按线性内插法确定 f_{yv}——间接钢筋的抗拉强度设计值 A_{ln}——混凝土局部受压净面积；对后张法构件，应在混凝土局部受压面积中扣除孔道、凹槽部分的面积 A_{cor}——方格网式或螺旋式间接钢筋内表面范围内的混凝土核心面积，其重心应与 A_l 的重心重合，计算中仍按同心、对称的原则取值 ρ_v——间接钢筋的体积配筋率 $n_1、A_{s1}$——分别为方格网沿 l_1 方向的钢筋根数、单根钢筋的截面面积 $n_2、A_{s2}$——分别为方格网沿 l_2 方向的钢筋根数、单根钢筋的截面面积 A_{ss1}——单根螺旋式间接钢筋的截面面积 d_{cor}——螺旋式间接钢筋内表面范围内的混凝土截面直径 s——方格网式或螺旋式间接钢筋的间距，宜取 30~80mm 间接钢筋应配置在下图所规定的高度 h 范围内，方格网式钢筋，不应少于 4 片；螺旋式钢筋，不应少于 4 圈。柱接头，h 尚不应小于 $15d$，d 为柱的纵向钢筋直径。 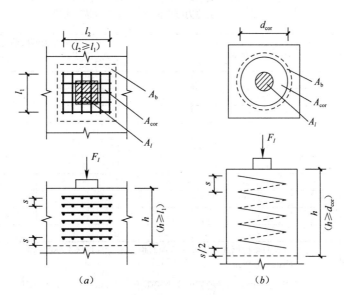 局部受压区的间接钢筋 （a）方格网式配筋；（b）螺旋式配筋 A_l—混凝土局部受压面积；A_b—局部受压的计算底面积； A_{cor}—方格网式或螺旋式间接钢筋内表面范围内的混凝土核心面积

2.8.7 疲劳验算

疲劳验算见表 2-40。

189

计算项目	计算公式
受弯构件正截面疲劳验算	(1) 钢筋混凝土和预应力混凝土受弯构件正截面疲劳应力应符合下列要求： 1) 受压区边缘纤维的混凝土压应力 $$\sigma_{cc,max}^{f} \leqslant f_c^{f} \quad (2\text{-}639)$$ 2) 预应力混凝土构件受拉区边缘纤维的混凝土拉应力 $$\sigma_{ct,max}^{f} \leqslant f_t^{f} \quad (2\text{-}640)$$ 3) 受拉区纵向普通钢筋的应力幅 $$\Delta\sigma_{si}^{f} \leqslant \Delta f_y^{f} \quad (2\text{-}641)$$ 4) 受拉区纵向预应力筋的应力幅 $$\Delta\sigma_{p}^{f} \leqslant \Delta f_{py}^{f} \quad (2\text{-}642)$$ 式中 $\sigma_{cc,max}^{f}$——疲劳验算时截面受压区边缘纤维的混凝土压应力，按下式计算 $$\sigma_{ct,max}^{f} = \frac{M_{max}^{f} x_0}{I_0^{f}} \quad (2\text{-}643)$$ $\sigma_{ct,max}^{f}$——疲劳验算时预应力混凝土截面受拉区边缘纤维的混凝土拉应力，按（2）计算 $\Delta\sigma_{si}^{f}$——疲劳验算时截面受拉区第 i 层纵向钢筋的应力幅，按下式计算 $$\Delta\sigma_{si}^{f} = \sigma_{si,max}^{f} - \sigma_{si,min}^{f} \quad (2\text{-}644)$$ $$\sigma_{si,min}^{f} = \alpha_E^{f} \frac{M_{min}^{f}(h_{0i} - x_0)}{I_0^{f}} \quad (2\text{-}645)$$ $$\sigma_{si,max}^{f} = \alpha_E^{f} \frac{M_{max}^{f}(h_{0i} - x_0)}{I_0^{f}} \quad (2\text{-}646)$$ $\Delta\sigma_{p}^{f}$——疲劳验算时截面受拉区最外层预应力筋的应力幅，按公式（2-649）计算 f_c^{f}、f_t^{f}——分别为混凝土轴心抗压、抗拉疲劳强度设计值，按（4）确定 Δf_y^{f}——钢筋的疲劳应力幅限值（N/mm²），按下表采用

疲劳应力比值 ρ_s^{f}	疲劳应力幅限值 Δf_y^{f}	
	HRB335	HRB400
0	175	175
0.1	162	162
0.2	154	156
0.3	144	149
0.4	131	137
0.5	115	123
0.6	97	106
0.7	77	85
0.8	54	60
0.9	28	31

注：当纵向受拉钢筋采用闪光接触对焊连接时，其接头处的钢筋疲劳应力幅限值应按表中数值乘以 0.8 取用。

Δf_{py}^{f}——预应力筋的疲劳应力幅限值（N/mm²），按下表采用

疲劳应力比值 ρ_p^{f}	钢绞线 $f_{ptk}=1570$	消除应力钢丝 $f_{ptk}=1570$
0.7	144	240
0.8	118	168
0.9	70	88

注：1. 当 ρ_{sv}^{f} 不小于 0.9 时，可不作预应力筋疲劳验算。

2. 当有充分依据时，可对表中规定的疲劳应力幅限值作适当调整。

注：当纵向受拉钢筋为同一钢种时，可仅验算最外层钢筋的应力幅。

计算项目	计算公式

M_{max}^f、M_{min}^f——疲劳验算时同一截面上在相应荷载组合下产生的最大、最小弯矩值

$\sigma_{si,min}^f$、$\sigma_{si,max}^f$——由弯矩 M_{min}^f、M_{max}^f 引起相应截面受拉区第 i 层纵向钢筋的应力

α_E^f——钢筋的弹性模量与混凝土疲劳变形模量（见下表）的比值，（$\times 10^4 \text{N/mm}^2$）

强度等级	C30	C35	C40	C45	C50	C55
E_c^f	1.30	1.40	1.50	1.55	1.60	1.65
强度等级	C60	C65	C70	C75	C80	
E_c^f	1.70	1.75	1.80	1.85	1.90	

受弯构件正截面疲劳验算

I_0^f——疲劳验算时相应于弯矩 M_{max}^f 与 M_{min}^f 为相同方向时的换算截面惯性矩

x_0——疲劳验算时相应于弯矩 M_{max}^f 与 M_{min}^f 为相同方向时的换算截面受压区高度

h_{0i}——相应于弯矩 M_{max}^f 与 M_{min}^f 为相同方向时的截面受压区边缘至受拉区第 i 层纵向钢筋截面重心的距离

当弯矩 M_{min}^f 与弯矩 M_{max}^f 的方向相反时，公式（2-645）中 h_{0i}、x_0 和 I_0^f 应以截面相反位置的 h_{0i}'、x_0' 和 I_0^f 代替

（2）要求不出现裂缝的预应力混凝土受弯构件，其正截面的混凝土、纵向预应力筋和普通钢筋的最小、最大应力和应力幅应按下列公式计算：

1）受拉区或受压区边缘纤维的混凝土应力

$$\sigma_{c,min}^f \text{ 或 } \sigma_{c,max}^f = \sigma_{pc} + \frac{M_{min}^f}{I_0} y_0 \tag{2-647}$$

$$\sigma_{c,max}^f \text{ 或 } \sigma_{c,min}^f = \sigma_{pc} + \frac{M_{max}^f}{I_0} y_0 \tag{2-648}$$

2）受拉区纵向预应力筋的应力及应力幅

$$\Delta \sigma_p^f = \sigma_{p,max}^f - \sigma_{p,min}^f \tag{2-649}$$

$$\sigma_{p,min}^f = \sigma_{pe} + \alpha_{pE} \frac{M_{min}^f}{I_0} y_{0p} \tag{2-650}$$

$$\sigma_{c,max}^f = \sigma_{pe} + \alpha_{pE} \frac{M_{max}^f}{I_0} y_{0p} \tag{2-651}$$

3）受拉区纵向普通钢筋的应力及应力幅

$$\Delta \sigma_s^f = \sigma_{s,max}^f - \sigma_{s,min}^f \tag{2-652}$$

$$\sigma_{s,min}^f = \sigma_{s0} + \alpha_E \frac{M_{min}^f}{I_0} y_{0s} \tag{2-653}$$

$$\sigma_{s,max}^f = \sigma_{s0} + \alpha_E \frac{M_{max}^f}{I_0} y_{0s} \tag{2-654}$$

式中 $\sigma_{c,min}^f$、$\sigma_{c,max}^f$——疲劳验算时受拉区或受压区边缘纤维混凝土的最小、最大应力，最小、最大应力以其绝对值进行判别

σ_{pc}——扣除全部预应力损失后，由预加力在受拉区或受压区边缘纤维处产生的混凝土法向应力

M_{max}^f、M_{min}^f——疲劳验算时同一截面上在相应荷载组合下产生的最大、最小弯矩值

α_{pE}——预应力钢筋弹性模量与混凝土弹性模量的比值：$\alpha_{pE} = E_s / E_c$

I_0——换算截面的惯性矩

y_0——受拉区边缘或受压区边缘至换算截面重心的距离

$\sigma_{p,min}^f$、$\sigma_{p,max}^f$——疲劳验算时所计算的受拉区一层预应力钢筋的最小、最大应力

$\Delta \sigma_p^f$——疲劳验算时所计算的受拉区一层预应力钢筋的应力幅

σ_{pe}——扣除全部预应力损失后所计算的受拉区最外层预应力钢筋的有效预应力

y_{0s}、y_{0p}——受拉区最外层普通钢筋、预应力筋截面重心至换算截面重心的距离

$\sigma_{s,min}^f$、$\sigma_{s,max}^f$——疲劳验算时所计算的受拉区最外层普通钢筋的最小、最大应力

$\Delta \sigma_s^f$——疲劳验算时所计算的受拉区最外层普通钢筋的应力幅

σ_{s0}——消压弯矩 M_{p0} 作用下所计算的受拉区最外层普通钢筋中产生的应力；此处，M_{p0} 为受拉区最外层普通钢筋重心处的混凝土法向预加应力等于零时的相应弯矩值

注：公式（2-647）、（2-648）中的 σ_{pc}、$(M_{min}^f / I_0) y_0$、$(M_{max}^f / I_0) y_0$，当为拉应力时以正值代入；

计算项目	计算公式
受弯构件正截面疲劳验算	当为压应力时以负值代入；公式（2-653）、（2-654）中的 σ_{s0} 以负值代入。 （3）钢筋混凝土受弯构件疲劳验算时，换算截面的受压区高度 x_0、x_0' 和惯性矩 I_0^f、$I_0'^f$ 应按下列公式计算： 1）矩形及翼缘位于受拉区的 T 形截面 $$\frac{bx_0^2}{2}+\alpha_E^f A_s'(x_0-a_s')-\alpha_E^f A_s(h_0-x_0)=0 \qquad (2\text{-}655)$$ $$I_0^f=\frac{bx_0^3}{3}+\alpha_E^f A_s'(x_0-a_s')^2-\alpha_E^f A_s(h_0-x_0)^2 \qquad (2\text{-}656)$$ 式中 b——矩形截面的宽度，T 形截面或 I 形截面的腹板宽度 　　x_0——疲劳验算时相应于弯矩 M_{max}^f 与 M_{min}^f 为相同方向时的换算截面受压区高度 　　α_E^f——钢筋的弹性模量与混凝土疲劳变形模量的比值 　A_s、A_s'——受拉区、受压区纵向普通钢筋的截面面积 　　a_s'——受压区纵向普通钢筋合力点至截面受压边缘的距离 　　h_0——截面有效高度 2）I 形及翼缘位于受压区的 T 形截面 ① 当 x_0 大于 h_f' 时（见下图） 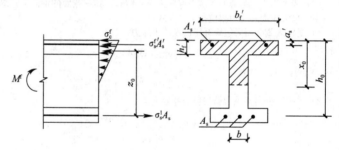 钢筋混凝土受弯构件正截面疲劳应力计算 $$\frac{b_f'x_0^2}{2}-\frac{(b_f'-b)(x_0-h_f')^2}{2}+\alpha_E^f A_s'(x_0-a_s')-\alpha_E^f A_s(h_0-x_0)=0 \qquad (2\text{-}657)$$ $$I_0^f=\frac{b_f'x_0^3}{3}-\frac{(b_f'-b)(x_0-h_f')^3}{3}+\alpha_E^f A_s'(x_0-a_s')^2-\alpha_E^f A_s(h_0-x_0)^2 \qquad (2\text{-}658)$$ 式中 b——矩形截面的宽度，T 形截面或 I 形截面的腹板宽度 　　b_f'——T 形、I 形截面受压区的翼缘计算宽度，按下列情况中的最小值取用

情 况		T 形、I 形截面		倒 L 形截面
		肋形梁（板）	独立梁	肋形梁（板）
1	按计算跨度 l_0 考虑	$l_0/3$	$l_0/3$	$l_0/6$
2	按梁（肋）净距 s_n 考虑	$b+s_n$	—	$b+s_n/2$
3	按翼缘高度 h_f' 考虑	$b+12h_f'$	b	$b+5h_f'$

注：1. 表中 b 为梁的腹板厚度。

　　2. 肋形梁在梁跨内设有间距小于纵肋间距的横肋时，可不考虑表中情况 3 的规定。

　　3. 加腋的 T 形、I 形和倒 L 形截面，当受压区加腋的高度 h_h 不小于 h_f' 且加腋的长度 b_h 不大于 $3h_h$ 时，其翼缘计算宽度可按表中情况 3 的规定分别增加 $2b_h$（T 形、I 形截面）和 b_h（倒 L 形截面）。

　　4. 独立梁受压区的翼缘板在荷载作用下经验算沿纵肋方向可能产生裂缝时，其计算宽度应取腹板宽度 b。

　　h_f'——T 形、I 形截面受压区的翼缘高度
　　x_0——疲劳验算时相应于弯矩 M_{max}^f 与 M_{min}^f 为相同方向时的换算截面受压区高度
　　α_E^f——钢筋的弹性模量与混凝土疲劳变形模量的比值
　A_s、A_s'——受拉区、受压区纵向普通钢筋的截面面积
　　a_s'——受压区纵向普通钢筋合力点至截面受压边缘的距离

计算项目	计算公式
受弯构件正截面疲劳验算	h_0——截面有效高度 ② 当 x_0 不大于 h'_f 时，按宽度为 b'_f 的矩形截面计算 3）x'_0、I'_0 的计算，仍可采用上述 x_0、I_0 的相应公式；当弯矩 $M^f_{\min}$ 与 $M^f_{\max}$ 的方向相反时，与 x'_0、x_0 相应的受压区位置分别在该截面的下侧和上侧；当弯矩 $M^f_{\min}$ 与 $M^f_{\max}$ 的方向相同时，可取 $x'_0 = x_0$、$I'_0 = I_0$。 注：1. 当纵向受拉钢筋沿截面高度分多层布置时，公式（2-655）、（2-657）中 $\alpha_E A_s (h_0 - x_0)$ 项可用 $\alpha_E \sum_{i=1}^{n} A_{si}(h_{0i} - x_0)$ 代替，公式（2-656）、（2-658）中 $\alpha_E A_s (h_0 - x_0)^2$ 项可用 $\alpha_E \sum_{i=1}^{n} A_{si}(h_{0i} - x_0)^2$ 代替，此处，n 为纵向受拉钢筋的总层数，A_{si} 为第 i 层全部纵向钢筋的截面面积。 2. 纵向受压钢筋的应力应符合 $\alpha_E \sigma'_c \leqslant f'_y$ 的条件；当 $\alpha_E \sigma'_c > f'_y$ 时，本条各公式中 $\alpha_E A'_s$ 应以 $f'_y A'_s / \sigma'_c$ 代替，此处，f'_y 为纵向钢筋的抗压强度设计值，σ'_c 为纵向受压钢筋合力点处的混凝土应力。 （4）混凝土轴心抗压疲劳强度设计值 f^f_c、轴心抗拉疲劳强度设计值 f^f_t 应分别按《混凝土结构设计规范》GB 50010—2010 第 4.1.4 条中的强度设计值乘疲劳强度修正系数 γ_ρ 确定。混凝土受压或受拉疲劳强度修正系数 γ_ρ 应根据受压或受拉疲劳应力比值 ρ^f_c 分别按表 1、表 2 采用；当混凝土承受拉-压疲劳应力作用时，疲劳强度修正系数 γ_ρ 取 0.60： **混凝土受压疲劳强度修正系数 γ_ρ** 　表 1 表 1 和表 2 见下方 注：直接承受疲劳荷载的混凝土构件，当采用蒸汽养护时，养护温度不宜高于 60℃ 疲劳应力比值 ρ^f_c 应按下列公式计算： $$\rho^f_c = \frac{\sigma^f_{c,\min}}{\sigma^f_{c,\max}} \qquad (2\text{-}659)$$ 式中　$\sigma^f_{c,\min}$、$\sigma^f_{c,\max}$——构件疲劳验算时，截面同一纤维上混凝土的最小应力、最大应力
受弯构件斜截面疲劳验算	（1）钢筋混凝土受弯构件斜截面的疲劳验算及剪力的分配应符合下列规定： 1）当截面中和轴处的剪应力符合下列条件时，该区段的剪力全部由混凝土承受，此时，箍筋可按构造要求配置： $$\tau^f \leqslant 0.6 f^f_t \qquad (2\text{-}660)$$ 式中　τ^f——截面中和轴处的剪应力，按下式计算： $$\tau^f = \frac{V^f_{\max}}{b z_0} \qquad (2\text{-}661)$$ $V^f_{\max}$——疲劳验算时在相应荷载组合下构件验算截面的最大剪力值 b——矩形截面宽度，T 形、I 形截面的腹板宽度 z_0——受压区合力点至受拉钢筋合力点的距离，此时，受压区高度 x_0 按公式（2-655）或（2-657）计算 f^f_t——混凝土轴心抗拉疲劳强度设计值 2）截面中和轴处的剪应力不符合公式（2-660）的区段，其剪力应由箍筋和混凝土共同承受。此时，箍筋的应力幅 $\Delta\sigma^f_{sv}$ 应符合下列规定： $$\Delta\sigma^f_{sv} \leqslant \Delta f^f_{yv} \qquad (2\text{-}662)$$ 式中　$\Delta\sigma^f_{sv}$——箍筋的应力幅，按下式计算 $$\Delta\sigma^f_{sv} = \frac{(\Delta V^f_{\max} - 0.1\eta f^f_t b h_0)s}{A_{sv} z_0} \qquad (2\text{-}663)$$

混凝土受压疲劳强度修正系数 γ_ρ　　表 1

ρ^f_c	$0 \leqslant \rho^f_c < 0.1$	$0.1 \leqslant \rho^f_c < 0.2$	$0.2 \leqslant \rho^f_c < 0.3$	$0.3 \leqslant \rho^f_c < 0.4$	$0.4 \leqslant \rho^f_c < 0.5$	$\rho^f_c \geqslant 0.5$
γ_ρ	0.68	0.74	0.80	0.86	0.93	1.00

混凝土受拉疲劳强度修正系数 γ_ρ　　表 2

ρ^f_c	$0 \leqslant \rho^f_c < 0.1$	$0.1 \leqslant \rho^f_c < 0.2$	$0.2 \leqslant \rho^f_c < 0.3$	$0.3 \leqslant \rho^f_c < 0.4$	$0.4 \leqslant \rho^f_c < 0.5$
γ_ρ	0.63	0.66	0.69	0.72	0.74
ρ^f_c	$0.5 \leqslant \rho^f_c < 0.6$	$0.6 \leqslant \rho^f_c < 0.7$	$0.7 \leqslant \rho^f_c < 0.8$	$\rho^f_c \geqslant 0.8$	—
γ_ρ	0.76	0.80	0.90	1.00	—

续表

计算项目	计算公式
受弯构件斜截面疲劳验算	$$\Delta V^{f}_{max}=V^{f}_{max}-V^{f}_{min} \quad (2\text{-}664)$$ $$\eta=\Delta V^{f}_{max}/V^{f}_{max} \quad (2\text{-}665)$$ ΔV^{f}_{max}——疲劳验算时构件验算截面的最大剪力幅值 V^{f}_{max}、V^{f}_{min}——分别为疲劳验算时在相应荷载组合下构件验算截面的最大、最小剪力值 η——最大剪力幅相对值 f^{f}_{t}——混凝土轴心抗拉疲劳强度设计值 b——矩形截面的宽度，T形截面或I形截面的腹板宽度 h_0——截面的有效高度 s——箍筋的间距 A_{sv}——配置在同一截面内箍筋各肢的全部截面面积 z_0——受压区合力点至受拉钢筋合力点的距离，此时，受压区高度 x_0 按公式（2-655）或（2-657）计算 Δf^{f}_{yv}——箍筋的疲劳应力幅限值 （2）预应力混凝土受弯构件斜截面混凝土的主拉应力应符合下列规定： $$\sigma^{f}_{tp}\leqslant f^{f}_{t} \quad (2\text{-}666)$$ 式中 σ^{f}_{tp}——预应力混凝土受弯构件斜截面疲劳验算纤维处的混凝土主拉应力；对吊车荷载，应计入动力系数

2.8.8 混凝土工程施工计算

混凝土工程施工计算见表 2-41。

混凝土工程施工计算 **表 2-41**

计算项目	计算公式
混凝土配合比计算	（1）混凝土配制强度的确定 1）混凝土配制强度应按下列规定确定： ① 当混凝土的设计强度等级小于C60时，配制强度应按下式确定： $$f_{cu,0}\geqslant f_{cu,k}+1.645\sigma \quad (2\text{-}667)$$ 式中 $f_{cu,0}$——混凝土配制强度（MPa） $f_{cu,k}$——混凝土立方体抗压强度标准值，这里取混凝土的设计强度等级值（MPa） σ——混凝土强度标准差（MPa） ② 当设计强度等级不小于C60时，配制强度应按下式确定： $$f_{cu,0}\geqslant 1.15f_{cu,k} \quad (2\text{-}668)$$ 2）混凝土强度标准差应按下列规定确定： ① 当具有近1个月～3个月的同一品种、同一强度等级混凝土的强度资料，且试件组数不小于30时。其混凝土强度标准差 σ 应按下式计算： $$\sigma=\sqrt{\frac{\sum_{i=1}^{n}f^{2}_{cu,i}-nm^{2}_{fcu}}{n-1}} \quad (2\text{-}669)$$ 式中 σ——混凝土强度标准差 $f_{cu,i}$——第 i 组的试件强度（MPa） m_{fcu}——n 组试件的强度平均值（MPa） n——试件组数 对于强度等级不大于C30的混凝土，当混凝土强度标准差计算值不小于3.0MPa时，应按式（2-669）计算结果取值；当混凝土强度标准差计算值小于3.0MPa时，应取3.0MPa。 对于强度等级大于C30且小于C60的混凝土，当混凝土强度标准差计算值不小于4.0MPa时，应按式（2-669）计算结果取值；当混凝土强度标准差计算值小于4.0MPa时，应取4.0MPa。

计算项目	计算公式

② 当没有近期的同一品种、同一强度等级混凝土强度资料时，其强度标准差 σ 可按下表取值：

混凝土强度标准值	≤C20	C25～C45	C50～C55
σ/MPa	4.0	5.0	6.0

（2）水胶比

1）当混凝土强度等级小于 C60 时，混凝土水胶比宜按下式计算：

$$W/B = \frac{\alpha_a f_b}{f_{cu,0} + \alpha_a \alpha_b f_b} \qquad (2\text{-}670)$$

式中　W/B——混凝土水胶比

　　　α_a、α_b——回归系数，按 2）的规定取值

　　　f_b——胶凝材料 28d 胶砂抗压强度（MPa），可实测，且试验方法应按现行国家标准《水泥胶砂强度检验方法（ISO 法）》GB/T 17671—1999 执行；也可按 3）确定

2）回归系数（α_a，α_b）宜按下列规定确定：

① 根据工程所使用的原材料，通过试验建立的水胶比与混凝土强度关系式来确定。

② 当不具备上述试验统计资料时，可按下表选用：

系数 \ 粗骨料品种	碎　石	卵　石
α_a	0.53	0.49
α_b	0.20	0.13

3）当胶凝材料 28d 胶砂抗压强度值（f_b）无实测值时，可按下式计算：

$$f_b = \gamma_f \gamma_s f_{ce} \qquad (2\text{-}671)$$

式中　γ_f、γ_s——粉煤灰影响系数和粒化高炉矿渣粉影响系数，可按下表选用

　　　f_{ce}——水泥 28d 胶砂抗压强度（MPa），可实测，也可按 4）确定

掺量（%） \ 种类	粉煤灰影响系数 γ_f	粒化高炉矿渣粉影响系数 γ_s
0	1.00	1.00
10	0.85～0.95	1.00
20	0.75～0.85	0.95～1.00
30	0.65～0.75	0.90～1.00
40	0.55～0.65	0.80～0.90
50	—	0.70～0.85

注：1. 采用Ⅰ级、Ⅱ级粉煤灰宜取上限值。

　　2. 采用 S75 级粒化高炉矿渣粉宜取下限值，采用 S95 级粒化高炉矿渣粉宜取上限值，采用 S105 级粒化高炉矿渣粉可取上限值加 0.05。

　　3. 当超出表中的掺量时，粉煤灰和粒化高炉砂渣粉影响系数应经试验确定。

4）当水泥 28d 胶砂抗压强度（f_{ce}）无实测值时，可按下式计算：

$$f_{ce} = \gamma_c f_{ce,g} \qquad (2\text{-}672)$$

式中　γ_c——水泥强度等级值的富余系数，可按实际统计资料确定；当缺乏实际统计资料时，也可按下表选用

　　　$f_{ce,g}$——水泥强度等级值（MPa）

水泥强度等级值	32.5	42.5	52.5
富余系数	1.12	1.16	1.10

计算项目栏：混凝土配合比计算

计算项目	计算公式
混凝土配合比计算	(3) 用水量和外加剂用量 1) 每立方米干硬性或塑性混凝土的用水量（m_{w0}）应符合下列规定： ① 混凝土水胶比在 0.40～0.80 范围时，可按表 1 和表 2 选取 ② 混凝土水胶比小于 0.40 时，可通过试验确定

干硬性混凝土的用水量（kg/m³） 表 1

拌合物稠度		卵石最大公称粒径/mm			碎石最大公称粒径/mm		
项目	指标	10.0	20.0	40.0	16.0	20.0	40.0
维勃稠度/s	16～20	175	160	145	180	170	155
	11～15	180	165	150	185	175	160
	5～10	185	170	155	190	180	165

塑性混凝土的用水量（kg/m³） 表 2

拌合物稠度		卵石最大公称粒径/mm				碎石最大公称粒径/mm			
项目	指标	10.0	20.0	31.5	40.0	16.0	20.0	31.5	40.0
坍落度/mm	10～30	190	170	160	150	200	185	175	165
	35～50	200	180	170	160	210	195	185	175
	55～70	210	190	180	170	220	205	195	185
	75～90	215	195	185	175	230	215	205	195

2) 掺外加剂时，每立方米流动性或大流动性混凝土的用水量（m_{w0}）可按下式计算：

$$m_{w0} = m'_{w0}(1-\beta) \tag{2-673}$$

式中　m_{w0}——计算配合比每立方米混凝土的用水量（kg/m³）

　　　m'_{w0}——未掺外加剂时推定的满足实际坍落度要求的每立方米混凝土用水量（kg/m³），以上表 2 中 90mm 坍落度的用水量为基础，按每增大 20mm 坍落度相应增加 5kg/m³ 用水量来计算，当坍落度增大到 180mm 以上时，随坍落度相应增加的用水量可减少

　　　β——外加剂的减水率（%），应经混凝土试验确定

3) 每立方米混凝土中外加剂用量（m_{a0}）应按下式计算：

$$m_{a0} = m_{b0}\beta_a \tag{2-674}$$

式中　m_{a0}——计算配合比每立方米混凝土中外加剂用量（kg/m³）

　　　m_{b0}——计算配合比每立方米混凝土中胶凝材料用量（kg/m³），计算应符合（4）中 1) 的规定

　　　β_a——外加剂掺量（%），应经混凝土试验确定

(4) 胶凝材料、矿物掺合料和水泥用量

1) 每立方米混凝土的胶凝材料用量（m_{b0}）应按式（2-675）计算，并应进行试拌调整，在拌合物性能满足的情况下，取经济合理的胶凝材料用量：

$$m_{b0} = \frac{m_{w0}}{W/B} \tag{2-675}$$

式中　m_{b0}——计算配合比每立方米混凝土中胶凝材料用量（kg/m³）

　　　m_{w0}——计算配合比每立方米混凝土的用水量（kg/m³）

　　　W/B——混凝土水胶比

2) 每立方米混凝土的矿物掺合料用量（m_{f0}）应按下式计算：

$$m_{f0} = m_{b0}\beta_f \tag{2-676}$$

式中　m_{f0}——计算配合比每立方米混凝土中矿物掺合料用量（kg/m³）

　　　β_f——矿物掺合料掺量（%），可结合 4) 和（2）中 1) 的规定确定

3) 每立方米混凝土的水泥用量（m_{c0}）应按下式计算：

$$m_{c0} = m_{b0} - m_{f0} \tag{2-677}$$

式中　m_{c0}——计算配合比每立方米混凝土中水泥用量（kg/m³）。

计算项目	计算公式
混凝土配合比计算	4）矿物掺合料在混凝土中的掺量应通过试验确定。采用硅酸盐水泥或普通硅酸盐水泥时，钢筋混凝土中矿物掺合料最大掺量宜符合表 3 的规定，预应力混凝土中矿物掺合料最大掺量宜符合表 4 的规定。对基础大体积混凝土，粉煤灰、粒化高炉矿渣粉和复合掺合料的最大掺量可增加 5%。采用掺量大于 30% 的 C 类粉煤灰的混凝土应以实际使用的水泥和粉煤灰掺量进行安定性检验。 **钢筋混凝土中矿物掺合料最大掺量**　表 3 ...

钢筋混凝土中矿物掺合料最大掺量　表 3

矿物掺合料种类	水胶比	最大掺量（%）	
		采用硅酸盐水泥时	采用普通硅酸盐水泥时
粉煤灰	≤0.40	45	35
	>0.40	40	30
粒化高炉矿渣粉	≤0.40	65	55
	>0.40	55	45
钢渣粉	—	30	20
磷渣粉	—	30	20
硅灰	—	10	10
复合掺合料	≤0.40	65	55
	>0.40	55	45

注：1. 采用其他通用硅酸盐水泥时，宜将水泥混合材掺量 20% 以上的混合材量计入矿物掺合料。
　　2. 复合掺合料各组分的掺量不宜超过单掺时的最大掺量。
　　3. 在混合使用两种或两种以上矿物掺合料时，矿物掺合料总掺量应符合表中复合掺合料的规定。

预应力混凝土中矿物掺合料最大掺量　表 4

矿物掺合料种类	水胶比	最大掺量（%）	
		采用硅酸盐水泥时	采用普通硅酸盐水泥时
粉煤灰	≤0.40	35	30
	>0.40	25	20
粒化高炉矿渣粉	≤0.40	55	45
	>0.40	45	35
钢渣粉	—	20	10
磷渣粉	—	20	10
硅灰	—	10	10
复合掺合料	≤0.40	55	45
	>0.40	45	35

注：1. 采用其他通用硅酸盐水泥时，宜将水泥混合材掺量 20% 以上的混合材量计入矿物掺合料。
　　2. 复合掺合料各组分的掺量不宜超过单掺时的最大掺量。
　　3. 在混合使用两种或两种以上矿物掺合料时，矿物掺合料总掺量应符合表中复合掺合料的规定。

（5）砂率
1）砂率（β_s）应根据骨料的技术指标、混凝土拌合物性能和施工要求，参考既有历史资料确定。
2）当缺乏砂率的历史资料时，混凝土砂率的确定应符合下列规定：
① 坍落度小于 10mm 的混凝土，其砂率应经试验确定
② 坍落度为 10～60mm 的混凝土，其砂率可根据粗骨料品种、最大公称粒径及水胶比按下表选取
③ 坍落度大于 60mm 的混凝土，其砂率可经试验确定，也可在下表的基础上，按坍落度每增大 20mm、砂率增大 1% 的幅度予以调整

计算项目	计算公式

（单位：%）

水胶比	卵石最大公称粒径/mm			碎石最大公称粒径/mm		
	10.0	20.0	40.0	16.0	20.0	40.0
0.40	26～32	25～31	24～30	30～35	29～34	27～32
0.50	30～35	29～34	28～33	33～38	32～37	30～35
0.60	33～8	32～37	31～36	36～41	35～40	33～38
0.70	36～41	35～40	34～39	39～44	38～43	36～41

注：1. 本表数值系中砂的选用砂率，对细砂或粗砂，可相应地减小或增大砂率。

2. 采用人工砂配制混凝土时，砂率可适当增大。

3. 只用一个单粒级粗骨料配制混凝土时，砂率应适当增大。

（6）粗、细骨料用量

1）当采用质量法计算混凝土配合比时，粗、细骨料用量应按式（2-678）计算；砂率应按式（2-679）计算：

$$m_{f0} + m_{c0} + m_{g0} + m_{s0} + m_{w0} = m_{cp} \qquad (2\text{-}678)$$

$$\beta_s = \frac{m_{s0}}{m_{g0} + m_{s0}} \times 100\% \qquad (2\text{-}679)$$

式中 m_{g0}——计算配合比每立方米混凝土的粗骨料用量（kg/m³）

m_{s0}——计算配合比每立方米混凝土的细骨料用量（kg/m³）

β_s——砂率（%）

m_{cp}——每立方米混凝土拌合物的假定质量（kg），可取 2350～2450kg/m³

2）当采用体积法计算混凝土配合比时，砂率应按公式（2-679）计算，粗、细骨料用量应按公式（2-680）计算：

$$\frac{m_{c0}}{\rho_c} + \frac{m_{f0}}{\rho_f} + \frac{m_{g0}}{\rho_g} + \frac{m_{s0}}{\rho_s} + \frac{m_{w0}}{\rho_w} + 0.01\alpha = 1 \qquad (2\text{-}680)$$

式中 ρ_c——水泥密度（kg/m³），可按现行国家标准《水泥密度测定方法》GB/T 208—1994 测定，也可取 2900～3100kg/m³

ρ_f——矿物掺合料密度（kg/m³），可按现行国家标准《水泥密度测定方法》GB/T 208—1994 测定

ρ_g——粗骨料的表观密度（kg/m³），应按现行行业标准《普通混凝土用砂、石质量及检验方法标准》JGJ 52—2006 测定

ρ_s——细骨料的表观密度（kg/m³），应按现行行业标准《普通混凝土用砂、石质量及检验方法标准》JGJ 52—2006 测定

ρ_w——水的密度（kg/m³），可取 1000kg/m³

α——混凝土的含气量百分数，在不使用引气剂或引气型外加剂时，α 可取 1

（7）表观密度和配合比校正系数

混凝土拌合物表观密度和配合比校正系数的计算应符合下列规定：

1）配合比调整后的混凝土拌合物的表观密度应按下式计算：

$$\rho_{c,c} = m_c + m_f + m_g + m_s + m_w \qquad (2\text{-}681)$$

式中 $\rho_{c,c}$——混凝土拌合物的表观密度计算值（kg/m³）

m_c——每立方米混凝土的水泥用量（kg/m³）

m_f——每立方米混凝土的矿物掺合料用量（kg/m³）

m_g——每立方米混凝土的粗骨料用量（kg/m³）

m_s——每立方米混凝土的细骨料用量（kg/m³）

m_w——每立方米混凝土的用水量（kg/m³）

2）混凝土配合比校正系数应按下式计算：

$$\delta = \frac{\rho_{c,t}}{\rho_{c,c}} \qquad (2\text{-}682)$$

式中 δ——混凝土配合比校正系数

$\rho_{c,t}$——混凝土拌合物的表观密度实测值（kg/m³）

混凝土配合比计算

计算项目	计算公式
混凝土浇筑强度计算	混凝土搅拌能力的配备应根据混凝土浇筑强度（即每小时浇筑混凝土量）而定，混凝土的最大浇筑强度可按下式计算： $$Q = \frac{Fh}{t} \qquad (2\text{-}683)$$ 其中： $$t = t_1 - t_2$$ 式中　Q——混凝土的最大浇筑强度（m³/h） 　　　F——混凝土最大水平浇筑截面面积（m²） 　　　h——混凝土分层浇筑厚度，一般取 $0.2 \sim 0.4$m 　　　t——每层混凝土浇筑时间（h） 　　　t_1——水泥的初凝时间（h） 　　　t_2——混凝土的运输时间（h）
混凝土浇筑时间计算	混凝土浇筑需要时间按下式计算： $$T = \frac{V}{Q} \qquad (2\text{-}684)$$ 式中　T——全部混凝土浇筑完毕需要的时间（h） 　　　V——全部混凝土浇筑量（m³） 　　　Q——混凝土的最大浇筑强度（m³/h）
泵送混凝土浇筑施工计算	（1）泵车数量 混凝土输送泵车需用台数（N）可按下式计算： $$N = \frac{q_n}{q_{max}\eta} \qquad (2\text{-}685)$$ 式中　q_n——混凝土浇筑数量（m³/h） 　　　q_{max}——混凝土输送泵最大排量（m³/h） 　　　η——泵车作业效率，一般取 $0.5 \sim 0.7$ （2）搅拌车数量 每台混凝土输送泵车需配备混凝土搅拌运输车台数（n_1）可按下式计算： $$n_1 = \frac{q_m}{60Q}\left(\frac{60l}{v} + t\right) \qquad (2\text{-}686)$$ $$q_m = q_{max}\eta\alpha \qquad (2\text{-}687)$$ 式中　η——泵车作业效率，一般取 $0.5 \sim 0.7$ 　　　q_m——每台混凝土泵的实际平均输出量（m³/h） 　　　Q——混凝土搅拌运输车容量（m³） 　　　v——搅拌运输车车速（km/h），一般取 30 　　　l——搅拌站到施工现场往返距离（km） 　　　t——由客观原因造成的停车时间（min），一个运输周期总停歇时间（min），包括装料、卸料、停歇、冲洗等 　　　α——配管条件系数，可取 $0.8 \sim 0.9$ （3）泵车输送能力（最大输送距离和平均输送量） 泵车的输送能力以单位时间内最大输送距离和平均输出量来表示。在规划泵送混凝土时，应根据工程平面和场地条件确定泵车停放位置，并做出配管设计，使配管长度不超过泵车的最大输送距离。单位时间内的最大排出量与配管的换算长度密切相关（见下表），配管的水平换算长度（L）可按下式计算： | 水平换算长度/m	最大排出量与设计量大排出量对比（%）
0～49	100
55～99	90～80
100～149	80～70
150～179	80～70
180～199	70～60
200～249	60～50 | 注：1. 本表条件为：混凝土坍落度12cm，水泥用量300kg/m³。 　　2. 坍落度降低时，排出量对比值还应相应减少。

计算项目	计算公式

$$L = (l_1 + l_2 + \cdots) + k(h_1 + h_2 + \cdots) + fm + bn_1 + tn_2 \tag{2-688}$$

式中　l_1、l_2——水平配管长度（m）

h_1、h_2——垂直配管长度（m）

m——软管根数（根）

n_1——弯管个数（个）

n_2——弯径管个数（个）

k、f、b、t——分别为每米垂直管及每根软管、弯管、变径管的换算长度（见下表）

项　次	项　目	管型规格	换算成水平管长度/m
1	向上垂直管 K（每 1m）	管径 100mm（4 英寸）	3
		管径 125mm（5 英寸）	4
		管径 150mm（6 英寸）	5
2	软管 f	每 5～8m 长的 1 根	20
3	弯管 b（每一个）	曲率半径 $R=0.5$m　90°	9
		45°	4.5
		30°	3
		15°	1.5
		曲率半径 $R=1.0$m　90°	9
		45°	4.5
		30°	3
		15°	1.5
4	弯径管 t（锥形管）（每 1 根）$l=1～2$	管径 175～150mm	4
		管径 150～125mm	8
		管径 125～100mm	16

注：1. 本表的条件是：输送混凝土水泥用量在 300kg/m³ 以上，坍落度 21cm；当坍落度小时换算率应适应增大。

2. 向下垂直管，其水平换算长度等于其自身长度。

3. 斜向配管时，根据其水平及垂直投影长度，分别按水平、垂直配管计算。

在编制泵送作业设计时，应使泵送配管的换算长度小于泵车的最大输送距离。垂直换算长度应小于 0.8 倍泵车的最大输送距离。

混凝土泵车的最大水平输送距离 L_{max}（m）可由试验确定；或参照技术性能表（曲线）确定；或根据混凝土泵产生的最大混凝土压力、配管情况、混凝土性能指标和输出量按下式计算：

$$L_{max} = \frac{P_{max}}{\Delta P_H} \tag{2-689}$$

$$\Delta P_H = \frac{2}{r}\left[k_1 + k_2\left(1 + \frac{t_2}{t_1}\right)v_0\right]a_0 \tag{2-690}$$

其中

$$k_1 = (3.0 - 0.01S)10^2$$

$$k_2 = (4.0 - 0.01S)10^2$$

式中　p_{max}——混凝土泵产生的最大混凝土压力（Pa），可从技术性能表中查出

ΔP_H——混凝土在水平输送管内流动每米产生的压力损失（Pa/m）

r——混凝土输送管半径（m）

k_1——粘着系数（Pa）

k_1——速度系数（Pa/m/s）

S——混凝土坍落度（cm）

$\dfrac{t_2}{t_1}$——混凝土泵分配阀切换时间与活塞推压混凝土时间之比，一般取 0.3

| 泵送混凝土浇筑施工计算 |

计算项目	计算公式
泵送混凝土 浇筑施工计算	v_0——混凝土拌合物在输送管内的平均流速（m/s） a_0——径向压力与轴向压力之比，对普通混凝土取 0.9 当配管有水平管、向上垂直管或弯管等情况时，应先按上表进行换算，然后再用上两式进行计算。 泵车的平均输出量 Q_A（m³/h）一般是根据泵车的最大排出量、结合配管条件系数按下式计算： $$Q_A = q_{max} a E_t \qquad (2\text{-}691)$$ 式中　q_{max}——泵车的最大排出量（m³/h）可从技术性能表中查出，如 DC-S115B 型泵车为 70m³/h 　　　E_t——作业效率，根据混凝土搅拌车向混凝土泵供料的间歇时间、拆装混凝土输送管和布料停歇等情况，可取 0.5～0.7；1 台搅拌车供料取 0.5；2 台搅拌车同时供料取 0.7 　　　a——配管条件系数，可取 0.8～0.9 （4）混凝土泵的数量 混凝土泵数量按下式计算： $$n_2 = \frac{q_n}{q_m} T \qquad (2\text{-}692)$$ 式中　q_m——每台混凝土泵的实际平均输出量（m³/h） 　　　T——混凝土泵送施工作业时间（h） 　　　q_n——混凝土的浇筑数量（m³）
混凝土浇筑 前裂缝控制 的施工计算	（1）裂缝控制原理、方法和计算步骤 在大体积混凝土浇筑前，根据施工拟采取的防裂措施和已知施工条件，先计算混凝土的水泥水化热绝热温升值、各龄期收缩变形值、收缩当量温差和弹性模量，然后通过计算，估量可能产生的最大温度收缩应力，如不超过混凝土的抗拉强度，则表示所采取的防裂措施能有效控制预防裂缝的出现；如超过混凝土的抗拉强度，则可采取调整混凝土的浇筑温度、减低水化热温升值、降低内外温差、改善施工操作工艺和混凝土性能、提高抗拉强度或改善约束等技术措施重新计算，直至计算的应力在允许范围以内为止。 （2）水化热绝热温升值 混凝土的水化热绝热温升值，一般按下式计算： $$T_{(t)} = \frac{m_c Q}{c\rho}(1 - e^{-mt}) \qquad (2\text{-}693)$$ 式中　$T_{(t)}$——浇完一段时间 t 的混凝土的绝热温升值（℃） 　　　m_c——每立方米混凝土水泥用量（kg/m³） 　　　Q——水泥水化热量（J/kg），可由下表查得 表格见下 注：火山灰水泥、粉煤灰硅酸盐水泥的发热量可参照矿渣水泥的数值。 　　　c——混凝土的比热 [J/(kg·K)]，一般由 0.92～1.00，取 0.96 　　　ρ——混凝土的质量密度，取 2400kg/m³ 　　　e——常数，为 2.718 　　　m——与水泥品种、浇捣时温度有关的经验系数，一般为 0.2～0.4 　　　t——混凝土浇筑后至计算时的天数（d） 实际结构外表是散热的，计算值偏于安全。 （3）各龄期混凝土收缩变形值 $\varepsilon_{y(t)}$ 随许多具体条件和因素的差异而变化，一般可按下列指数函数表达式计算： $$\varepsilon_{y(t)} = \varepsilon_y^0 (1 - e^{-0.1t}) M_1 M_2 M_3 \cdots M_n \qquad (2\text{-}694)$$ 式中　　　　　ε_y^0——标准状态下的最终收缩值（即极限收缩值），取 3.24×10^{-4} 　　　　　　　t——混凝土浇筑后至计算时的天数（d） M_1、M_2、M_3、…、M_n——考虑各种非标准条件的修正系数，按表 2-43 取用 　　　　　　$\varepsilon_{y(t)}$——各龄期（d）混凝土的收缩相对变形值

品　种	水化热量/(J/kg)	
	32.5MPa	42.5MPa
普通水泥	377	461
矿渣水泥	335	—

计算项目	计算公式
混凝土浇筑前裂缝控制的施工计算	（4）各龄期混凝土收缩当量温差 混凝土的收缩变形换成当量温差（是将混凝土收缩产生的变形，换成相当于引起同样变形所需要的温度，以便按温差计算温度压力）按下式计算： $$T_{y(t)} = \frac{\varepsilon_{y(t)}}{\alpha} \qquad (2\text{-}695)$$ 式中　$T_{y(t)}$——各龄期（d）混凝土收缩当量温差（℃），负号表示降温 　　　$\varepsilon_{y(t)}$——各龄期（d）混凝土的收缩相对变形值 　　　α——混凝土的线胀系数，取 1.0×10^{-5} （5）各龄期混凝土弹性模量 各龄期混凝土弹性模量按下式计算： $$E_{(t)} = E_c(1 - e^{-0.09t}) \qquad (2\text{-}696)$$ 式中　E_c——混凝土的最终弹性模量（N/mm²） 　　　$E_{(t)}$——混凝土从浇筑后至计算时的弹性模量（N/mm²）；计算温度应力时，一般取平均值 　　　e——常数，为 2.718 　　　t——混凝土浇筑后至计算时的天数（d） （6）混凝土的温度收缩应力 大体积结构（厚度大于 1m）贯穿性或深进的裂缝，主要是由平均降温差和收缩差引起过大温度收缩应力所造成的。混凝土因外约束引起的温度（包括收缩）应力（二维时）可按以下简化公式计算： $$\sigma = \frac{E_{(t)}\alpha\Delta T}{1-v}S_{(t)}R \qquad (2\text{-}697)$$ 其中 $$\Delta T = T_0 + \frac{2}{3}T_{(t)} + T_{y(t)} - T_b \qquad (2\text{-}698)$$ 式中　σ——混凝土的温度（包括收缩）应力（N/mm²） 　　　ΔT——混凝土的最大综合温差（℃）。如为负则为降温 　　　T_0——混凝土的入模温度（℃） 　　　T_b——混凝土浇筑后达到稳定时的温度，一般根据历年气象资料取当年平均气温（℃） 　　　$S_{(t)}$——考虑徐变影响的松弛系数，一般取 0.3～0.5 　　　R——混凝土的外约束系数，当为岩石地基时，$R=1$；当为可滑动的垫层时，$R=0$；一般地基取 0.25～0.50 　　　v——混凝土的泊松比，可采用 0.15～0.20 当大体积混凝土结构长期裸露在室外（未回填土）时，ΔT 值可按混凝土水化热最高温升值（包括混凝土浇筑入模温度）与当地月平均最低温度之差进行计算
混凝土浇筑后裂缝控制的施工计算	（1）裂缝控制原理、方法和计算步骤 在大体积混凝土浇筑后，根据实测温度值和绘制的温度升降曲线，分别计算和降温阶段的混凝土温度收缩拉应力，如其累计总拉应力不超过同龄期的混凝土抗拉强度，则表示所采取的防裂措施能有效控制预防裂缝的出现，如超过该阶段时的混凝土抗拉强度，则应采取加强养护、保温（及时覆盖回填土）等措施，使其缓慢降温和收缩，提高该龄期的混凝土的抗拉强度，以控制裂缝的出现。 （2）混凝土绝热温升值计算 混凝土的水化热绝热温升值按下式计算： $$T_{(t)} = \frac{m_c Q}{c\rho}(1 - e^{-mt}) \qquad (2\text{-}699)$$ $$T_{max} = \frac{m_c Q}{c\rho} \qquad (2\text{-}700)$$ 式中　T_{max}——混凝土的最大水化热温升值（℃） 　　　$T_{(t)}$——浇完一段时间 t 的混凝土的绝热温升值（℃） 　　　m_c——每立方米混凝土水泥用量（kg/m³） 　　　Q——水泥水化热量（J/kg） 　　　c——混凝土的比热 [J/(kg·K)]，一般由 0.92～1.00，取 0.96 　　　ρ——混凝土的质量密度，取 2400kg/m³ 　　　e——常数，为 2.718 　　　m——与水泥品种、浇捣时温度有关的经验系数，一般为 0.2～0.4 　　　t——混凝土浇筑后至计算时的天数（d）

计算项目	计算公式
混凝土浇筑后裂缝控制的施工计算	（3）混凝土实际最高温升值 根据各龄期的实测温升温降值及升降温度曲线，按下式求各龄期实际水化热最高温升值： $$T_d = T_n - T_0 \qquad (2\text{-}701)$$ 式中　T_d——各龄期混凝土实际水化热最高温升值（℃） 　　　T_n——各龄期实测温度值（℃） 　　　T_0——混凝土入模温度（℃） （4）混凝土水化热平均温度 水化热平均温度按下式计算： $$T_{x(t)} = T_1 + \frac{2}{3}T_4 = T_1 + \frac{2}{3}(T_2 - T_1) \qquad (2\text{-}702)$$ 式中　$T_{x(t)}$——混凝土水化热平均温度（℃） 　　　T_1——保温养护下混凝土表面温度（℃） 　　　T_2——实测混凝土结构中心最高温度（℃） 　　　T_4——实测混凝土结构中心最高温度与混凝土表面温度之差，即 $T_4 = T_2 - T_1$ 基础底板水泥水化热引起的温升简图如下图所示 （5）混凝土结构截面上任意深度处的温度 结构截面上的温差，常假定呈对称抛物线分布，则结构截面上任意深度处的温度可按下式计算： $$T_y = T_1 + \left(1 - \frac{4y^2}{d^2}\right)T_4 \qquad (2\text{-}703)$$ 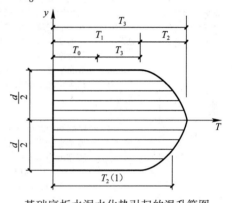 基础底板水泥水化热引起的温升简图 d—基础底板厚度 式中　T_y——混凝土结构截面上任意深度处的温度（℃） 　　　d——结构物厚度 　　　y——基础截面上任意一点离开中心轴的距离 　　　T_1——保温养护下混凝土表面温度（℃） 　　　T_4——实测混凝土结构中心最高温度与混凝土表面温度之差，即 $T_4 = T_2 - T_1$ （6）各龄期混凝土收缩变形值、当量温差及弹性模量 各龄期（d）混凝土收缩变形值 $\varepsilon_{y(t)}$、收缩当量温差 $T_{y(t)}$ 及弹性模量 $E_{(t)}$ 的计算同混凝土浇筑前裂缝控制的施工计算。 （7）各龄期综合温差及总温差 各龄期混凝土的综合温差按下式计算： $$T_{o(t)} = T_{x(t)} + T_{y(t)} \qquad (2\text{-}704)$$ 总温差为混凝土各龄期综合温差之和，即： $$T = T_{(1)} + T_{(2)} + T_{(3)} + \cdots + T_{(n)} \qquad (2\text{-}705)$$ 以上各种降温差均为负值。 式中　$T_{o(t)}$——各龄期混凝土的综合温差（℃） 　　　$T_{y(t)}$——各龄期混凝土收缩当量温差（℃） 　　　T——各龄期混凝土综合温差之和 其他符号意义见式（2-708）。 （8）各龄期混凝土松弛系数 混凝土松弛程度同加荷时混凝土的龄期有关，龄期越早，徐变引起的松弛亦越大，其次同应力作用时间长短有关，时间越长，则松弛亦越大，混凝土考虑龄期及荷载持续时间影响下的应力松弛系数 $S_{(t)}$ 见下表： 表格见下

时间/d	$S_{(t)}$	时间/d	$S_{(t)}$
3	0.186	18	0.252
6	0.208	21	0.301
9	0.214	24	0.367
12	0.215	27	0.473
15	0.213	30	1.00

计算项目	计算公式
混凝土浇筑后裂缝控制的施工计算	（9）最大温度应力值 弹性地基上大体积混凝土各降温阶段的综合最大温度收缩拉应力按下式计算： $$\sigma_{(t)} = \frac{\alpha}{1-v}\left(1 - \frac{1}{\cosh\beta \times \frac{L}{2}}\right)\sum_{i=1}^{n} E_{i(t)}\Delta T_{i(t)}S_{i(t)} \qquad (2\text{-}706)$$ 降温时，混凝土的抗裂安全度应满足下式要求： $$K = \frac{f_t}{\sigma_{(t)}} \geqslant 1.15 \qquad (2\text{-}707)$$ 式中 $\sigma_{(t)}$——各龄期混凝土基础所承受的温度应力 α——混凝土线胀系数，取 1×10^{-5} v——泊松比，当结构双向受力时，取 0.15 $E_{i(t)}$——各龄期混凝土的弹性模量 $\Delta T_{i(t)}$——各龄期综合温差，均以负值代入 $S_{i(t)}$——各龄期混凝土松弛系数 $\cosh$——双曲余弦函数，可由函数表查得 β——约束状态影响系数，按下式计算： $$\beta = \sqrt{\frac{C_x}{HE_{(t)}}}$$ H——基础底板厚度（mm） C_x——地基水平阻力系数（地基水平刚度）（N/mm³）；对软黏土为 0.01～0.03；对一般砂质黏土为 0.03～0.06；对坚硬黏土为 0.06～0.10；对风化岩、低强度混凝土垫层为 0.6～1.00；对 C10 以上者混凝土垫层为 1.0～1.5N/mm² f_t——混凝土的抗拉强度设计值
混凝土表面温度控制裂缝计算	大体积混凝土结构施工，应使混凝土中心温度与表面温度、表面温度与大气温度之差在允许范围之内（一般取25℃），则可控制混凝土裂缝的出现。混凝土中心温度可按"混凝土浇筑前裂缝控制的施工计算"进行计算，混凝土表面温度可按下式计算。 $$T_{b(t)} = T_a + \frac{4}{H^2}h'(H-h')\Delta T_{(t)} \qquad (2\text{-}708)$$ 其中 $$H = h + 2h' \qquad (2\text{-}709)$$ $$h' = K\frac{\lambda}{\beta} \qquad (2\text{-}710)$$ $$\beta = \frac{1}{\sum \dfrac{\delta_i}{\lambda_i} + \dfrac{1}{\beta_a}} \qquad (2\text{-}711)$$ $$\Delta T_{(t)} = T_{max} - T_a \qquad (2\text{-}712)$$ 式中 $T_{b(t)}$——龄期 t 时，混凝土的表面温度（℃） T_a——龄期 t 时，大气的平均温度（℃） H——混凝土的计算厚度（m） h——混凝土的实际厚度（m） h'——混凝土的虚厚度（m） λ——混凝土的热导率 [W/(m·K)]，取 2.33 K——计算折减系数，可取 0.666 β——模板及保温层的传热系数 [W/(m²·K)] δ_i——各种保温材料的厚度（m） λ_i——各种保温材料的热导率 [W/(m·K)]，见下表 β_a——空气层传热系数 [W/(m²·K)]，可取 23 $\Delta T_{(t)}$——龄期 t 时，混凝土内最高温度与外界气温之差（℃）

材料名称	密度/(kg/m³)	热导率 λ/[W/(m·K)]
木模板	500～700	0.23
钢模板	—	58
草袋	150	0.14
木屑	—	0.17

计算项目	计算公式		
混凝土表面温度控制裂缝计算	续表		
	材料名称	密度/(kg/m³)	热导率 λ/[W/(m·K)]
	红砖	1900	0.43
	膨胀蛭石	80～200	0.047～0.07
	沥青蛭石板	350～400	0.081～0.105
	普通混凝土	2400	1.51～2.33
	空气	—	0.03
	水	1000	0.58
	矿棉岩棉	110～200	0.031～0.065
	沥青矿棉毡	110～160	0.033～0.052
	膨胀珍珠岩	40～300	0.019～0.065
	泡沫塑料制品	25～50	0.035～0.047

混凝土收缩变形不同条件影响修正系数　　　表 2-42

水泥品种	M_1	水泥细度	M_2	骨料	M_3	水灰比	M_4	水泥浆量（%）	M_5
矿渣水泥	1.25	1500	0.90	砂岩	1.9	0.2	0.65	15	0.90
快硬水泥	1.12	2000	0.93	砾砂	1.0	0.3	0.85	20	1.00
低热水泥	1.10	3000	1.00	无粗骨料	1.0	0.4	1.00	25	1.20
石灰矿渣水泥	1.0	4000	1.13	玄武岩、花岗岩	1.0	0.5	1.21	30	1.45
普通水泥	1.0	5000	1.35	石灰石	1.0	0.6	1.42	35	1.75
火山灰水泥	1.0	6000	1.68	白云岩	0.95	0.7	1.62	40	2.10
抗硫酸盐水泥	0.78	7000	2.05	石英石	0.8	0.8	1.82	45	2.55

t/d	M_6	w（%）	M_7	$\bar{r}$	M_8	操作方法	M_9	$\dfrac{E_sA_s}{E_bA_b}$	M_{10}
1～2	$\dfrac{1.11}{1.0}$	25	1.25	0	$\dfrac{0.54}{0.21}$	机械振捣	1.00	0.00	1.00
3	$\dfrac{1.09}{0.98}$	30	1.18	0.1	$\dfrac{0.76}{0.78}$	手工捣固	1.10	0.05	0.85
4	$\dfrac{1.07}{0.96}$	40	1.10	0.2	$\dfrac{1}{1}$	蒸气养护	0.85	0.10	0.76
5	$\dfrac{1.04}{0.94}$	50	1.00	0.3	$\dfrac{1.03}{1.03}$	高压釜处理	0.54	0.15	0.68
7	$\dfrac{1.0}{0.9}$	60	0.88	0.4	$\dfrac{1.2}{1.05}$			0.20	0.61
10	$\dfrac{0.96}{0.89}$	70	0.77	0.5	$\dfrac{1.13}{-}$			0.25	0.55
14～18	$\dfrac{0.93}{0.84}$	80～90	0.6～0.7	$\dfrac{1.4～1.43}{-}$					

注：分子为自然状态下硬化；分母为加热状态下硬化。

t——混凝土浇筑后初期养护时间（d）。

w——环境相对湿度（%）。

r——水平半径的倒数（cm⁻¹），为构体截面周长（L）与截面积（A）之比，$\bar{r}=L/A$。

$\dfrac{E_sA_s}{E_bA_b}$——配筋率。

其中 E_s——钢筋的弹性模量（N/mm²）；

A_s——钢筋的截面面积（mm²）；

E_b——混凝土的弹性模量（N/mm²）；

A_b——混凝土的截面面积（mm²）。

2.9 钢结构工程计算公式

2.9.1 构件连接计算

构件连接计算见表 2-43。

构件连接计算 表 2-43

计算项目	计算公式
对接焊缝连接	（1）在对接接头和T形接头中，垂直于轴心拉力或轴心压力的对接焊缝或对接与角接组合焊缝，其强度应当根据下式计算： $$\sigma = \frac{N}{l_w h_e} \leqslant f_t^w \text{ 或 } f_c^w \tag{2-713}$$ 式中　N——轴心拉力或轴心压力 　　　l_w——焊缝长度 　　　h_e——对接焊缝的计算厚度，在对接接头中取连接件的较小厚度；在T形接头中取腹板的厚度 　　　f_t^w、f_c^w——对接焊缝的抗拉、抗压设计值 （2）在对接接头和T形接头中，承受弯矩和剪力共同作用的对接焊缝或对接角接组合焊缝，其正应力和剪应力应分别进行计算。但在同时受有较大正应力和剪应力处（例如梁腹板横向对接焊缝的端部）应按下式计算折算应力： $$\sqrt{\sigma^2 + 3\tau^2} \leqslant 1.1 f_t^w \tag{2-714}$$ 注：1. 当承受轴心力的板件用斜焊缝对接，焊缝与作用力间的夹角 θ 符合 $\tan\theta \leqslant 1.5$ 时，其强度可不计算。 2. 当对接焊缝和T形对接与角接组合焊缝无法采用引弧板和引出板施焊时，每条焊缝的长度计算时应各减去 $2t$（t 为焊件的较小厚度）
直角角焊缝连接	（1）在通过焊缝形心的拉力、压力或剪力作用下： 正面角焊缝（作用力垂直于焊缝长度方向）： $$\sigma_f = \frac{N}{h_e l_w} \leqslant \beta_f f_f^w \tag{2-715}$$ 侧面角焊缝（作用力平行于焊缝长度方向）： $$\tau_f = \frac{N}{h_e l_w} \leqslant f_f^w \tag{2-716}$$ （2）在各种力综合作用下，σ_f 和 τ_f 共同作用处： $$\sqrt{\left(\frac{\sigma_f}{\beta_f}\right)^2 + \tau_f^2} \leqslant f_f^w \tag{2-717}$$ 式中　σ_f——按焊缝有效截面（$h_e l_w$）计算，垂直于焊缝长度方向的应力 　　　τ_f——按焊缝有效截面计算，沿焊缝长度方向的剪应力 　　　h_e——直角角焊缝的计算厚度，当两焊件间距 $b \leqslant 1.5\text{mm}$ 时，$h_c = 0.7 h_f$；$1.5 < b \leqslant 5\text{mm}$ 时，$h_c = 0.7(h_f - b)$，h_f 为焊脚尺寸（见下图） 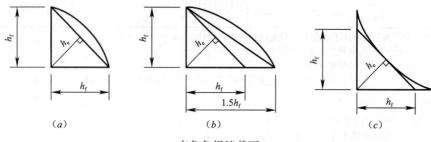 直角角焊缝截面 （a）等焊脚直角角焊缝；（b）不等焊脚直角角焊缝；（c）凹面直角角焊缝

计算项目	计算公式
直角角焊缝连接	l_w——角焊缝的计算长度，对每条焊缝取其实际长度减去 $2h_f$ f_f^w——角焊缝的强度设计值 β_f——正面角焊缝的强度设计值增大系数：对承受静力荷载和间接承受动力荷载的结构，$\beta_f =$ 1.22；对直接承受动力荷载的结构，$\beta_f = 1.0$ (3) 圆形塞焊焊缝和圆孔或槽孔内角焊缝的强度应分别按式（2-718）和式（2-719）计算： $$\tau_f = \frac{N}{A_w} \leqslant f_f^w \qquad (2\text{-}718)$$ $$\tau_f = \frac{N}{h_e l_w} \leqslant f_f^w \qquad (2\text{-}719)$$ 式中　A_w——塞焊圆孔面积； 　　　l_w——圆孔内或槽孔内角焊缝的计算长度。 (4) 焊接截面工字形梁翼缘与腹板的双面角焊缝连接，其强度应按下式计算： $$\frac{1}{2h_e}\sqrt{\left(\frac{VS_f}{I}\right)^2 + \left(\frac{\psi F}{\beta_f l_z}\right)^2} \leqslant f_f^w \qquad (2\text{-}720)$$ 式中　S_f——所计算翼缘毛截面对梁中和轴的面积矩 　　　I——梁的毛截面惯性矩 　　　V——剪力 　　　F——集中荷载，对动力荷载应考虑动力系数 　　　ψ——集中荷载增大系数：对重级工作制吊车梁，$\psi = 1.35$；对其他梁，$\psi = 1.0$ 　　　l_z——集中荷载在腹板计算高度上边缘的假定分布长度 注：1. 当梁上翼缘受有固定集中荷载时，宜在该处设置顶紧上翼缘的支承加劲肋，此时可取 $F=0$。 2. 当腹板与翼缘的连接焊缝采用焊透的 T 形对接与角接组合焊缝时，其焊缝强度可不计算
普通螺栓连接	(1) 在普通螺栓或铆钉受剪连接中，每个螺栓的承载力设计值应取受剪和承压承载力设计值中的较小者。 1) 受剪承载力计算 普通螺栓： $$N_v^b = n_v \frac{\pi d^2}{4} f_v^b \qquad (2\text{-}721)$$ 铆钉： $$N_v^r = n_v \frac{\pi d_0^2}{4} f_v^r \qquad (2\text{-}722)$$ 2) 承压承载力计算 普通螺栓： $$N_c^b = d \sum t f_c^b \qquad (2\text{-}723)$$ 铆钉： $$N_c^r = d_0 \sum t f_c^r \qquad (2\text{-}724)$$ 式中　n_v——受剪面数目 　　　d——螺杆直径 　　　d_0——铆钉孔直径 　　　$\sum t$——在不同受力方向中一个受力方向承压构件总厚度的较小值 　　　f_v^b、f_c^b——螺栓的抗剪和承压强度设计值 　　　f_v^r、f_c^r——铆钉的抗剪和承压强度设计值 (2) 在普通螺栓、锚栓或铆钉杆轴方向受拉的连接中，每个普通螺栓、锚栓或铆钉的承载力设计值应按下列公式计算： 普通螺栓： $$N_t^b = \frac{\pi d_e^2}{4} f_t^b \qquad (2\text{-}725)$$ 锚栓： $$N_t^a = \frac{\pi d_e^2}{4} f_t^a \qquad (2\text{-}726)$$

计算项目	计算公式

铆钉：

$$N_t^r = \frac{\pi d_0^2}{4} f_t^r \tag{2-727}$$

式中　d_e——螺栓或锚栓在螺纹处的有效直径

f_t^b、f_t^a、f_t^r——普通螺栓、锚栓和铆钉的抗拉强度设计值

（3）同时承受剪力和杆轴方向拉力的普通螺栓和铆钉，其承载力应分别符合下列公式的要求：

普通螺栓：

$$\sqrt{\left(\frac{N_v}{N_v^b}\right)^2 + \left(\frac{N_t}{N_t^b}\right)^2} \leq 1.0 \tag{2-728}$$

$$N_v \leq N_c^b \tag{2-729}$$

铆钉：

$$\sqrt{\left(\frac{N_v}{N_v^r}\right)^2 + \left(\frac{N_t}{N_t^r}\right)^2} \leq 1.0 \tag{2-730}$$

$$N_v \leq N_c^r \tag{2-731}$$

式中　N_v、N_t——某个普通螺栓或锚栓所受的剪力和拉力

N_v^b、N_t^b、N_c^b——一个普通螺栓的抗剪、抗拉和承压承载力设计值

N_v^r、N_t^r、N_c^r——一个铆钉的抗剪、抗拉和承压承载力设计值

在构件的接头的一端，当螺栓沿轴向受力方向的连接长度 l_1 大于 $15d_0$ 时（d_0 为孔径），应将螺栓的承载力设计值乘以折减系数 $\left(1.1 - \dfrac{l_1}{150d_0}\right)$。当大于 $60d_0$ 时，折减系数取为定值 0.7。

在下列情况的连接中，螺栓或铆钉的数目应予增加：

1）一个构件借助填板或其他中间板与另一构件连接的螺栓（摩擦型连接的高强度螺栓除外）或铆钉数目，应按计算增加 10%。

2）当采用搭接或拼接板的单面连接传递轴心力时，因偏心引起连接部位发生弯曲时，螺栓（摩擦型连接的高强度螺栓除外）数目，应按计算增加 10%。

3）在构件的端部连接中，当利用短角钢连接型钢（角钢或槽钢）的外伸肢以缩短连接长度时，在短角钢两肢中的一肢上，所用的螺栓或铆钉数目应按计算增加 50%。

4）当铆钉连接的铆合总厚度超过铆钉孔径的 5 倍时，总厚度每超过 2mm，铆钉数目应按计算增加 1%（至少应增加 1 个铆钉），但铆合总厚度不得超过铆钉孔径的 7 倍。

螺栓（铆钉）连接宜采用紧凑布置，其连接中心宜与连接构件截面的重心相一致。螺栓或铆钉的间距、边跨和端距容许值应符合下表的规定：

名称	位置和方向			最大容许间距 （取两者的较小值）	最小容许间距
中心间距	外排（垂直内力方向或顺内力方向）			$8d_0$ 或 $12t$	$3d_0$
	中间排	垂直内力方向		$16d_0$ 或 $24t$	
		顺内力方向	构件受压力	$12d_0$ 或 $18t$	
			构件受拉力	$16d_0$ 或 $24t$	
	沿对角线方向			—	
中心至构件边缘距离	顺内力方向			$4d_0$ 或 $8t$	$2d_0$
	垂直内力方向	剪切边或手工切割边			$1.5d_0$
		轧制边、自动气割或锯割边	高强度螺栓		
			其他螺栓或铆钉		$1.2d_0$

注：1. d_0 为螺栓孔或铆钉的孔径，对槽孔为短向尺寸，t 为外层较薄板件的厚度。

2. 钢板边缘与刚性构件（如角钢、槽钢等）相连的高强度螺栓的最大间距，可按中间排的数值采用。

3. 计算螺栓孔引起的截面削弱时取 $d+4$mm 和 d_0 的较大者

普通螺栓连接

计算项目	计算公式
高强度螺栓摩擦型连接计算	（1）在受剪连接中，每个高强度螺栓的承载力设计值按下式计算： $$N_v^b = 0.9kn_f\mu P \tag{2-732}$$ 式中 N_v^b——一个高强度螺栓的抗剪承载力设计值 k——孔型系数，标准孔取 1.0；大圆孔取 0.85；内力与槽孔长向垂直时取 0.7；内力与槽孔长向平行时取 0.6 n_f——传力摩擦面数目 μ——摩擦面的抗滑移系数，按钢材摩擦面与涂层摩擦面的不同，分别由表 1 和表 2 取值 **钢材摩擦面的抗滑移系数 μ**　　　　　　表 1 （见下表） 注：1. 钢丝刷除锈方向应与受力方向垂直。 　　2. 当连接构件采用不同钢材牌号时，μ 按相应较低强度者取值。 　　3. 采用其他方法处理时，其处理工艺及抗滑移系数值均需经试验确定。 **涂层连接面的抗滑移系数**　　　　　　　表 2 （见下表） 注：当设计要求使用其他涂层（热喷铝、镀锌等）时，其钢材表面处理要求、涂层厚度及抗滑移系数均需由试验确定。 P——一个高强度螺栓的预拉力设计值（kN），按表 3 采用 **一个高强度螺栓的预拉力设计值 P**　　　　表 3 （见下表） （2）在螺栓杆轴方向受拉的连接中，每个高强度螺栓的承载力按下式计算： $$N_t^b = 0.8P \tag{2-733}$$ （3）当高强度螺栓摩擦型连接同时承受摩擦面间的剪力和螺栓杆轴方向的外拉力时，其承载力应由下式计算： $$\frac{N_v}{N_v^b} + \frac{N_t}{N_t^b} \leqslant 1 \tag{2-734}$$ 式中 N_v、N_t——所计算的某个高强度螺栓所承受的剪力和拉力 N_v^b、N_t^b——一个高强度螺栓的抗剪、抗拉承载力设计值

钢材摩擦面的抗滑移系数 μ　　表 1

连接处构件接触面的处理方法	构件的钢材牌号		
	Q235 钢	Q345 钢或 Q390 钢	Q420 钢或 Q460 钢
喷硬质石英砂或铸钢棱角砂	0.45	0.45	0.45
抛丸（喷砂）	0.35	0.40	0.40
抛丸（喷砂）后生赤锈	0.45	0.45	0.45
钢丝刷清除浮锈或未经处理的干净轧制面	0.30	0.35	0.40

涂层连接面的抗滑移系数　　表 2

表面处理要求	涂层类别	涂装方法及涂层厚度/μm	抗滑系数 μ
抛丸除锈，等级达到 Sa2$\frac{1}{2}$ 级	醇酸铁红	喷涂或手工涂刷，50—75	0.15
	聚氨酯富锌		
	环氧富锌		0.35
	无机富锌		
	水性无机富锌		
	锌加	喷涂，30—60	0.45
	防滑防锈硅酸锌漆	喷涂 80—120	

一个高强度螺栓的预拉力设计值 P　　表 3

螺栓的性能等级	螺栓公称直径/mm					
	M16	M20	M22	M24	M27	M30
8.8 级	80	125	150	175	230	280
10.9 级	100	155	190	225	290	355

计算项目	计算公式
高强度螺栓承压型连接应按下列规定计算	（1）承压型连接的高强度螺栓预拉力 P 的施拧工艺和设计值取值应与摩擦高强度螺栓相同。 （2）承压型连接中每个高强度螺栓的受剪承载力设计值，其计算方法与普通螺栓相同，但当计算剪切面在螺纹处时，其受剪承载力设计值应按螺纹处的有效截面积进行计算。 （3）在杆轴受拉的连接中，每个高强度螺栓的受拉承载力设计值的计算方法与普通螺栓相同。 （4）同时承受剪力和杆轴方向拉力的承压型连接中，所计算的高强度螺栓，其承载力应符合下列公式的要求： $$\sqrt{\left(\dfrac{N_v}{N_v^b}\right)^2 + \left(\dfrac{N_t}{N_t^b}\right)^2} \leqslant 1.0 \qquad (2\text{-}725)$$ $$N_v \leqslant N_c^b/1.2 \qquad (2\text{-}726)$$ 式中 N_v、N_t——所计算的某个高强度螺栓所承受的剪力和拉力； N_v^b、N_t^b、N_c^b——个高强度螺栓按普通螺栓计算时的抗剪、抗拉和承压承载力设计值

2.9.2 受弯、受剪和受扭构件

受弯、受剪和受扭构件见表 2-44。

受弯、受剪和受扭构件　　　　　　　　　　　　　　　表 2-44

计算项目	计算公式
抗弯强度	在主平面内，腹板截面设计等级达到 A、B、C 类受弯构件要求有实腹构件，其抗弯强度应按下列规定计算： $$\frac{M_x}{\gamma_x W_{nx}} + \frac{M_y}{\gamma_y W_{ny}} \leqslant f \qquad (2\text{-}727)$$ 式中 M_x、M_y——同一截面处绕 x 轴和 y 轴的弯矩（对工字形截面：x 轴为强轴，y 轴为弱轴） 　　　W_{nx}、W_{ny}——对 x 轴和 y 轴的净截面模量 　　　　　f——钢材的抗弯强度设计值 　　　γ_x、γ_y——截面塑性发展系数，其取值应符合下列规定 1）对工字形和箱形截面，在翼缘截面设计等级达到 A、B、C 类要求时，截面塑性发展系数应按下列规定取值，D、E 类截面应取为 1.0 工字形截面：$\gamma_x = 1.05$，$\gamma_y = 1.2$ 箱形截面：$\gamma_x = \gamma_y = 1.05$ 2）截面设计等级为 D、E 类截面时，取为 1.0 3）对需要计算疲劳的梁，宜取 $\gamma_x = \gamma_y = 1.0$ 4）其他截面可按下表采用 <table><tr><td>项次</td><td colspan="4">截面形式</td><td>γ_x</td><td>γ_y</td></tr><tr><td>1</td><td colspan="4"></td><td></td><td>1.2</td></tr><tr><td>2</td><td colspan="4"></td><td>1.05</td><td>1.05</td></tr></table>

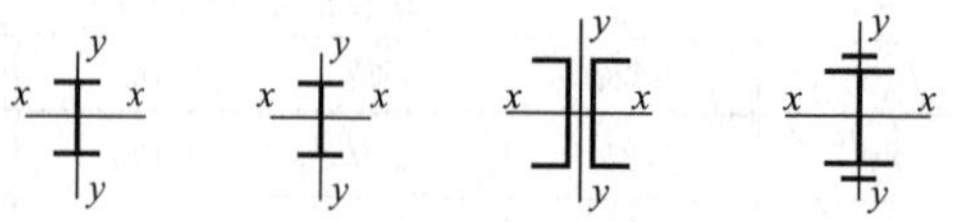

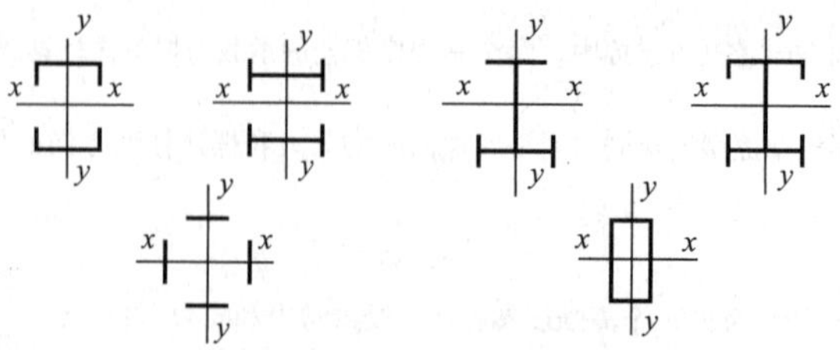

计算项目	计算公式			

	项次	截面形式	γ_x	γ_y
抗弯强度	3		$\gamma_{x1}=1.05$ $\gamma_{x2}=1.2$	1.2
	4			1.05
	5		1.2	1.2
	6		1.15	1.15
	7		1.0	1.05
	8			1.0

抗剪强度	在主平面内，腹板截面设计等级达到 A、B、C 类受弯构件要求的实腹构件，其抗剪强度应按下式计算：

$$\tau = \frac{VS}{It_w} \leqslant f_v \qquad (2\text{-}728)$$

式中　V——计算截面沿腹板平面作用的剪力

　　　S——计算剪应力处以上（或以下）毛截面对中和轴的面积矩

　　　I——毛截面惯性矩

　　　t_w——腹板厚度

　　　f_v——钢材的抗剪强度设计值

局部承压强度

当梁上翼缘受有沿腹板平面作用的集中荷载且该荷载处又未设置支承加劲肋时，腹板计算高度上边缘的局部承压强度应按下式计算：

$$\sigma_c = \frac{\psi F}{t_w l_z} \leqslant f \qquad (2\text{-}729)$$

式中　F——集中荷载，对动力荷载应考虑动力系数

　　　ψ——集中荷载增大系数，对重级工作制吊车梁，$\psi=1.35$；对其他梁 $\psi=1.0$

　　　l_z——集中荷载在腹板计算高度上边缘的假定分布长度，按式（2-730）计算，也允许采用简化公式（2-731）计算

$$l_z = 33\sqrt{\frac{I_R + I_f}{t_w}} \qquad (2\text{-}730)$$

计算项目	计算公式
局部承压强度	$$l_z = a + 2h_y + 2h_R \qquad (2\text{-}731)$$ I_R——轨道绕自身形心轴的惯性矩 I_f——安装轨道的上翼缘绕翼缘中面的惯性矩 a——集中荷载沿梁跨度方向的承压长度，对钢轨上的轮压可取 50mm h_y——自梁顶面至腹板计算高度上边缘的距离；对焊接梁即为上翼缘厚度，对轧制工字形截面梁，是梁顶面到腹板过渡完成点的距离 h_R——轨道的高度，对梁顶无轨道的梁 $h_R = 0$ a_1——梁端到支座板外边缘的距离，按实取，但不得超过 $2.5h_y$ f——钢材的抗压强度设计值 注：在梁的支座处，当不设置支承加劲肋时，也应按公式（2-729）计算腹板计算高度下边缘的局部压应力，但 ϕ 取 1.0。支座集中反力的假定分布长度，应根据支座具体尺寸按公式（2-731）计算，此时 h_y 前系数 2 可改为 5
折算应力	在梁的腹板计算高度边缘处，若同时受有较大的正应力、剪应力和局部压应力，或同时受有较大的正应力和剪应力（如连续梁中部支座处或梁的翼缘截面改变处等）时，其折算应力应按下式计算： $$\sqrt{\sigma^2 + \sigma_c^2 - \sigma\sigma_c + 3\tau^2} \leqslant \beta_1 f \qquad (2\text{-}732)$$ 式中 σ、τ、σ_c——腹板计算高度边缘同一点上同时产生的正应力、剪应力和局部压应力，τ 和 σ_c 应按式（2-728）和式（2-729）计算，σ 应按式（2-733）计算，σ 和 σ_c 以拉应力为正值，压应力为负值 $$\sigma = \frac{M}{I_n} y_1 \qquad (2\text{-}733)$$ I_n——梁净截面惯性矩 y_1——所计算点至梁中和轴的距离 β_1——计算折算应力的强度设计值增大系数，当 σ 与 σ_c 异号时，取 $\beta_1 = 1.2$；当 σ 与 σ_c 同号或 $\sigma_c = 0$ 时，$\beta_1 = 1.1$
受扭构件的整体稳定	（1）有铺板（各种钢筋混凝土板和钢板）密铺在梁的受压翼缘上并与其牢固相连，能阻止梁受压翼缘的侧向位移时，可不计算梁的整体稳定性。 （2）除（1）所指情况外，在最大刚度主平面内受弯的构件，当梁腹板满足稳定性要求，其整体稳定性应按下式计算： $$\frac{M_x}{\varphi_b \gamma_x W_x f} \leqslant 1 \qquad (2\text{-}734)$$ 式中 M_x——绕强轴作用的最大弯矩 W_x——按受压最大纤维确定的梁毛截面模量 φ_b——梁的整体稳定性系数，应按下列公式计算 $$\varphi_b = \frac{1}{[1 - (\lambda_{b0}^{re})^{2n} + (\lambda_b^{re})^{2n}]^{1/n}} \leqslant 1.0 \qquad (2\text{-}735)$$ $$\lambda_b^{re} = \sqrt{\frac{\gamma_x W_x f_y}{M_{cr}}} \qquad (2\text{-}736)$$ M_{cr}——简支梁、悬臂梁或连续梁的弹性屈曲临界弯矩 λ_{b0}^{re}——梁腹板受弯计算时起始正则化长细比，按下表采用 n——指数，按下表采用 下表

	n	λ_{b0}^{re}	
		简支梁	承受线性变化弯矩的悬臂梁和连续梁
热轧 H 型钢及热轧工字钢	$2.5\sqrt[3]{\dfrac{b_1}{h}}$	0.4	$0.65 - 0.25\dfrac{M_2}{M_1}$
焊接截面	$1.8\sqrt[3]{\dfrac{b_1}{h}}$	0.3	$0.55 - 0.25\dfrac{M_2}{M_1}$
轧制槽钢	1.5	0.3	—

注：b_1——工字形截面受压翼缘的宽度；h——上下翼缘中面的距离；M_1、M_2——区段的端弯矩，使构件产生同向曲率（无反弯点）时取同号；使构件产生反向曲率（有反弯点）时取异号，且 $|M_1| \geqslant |M_2|$。

计算项目	计算公式
受扭构件的整体稳定	（3）除（1）所指情况外，在两个主平面受弯的 H 型钢截面或工字形截面构件，其整体稳定性应按下式计算： $$\frac{M_x}{\varphi_b \gamma_x W_x f} + \frac{M_y}{\gamma_y W_y f} \leqslant 1 \qquad (2\text{-}737)$$ 式中　W_x、W_y——同一截面处绕 x 轴和 y 轴的弯矩（对工字形截面：x 轴为强轴，y 轴为弱轴） 　　　　φ_b——绕强轴弯曲所确定的梁整体稳定系数，按式（2-735）计算 （4）对支座承担负弯矩，且梁顶有混凝土楼板时，框架梁下翼缘的稳定性计算应符合下列规定： 1）当工字形截面尺寸满足下式时可不计算稳定性 $$\lambda_b^{re} \leqslant 0.45 \qquad (2\text{-}738)$$ 2）当不满足式（2-738）时，稳定性应按下列公式计算： $$\frac{M_x}{\varphi_d W_{x1} f} \leqslant 1 \qquad (2\text{-}739)$$ $$\lambda_c = \pi \lambda_b^{re} \sqrt{\frac{E}{f_y}} \qquad (2\text{-}740)$$ 式中　b_1——受压翼缘的宽度 　　　　t_1——受压翼缘的厚度 　　　W_{x1}——受压翼缘的截面模量 　　　　φ_d——稳定系数 　　　　λ_c——等效长细比 　　　λ_b^{re}——梁腹板受弯计算时的正则化长细比，应按下列公式计算： $$\lambda_b^{re} = \sqrt{\frac{f_y}{\sigma_{cr}}} \qquad (2\text{-}741)$$ 　　　σ_{cr}——畸变屈曲临界应力；应按下列公式计算： $$\sigma_{cr} = \frac{3.46 b_1 t_1^3 + h_w t_w^3 (7.27\gamma + 3.3)\varphi_1}{h_w^2 (12 b_1 t_1 + 1.78 h_w t_w)} E \qquad (2\text{-}742)$$ $$\gamma = \frac{b_1}{t_w} \sqrt{\frac{b_1 t_1}{h_w t_w}} \qquad (2\text{-}743)$$ $$\varphi_1 = \frac{1}{2} \left(\frac{5.436\gamma h_w^2}{l^2} + \frac{l^2}{5.436\gamma h_w^2} \right) \qquad (2\text{-}744)$$ 　　　　l——当框架主梁支承次梁且次梁高度不小于主梁高度一半时，取次梁到框架柱的净距；除此情况外，取梁净距的一半 3）当不满足 1）、2）款时，应在侧向未受约束的受压翼缘区段内，沿梁长设间距不大于 2 倍梁高且与梁等宽的加劲肋
局部稳定	（1）直接承受动力荷载的吊车梁及类似构件的焊接截面梁应配置加劲肋，其腹板配置加劲肋应符合下表的规定： （表见下）

项次	腹板情况		加劲肋布置规定
1	$\dfrac{h_0}{t_w} \leqslant 80\varepsilon_k$	局部压应力较小	可不配置加劲肋
2		有局部压应力的梁	应按构造配置横向加劲肋
3	$\dfrac{h_0}{t_w} > 80\varepsilon_k$		应配置横向加劲肋，并满足构造要求和计算要求
4	$\dfrac{h_0}{t_w} > 170\varepsilon_k$，受压翼缘扭转受到约束		应在设置横向加劲肋的同时，在弯曲应力较大区格的受压区增加配置纵向加劲肋。局部压应力很大的梁，必要时尚宜在受压区配置短加劲肋
5	$\dfrac{h_0}{t_w} > 150\varepsilon_k$，受压翼缘扭转未受到约束		
6	按计算需要时		
7	梁的支座处和上翼缘受有较大固定集中荷载处		宜设置支承加劲肋，并满足构造要求和计算要求

计算项目	计算公式

项次	腹板情况	加劲肋布置规定
8	任何情况下	$\dfrac{h_0}{t_w}$不应超过250

注：1. h_0 为腹板的计算高度（对单轴对称梁，当确定是否要配置纵向加劲肋时，h_0 应取腹板受压区高度 h_c 的 2 倍），t_w 为腹板的厚度。

2. 腹板的计算高度 h_0：对轧制型钢梁，为腹板与上、下翼缘相接处两内弧起点间的距离；对焊接截面梁，为腹板高度；对高强度螺栓连接（或铆接）梁，为上、下翼缘与腹板连接的高强度螺栓（或铆钉）线间最近距离（见下图）

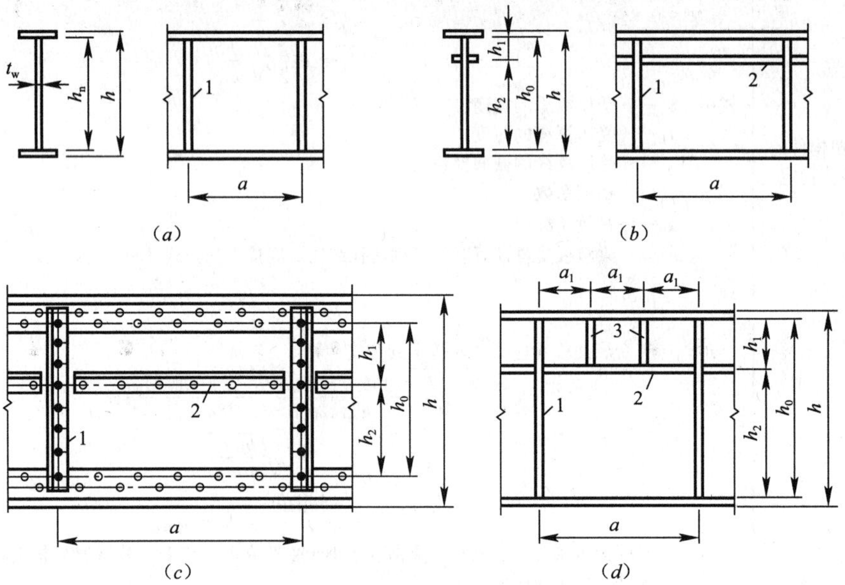

局部稳定

加劲肋布置

(a) 仅配置横向加劲肋的腹板；(b) 用横向加劲肋和纵向加劲肋加强的腹板；
(c) 用横向加劲肋和纵向加劲肋加强的腹板 (d) 在受压翼缘与纵向加劲肋之间设有短加劲肋的区格
1—横向加劲肋；2—纵向加劲肋；3—短加劲肋

(2) 仅配置横向加劲肋的腹板（见上图 a），其各区格的局部稳定应按下式计算：

$$\left(\frac{\sigma}{\sigma_{cr}}\right)^2 + \left(\frac{\tau}{\tau_{cr}}\right)^2 + \frac{\sigma_c}{\sigma_{c,cr}} \leqslant 1.0 \qquad (2\text{-}745)$$

式中 σ——计算腹板区格内，由平均弯矩产生的腹板计算高度边缘的弯曲压应力

σ_c——计算稳定性的承压应力，与计算强度的承压应力相同

τ——所计算腹板区格内，由平均剪力产生的腹板平均剪应力，应按下列公式计算：

$$\tau = \frac{V}{h_w t_w} \qquad (2\text{-}746)$$

h_w——腹板的高度

σ_{cr}、τ_{cr}、$\sigma_{c,cr}$——各种应力单独作用下的欧拉临界应力，按下列方法计算：

1) σ_{cr}按下列公式计算

当$\lambda_b^{re} \leqslant 0.85$时：

$$\sigma_{cr} = f \qquad (2\text{-}747)$$

当$0.85 < \lambda_b^{re} \leqslant 1.25$时：

$$\sigma_{cr} = [1 - 0.75(\lambda_b^{re} - 0.85)]f \qquad (2\text{-}748)$$

计算项目	计算公式
局部稳定	当 $\lambda_b^{re} > 1.25$ 时：$$\sigma_{cr} = 1.1f/(\lambda_b^{re})^2 \qquad (2\text{-}749)$$ 式中 λ_b^{re}——梁腹板受弯计算的正则化长细比，应按下列方法计算： 当梁受压翼缘扭转受到约束时：$$\lambda_b^{re} = \frac{2h_c/t_w}{177} \cdot \frac{1}{\varepsilon_k} \qquad (2\text{-}750)$$ 当梁受压翼缘扭转未受到约束时：$$\lambda_b^{re} = \frac{2h_c/t_w}{138} \cdot \frac{1}{\varepsilon_k} \qquad (2\text{-}751)$$ h_c——梁腹板弯曲受压区高度，对双轴对称截面 $2h_c = h_0$ 2）τ_{cr} 按下列公式计算： 当 $\lambda_s^{re} \leqslant 0.8$ 时：$$\tau_{cr} = f_v \qquad (2\text{-}752)$$ 当 $0.8 < \lambda_s^{re} \leqslant 1.2$ 时：$$\tau_{cr} = [1 - 0.59(\lambda_s^{re} - 0.8)]f_v \qquad (2\text{-}753)$$ 当 $\lambda_s^{re} > 1.2$ 时：$$\tau_{cr} = 1.1f_v/(\lambda_s^{re})^2 \qquad (2\text{-}754)$$ 式中 λ_s^{re}——梁腹板受剪计算的正则化长细比，应按下列方法计算： 当 $a/h_0 \leqslant 1$ 时：$$\lambda_s^{re} = \frac{h_0/t_w}{37\eta\sqrt{4 + 5.34(h_0/a)^2}} \cdot \frac{1}{\varepsilon_k} \qquad (2\text{-}755)$$ 当 $a/h_0 > 1$ 时：$$\lambda_s^{re} = \frac{h_0/t_w}{37\eta\sqrt{5.34 + 4(h_0/a)^2}} \cdot \frac{1}{\varepsilon_k} \qquad (2\text{-}756)$$ η——简支梁取 1.11，框架梁取 1 3）$\sigma_{c,cr}$ 按照下列公式计算： 当 $\lambda_c^{re} \leqslant 0.9$ 时：$$\sigma_{c,cr} = f \qquad (2\text{-}757)$$ 当 $0.9 < \lambda_c^{re} \leqslant 1.2$ 时：$$\sigma_{c,cr} = [1 - 0.79(\lambda_c^{re} - 0.9)]f \qquad (2\text{-}758)$$ 当 $\lambda_c^{re} > 1.2$ 时：$$\sigma_{c,cr} = 1.1f/(\lambda_c^{re})^2 \qquad (2\text{-}759)$$ 式中 λ_c^{re}——梁腹板局部压力计算时的正则化长细比，应按下列方法计算： 当 $0.5 \leqslant a/h_0 \leqslant 1.5$ 时：$$\lambda_c^{re} = \frac{h_0/t_w}{28\sqrt{10.9 + 13.4(1.83 - a/h_0)^3}} \cdot \frac{1}{\varepsilon_k} \qquad (2\text{-}760)$$ 当 $1.5 \leqslant a/h_0 \leqslant 2.0$ 时：$$\lambda_c^{re} = \frac{h_0/t_w}{28\sqrt{18.9 - 5a/h_0}} \cdot \frac{1}{\varepsilon_k} \qquad (2\text{-}761)$$ （3）同时用横向加劲肋和纵向加劲肋加强的腹板（见上图 b、c），其局部稳定性应按下列公式计算： 1）受压翼缘与纵向加劲肋之间的区格：$$\frac{\sigma}{\sigma_{cr1}} + \left(\frac{\sigma_c}{\sigma_{c,cr1}}\right)^2 + \left(\frac{\tau}{\tau_{cr1}}\right)^2 \leqslant 1.0 \qquad (2\text{-}762)$$ 式中 σ_{cr1}、τ_{cr1}、$\sigma_{c,cr1}$ 分别按下列方法计算： ① σ_{cr1} 按式（2-747）~式（2-749）计算，但式中的 λ_b^{re} 改用下列 λ_{b1}^{re} 代替： 当梁受压翼缘扭转受到约束时：$$\lambda_{b1}^{re} = \frac{h_1/t_w}{75\varepsilon_k} \qquad (2\text{-}763)$$ 当梁受压翼缘扭转未受到约束时：$$\lambda_{b1}^{re} = \frac{h_1/t_w}{64\varepsilon_k} \qquad (2\text{-}764)$$

计算项目	计算公式

式中　h_1——纵向加劲肋至腹板计算高度受压边缘的距离

② τ_{cr1} 按式 (2-752)～式 (2-756) 计算，但将式中的 h_0 改为 h_1。

③ $\sigma_{c,cr1}$ 按式 (2-757)～式 (2-759) 计算，但式中的 λ_b^{re} 改用 λ_{c1}^{re} 代替：

当梁受压翼缘扭转受到约束时：

$$\lambda_{c1}^{re} = \frac{h_1/t_w}{56\varepsilon_k} \tag{2-765}$$

当梁受压翼缘扭转未受到约束时：

$$\lambda_{c1}^{re} = \frac{h_1/t_w}{40\varepsilon_k} \tag{2-766}$$

2) 受拉翼缘与纵向加劲肋之间的区格：

$$\left(\frac{\sigma_2}{\sigma_{cr2}}\right)^2 + \left(\frac{\tau}{\tau_{cr2}}\right)^2 + \frac{\sigma_{c2}}{\sigma_{c,cr2}} \leqslant 1.0 \tag{2-767}$$

式中　　　　σ_2——所计算区格内由平均弯矩产生的腹板在纵向加劲肋处的弯曲压应力

σ_{c2}——腹板在纵向加劲肋处的横向压应力，取 $0.3\sigma_c$

σ_{cr2}、τ_{cr2}、$\sigma_{c,cr2}$——分别按下列方法计算：

① σ_{cr2} 按式 (2-747)～式 (2-749) 计算，但式中的 λ_b^{re} 改用 λ_{b2}^{re} 代替：

$$\lambda_{b2}^{re} = \frac{h_2/t_w}{194\varepsilon_k} \tag{2-768}$$

② τ_{cr2} 按式 (2-752)～式 (2-756) 计算，但将式中的 h_0 改为 h_2 （$h_2 = h_0 - h_1$）

③ $\sigma_{c,cr2}$ 按式 (2-755)～式 (2-759) 计算，但式中的 h_0 改为 h_2，当 $a/h_2 > 2.0$ 时，$a/h_2 = 2$

(4) 在受压翼缘与纵向加劲肋之间设有短加劲肋的区格（见上图 d），其局部稳定性按式 (2-751) 计算。该式中的 σ_{cr1} 仍按式 (2-747)～式 (2-751) 计算；τ_{cr1} 按式 (2-752)～式 (2-756) 计算，但将 h_0 和 a 改为 h_1 和 a_1 （a_1 为短加劲肋间距）；$\sigma_{c,cr1}$ 按式 (2-757)～式 (2-759) 计算，但式中的 λ_b^{re} 改用下列 λ_{c1}^{re} 代替：

当梁受压翼缘扭转受到约束时：

$$\lambda_{c1}^{re} = \frac{a_1/t_w}{87\varepsilon_k} \tag{2-769}$$

局部稳定

当梁受压翼缘扭转未受到约束时：

$$\lambda_{c1}^{re} = \frac{a_1/t_w}{73\varepsilon_k} \tag{2-770}$$

对 $a_1/h_1 > 1.2$ 的区格，公式 (2-769)、(2-770) 右侧应乘以 $\dfrac{1}{\sqrt{0.4+0.5a_1/h_1}}$

(5) 加劲肋的设置应符合下列规定：

1) 加劲肋宜在腹板两侧成对配置，也可单侧配置，但支承加劲肋、重级工作制吊车梁的加劲肋不应单侧配置。

2) 横向加劲肋的最小间距应为 $0.5h_0$，最大间距为 $2h_0$（对无局部压应力的梁，当 $h_0/t_w \leqslant 100$ 时，可采用 $2.5h_0$）。纵向加劲肋至腹板计算高度受压边缘的距离应在 $h_c/2.5\sim h_c/2$ 范围内。

3) 在腹板两侧成对配置的钢板横向加劲肋，其截面尺寸应符合下列公式要求：

外伸宽度：

$$b_s \geqslant \frac{h_0}{30} + 40(\text{mm}) \tag{2-771}$$

厚度：

$$\text{承压加劲肋 } t_s \geqslant \frac{b_s}{15}, \quad \text{不受力加劲肋 } t_s \geqslant \frac{b_s}{19} \tag{2-772}$$

4) 在腹板一侧配置的钢板横向加劲肋，其外伸宽度应大于按公式 (2-771) 算得的 1.2 倍，厚度不应小于其外伸宽度的 1/15 和 1/19。

5) 在同时采用横向加劲肋和纵向加劲肋加强的腹板中，横向加劲肋的截面尺寸除了符合上述规定外，其截面惯性矩 I_z 尚应符合下式要求：

$$I_z \geqslant 2h_0 t_w^3 \tag{2-773}$$

纵向加劲肋的截面惯性矩 I_y，应符合下列公式要求：

当 $a/h_0 \leqslant 0.85$ 时：

$$I_y \geqslant 1.5h_0 t_w^3 \tag{2-774}$$

计算项目	计算公式
局部稳定	当 $a/h_0 > 0.85$ 时： $$I_y \geqslant \left(2.5 - 0.45\frac{a}{h_0}\right)\left(\frac{a}{h_0}\right)^2 h_0 t_w^3 \qquad (2\text{-}775)$$ 6）短加劲肋的最小间距为 $0.75h_1$。短加劲肋外伸宽度应取横向加劲肋外伸宽度的 $0.7\sim1.0$ 倍，厚度不应小于短加劲肋外伸宽度的 $1/15$。 注：1. 用型钢（H 型钢、工字钢、槽钢、肢尖焊于腹板的角钢）做成的加劲肋，其截面惯性矩不得小于相应钢板加劲肋的惯性矩。 2. 在腹板两侧成对配置的加劲肋，其截面惯性矩应按梁腹板中心线为轴线进行计算。 3. 在腹板一侧配置的加劲肋，其截面惯性矩应按加劲肋相连的腹板边缘为轴线进行计算
焊接截面梁腹板考虑屈曲后强度的计算	（1）腹板仅配置支承加劲肋且较大荷载处尚有中间横向加劲肋，同时考虑屈曲后强度的工字形焊接截面梁（见"局部稳定"中图 a），应按下列公式验算抗弯和抗剪承载能力： $$\left(\frac{V}{0.5V_u} - 1\right)^2 + \frac{M - M_f}{M_{eu} - M_f} \leqslant 1 \qquad (2\text{-}776)$$ 式中 M、V——所计算区格内梁的平均弯矩和平均剪力设计值；计算时，当 $V < 0.5V_u$，取 $V = 0.5V_u$；当 $M < M_f$，取 $M = M_f$ M_f——梁两翼缘所承担的弯矩设计值，应按下列公式计算： $$M_f = \left(A_{f1}\frac{h_1^2}{h_2} + A_{f2}h_2\right)f \qquad (2\text{-}777)$$ A_{f1}、h_1——较大翼缘的截面积及其形心至梁中和轴的距离 A_{f2}、h_2——较小翼缘的截面积及其形心至梁中和轴的距离 M_{eu}、V_u——梁抗弯和抗剪承载力设计值 1）M_{eu} 应按下列公式计算： $$M_{eu} = \gamma_x \alpha_e W_x f \qquad (2\text{-}778)$$ 式中 γ_x——梁截面塑性发展系数 W_x——按受拉或受压最大纤维确定的梁毛截面模量 α_e——梁截面模量考虑腹板有效高度的折减系数，应按下列公式计算： $$\alpha_e = 1 - \frac{(1-\rho)h_c^3 t_w}{2I_x} \qquad (2\text{-}779)$$ h_c——按梁截面全部有效算得的腹板受压区高度 I_x——按梁截面全部有效算得的绕 x 轴的惯性矩 ρ——腹板受压区有效高度系数，应按下列方法计算： 当 $\lambda_b^{re} \leqslant 0.85$ 时 $$\rho = 1.0 \qquad (2\text{-}780)$$ 当 $0.85 < \lambda_b^{re} \leqslant 1.25$ 时 $$\rho = 1 - 0.82(\lambda_b^{re} - 0.85) \qquad (2\text{-}781)$$ 当 $\lambda_b^{re} > 1.25$ 时 $$\rho = \frac{1}{\lambda_b^{re}}\left(1 - \frac{0.2}{\lambda_b^{re}}\right) \qquad (2\text{-}782)$$ λ_b^{re}——用于腹板受弯计算时的正则化长细比，按式（2-750）、（2-751）计算 2）V_u 应按下列公式计算： 当 $\lambda_s^{re} \leqslant 0.8$ 时 $$V_u = h_w t_w f_v \qquad (2\text{-}783)$$ 当 $0.8 < \lambda_s^{re} \leqslant 1.2$ 时 $$V_u = h_w t_w f_v[1 - 0.5(\lambda_s^{re} - 0.8)] \qquad (2\text{-}784)$$ 当 $\lambda_s^{re} > 1.2$ 时 $$V_u = h_w t_w f_v / (\lambda_s^{re})^{1.2} \qquad (2\text{-}785)$$ 式中 λ_s^{re}——用于腹板受剪计算时的正则化长细比，按式（2-755）、（2-756）计算。当焊接截面梁仅配置支座加劲肋时，取式（2-756）中的 $h_0/a = 0$ （2）当仅配置支座加劲肋不能满足公式（2-778）的要求时，应在两侧成对配置中间横向加劲肋，间距一般为 $(1\sim2)h_0$。中间横向加劲肋和上端受有集中压力的中间支承加劲肋，其截面尺寸除应满足公式（2-771）和公式（2-772）的要求外，尚应按轴心受压构件计算其在腹板平面外的稳定性，轴

计算项目	计算公式
焊接截面梁腹板考虑屈曲后强度的计算	心压力应按下式计算： $$N_s = V_u - \tau_{cr} h_w t_w + F \qquad (2\text{-}786)$$ 式中　V_u——按公式（2-783）～公式（2-785）计算 　　　h_w——腹板高度 　　　τ_{cr}——按公式（2-752）～公式（2-756）计算 　　　F——作用于中间支承加劲肋上端的集中压力 当腹板在支座旁的区格 $\lambda_s^{re} > 0.8$ 时，支座加劲肋除承受梁的支座反力外尚应承受拉力场的水平分力 H，按压弯构件计算强度和在腹板平面外的稳定，水平分力 H 应按下式计算： $$H = (V_u - \tau_{cr} h_w t_w)\sqrt{1 + (a/h_0)^2} \qquad (2\text{-}787)$$ H 的作用点在距腹板计算高度上边缘 $h_0/4$ 处。此压弯构件的截面和计算长度同一般支座加劲肋。当支座加劲肋采用下图的构造形式时，可按下述简化方法进行计算：加劲肋 1 作为承受支座反力 R 的轴心压杆计算，封头肋板 2 的截面积不应小于按下式计算的数值： $$A_c = \frac{3 h_0 H}{16 e f} \qquad (2\text{-}788)$$ 注：1. 腹板高厚比不应大于 250。 　　2. 考虑腹板屈曲后强度的梁，可按构造需要设置中间横向加劲肋。 　　3. 中间横向加劲肋较大（$a > 2.5 h_0$）和不设中间横向加劲肋的腹板，当满足公式（2-745）时，可取 $H = 0$ 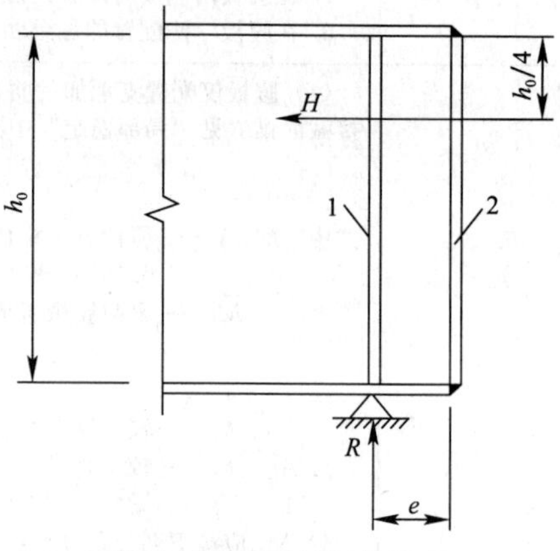	 设置封头肋板的梁端构造

2.9.3　轴心受力构件

轴心受力构件见表 2-45。

轴心受力构件　　　　　　　　　　　　　　　　表 2-45

计算项目	计算公式
截面强度的计算	轴心受拉构件，当端部连接（及中部拼接）处组成截面的各构件都有连接件直接传力时，除采用高强度螺栓摩擦型连接者外，其截面强度计算应符合下列规定： 毛截面屈服： $$\sigma = \frac{N}{A} \leqslant f \qquad (2\text{-}789)$$ 净截面断裂： $$\sigma = \frac{N}{A_n} \leqslant 0.7 f_u \qquad (2\text{-}790)$$ 式中　N——所计算截面的拉力设计值 　　　f——钢材抗拉强度设计值 　　　A——构件的毛截面面积 　　　A_n——构件的净截面面积，当构件多个截面有孔时，取最不利的截面 　　　f_u——钢材极限抗拉强度设计值 用高强螺栓摩擦型连接的构件，其截面强度计算应符合下列规定： （1）当构件为沿全长都有排列较密螺栓的组合构件时，其截面强度应按下式计算： $$\frac{N}{A_n} \leqslant f \qquad (2\text{-}791)$$ （2）除（1）款的情形外，其毛截面强度计算应采用式（2-789），净截面强度应按下式计算： $$\sigma = \left(1 - 0.5\frac{n_1}{n}\right)\frac{N}{A_n} \leqslant f \qquad (2\text{-}792)$$

计算项目	计算公式
截面强度的计算	式中 n——在节点或拼接处，构件一端连接的高强度螺栓数目 n_1——所计算截面（最外列螺栓处）上高强度螺栓数目
轴压构件的稳定性计算	（1）轴压构件的稳定性应按下式计算： $$\frac{N}{\varphi A f} \leqslant 1.0 \qquad (2\text{-}793)$$ 式中 φ——轴心受压构件的稳定系数（取截面两主轴稳定系数中的较小者），根据构件的长细比（或换算长细比）、钢材屈服强度和表 2-46、表 2-47 的截面分类，按表 2-48～表 2-52 采用 （2）实腹式构件的长细比 λ 应根据其失稳模式，由下列各款确定： 1）截面形心与剪心重合的构件 ① 当计算弯曲屈曲时长细比按下式计算： $$\lambda_x = \frac{l_{0x}}{i_x} \qquad (2\text{-}794)$$ $$\lambda_y = \frac{l_{0y}}{i_y} \qquad (2\text{-}795)$$ 式中 l_{0x}、l_{0y}——分别为构件对截面主轴 x 和 y 的计算长度 i_x、i_y——分别为构件截面对主轴 x 和 y 的回转半径 ② 当计算扭转屈曲时，长细比按下式计算： $$\lambda_z = \sqrt{\frac{I_0}{I_t/25.7 + I_\omega/l_\omega^2}} \qquad (2\text{-}796)$$ 式中 I_0、I_t、I_ω——构件毛截面对剪心的极惯性矩、截面抗扭惯性矩和扇性惯性矩，对十字形截面可近似取 $I_\omega = 0$ l_ω——扭转屈曲的计算长度，两端铰支且端截面可自由翘曲者，取几何长度 l；两端嵌固且端部截面的翘曲完全受到约束者，取 $0.5l$ 对轴对称十字形截面板件宽厚比不超过 $15\varepsilon_k$ 者，可不计算扭转屈曲。 2）截面为单轴对称的构件 ① 绕非对称主轴的弯曲屈曲，长细比应由式（2-794）、式（2-795）确定。绕对称轴主轴的弯扭屈曲，应取下式给出的换算长细比： $$\lambda_{yz} = \frac{1}{\sqrt{2}}\left[(\lambda_y^2 + \lambda_z^2) + \sqrt{(\lambda_y^2 + \lambda_z^2)^2 - 4\left(1 - \frac{y_s^2}{i_0^2}\right)\lambda_y^2 \lambda_z^2}\right]^{\frac{1}{2}} \qquad (2\text{-}797)$$ 式中 y_s——截面形心至剪心的距离 i_0——截面对剪心的极回转半径，单轴对称截面 $i_0^2 = y_s^2 + i_x^2 + i_y^2$ λ_z——扭转屈曲换算长细比，由式（2-796）确定 ② 双角钢组合 T 形截面构件绕对称轴的换算长细比 λ_{yz} 可用下列简化公式确定： a. 等边双角钢（见下图 a） 当 $\lambda_y > \lambda_z$ 时： $$\lambda_{yz} = \lambda_y\left[1 + 0.16\left(\frac{\lambda_z}{\lambda_y}\right)^2\right] \qquad (2\text{-}798)$$ 当 $\lambda_y < \lambda_z$ 时： $$\lambda_{yz} = \lambda_z\left[1 + 0.16\left(\frac{\lambda_y}{\lambda_z}\right)^2\right] \qquad (2\text{-}799)$$ $$\lambda_z = 3.9\frac{b}{t} \qquad (2\text{-}800)$$ b. 长肢相并的不等边双角钢（见下图 b） 当 $\lambda_y > \lambda_z$ 时： $$\lambda_{yz} = \lambda_y\left[1 + 0.25\left(\frac{\lambda_z}{\lambda_y}\right)^2\right] \qquad (2\text{-}801)$$ 当 $\lambda_y < \lambda_z$ 时： $$\lambda_{yz} = \lambda_z\left[1 + 0.25\left(\frac{\lambda_y}{\lambda_z}\right)^2\right] \qquad (2\text{-}802)$$ $$\lambda_z = 5.1\frac{b_2}{t} \qquad (2\text{-}803)$$ c. 短肢相并的不等边双角钢（见下图 c）

计算项目	计算公式

当 $\lambda_y > \lambda_z$ 时：

$$\lambda_{yz} = \lambda_y \left[1 + 0.06 \left(\frac{\lambda_z}{\lambda_y} \right)^2 \right] \qquad (2\text{-}804)$$

当 $\lambda_y < \lambda_z$ 时：

$$\lambda_{yz} = \lambda_z \left[1 + 0.06 \left(\frac{\lambda_y}{\lambda_z} \right)^2 \right] \qquad (2\text{-}805)$$

$$\lambda_z = 3.7 \frac{b_1}{t} \qquad (2\text{-}806)$$

单角钢截面和双角钢组合 T 形截面

(a) 等边双角钢；(b) 长肢相并的不等边双角钢；(c) 短肢相并的不等边双角钢
b—等边角钢肢宽度；b_1—不等边角钢长肢宽度；b_2—不等边角钢短肢宽度

3) 截面无对称轴且剪心和形心不重合的构件，应采用下列换算长细比：

$$\lambda_{xyz} = \pi \sqrt{\frac{EA}{N_{xyz}}} \qquad (2\text{-}807)$$

式中 N_{xyz}——弹性完善杆的弯扭屈曲临界力，应按下式计算：

$$(N_x - N_{xyz})(N_y - N_{xyz})(N_z - N_{xyz}) - N_{xyz}^2 (N_x - N_{xyz}) \left(\frac{y_s}{i_0} \right)^2 - N_{xyz}^2 (N_y - N_{xyz}) \left(\frac{x_s}{i_0} \right)^2 = 0$$

$$(2\text{-}808)$$

x_s、y_s——截面剪心的坐标

i_0——截面对剪心的极回转半径，应按下式计算：

$$i_0^2 = i_x^2 + i_y^2 + x_s^2 + y_s^2 \qquad (2\text{-}809)$$

N_x、N_y、N_z——分别为绕 x 轴和 y 轴的弯曲屈曲临界力和扭转屈曲临界力，应按下列公式计算：

$$N_x = \frac{\pi^2 EA}{\lambda_x^2} \qquad (2\text{-}810)$$

$$N_y = \frac{\pi^2 EA}{\lambda_y^2} \qquad (2\text{-}811)$$

$$N_z = \frac{1}{i_0^2} \left(\frac{\pi^2 EI_\omega}{l_\omega^2} + GI_t \right) \qquad (2\text{-}812)$$

E、G——分别为钢材弹性模量和剪变模量

4) 不等边角钢轴压构件的换算长细比可用下列简化公式确定（见下图）：

当 $\lambda_x > \lambda_z$ 时：

$$\lambda_{xyz} = \lambda_x \left[1 + 0.25 \left(\frac{\lambda_z}{\lambda_x} \right)^2 \right] \qquad (2\text{-}813)$$

当 $\lambda_x < \lambda_z$ 时：

$$\lambda_{xyz} = \lambda_z \left[1 + 0.25 \left(\frac{\lambda_x}{\lambda_z} \right)^2 \right] \qquad (2\text{-}814)$$

$$\lambda_z = 4.21 \frac{b_1}{t} \qquad (2\text{-}815)$$

式中 x 轴为角钢的主轴，b_1 为角钢长肢宽度

计算项目（左栏）：轴压构件的稳定性计算

计算项目	计算公式

（3）格构式轴心受压构件对实轴长细比应按（2）计算，对虚轴（见下图 a 的 x 轴和图 b、c 的 x 轴和 y 轴）应取换算长细比。换算长细比应按下列公式计算：

不等边角钢

1）双肢组合构件（见下图 a）

当缀件为缀板时：

$$\lambda_{0x} = \sqrt{\lambda_x^2 + \lambda_1^2} \qquad (2\text{-}816)$$

当缀件为缀条时：

$$\lambda_{0x} = \sqrt{\lambda_x^2 + 27\frac{A}{A_{1x}}} \qquad (2\text{-}817)$$

式中　λ_x——整个构件对 x 轴的长细比

λ_1——分肢对最小刚度轴1—1的长细比，其计算长度取为：焊接时，为相邻两缀板的净距离；螺栓连接时，为相邻两缀板边缘螺栓的距离

A_{1x}——构件截面中垂直于 x 轴的各斜缀条毛截面面积之和

2）四肢组合构件（见下图 b）

当缀件为缀板时：

$$\lambda_{0x} = \sqrt{\lambda_x^2 + \lambda_1^2} \qquad (2\text{-}818)$$

$$\lambda_{0y} = \sqrt{\lambda_y^2 + \lambda_1^2} \qquad (2\text{-}819)$$

当缀件为缀条时：

$$\lambda_{0x} = \sqrt{\lambda_x^2 + 40\frac{A}{A_{1x}}} \qquad (2\text{-}820)$$

$$\lambda_{0y} = \sqrt{\lambda_y^2 + 40\frac{A}{A_{1y}}} \qquad (2\text{-}821)$$

式中　λ_y——整个构件对 y 轴的长细比

A_{1y}——构件截面中垂直于 y 轴的各斜缀条毛截面面积之和

3）缀件为缀条的三肢组合构件（见下图 c）

$$\lambda_{0x} = \sqrt{\lambda_x^2 + \frac{42A}{A_1(1.5 - \cos^2\theta)}} \qquad (2\text{-}822)$$

$$\lambda_{0y} = \sqrt{\lambda_y^2 + \frac{42A}{A_1\cos^2\theta}} \qquad (2\text{-}823)$$

式中　A_1——构件截面中各斜缀条毛截面面积之和

θ——构件截面内缀条所在平面与 x 轴的夹角

轴压构件的稳定性计算

　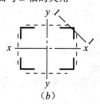　

（a）　　　　（b）　　　　（c）

格构式组合构件截面

（a）双肢组合构件；（b）四肢组合构件；（c）缀件为缀条的三肢组合构件

（4）轴压构件应按下式计算剪力：

$$V = \frac{Af}{85} \qquad (2\text{-}824)$$

剪力 V 值可认为沿构件全长不变。

对格构式轴压构件，剪力 V 应由承受该剪力的缀材面（包括用整体板连接的面）分担。

（5）两端铰支的梭形圆管或方管状截面轴压构件（见下图）的稳定性应按式（2-793）计算。计算时 A 取端截面的截面面积 A_1，稳定系数 φ 按下列换算长细比确定：

$$\lambda_s = \frac{l_0/i_1}{(1+\gamma)^{3/4}} \qquad (2\text{-}825)$$

计算项目	计算公式

式中　i_1——端截面回转半径

l_0——构件计算长度，按下式计算：

$$l_0 = \frac{l}{2}\left[1 + (1 + 0.853\gamma)^{-1}\right] \qquad (2\text{-}826)$$

γ——构件楔率，按下式计算：

$$\gamma = (d_2 - d_1)/d_1 \text{ 或}(b_2 - b_1)/b_1 \qquad (2\text{-}827)$$

d_2、b_2——中央截面外径（圆管），边长（方管）

d_1、b_1——端截面外径（圆管），边长（方管）

（6）两端铰支的多肢钢管梭形格构柱应按式（2-793）计算整体稳定。稳定系数 φ 依据 b 类截面按下列换算长细比确定：

$$\lambda_0 = \pi\sqrt{\frac{nA_sE}{N_{cr}}} \qquad (2\text{-}28)$$

式中　n——钢管分肢数

A_s——单根分肢的截面面积

N_{cr}——特征值屈曲荷载，按下列公式计算：

$$N_{cr} = \min(N_{cr,s}, N_{cr,a}) \qquad (2\text{-}829)$$

$N_{cr,s}$、$N_{cr,a}$——分别为对称屈曲模态与反对称屈曲模态对应的特征值屈曲荷载，应按下列方法计算：

1）$N_{cr,s}$ 按下列公式计算：

$$N_{cr,s} = N_{cr0,s}\Big/\left(1 + \frac{N_{cr0,s}}{K_{v,s}}\right) \qquad (2\text{-}830)$$

$$N_{cr0,s} = \frac{\pi^2 EI_0}{L^2}(1 + 0.72\eta_1 + 0.28\eta_2) \qquad (2\text{-}831)$$

2）$N_{cr,a}$ 按下列公式计算：

$$N_{cr,a} = N_{cr0,a}\Big/\left(1 + \frac{N_{cr0,a}}{K_{v,a}}\right) \qquad (2\text{-}832)$$

$$N_{cr0,a} = \frac{4\pi^2 EI_0}{L^2}(1 + 0.48\eta_1 + 0.12\eta_2) \qquad (2\text{-}833)$$

式中　$K_{v,s}$、$K_{v,a}$——分别为对称屈曲与反对称屈曲对应的截面抗剪刚度，应按下列公式计算：

$$K_{v,s} = 1\Big/\left(\frac{l_{s0}b_0}{18EI_d} + \frac{5l_{s0}^2}{144EI_s}\right) \qquad (2\text{-}834)$$

$$K_{v,a} = 1\Big/\left(\frac{l_{s0}b_m}{18EI_d} + \frac{5l_{s0}^2}{144EI_s}\right) \qquad (2\text{-}835)$$

l_{s0}——梭形柱节间高度

I_d、I_s——横缀杆和弦杆的惯性矩

E——材料的弹性模量

η_1、η_2——与截面惯性矩有关的计算系数，三肢时按下列公式计算：

$$\eta_1 = (4I_m - I_1 - 3I_0)/I_0 \qquad (2\text{-}836)$$

$$\eta_2 = 2(I_0 + I_1 - 2I_m)/I_0 \qquad (2\text{-}837)$$

I_0、I_m、I_1——分别为钢管梭形格构柱柱端（小头）、柱在 1/4 跨处以及跨中（大头）对应的惯性矩（见下图），应按下列公式计算：

$$I_0 = 3I_s + 0.5b_0^2 A_s \qquad (2\text{-}838)$$

$$I_m = 3I_s + 0.5b_m^2 A_s \qquad (2\text{-}839)$$

$$I_1 = 3I_s + 0.5b_1^2 A_s \qquad (2\text{-}840)$$

b_0、b_m、b_1——分别为梭形柱柱头、1/4 跨截面和跨中截面的边长

A_s——单个分肢的截面面积

3）钢管梭形格构柱的跨中截面应设置横隔。横隔可采用水平放置的钢板且与周边缀管焊接，或采用水平放置的钢管并使跨中截面成为稳定截面

轴压构件的稳定性计算

梭形管状轴压构件

计算项目	计算公式
轴压构件的 稳定性计算	 钢管梭形格构柱
实腹轴压构件 的局部稳定和 屈曲后强度	(1) 实腹轴压构件要求不出现局部失稳者，其板件宽厚比应符合下列规定： 1) H形截面腹板 当 $\lambda \leqslant 50\varepsilon_k$ 时： $$h_0/t_w \leqslant 42\varepsilon_k \qquad (2\text{-}841)$$ 当 $\lambda > 50\varepsilon_k$ 时： $$h_0/t_w \leqslant \min(21\varepsilon_k + 0.42\lambda, 21\varepsilon_k + 50) \qquad (2\text{-}842)$$ 式中 λ——构件的较大长细比 h_0、t_w——分别为腹板计算高度和厚度 2) H形截面翼缘 当 $\lambda \leqslant 70\varepsilon_k$ 时： $$b/t_f \leqslant 14\varepsilon_k \qquad (2\text{-}843)$$ 当 $\lambda > 70\varepsilon_k$ 时： $$b/t_f \leqslant \min(7\varepsilon_k + 0.1\lambda, 7\varepsilon_k + 12) \qquad (2\text{-}844)$$ 式中 b、t_f——分别为翼缘板自由外伸宽度和厚度 3) 箱形截面壁板 当 $\lambda \leqslant 52\varepsilon_k$ 时： $$b/t \leqslant 42\varepsilon_k \qquad (2\text{-}845)$$ 当 $\lambda > 52\varepsilon_k$ 时： $$b/t \leqslant \min(29\varepsilon_k + 0.25\lambda, 29\varepsilon_k + 30) \qquad (2\text{-}846)$$ 式中 b——壁板的净宽度。 长方箱形截面较宽壁板宽厚比限值应按式 (2-845)、(2-846) 的值，并乘以按下式计算的调整系数： $$\alpha_r = 1.12 - \frac{1}{3}(\eta - 0.4)^2 \qquad (2\text{-}847)$$ 式中 η——箱形截面宽度和高度之比，$\eta \leqslant 1.0$ 4) T形截面翼缘高厚比限值应按 (2-843)、(2-844) 确定 T形截面腹板高厚比限值为： 当 $\lambda \leqslant 70\varepsilon_k$ 时： $$h_0/t_w \leqslant 25\varepsilon_k \qquad (2\text{-}848)$$ 当 $\lambda > 70\varepsilon_k$ 时： $$h_0/t_w \leqslant \min(11\varepsilon_k + 0.2\lambda, 11\varepsilon_k + 24) \qquad (2\text{-}849)$$ 对焊接构件 h_0 取为腹板高度 h_w，对热轧构件取 $h_0 = h_w - t_f$，但不小于 $h_w - 20\text{mm}$ 5) 等边角钢轴压构件的肢件宽厚比限值为 当 $\lambda \leqslant 80\varepsilon_k$ 时： $$w/t \leqslant 15\varepsilon_k \qquad (2\text{-}850)$$

计算项目	计算公式
实腹轴压构件的局部稳定和屈曲后强度	当 $\lambda > 80\varepsilon_k$ 时： $$w/t \leqslant \min(5\varepsilon_k + 0.13\lambda, 5\varepsilon_k + 15) \quad (2\text{-}851)$$ 式中　w，t——分别为角钢的平板宽度和厚度，w 可取为 $b-2t$，b 为角钢宽度 　　　　λ——按角钢绕非对称主轴回转半径计算的长细比 　6）圆管压杆的外径与壁厚之比不应超过 $100\varepsilon_k^2$ 　（2）当轴压构件稳定承载力未用足，亦即当 $N < \varphi f A$ 时，可将其板件宽厚比限值由（1）中公式算得后乘以放大系数 $\alpha = \sqrt{\varphi f A/N}$。 　（3）板件宽厚比超过（1）规定的限值时，轴压杆件的稳定性应按下式计算： $$\frac{N}{\varphi A\rho f} \leqslant 1.0 \quad (2\text{-}852)$$ 式中　φ——稳定系数，应按 $\lambda\sqrt{\rho} \cdot \varepsilon_k$，由表 2-46～表 2-50 查得 　　　　ρ——有效屈服强度系数，应根据截面形式按下列各款确定： 　1）正方箱形截面 　当 $b/t > 42\varepsilon_k$ 时： $$\rho = \frac{1}{\lambda_p^{re}}\left(1 - \frac{0.19}{\lambda_p^{re}}\right) \quad (2\text{-}853)$$ $$\lambda_p^{re} = \frac{b/t}{56.2} \cdot \frac{1}{\varepsilon_k} \quad (2\text{-}854)$$ 式中　b，t——分别为壁板的净宽度和厚度 　注：当 $\lambda > 52\varepsilon_k$ 时，ρ 值应不小于 $(29\varepsilon_k + 0.25\lambda)t/b$。 　2）单角钢 　当 $w/t > 15\varepsilon_k$ 时： $$\rho = \frac{1}{\lambda_p^{re}}\left(1 - \frac{0.1}{\lambda_p^{re}}\right) \quad (2\text{-}855)$$ $$\lambda_p^{re} = \frac{b/t}{16.8} \cdot \frac{1}{\varepsilon_k} \quad (2\text{-}856)$$ 　注：当 $\lambda > 80\varepsilon_k$ 时，ρ 值应不小于 $(5\varepsilon_k + 0.13\lambda)t/w$。
轴压构件的计算长度和容许长细比	（1）确定桁架弦杆和单系腹杆（用节点板与弦杆连接）的长细比时，其计算长度 l_0 应按下表 1 采用，采用相贯焊接连接的钢管桁架，其构件计算长度系数可按下表 2 取值 表 1 表 2

表 1

变曲方向	弦杆	腹杆	
		支座斜杆和支座竖杆	其他腹杆
桁架平面内	l	l	$0.8l$
桁架平面外	l_1	l	l
斜平面	—	l	$0.9l$

注：1. l 为构件的几何长度（节点中心间距离）；l_1 为桁架弦杆侧向支承点之间的距离。
2. 斜平面系指与桁架平面斜交的平面，适用于构件截面两主轴均不在桁架平面内的单角钢腹杆和双角钢十字形截面腹杆。
3. 除钢管结构外，无节点板的腹杆计算长度在任意平面内均取其等于几何长度。

表 2

桁架类别	弯曲方向	弦杆	腹杆	
			支座杆和支座竖杆	其他腹杆
平面桁架	平面内	$0.9l$	l	$0.8l$
	平面外	l_1	l	l
立体桁架		$0.9l$	l	$0.8l$

注：1. l_1 为平面外无支撑长度；l 是杆件的节间长度。
2. 对端部缩头或压扁的圆管腹杆，其计算长度取 $1.0l$

计算项目	计算公式
轴压构件的计算长度和容许长细比	（2）确定在交叉点相互连接的桁架交叉腹杆的长细比时，在桁架平面内的计算长度应取节点中心到交叉点的距离；在桁架平面外的计算长度，当两交叉杆长度相等且在中点相交时，应按下列规定采用： 1）压杆 ① 相交另一杆受压，两杆截面相同并在交叉点均不中断，则： $$l_0 = l\sqrt{\frac{1}{2}\left(1+\frac{N_0}{N}\right)} \qquad (2\text{-}857)$$ ② 相交另一杆受压，此另一杆在交叉点中断但以节点板搭接 $$l_0 = l\sqrt{1+\frac{\pi^2}{12}\cdot\frac{N_0}{N}} \qquad (2\text{-}858)$$ ③ 相交另一杆受拉，两杆截面相同并在交叉点均不中断 $$l_0 = l\sqrt{\frac{1}{2}\left(1-\frac{3}{4}\cdot\frac{N_0}{N}\right)} \geqslant 0.5l \qquad (2\text{-}859)$$ ④ 相交另一杆受拉，此拉杆在交叉点中断但以节点板搭接 $$l_0 = l\sqrt{1-\frac{3}{4}\cdot\frac{N_0}{N}} \geqslant 0.5l \qquad (2\text{-}860)$$ 当此拉杆连续而压杆在交叉点中断但以节点板搭接，若 $N_0 \geqslant N$ 或拉杆在桁架平面外的抗弯刚度 $EI_y \geqslant \frac{3N_0 l^2}{4\pi^2}\left(\frac{N}{N_0}-1\right)$ 时，取 $l_0 = 0.5l$。 式中 l——桁架节点中心间距离（交叉点不作为节点考虑） 　　　N、N_0——所计算杆的内力及相交另一杆的内力，均为绝对值。两杆均受压时，取 $N_0 \leqslant N$，两杆截面应相同 2）拉杆，应取 $l_0 = l$ 当确定交叉腹杆中单角钢杆件斜平面内的长细比时，计算长度应取节点中心至交叉点的距离。 （3）当桁架弦杆侧向支承点之间的距离为节间长度的 2 倍（见下图）且两节间的弦杆轴心压力不相同时，则该弦杆在桁架平面外的计算长度，应按下式确定（但不应小于 $0.5l_1$）： $$l_0 = l_1\left(0.75 + 0.25\frac{N_2}{N_1}\right) \qquad (2\text{-}861)$$ 式中 N_1——较大的压力，计算时取正值 　　　N_2——较小的压力或拉力，计算时压力取正值，拉力取负值 桁架再分式腹杆体系的受压主斜杆及 K 型腹杆体系的竖杆等，在桁架平面外的计算长度也应按式（2-861）确定（受拉主斜杆仍取 l_1）；在桁架平面内的计算长度则取节点中心间距离。 （4）轴压构件的长细比不宜超过下表 3 规定的容许值，受拉构件的长细比不宜超过下表 4 规定的容许值 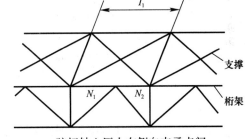 弦杆轴心压力在侧向支承点间有变化的桁架简图

表3

构件名称	容许长细比
轴压柱、桁架和天窗架中的压杆	150
柱的缀条、吊车梁或吊车桁架以下的柱间支撑	150
支撑（吊车梁或吊车桁架以下的柱间支撑除外）	200
用以减小受压构件计算长度的杆件	200

注：1. 当杆件内力设计值不大于承载能力的 50% 时，容许长细比值可取 200。
　　2. 计算单角钢受压构件的长细比时，应采用角钢的最小回转半径，但计算在交叉点相互连接的交叉杆件平面外的长细比时，可采用与角钢肢边平行轴的回转半径。
　　3. 跨度等于或大于 60m 的桁架，其受压弦杆、端压杆和直接承受动力荷载的受压腹杆的长细比不宜大于 120。
　　4. 验算容许长细比时，可不考虑扭转效应

计算项目	计算公式

表 4

构件名称	承受静力荷载或间接动力荷载的结构			直接承受动力荷载的结构
	一般建筑结构	对腹杆提供面外支点的弦杆	有重级工作制起重机的厂房	
桁架构件	350	250	250	250
吊车梁或吊车桁架以下柱间支撑	300	200	200	—
其他拉杆、支撑、系杆等（张紧的圆钢除外）	400	—	350	

轴压构件的计算长度和容许长细比

注：1. 除对腹杆提供面外支点的弦杆外，承受静力荷载的结构受拉构件，可仅计算竖向平面内的长细比。

2. 在直接或间接受动力荷载的结构中，计算单角钢受压构件的长细比时，应采用角钢的最小回转半径，但计算在交叉点相互连接的交叉杆件平面外的长细比时，可采用与角钢肢边平行轴的回转半径。

3. 中、重级工作制吊车桁架下弦杆的长细比不宜超过 200。

4. 在设有夹钳或刚性料耙等硬钩起重机的厂房中，支撑的长细比不宜超过 300。

5. 受拉构件在永久荷载与风荷载组合作用下受压时，其长细比不宜超过 250。

6. 跨度等于或大于 60m 的桁架，其受拉弦杆和腹杆的长细比不宜超过 300（承受静力荷载或间接承受动力荷载）或 250（直接承受动力荷载）。

7. 柱间支撑按拉杆设计时，竖向荷载作用下柱子的轴力应按无支撑时考虑

轴压构件的支撑

（1）用作减小轴压构件（柱）自由长度的支撑，应能承受沿被撑构件屈曲方向的支撑力，其值按下列方法计算：

1）长度为 l 的单根柱设置一道支撑时，支撑力 F_{b1} 为：

当支撑杆位于柱高度中央时：

$$F_{b1} = N/60 \tag{2-862}$$

当支撑杆位于距柱端 αl 处时（$0 < \alpha < 1$）：

$$F_{b1} = \frac{N}{240\alpha(1-\alpha)} \tag{2-863}$$

式中 N——被撑构件的最大轴心压力

2）长度为 l 的单根柱设置 m 道等间距（或间距不等但平均间距相比相差不超过 20%）支撑时，各支承点的支撑力为 F_{bm}：

$$F_{bm} = \frac{N}{42\sqrt{m+1}} \tag{2-864}$$

3）被撑构件为多根柱组成的柱列，在柱高度中央附近设置一道支撑时，支撑力应按下式计算：

$$F_{bn} = \frac{\sum N_i}{60}\left(0.6 + \frac{0.4}{n}\right) \tag{2-865}$$

式中 n——柱列中被撑柱的根数

$\sum N_i$——被撑柱同时存在的轴心压力设计值之和

4）当支撑同时承担结构上其他作用的效应时，应按实际可能发生的情况与支撑力组合。

5）支撑的构造应使被撑构件在撑点处既不能平移，又不能扭转

（2）桁架受压弦杆的横向支撑系统中系杆和支承斜杆应能承受下式给出的节点支撑力（见下图）：

$$F = \frac{\sum N}{42\sqrt{m+1}}\left(0.6 + \frac{0.4}{n}\right) \tag{2-866}$$

式中 $\sum N$——被撑各桁架受压弦杆最大压力之和

m——纵向系杆道数（支撑系统节间数减去 1）

n——支撑系统所撑桁架数

桁架受压弦杆横向支撑系统的节点支撑

计算项目	计算公式
轴压构件的支撑	（3）塔架主杆与主斜杆之间的辅助杆（见下图）应能承受下列公式给出的节点支撑力： 当节间数不超过 4 时 $$F = N/80 \qquad (2\text{-}867)$$ 当节间数大于 4 时 $$F = N/100 \qquad (2\text{-}868)$$ 式中　N——主杆压力设计值 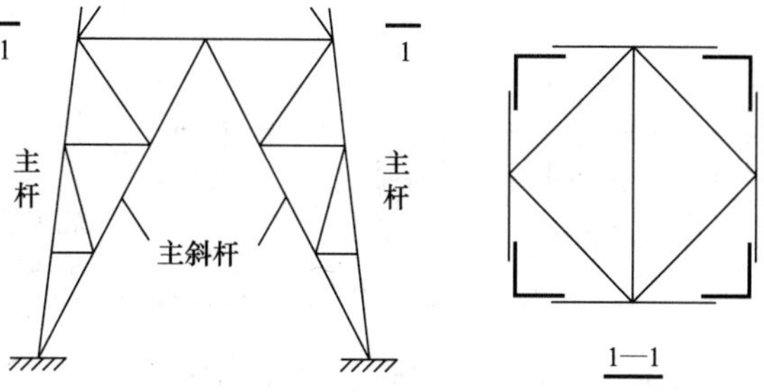 塔架下端示意图

轴心受压构件的截面分类（板厚 $t<40$mm）　　　　表 2-46

截面形式		对 x 轴	对 y 轴
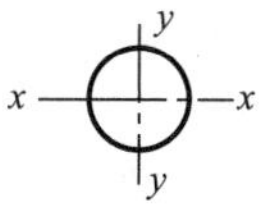 轧制（圆形）		a 类	a 类
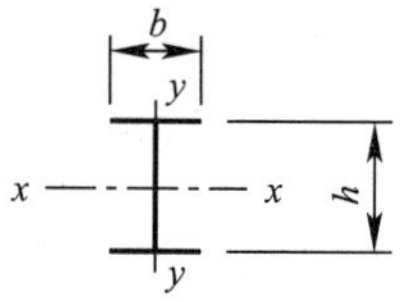 轧制（工字形）	$b/h \leqslant 0.8$	a 类	b 类
	$b/h > 0.8$	ba 类	cb 类
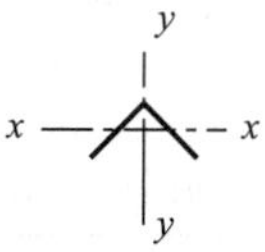 轧制等边角钢		ba 类	ba 类
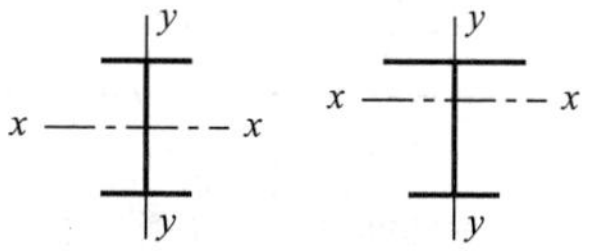 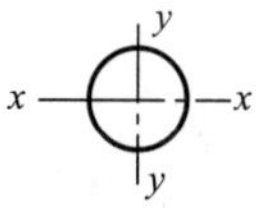 焊接，翼缘为焰切边；焊接（圆）；轧制		b 类	b 类

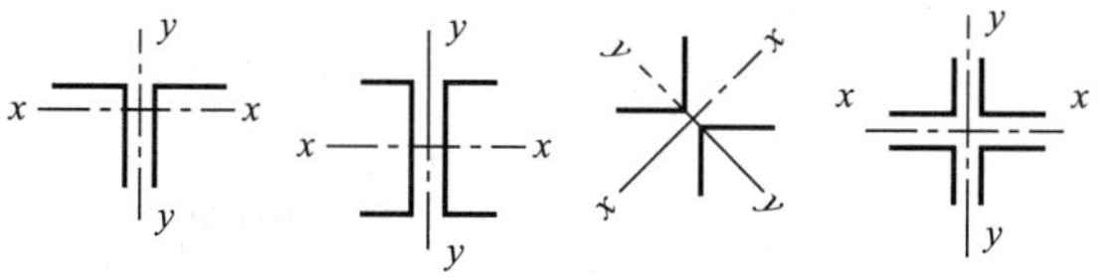

截面形式		对 x 轴	对 y 轴
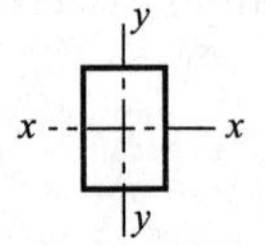 轧制，焊接（板件宽厚比＞20）	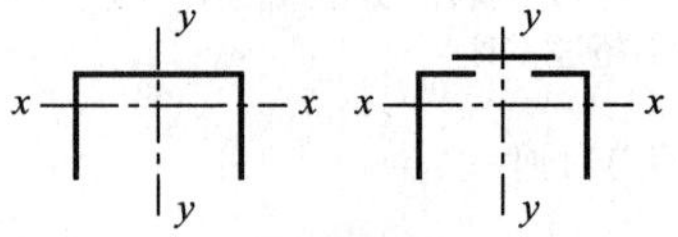 轧制或焊接	b 类	b 类
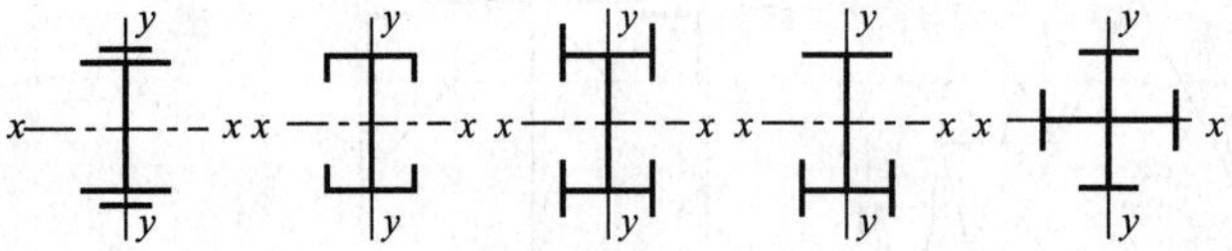 焊接	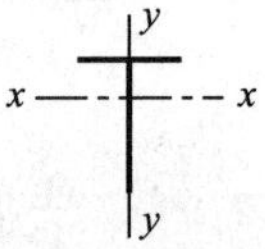 轧制截面和翼缘为焰切边的焊接截面	b 类	b 类
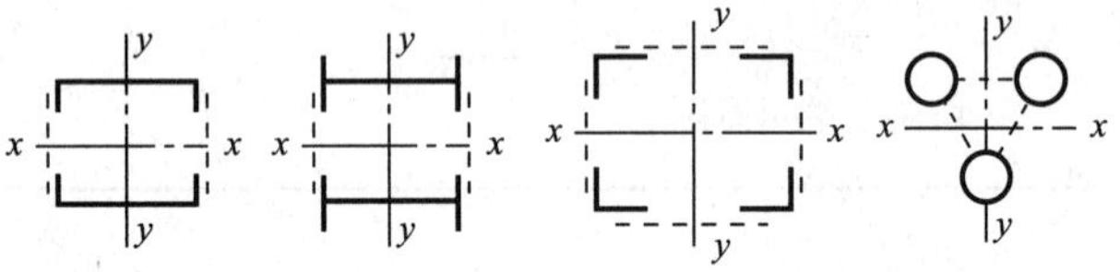 格构式	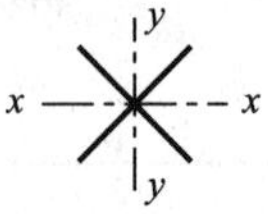 焊接，板件边缘焰切	b 类	b 类
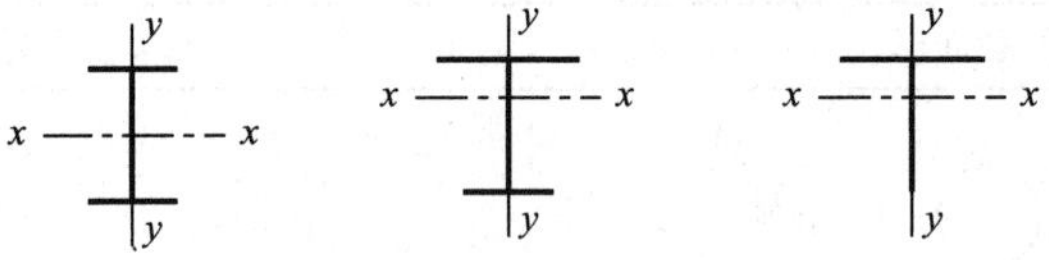 焊接，翼缘为轧制或剪切边		b 类	c 类
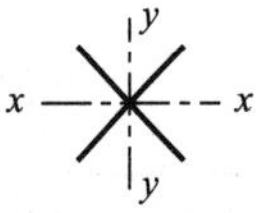 焊接，板件边缘轧制或剪切	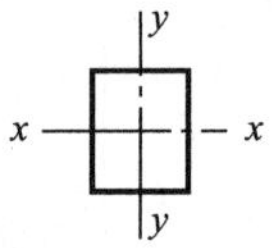 焊接，板件宽厚比≤20	c 类	c 类

注：ba 类含义为 Q235 钢取 b 类，Q345、Q390、Q420 和 Q460 取 a 类；cb 类含义为 Q235 钢取 c 类，Q345、Q390、Q420 和 Q460 取 b 类。

轴心受压构件的截面分类（板厚 $t \geqslant 40$ mm）　　　　表 2-47

截面形式		对 x 轴	对 y 轴
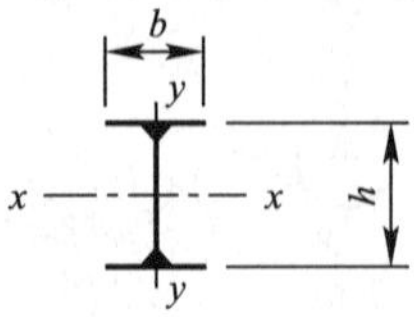 轧制工字形或 H 形截面	$t<80$ mm	b 类	c 类
	$t \geqslant 80$ mm	c 类	d 类
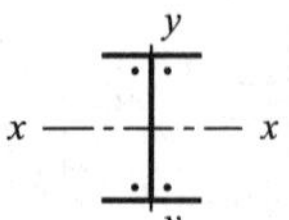 焊接工字形截面	翼缘为焰切边	b 类	b 类
	翼缘为轧制或剪切边	c 类	d 类

228

截面形式		对 x 轴	对 y 轴
焊接箱形截面	板件宽厚比＞20	b 类	b 类
	板件宽厚比≤20	c 类	c 类

a 类截面轴心受压构件的稳定系数 φ　　　　　　　　　　表 2-48

λ/ε_k	0	1	2	3	4	5	6	7	8	9
0	1.000	1.000	1.000	1.000	0.999	0.999	0.998	0.998	0.997	0.996
10	0.995	0.994	0.993	0.992	0.991	0.989	0.988	0.986	0.985	0.983
20	0.981	0.979	0.977	0.976	0.974	0.972	0.970	0.968	0.966	0.964
30	0.963	0.961	0.959	0.957	0.954	0.952	0.950	0.948	0.946	0.944
40	0.941	0.939	0.937	0.934	0.932	0.929	0.927	0.924	0.921	0.918
50	0.916	0.913	0.910	0.907	0.903	0.900	0.897	0.893	0.890	0.886
60	0.883	0.879	0.875	0.871	0.867	0.862	0.858	0.854	0.849	0.844
70	0.839	0.834	0.829	0.824	0.818	0.813	0.807	0.801	0.795	0.789
80	0.783	0.776	0.770	0.763	0.756	0.749	0.742	0.735	0.728	0.721
90	0.713	0.706	0.698	0.691	0.683	0.676	0.668	0.660	0.653	0.645
100	0.637	0.630	0.622	0.614	0.607	0.599	0.592	0.584	0.577	0.569
110	0.562	0.555	0.548	0.541	0.534	0.527	0.520	0.513	0.507	0.500
120	0.494	0.487	0.481	0.475	0.469	0.463	0.457	0.451	0.445	0.439
130	0.434	0.428	0.423	0.417	0.412	0.407	0.402	0.397	0.392	0.387
140	0.382	0.378	0.373	0.368	0.364	0.360	0.355	0.351	0.347	0.343
150	0.339	0.335	0.331	0.327	0.323	0.319	0.316	0.312	0.308	0.305
160	0.302	0.298	0.295	0.292	0.288	0.285	0.282	0.279	0.276	0.273
170	0.270	0.267	0.264	0.261	0.259	0.256	0.253	0.250	0.248	0.245
180	0.243	0.240	0.238	0.235	0.233	0.231	0.228	0.226	0.224	0.222
190	0.219	0.217	0.215	0.213	0.211	0.209	0.207	0.205	0.203	0.201
200	0.199	0.197	0.196	0.194	0.192	0.190	0.188	0.187	0.185	0.183
210	0.182	0.180	0.178	0.177	0.175	0.174	0.172	0.171	0.169	0.168
220	0.166	0.165	0.163	0.162	0.161	0.159	0.158	0.157	0.155	0.154
230	0.153	0.151	0.150	0.149	0.148	0.147	0.145	0.144	0.143	0.142
240	0.141	0.140	0.139	0.137	0.136	0.135	0.134	0.133	0.132	0.131
250	0.130	—	—	—	—	—	—	—	—	—

注：见表 2-51 注。

b 类截面轴心受压构件的稳定系数 φ　　　　　　　　　　表 2-49

λ/ε_k	0	1	2	3	4	5	6	7	8	9
0	1.000	1.000	1.000	0.999	0.999	0.998	0.997	0.996	0.995	0.994
10	0.992	0.991	0.989	0.987	0.985	0.983	0.981	0.978	0.976	0.973

λ/ε_k	0	1	2	3	4	5	6	7	8	9
20	0.970	0.967	0.963	0.960	0.957	0.953	0.950	0.946	0.943	0.939
30	0.936	0.932	0.929	0.925	0.921	0.918	0.914	0.910	0.906	0.903
40	0.899	0.895	0.891	0.886	0.882	0.878	0.874	0.870	0.865	0.861
50	0.856	0.852	0.847	0.842	0.837	0.833	0.828	0.823	0.818	0.812
60	0.807	0.802	0.796	0.791	0.785	0.780	0.774	0.768	0.762	0.757
70	0.751	0.745	0.738	0.732	0.726	0.720	0.713	0.707	0.701	0.694
80	0.687	0.681	0.674	0.668	0.661	0.654	0.648	0.641	0.634	0.628
90	0.621	0.614	0.607	0.601	0.594	0.587	0.581	0.574	0.568	0.561
100	0.555	0.548	0.542	0.535	0.529	0.523	0.517	0.511	0.504	0.498
110	0.492	0.487	0.481	0.475	0.469	0.464	0.458	0.453	0.447	0.442
120	0.436	0.431	0.426	0.421	0.416	0.411	0.406	0.401	0.396	0.392
130	0.387	0.383	0.378	0.374	0.369	0.365	0.361	0.357	0.352	0.348
140	0.344	0.340	0.337	0.333	0.329	0.325	0.322	0.318	0.314	0.311
150	0.308	0.304	0.301	0.297	0.294	0.291	0.288	0.285	0.282	0.279
160	0.276	0.273	0.270	0.267	0.264	0.262	0.259	0.256	0.253	0.251
170	0.248	0.246	0.243	0.241	0.238	0.236	0.234	0.231	0.229	0.227
180	0.225	0.222	0.220	0.218	0.216	0.214	0.212	0.210	0.208	0.206
190	0.204	0.202	0.200	0.198	0.196	0.195	0.193	0.191	0.189	0.188
200	0.186	0.184	0.183	0.181	0.179	0.178	0.176	0.175	0.173	0.172
210	0.170	0.169	0.167	0.166	0.164	0.163	0.162	0.160	0.159	0.158
220	0.156	0.155	0.154	0.152	0.151	0.150	0.149	0.147	0.146	0.145
230	0.144	0.143	0.142	0.141	0.139	0.138	0.137	0.136	0.135	0.134
240	0.133	0.132	0.131	0.130	0.129	0.128	0.127	0.126	0.125	0.124
250	0.123	—	—	—	—	—	—	—	—	—

注：见表2-51注。

c类截面轴心受压构件的稳定系数 φ 表2-50

λ/ε_k	0	1	2	3	4	5	6	7	8	9
0	1.000	1.000	1.000	0.999	0.999	0.998	0.997	0.996	0.995	0.993
10	0.992	0.990	0.988	0.986	0.983	0.981	0.978	0.976	0.973	0.970
20	0.966	0.959	0.953	0.947	0.940	0.934	0.928	0.921	0.915	0.909
30	0.902	0.896	0.890	0.883	0.877	0.871	0.865	0.858	0.852	0.845
40	0.839	0.833	0.826	0.820	0.813	0.807	0.800	0.794	0.787	0.781
50	0.774	0.768	0.761	0.755	0.748	0.742	0.735	0.728	0.722	0.715
60	0.709	0.702	0.695	0.689	0.682	0.675	0.669	0.662	0.656	0.649
70	0.642	0.636	0.629	0.623	0.616	0.610	0.603	0.597	0.591	0.584
80	0.578	0.572	0.565	0.559	0.553	0.547	0.541	0.535	0.529	0.523
90	0.517	0.511	0.505	0.499	0.494	0.488	0.483	0.477	0.471	0.467

λ/ε_k	0	1	2	3	4	5	6	7	8	9
100	0.462	0.458	0.453	0.449	0.445	0.440	0.436	0.432	0.427	0.423
110	0.419	0.415	0.411	0.407	0.402	0.398	0.394	0.390	0.386	0.383
120	0.379	0.375	0.371	0.367	0.363	0.360	0.356	0.352	0.349	0.345
130	0.342	0.338	0.335	0.332	0.328	0.325	0.322	0.318	0.315	0.312
140	0.309	0.306	0.303	0.300	0.297	0.294	0.291	0.288	0.285	0.282
150	0.279	0.277	0.274	0.271	0.269	0.266	0.263	0.261	0.258	0.256
160	0.253	0.251	0.248	0.246	0.244	0.241	0.239	0.237	0.235	0.232
170	0.230	0.228	0.226	0.224	0.222	0.220	0.218	0.216	0.214	0.212
180	0.210	0.208	0.206	0.204	0.203	0.201	0.199	0.197	0.195	0.194
190	0.192	0.190	0.189	0.187	0.185	0.184	0.182	0.181	0.179	0.178
200	0.176	0.175	0.173	0.172	0.170	0.169	0.167	0.166	0.165	0.163
210	0.162	0.161	0.159	0.158	0.157	0.155	0.154	0.153	0.152	0.151
220	0.149	0.148	0.147	0.146	0.145	0.144	0.142	0.141	0.140	0.139
230	0.138	0.137	0.136	0.135	0.134	0.133	0.132	0.131	0.130	0.129
240	0.128	0.127	0.126	0.125	0.124	0.123	0.123	0.122	0.121	0.120
250	0.119	—	—	—	—	—	—	—	—	—

注：见表 2-51 注。

d 类截面轴心受压构件的稳定系数 φ 表 2-51

λ/ε_k	0	1	2	3	4	5	6	7	8	9
0	1.000	1.000	0.999	0.999	0.998	0.996	0.994	0.992	0.990	0.987
10	0.984	0.981	0.978	0.974	0.969	0.965	0.960	0.955	0.949	0.944
20	0.937	0.927	0.918	0.909	0.900	0.891	0.883	0.874	0.865	0.857
30	0.848	0.840	0.831	0.823	0.815	0.807	0.798	0.790	0.782	0.774
40	0.766	0.758	0.751	0.743	0.735	0.727	0.720	0.712	0.705	0.697
50	0.690	0.682	0.675	0.668	0.660	0.653	0.646	0.639	0.632	0.625
60	0.618	0.611	0.605	0.598	0.591	0.585	0.578	0.571	0.565	0.559
70	0.552	0.546	0.540	0.534	0.528	0.521	0.516	0.510	0.504	0.498
80	0.492	0.487	0.481	0.476	0.470	0.465	0.459	0.454	0.449	0.444
90	0.439	0.434	0.429	0.424	0.419	0.414	0.409	0.405	0.401	0.397
100	0.393	0.390	0.386	0.383	0.380	0.376	0.373	0.369	0.366	0.363
110	0.359	0.356	0.353	0.350	0.346	0.343	0.340	0.337	0.334	0.331
120	0.328	0.325	0.322	0.319	0.316	0.313	0.310	0.307	0.304	0.301
130	0.298	0.296	0.293	0.290	0.288	0.285	0.282	0.280	0.277	0.275
140	0.272	0.270	0.267	0.265	0.262	0.260	0.257	0.255	0.253	0.250
150	0.248	0.246	0.244	0.242	0.239	0.237	0.235	0.233	0.231	0.229
160	0.227	0.225	0.223	0.221	0.219	0.217	0.215	0.213	0.211	0.210
170	0.208	0.206	0.204	0.202	0.201	0.199	0.197	0.196	0.194	0.192

λ/ε_k	0	1	2	3	4	5	6	7	8	9
180	0.191	0.189	0.187	0.186	0.184	0.183	0.181	0.180	0.178	0.177
190	0.175	0.174	0.173	0.171	0.170	0.168	0.167	0.166	0.164	0.163
200	0.162	—	—	—	—	—	—	—	—	—

注：1. 本表中的 φ 值按下列公式算得：

当 $\bar{\lambda}_0 = \dfrac{\lambda}{\pi}\sqrt{f_y/E} \leqslant 0.215$ 时：

$$\varphi = 1 - \alpha_1\bar{\lambda}_0^2$$

当 $\bar{\lambda}_0 > 0.215$ 时：

$$\varphi = \frac{1}{2\bar{\lambda}_0^2}\left[(\alpha_2 + \alpha_3\bar{\lambda}_0 + \bar{\lambda}_0^2) - \sqrt{(\alpha_2 + \alpha_3\bar{\lambda}_0 + \bar{\lambda}_0^2)^2 - 4\bar{\lambda}_0^2}\right]$$

2. 当构件的 λ/ε_k 值超出本表的范围时，则 φ 值按注 1 所列的公式计算。

系数 α_1、α_2、α_3 　　　　　　　　　　　　　表 2-52

截面类别		α_1	α_2	α_3
a 类		0.41	0.986	0.152
b 类		0.65	0.965	0.3
c 类	$\bar{\lambda}_0 \leqslant 1.05$	0.73	0.906	0.595
	$\bar{\lambda}_0 > 1.05$		1.216	0.302
d 类	$\bar{\lambda}_0 \leqslant 1.05$	1.35	0.868	0.915
	$\bar{\lambda}_0 > 1.05$		1.375	0.432

2.9.4　拉弯、压弯构件

拉弯、压弯构件见表 2-53。

拉弯、压弯构件 　　　　　　　　　　　　　表 2-53

计算项目	计算公式
截面强度计算	弯矩作用在两个主平面内的拉弯构件和压弯构件（圆管截面除外），其截面强度应按下列规定计算： $$\frac{N}{A_n} \pm \frac{M_x}{\gamma_x W_{nx}} \pm \frac{M_y}{\gamma_y W_{ny}} \leqslant f \qquad (2\text{-}869)$$ 弯矩作用在两个主平面内的圆形截面拉弯构件和压弯构件，其截面强度应按下列规定计算： $$\frac{N}{A_n} + \frac{\sqrt{M_x^2 + M_y^2}}{\gamma_m W_n} \leqslant f \qquad (2\text{-}870)$$ 式中　γ_x、γ_y——与截面模量相应的截面塑性发展系数 　　　　γ_m——对于实腹圆形截面取 1.2，圆管截面取 1.15 　　　　A_n——圆管净截面面积 　　　　W_n——圆管净截面模量 当压弯构件受压翼缘的自由外伸宽度与其厚度之比大于 $13\varepsilon_k$ 而不超过 $15\varepsilon_k$ 时，应取 $\gamma_x = 1.0$。 需要验算疲劳强度的拉弯、压弯构件，宜取 $\gamma_x = \gamma_y = \gamma_m = 1.0$
构件的稳定性计算	（1）弯矩作用在对称轴平面内（绕 x 轴）的实腹式压弯构件（圆管截面除外），其稳定性应按下列规定计算： 1）弯矩作用平面内稳定性： $$\frac{N}{\varphi_x A f} + \frac{\beta_{mx} M_x}{\gamma_x W_{1x}(1 - 0.8N/N'_{Ex})f} \leqslant 1 \qquad (2\text{-}871)$$ 式中　N——所计算构件范围内轴心压力设计值 　　　　N'_{Ex}——参数，按式（2-872）计算：

计算项目	计算公式

$$N'_{Ex} = \pi^2 EA/(1.1\lambda_x^2) \qquad (2\text{-}872)$$

φ_x——弯矩作用平面内轴心受压构件稳定系数

M_x——所计算构件段范围内的最大弯矩设计值

W_{1x}——在弯矩作用平面内对受压最大纤维的毛截面模量

β_{mx}——等效弯矩系数，应按下表采用

<table>
<tr><td rowspan="4">构件的稳定性计算</td><td rowspan="4">无侧移框架柱和两端支承的构件</td><td colspan="2">无横向荷载作用时</td><td>$\beta_{mx} = 0.6 + 0.4\dfrac{M_2}{M_1}$</td><td>$M_1$ 和 M_2 为端弯矩，使构件产生同向曲率（无反弯点）时取同号；使构件产生反向曲率（有反弯点）时取异号，$|M_1| \geqslant |M_2|$</td></tr>
<tr><td rowspan="2">无端弯矩但有横向荷载作用时</td><td>跨中单个集中荷载</td><td>$\beta_{mqx} = 1 - 0.36N/N_{cr}$</td><td rowspan="2">$N_{cr} = \dfrac{\pi^2 EI}{(\mu l)^2}$
N_{cr}——弹性临界力
μ——构件的计算长度系数</td></tr>
<tr><td>全跨均布荷载</td><td>$\beta_{mqx} = 1 - 0.18N/N_{cr}$</td></tr>
<tr><td colspan="2">有端弯矩和横向荷载同时作用时</td><td>$\dfrac{N}{\varphi_x A f} + \dfrac{\beta_{mqx}M_{qx} + \beta_{mlx}M_1}{\gamma_x W_{1x}\,(1 - 0.8N/N'_{EX})\,f} \leqslant 1$</td><td>$M_{qx}$——横向荷载产生的弯矩最大值</td></tr>
<tr><td colspan="2">有侧移框架柱和悬臂构件</td><td colspan="2">除有横向荷载的柱铰接的单层框架柱和多层框架的底层柱之外的框架柱</td><td>$\beta_m = 1 - 0.36N/N_{cr}$</td><td>—</td></tr>
<tr><td></td><td></td><td colspan="2">有横向荷载的柱铰接的单层框架柱和多层框架的底层柱</td><td>$\beta_m = 1.0$</td><td>—</td></tr>
<tr><td></td><td></td><td colspan="2">自由端作用有弯矩的悬臂柱</td><td>$\beta_m = 1 - 0.36(1-m)N/N_{cr}$</td><td>$m$——自由端弯矩与固定端弯矩之比，当弯矩图无反弯点时取正号，有反弯点时取负号</td></tr>
</table>

当框架内力采用二阶分析时，柱弯矩由无侧移弯矩和放大的侧移弯矩组成，此时可对两部分弯矩分别乘以无侧移信和有侧移柱的等效弯矩系数。

对于表 2-46 中第一个表的 3、4 项中的单轴对称压弯构件，当弯矩作用在对称平面内且使翼缘受压时，除应按公式（2-877）计算外，尚应按下式计算：

$$\left| \frac{N}{Af} - \frac{\beta_{mx}M_x}{\gamma_x W_{2x}(1 - 1.25N/N'_{Ex})f} \right| \leqslant 1 \qquad (2\text{-}873)$$

式中 W_{2x}——对无翼缘端的毛截面模量

2）弯矩作用平面外稳定性：

$$\frac{N}{\varphi_y A f} + \eta \frac{M_x}{\varphi_b \gamma_x W_{1x} f} \leqslant 1 \qquad (2\text{-}874)$$

式中 φ_y——弯矩作用平面外的轴压构件稳定系数

φ_b——考虑弯矩变化和荷载位置影响的受弯构件整体稳定系数，对闭口截面 $\varphi_b = 1.0$

M_x——所计算构件段范围内的最大弯矩设计值

η——截面影响系数，闭口截面 $\eta = 0.7$，其他截面 $\eta = 1.0$

（2）弯矩绕虚轴（x 轴）作用的格构式压弯构件，其弯矩作用平面内的整体稳定性应按下式计算：

计算项目	计算公式

$$\frac{N}{\varphi_x Af} + \frac{\beta_{mx} M_x}{W_{1x}\left(1-\dfrac{N}{N'_{Ex}}\right)f} \leqslant 1 \tag{2-875}$$

$$W_{1x} = I_x/y_0 \tag{2-876}$$

式中　I_x——对 x 轴的毛截面的惯性矩

　　　y_0——由 x 轴到压力较大分肢的轴线距离或者到压力较大分肢腹板外边缘的距离，二者取较大者

　　φ_x、N'_{Ex}——分别为弯矩作用平面内轴心受压构件稳定系数和参数，由换算长细比确定

　弯矩作用平面外的整体稳定性可不计算，但应计算分肢的稳定性，分肢的轴心力应按桁架的弦杆计算。对缀板柱的分肢尚应考虑由剪力引起的局部弯矩。

　（3）当柱段中没有很大横向力或集中弯矩时，双向压弯圆管的整体稳定按下式计算：

$$\frac{N}{\varphi A} + \frac{\beta M}{\gamma W\left(1-0.8\dfrac{N}{N'_{Ex}}\right)} \leqslant f \tag{2-877}$$

式中　φ——轴心受压稳定系数，按构件最大长细比取值

　　　M——计算双向压弯整体稳定时采用的弯矩值，按式（2-878）计算：

$$M = \max\left(\sqrt{M_{xA}^2 + M_{yA}^2},\ \sqrt{M_{xB}^2 + M_{yB}^2}\right) \tag{2-878}$$

M_{xA}、M_{yA}、M_{xB}、M_{yB}——分别为构件 A 端关于 x、y 轴的弯矩和构件 B 端关于 x、y 轴的弯矩

　　　　β——计算双向压弯整体稳定时采用的等效弯矩系数，按式（2-879）计算：

$$\beta = \beta_x\beta_y \tag{2-879}$$

$$\beta_x = 1 - 0.35\sqrt{N/N_E} + 0.35\sqrt{N/N_E}\,(M_{2x}/M_{1x}) \tag{2-880}$$

$$\beta_y = 1 - 0.35\sqrt{N/N_E} + 0.35\sqrt{N/N_E}\,(M_{2y}/M_{1y}) \tag{2-881}$$

M_{1x}、M_{2x}、M_{1y}、M_{2y}——分别为构件两端关于 x 轴的最小、最大弯矩；关于 y 轴的最小、最大弯矩，同曲率时取同号，异曲率时取负号

　　　N_E——根据构件最大长细比计算的欧拉力，按式（2-882）计算：

$$N_E = \frac{\pi^2 EA}{\lambda^2} \tag{2-882}$$

　（4）弯矩作用在两个主平面内的双轴对称实腹式工字形（含 H 形）和箱形（闭口）截面的压弯构件，其稳定性应按下列公式计算：

$$\frac{N}{\varphi_x Af} + \frac{\beta_{mx} M_x}{\gamma_x W_x\left(1-0.8\dfrac{N}{N'_{Ex}}\right)f} + \eta\frac{M_y}{\varphi_{by}\gamma_y W_y f} \leqslant 1 \tag{2-883}$$

$$\frac{N}{\varphi_y Af} + \frac{\beta_{my} M_y}{\gamma_y W_y\left(1-0.8\dfrac{N}{N'_{Ey}}\right)f} + \eta\frac{M_x}{\varphi_{bx}\gamma_x W_x f} \leqslant 1 \tag{2-884}$$

$$N'_{Ey} = \pi^2 EA/(1.1\lambda_y^2) \tag{2-885}$$

式中　φ_x、φ_y——对强轴 x-x 和弱轴 y-y 的轴心受压构件稳定系数

　　φ_{bx}、φ_{by}——考虑弯矩变化和荷载位置影响的受弯构件整体稳定系数

　　　M_x、M_y——所计算构件段范围内对强轴和弱轴的最大弯矩设计值

　　　W_x、W_y——对强轴和弱轴的毛截面模量

　　β_{mx}、β_{my}——等效弯矩系数

　（5）弯矩作用在两个主平面内的双肢格构式压弯构件，其稳定性应按下列规定计算：

　1）按整体计算：

$$\frac{N}{\varphi_x Af} + \frac{\beta_{tm} M_x}{W_{1x}\left(1-\dfrac{N}{N'_{Ex}}\right)f} + \frac{M_y}{W_{1y}f} \leqslant 1.0 \tag{2-886}$$

式中　W_{1y}——在 M_y 作用下，对较大受压纤维的毛截面模量

　2）按分肢计算：

　在 N 和 M_x 作用下，将分肢作为桁架弦杆计算其轴心力，M_y 按公式（2-887）和公式（2-888）分配给两分肢（见下图），然后按（1）的规定计算分肢稳定性。

　分肢 1：

$$M_{y1} = \frac{I_1/y_1}{I_1/y_1 + I_2/y_2}\cdot M_y \tag{2-887}$$

格构式构件截面

构件的稳定性计算

计算项目	计算公式
构件的稳定性计算	分肢2： $$M_{y2} = \frac{I_2/y_2}{I_1/y_1 + I_2/y_2} \cdot M_y \qquad (2\text{-}888)$$ 式中　I_1、I_2——分肢1、分肢2对 y 轴的惯性矩 　　　　y_1、y_2——M_y 作用的主轴平面至分肢1、分肢2轴线的距离

（1）等截面柱，在框架平面内的计算长度应等于该层柱的高度乘以计算长度系数 μ。框架分为纯框架和有支撑框架。当采用二阶弹性分析方法计算内力且在每层柱顶附加考虑假想水平力 H_{ni}时，框架柱的计算长度系数 $\mu = 1.0$。当采用一阶弹性分析方法计算内力时，框架柱的计算长度系数 μ 应按照下列规定确定：

1）纯框架

① 框架柱的计算长度系数 μ 按下表有侧移框架柱的长度系数确定，也可按下列简化公式计算：

$$\mu = \sqrt{\frac{7.5K_1K_2 + 4(K_1 + K_2) + 1.52}{7.5K_1K_2 + K_1 + K_2}} \qquad (2\text{-}889)$$

式中　K_1、K_2——分别为相交于柱上端、柱下端的横梁线刚度之和与柱线刚度之和的比值。K_1、K_2 的修正见下表

K_2＼K_1	0	0.05	0.1	0.2	0.3	0.4	0.5	1	2	3	4	5	≥10
0	∞	6.02	4.46	3.42	3.01	2.78	2.64	2.33	2.17	2.11	2.08	2.07	2.03
0.05	6.02	4.16	3.47	2.86	2.58	2.42	2.31	2.07	1.94	1.90	1.87	1.86	1.83
0.1	4.46	3.47	3.01	2.56	2.33	2.20	2.11	1.90	1.79	1.75	1.73	1.72	1.70
0.2	3.42	2.86	2.56	2.23	2.05	1.94	1.87	1.70	1.60	1.57	1.55	1.54	1.52
0.3	3.01	2.58	2.33	2.05	1.90	1.80	1.74	1.58	1.49	1.46	1.45	1.44	1.42
0.4	2.78	2.42	2.20	1.94	1.80	1.71	1.65	1.50	1.42	1.39	1.37	1.37	1.35
0.5	2.64	2.31	2.11	1.87	1.74	1.65	1.59	1.45	1.37	1.34	1.32	1.32	1.30
1	2.33	2.07	1.90	1.70	1.58	1.50	1.45	1.32	1.24	1.21	1.20	1.19	1.17
2	2.17	1.94	1.79	1.60	1.49	1.42	1.37	1.24	1.16	1.14	1.12	1.12	1.10
3	2.11	1.90	1.75	1.57	1.46	1.39	1.34	1.21	1.14	1.11	1.10	1.09	1.07
4	2.08	1.87	1.73	1.55	1.45	1.37	1.32	1.20	1.12	1.10	1.08	1.08	1.06
5	2.07	1.86	1.72	1.54	1.44	1.37	1.32	1.19	1.12	1.09	1.08	1.07	1.05
≥10	2.03	1.83	1.70	1.52	1.42	1.35	1.30	1.17	1.10	1.07	1.06	1.05	1.03

注：1. 表中的计算长度系数 μ 值系按下式算

$$\left[36K_1K_2 - \left(\frac{\pi}{\mu}\right)^2\right]\sin\frac{\pi}{\mu} + 6(K_1 + K_2)\left(\frac{\pi}{\mu}\right) \times \cos\frac{\pi}{\mu} = 0$$

　　式中　K_1、K_2——分别为相交于柱上端、柱下端的横梁线刚度之和与柱线刚度之和的比值。当横梁远端为铰接时，应将横梁线刚度乘以 0.5；当横梁远端为嵌固时，则应乘以 2/3。

2. 当横梁与柱铰接时，取横梁线刚度为零。

3. 对底层框架柱：当柱与基础铰接时，取 $K_2 = 0$；当柱与基础刚接时，取 $K_2 = 10$。

4. 当与柱刚性连接的横梁所受轴心压力 N_b 较大时，横梁线刚度乘以折减系数 α_N：

横梁远端与柱刚接　　　　　$\alpha_N = 1 - N_b/(4N_{Eb})$

横梁远端铰支时　　　　　　$\alpha_N = 1 - N_b/N_{Eb}$

横梁远端嵌固时　　　　　　$\alpha_N = 1 - N_b/(2N_{Eb})$

　　式中　$N_{Eb} = \pi^2 EI_b$，EI_b 为横梁截面惯性矩。

② 设有摇摆柱时，摇摆柱本身的计算长度系数取 1.0，框架柱的计算长度系数应乘以放大系数 η，η 应按下式计算：

（上表左栏：框架柱的计算长度）

计算项目	计算公式

$$\eta = \sqrt{1 + \frac{\sum(N_1/h_1)}{\sum(N_f/h_f)}} \tag{2-890}$$

式中　$\sum(N_f/h_f)$——本层各框架柱轴心压力设计值与柱子高度比值之和

　　　　$\sum(N_1/h_1)$——本层各摇摆柱轴心压力设计值与柱子高度比值之和

③ 当有侧移框架同层各柱的 N/I 不相同时，柱计算长度系数宜按下列公式计算：

$$\mu_i = \sqrt{\frac{N_{Ei}}{N_i} \cdot \frac{1.2}{K} \sum \frac{N_i}{h_i}} \tag{2-891}$$

当框架附有摇摆柱时，框架柱的计算长度系数由下式确定：

$$\mu_i = \sqrt{\frac{N_{Ei}}{N_i} \cdot \frac{1.2 \sum \frac{N_i}{h_i} + \sum \frac{P_j}{h_j}}{K}} \tag{2-892}$$

当根据式（2-891）或式（2-892）计算而得的 μ_i 小于 1.0 时，此柱应作为摇摆柱考虑

式中　N_i——第 i 根柱轴心压力设计值

　　　　N_{Ei}——第 i 根柱的欧拉临界力，按式（2-893）计算：

$$N_{Ei} = \pi^2 EI_i / h_i^2 \tag{2-893}$$

　　h_i——第 i 根柱高度

　　K——框架层侧移刚度，即产生层间单位侧移所需的力

　　P_j——第 j 根摇摆柱轴心压力设计值

　　h_j——第 j 根摇摆柱的高度

④ 计算单层框架和多层框架底层的计算长度系数时，K 值宜按柱脚的实际约束情况进行计算，也可按理想情况（铰接或刚接）确定 K 值，并对算得的系数 μ 进行修正。

⑤ 当多层单跨框架的顶层采用轻型屋面，或多跨多层框架的顶层抽柱形成较大跨度时，顶层框架柱的计算长度系数应忽略屋面梁对柱子的转动约束。

⑥ 柱脚刚性连接的单层大跨度框架，除按本款规定的柱计算长度计算框架有侧移失稳外，还应计算无侧移失稳。单跨对称框架，梁和柱的计算长度系数分别按式（2-894）式（2-895）计算：

$$\mu_b = \frac{1 + 0.41 G_0}{1 + 0.82 G_0} \tag{2-894}$$

$$G_0 = \frac{2 I_c l}{I_b h \cos\alpha} \left(1 - \frac{N_c}{2 N_{Ec}}\right) \tag{2-895}$$

$$\mu_c = \frac{l}{h} \sqrt{\frac{N_b I_c}{N_c I_b}} \tag{2-896}$$

式中　I_c、I_b——分别为柱和梁的惯性矩

　　　　h、l——分别为柱高度和框架跨度

　　　　α——框架梁的倾角（不超过）

　　　　N_c、N_b——分别为柱和梁的轴压力

　　　　N_{Ec}——柱的欧拉临界力

2）有支撑框架

① 当支撑系统满足公式（2-887）和公式（2-888）要求时，为强支撑框架，框架柱的计算长度系数 μ 按下表无侧移框架柱的计算长度系数确定，也可按式（2-900）计算：

对于两端刚接的框架柱：

$$S_b \geqslant \frac{3 K_0}{1 - \rho} \tag{2-897}$$

对于一端铰接的框架柱：

$$S_b \geqslant \frac{5 K_0}{1 - \rho} \tag{2-898}$$

$$\rho = \frac{H_i}{H_{i,\rho}} \tag{2-899}$$

$$\mu = \sqrt{\frac{(1 + 0.41 K_1)(1 + 0.41 K_2)}{(1 + 0.82 K_1)(1 + 0.82 K_2)}} \tag{2-900}$$

式中　H_i、$H_{i,\rho}$——分别是第 i 层支撑所分担的水平力和所能抵抗的水平力

　　　　K_0——多层框架柱的层侧移刚度

　　　　S_b——支撑系统的层侧移刚度

左侧计算项目栏：框架柱的计算长度

计算项目	计算公式												

K_1 / K_2	0	0.05	0.1	0.2	0.3	0.4	0.5	1	2	3	4	5	≥10
0	1.000	0.990	0.981	0.964	0.949	0.935	0.922	0.875	0.820	0.791	0.773	0.760	0.732
0.05	0.990	0.981	0.971	0.955	0.940	0.926	0.914	0.867	0.814	0.784	0.766	0.754	0.726
0.1	0.981	0.971	0.962	0.946	0.931	0.918	0.906	0.860	0.807	0.778	0.760	0.748	0.721
0.2	0.964	0.955	0.946	0.930	0.916	0.903	0.891	0.846	0.795	0.767	0.749	0.737	0.711
0.3	0.949	0.940	0.931	0.916	0.902	0.889	0.878	0.834	0.784	0.756	0.739	0.728	0.701
0.4	0.935	0.926	0.981	0.903	0.889	0.877	0.860	0.823	0.774	0.747	0.730	0.719	0.693
0.5	0.922	0.914	0.906	0.891	0.878	0.866	0.855	0.813	0.765	0.738	0.821	0.710	0.685
0	0.875	0.867	0.860	0.846	0.834	0.823	0.813	0.774	0.729	0.704	0.688	0.677	0.654
2	0.820	0.814	0.807	0.795	0.784	0.774	0.765	0.729	0.686	0.663	0.648	0.638	0.615
3	0.791	0.784	0.778	0.767	0.756	0.747	0.738	0.704	0.663	0.640	0.625	0.616	0.593
4	0.773	0.766	0.760	0.749	0.739	0.730	0.721	0.688	0.648	0.625	0.611	0.601	0.580
5	0.760	0.754	0.748	0.737	0.728	0.719	0.710	0.677	0.638	0.616	0.601	0.592	0.570
≥10	0.732	0.726	0.721	0.711	0.701	0.693	0.685	0.654	0.615	0.593	0.580	0.570	0.549

框架柱的计算长度

注：1. 表中的计算长度系数 μ 值按下式算

$$\left[\left(\frac{\pi}{\mu}\right)^2 + 2(K_1+K_2) - 4K_1K_2\right]\frac{\pi}{\mu} \times \sin\frac{\pi}{\mu} - 2\left[(K_1+K_2)\left(\frac{\pi}{\mu}\right)^2 + 4K_1K_2\right]\cos\frac{\pi}{\mu} + 8K_1K_2 = 0$$

式中 K_1、K_2——分别为相交于柱上端、柱下端的横梁线刚度之和与柱线刚度之和的比值。当横梁远端为铰接时，应将横梁线刚度乘以 1.5；当横梁远端为嵌固时，则将横梁线刚度乘以 2.0

2. 当横梁与柱铰接时，取横梁线刚度为零。

3. 对底层框架柱：当柱与基础铰接时，取 $K_2=0$；当柱与基础刚接时，取 $K_2=10$。

4. 当与柱刚性连接的横梁所受轴心压力较大时，横梁线刚度乘以折减系数 α_N：

横梁远端与柱刚接和横梁远端铰支时 $\alpha_N = 1 - N_b N_{Eb}$

横梁远端嵌固时 $\alpha_N = 1 - N_b(2N_{Eb})$

式中 $N_{Eb} = \pi^2 EI_b$，EI_b 为横梁截面惯性矩。

② 当支撑系统不满足式 (2-897) 和式 (2-898) 时，该结构体系中的框架称为弱支撑框架，弱支撑框架柱的稳定系数 φ 按下列公式计算：

对于两端刚接的框架柱：

$$\varphi = \varphi_0 + (\varphi_1 - \varphi_0)\frac{(1-\rho)S_b}{3K_0} \tag{2-901}$$

对于一端铰接的框架柱：

$$\varphi = \varphi_0 + (\varphi_1 - \varphi_0)\frac{(1-\rho)S_b}{5K_0} \tag{2-902}$$

式中 φ_1、φ_0——分别是框架柱按上面两个表算出的系数算得的稳定系数

(2) 单层厂房框架下端刚性固定的带牛腿等截面柱在框架平面内的计算长度应按下列公式确定：

$$h_0 = \alpha_N\left[\sqrt{\frac{4+7.5R}{1+7.5R}} - \alpha_R\left(\frac{h_1}{h}\right)^{1+0.8R}\right]h \tag{2-909}$$

式中 h_1、h——分别为柱在牛腿表面以下的高度和柱总高度（见下图）

R——与柱连接的斜梁线刚度之和与柱线刚度之比，按式 (2-904) 计算：

$$R = \frac{\sum I_b/l}{I_c/h} \tag{2-904}$$

α_R——和比值 R 有关的系数，应按下列方法计算：

当 $R<0.2$ 时

$$\alpha_R = 1.5 - 2.5R \tag{2-905}$$

当 $R \geqslant 0.2$ 时

计算项目	计算公式

$$\alpha_R = 1.0 \tag{2-906}$$

α_N——考虑压力变化的系数，应按下列方法计算：

当 $\gamma > 0.2$ 时

$$\alpha_N = 1.0 \tag{2-907}$$

当 $\gamma \leqslant 0.2$ 时

$$\alpha_N = 1 + \frac{h_1}{h_2} \cdot \frac{(\gamma - 0.2)}{1.2} \tag{2-908}$$

γ——柱上下段压力比

(3) 单层厂房框架下端刚性固定的阶形柱，在框架平面内的计算长度应按下列规定确定：

1) 单阶柱

① 下段柱的计算长度系数 μ_2：当柱上端与横梁铰接时，应按表 2-54 的数值乘以表 2-55 的折减系数；当柱上端与横梁刚接时，应按表 2-56 的数值乘以表 2-55 的折减系数。

② 当柱上端与实腹梁刚接时，下段柱的计算长度系数 μ_2，应按下列公式计算的系数 μ_2^1 乘以表 2-55 的折减系数。

当 $K_b < 0.2$ 时按下式计算，同时不大于按柱上端与横梁铰接计算时得到的 μ_2 值：

$$\mu_2^1 = 0.2\eta_1 + \frac{\mu_{20} + \mu_{2\infty}}{2} \tag{2-909}$$

当 $K_b \geqslant 0.2$ 时按下式计算，但不小于按柱上端与横梁刚接计算时得到的 μ_2 值：

$$\mu_2^1 = \frac{\mu_{20} + \mu_{2\infty}}{2} - \eta_1 K_b K_1 \tag{2-910}$$

框架柱的计算长度

式中 μ_{20}——柱上端与横梁铰接时（即 $K_b = 0$ 时）单阶柱下段柱的计算长度系数

$\mu_{2\infty}$——柱上端与横梁刚接时（即 $K_b = \infty$ 时）单阶柱下段柱的计算长度系数

η_1——参数，按表 2-54 或表 2-56 中公式计算

K_b——横梁线刚度与上段柱线刚度的比值，按式（2-911）计算：

$$K_b = \frac{I_b H_1}{l_b I_1} \tag{2-911}$$

K_1——阶形柱上段柱线刚度与下段柱线刚度的比值，按式（2-912）计算：

$$K_1 = \frac{I_1 H_2}{H_1 I_2} \tag{2-912}$$

I_b、l_b——实腹钢梁的惯性矩和跨度

I_1、H_1——阶形柱上段柱的惯性矩和柱高

I_2、H_2——阶形柱下段柱的惯性矩和柱高

③ 上段柱的计算长度系数 μ_1，应按下式计算：

$$\mu_1 = \frac{\mu_2}{\eta_1} \tag{2-913}$$

2) 双阶柱

① 下段柱的计算长度系数 μ_3：当柱上端与横梁铰接时，等于按表 2-57（柱上端为自由的双阶柱）的数值乘以表 2-55 的折减系数；当柱上端与横梁刚接时，等于按表 2-58（柱上端可移动但不转动的双阶柱）的数值乘以表 2-55 的折减系数。

② 上段柱和中段柱的计算长度系数 μ_1 和 μ_2，应按下列公式计算：

$$\mu_1 = \frac{\mu_3}{\eta_1} \tag{2-914}$$

$$\mu_2 = \frac{\mu_3}{\eta_2} \tag{2-915}$$

单层厂房框架示意

压弯构件的局部稳定和屈曲后强度

(1) 压弯构件腹板、翼缘宽厚比应符合表 2-59 规定的压弯构件 C 级截面要求。

(2) 工字形和箱形截面压弯构件的腹板高厚比超过表 2-59 规定的 C 级截面要求时，其构件设计应符合下列规定：

1) 应以有效截面代替实际截面按 2) 计算杆件的承载力

① 腹板受压区的有效宽度应取为：

$$h_e = \rho h_c \tag{2-916}$$

计算项目	计算公式

式中 h_c、h_e——分别为腹板受压区宽度和有效宽度,当腹板全部受压时,$h_c = h_w$

ρ——有效宽度系数,按式(2-917)和式(2-918)计算:

当 $\lambda_p^{re} \leqslant 0.75$ 时

$$\rho = 1.0 \qquad (2\text{-}917)$$

当 $\lambda_p^{re} > 0.75$ 时

$$\rho = \frac{1}{\lambda_p^{re}}\left(1 - \frac{0.19}{\lambda_p^{re}}\right) \qquad (2\text{-}918)$$

$$\lambda_p^{re} = \frac{h_w/t_w}{28.1\sqrt{k_\sigma}} \cdot \frac{1}{\varepsilon_k} \qquad (2\text{-}919)$$

$$k_\sigma = \frac{16}{2 - \alpha_0 + \sqrt{(2-\alpha_0)^2 + 0.112\alpha_0^2}} \qquad (2\text{-}920)$$

② 腹板有效宽度 h_e 应按下列规则分布:

当截面全部受压,即 $\alpha_0 \leqslant 1$ 时(见下图 a):

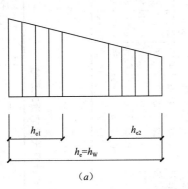 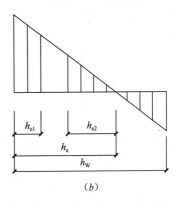

(a) \qquad\qquad\qquad (b)

有效宽度的分布

(a) 截面全部受压;(b) 截面部分受拉

$$h_e^1 = 2h_e/(4+\alpha_0) \qquad (2\text{-}921)$$
$$h_e^2 = h_e - h_e^1 \qquad (2\text{-}922)$$

当截面部分受拉,即 $\alpha_0 > 1$ 时(见下图 b):
$$h_e^1 = 0.4h_e \qquad (2\text{-}923)$$
$$h_e^2 = 0.6h_e \qquad (2\text{-}924)$$

③ 箱形截面压弯构件翼缘宽厚比超限时也应按公式(2-916)计算其有效宽度,计算时取 $k_\sigma = 4.0$。有效宽度分布在两侧均等。

2)应采用下列公式计算其承载力:

强度计算:

$$\frac{N}{A_{ne}} \pm \frac{M_x + Ne}{\gamma_x W_{nex}} \leqslant f \qquad (2\text{-}925)$$

平面内稳定计算:

$$\frac{N}{\varphi_x A_e f} + \frac{\beta_{mx}M_x + Ne}{\gamma_x W_{e1x}(1 - 0.8N/N_{Ex})f} \leqslant 1.0 \qquad (2\text{-}926)$$

平面外稳定计算:

$$\frac{N}{\varphi_y A_e f} + \eta\frac{M_x + Ne}{\varphi_b \gamma_x W_{e1x} f} \leqslant 1.0 \qquad (2\text{-}927)$$

式中 A_{ne}、A_e——分别为有效净截面的面积和有效毛截面的面积

W_{nex}——有效截面的净截面模量

W_{e1x}——有效截面对较大受压纤维的毛截面模量

e——有效截面形心至原截面形心的距离

(3)压弯构件的板件当用纵向加劲肋加强以满足宽厚比限值时,加劲肋宜在板件两侧成对配置,其一侧外伸宽度不应小于板件厚度 t 的 10 倍,厚度不宜小于 $0.75t$

压弯构件的局部稳定和屈曲后强度

表 2-54

柱上端为自由的单阶柱下段的计算长度系数 μ_2

简图	η_1 \ K_1	0.06	0.08	0.10	0.12	0.14	0.16	0.18	0.20	0.22	0.24	0.26	0.28	0.3	0.4	0.5	0.6	0.7	0.8
	0.2	2.00	2.01	2.01	2.01	2.01	2.01	2.01	2.02	2.02	2.02	2.02	2.02	2.02	2.03	2.04	2.05	2.06	2.07
	0.3	2.01	2.02	2.02	2.02	2.03	2.03	2.03	2.04	2.04	2.05	2.05	2.05	2.06	2.08	2.10	2.12	2.13	2.15
	0.4	2.02	2.03	2.04	2.04	2.05	2.06	2.07	2.07	2.08	2.09	2.09	2.10	2.11	2.14	2.18	2.21	2.25	2.28
	0.5	2.04	2.05	2.06	2.07	2.09	2.10	2.11	2.12	2.13	2.15	2.16	2.17	2.18	2.24	2.29	2.35	2.40	2.45
	0.6	2.06	2.08	2.10	2.12	2.14	2.16	2.18	2.19	2.21	2.23	2.25	2.26	2.28	2.36	2.44	2.52	2.59	2.66
	0.7	2.10	2.13	2.16	2.18	2.21	2.24	2.26	2.29	2.31	2.34	2.36	2.38	2.41	2.52	2.62	2.72	2.81	2.90
	0.8	2.15	2.20	2.24	2.27	2.31	2.34	2.38	2.41	2.44	2.47	2.50	2.53	2.56	2.70	2.82	2.94	3.06	3.16
	0.9	2.24	2.29	2.35	2.39	2.44	2.48	2.52	2.56	2.60	2.63	2.67	2.71	2.74	2.90	3.05	3.19	3.32	3.44
	1.0	2.36	2.43	2.48	2.54	2.59	2.64	2.69	2.73	2.77	2.82	2.86	2.90	2.94	3.12	3.29	3.45	3.59	3.74
	1.2	2.69	2.76	2.83	2.89	2.95	3.01	3.07	3.12	3.17	3.22	3.27	3.32	3.37	3.59	3.80	3.99	4.17	4.34
	1.4	3.07	3.14	3.22	3.29	3.36	3.42	3.48	3.55	3.61	3.66	3.72	3.78	3.83	4.09	4.33	4.56	4.77	4.97
	1.6	3.47	3.55	3.63	3.71	3.78	3.85	3.92	3.99	4.07	4.12	4.18	4.25	4.31	4.61	4.88	5.14	5.38	5.62
	1.8	3.88	3.97	4.05	4.13	4.21	4.29	4.37	4.44	4.52	4.59	4.66	4.73	4.80	5.13	5.44	5.73	6.00	6.26
	2.0	4.29	4.39	4.48	4.57	4.65	4.74	4.82	4.90	4.99	5.07	5.14	5.22	5.30	5.66	6.00	6.32	6.63	6.92
	2.2	4.71	4.81	4.91	5.00	5.10	5.19	5.28	5.37	5.46	5.54	5.63	5.71	5.80	6.19	6.57	6.92	7.26	7.58
	2.4	5.13	5.24	5.34	5.44	5.54	5.64	5.74	5.84	5.93	6.03	6.12	6.21	6.30	6.73	7.14	7.52	7.89	8.24
	2.6	5.55	5.66	5.77	5.88	5.99	6.10	6.20	6.31	6.41	6.51	6.61	6.71	6.80	7.27	7.71	8.13	8.52	8.90
	2.8	5.97	6.09	6.21	6.33	6.44	6.55	6.67	6.78	6.89	6.99	7.10	7.21	7.31	7.81	8.28	8.73	9.16	9.57
	3.0	6.39	6.52	6.64	6.77	6.89	7.01	7.13	7.25	7.37	7.48	7.59	7.71	7.82	8.35	8.86	9.34	9.80	10.24

$$K_1 = \frac{I_1}{I_2} \times \frac{H_2}{H_1};$$

$$\eta_1 = \frac{H_1}{H_2}\sqrt{\frac{F_1}{F_2} \times \frac{I_2}{I_1}}$$

F_1——上段柱的轴向力

F_2——下段柱的轴向力

注：表中的计算长度系数 μ 值系按下式算：

$$\eta_1 K_1 \operatorname{tg}\frac{\pi}{\mu}\operatorname{tg}\frac{\pi\eta_1}{\mu} - 1 = 0$$

表 2-55

单层厂房阶形柱计算长度的折减系数

厂房类型	纵向温度区段内一柱列的柱子数	屋面情况	厂房两侧是否有通长的屋盖纵向水平支撑	折减系数
单跨或多跨	等于或少于6个	—	—	0.9
单跨	多于6个	非大型混凝土屋面板的屋面	无纵向水平支撑	0.8
单跨	多于6个	大型混凝土屋面板的屋面	有纵向水平支撑	0.8
多跨	多于6个	非大型混凝土屋面板的屋面	无纵向水平支撑	0.7
多跨	多于6个	大型混凝土屋面板的屋面	有纵向水平支撑	0.7

柱上端可移动但不转动的单阶柱下段的计算长度系数 μ_2

表 2-56

η_1 \ K_1	0.06	0.08	0.10	0.12	0.14	0.16	0.18	0.20	0.22	0.24	0.26	0.28	0.3	0.4	0.5	0.6	0.7	0.8
0.2	1.96	1.94	1.93	1.91	1.90	1.89	1.88	1.86	1.85	1.84	1.83	1.82	1.81	1.76	1.72	1.68	1.65	1.62
0.3	1.96	1.94	1.93	1.92	1.91	1.89	1.88	1.87	1.86	1.85	1.84	1.83	1.82	1.77	1.73	1.70	1.66	1.63
0.4	1.96	1.95	1.94	1.92	1.91	1.90	1.89	1.88	1.87	1.86	1.85	1.84	1.83	1.79	1.75	1.72	1.68	1.66
0.5	1.96	1.95	1.94	1.93	1.92	1.91	1.90	1.89	1.88	1.87	1.86	1.85	1.85	1.81	1.77	1.74	1.71	1.69
0.6	1.97	1.96	1.95	1.94	1.93	1.92	1.91	1.90	1.90	1.89	1.88	1.87	1.87	1.83	1.80	1.78	1.75	1.73
0.7	1.97	1.97	1.96	1.95	1.94	1.94	1.93	1.92	1.92	1.91	1.90	1.90	1.89	1.86	1.84	1.82	1.80	1.78
0.8	1.98	1.98	1.97	1.96	1.96	1.95	1.95	1.94	1.94	1.93	1.93	1.93	1.92	1.90	1.88	1.87	1.86	1.84
0.9	1.99	1.99	1.98	1.98	1.98	1.97	1.97	1.97	1.97	1.96	1.96	1.96	1.96	1.95	1.94	1.93	1.92	1.92
1.0	2.00	2.00	2.00	2.00	2.00	2.00	2.00	2.00	2.00	2.00	2.00	2.00	2.00	2.00	2.00	2.00	2.00	2.00
1.2	2.03	2.04	2.04	2.05	2.06	2.07	2.07	2.08	2.08	2.09	2.10	2.10	2.11	2.13	2.15	2.17	2.18	2.20
1.4	2.07	2.09	2.11	2.12	2.14	2.16	2.17	2.18	2.20	2.21	2.22	2.23	2.24	2.29	2.33	2.37	2.40	2.42
1.6	2.13	2.16	2.19	2.22	2.25	2.27	2.30	2.32	2.34	2.36	2.37	2.39	2.41	2.48	2.54	2.59	2.63	2.67
1.8	2.22	2.27	2.31	2.35	2.39	2.42	2.45	2.48	2.50	2.53	2.55	2.57	2.59	2.69	2.76	2.83	2.88	2.93
2.0	2.35	2.41	2.46	2.50	2.55	2.59	2.62	2.66	2.69	2.72	2.75	2.77	2.80	2.91	3.00	3.08	3.14	3.20
2.2	2.51	2.57	2.63	2.68	2.73	2.77	2.81	2.85	2.89	2.92	2.95	2.98	3.01	3.14	3.25	3.33	3.41	3.47
2.4	2.68	2.75	2.81	2.87	2.92	2.97	3.01	3.05	3.09	3.13	3.17	3.20	3.24	3.38	3.50	3.59	3.68	3.75
2.6	2.87	2.94	3.00	3.06	3.12	3.17	3.22	3.27	3.31	3.35	3.39	3.43	3.46	3.62	3.75	3.86	3.95	4.03
2.8	3.06	3.14	3.20	3.27	3.33	3.38	3.43	3.48	3.53	3.58	3.62	3.66	3.70	3.87	4.01	4.13	4.23	4.32
3.0	3.26	3.34	3.41	3.47	3.54	3.60	3.65	3.70	3.75	3.80	3.85	3.89	3.93	4.12	4.27	4.40	4.51	4.61

简 图：

$$K_1 = \frac{I_1}{I_2} \times \frac{H_2}{H_1};$$

$$\eta_1 = \frac{H_1}{H_2}\sqrt{\frac{F_1}{F_2} \times \frac{I_2}{I_1}}$$

F_1—上段柱的轴向力
F_2—下段柱的轴向力

注：表中的计算长度系数 μ 值按下式算得：

$$\text{tg}\frac{\pi\eta_1}{\mu} + \eta_1 K_1 \text{tg}\frac{\pi}{\mu} = 0$$

简　图	η_1 $\diagdown$ K_1 η_2 $\diagdown$ K_2		0.05										
			0.2	0.3	0.4	0.5	0.6	0.7	0.8	0.9	1.0	1.1	1.2
	0.2	0.2	2.02	2.03	2.04	2.05	2.05	2.06	2.07	2.08	2.09	2.10	2.10
		0.4	2.08	2.11	2.15	2.19	2.22	2.25	2.29	2.32	2.35	2.39	2.12
		0.6	2.20	2.29	2.37	2.45	2.52	2.60	2.67	2.73	2.80	2.87	2.93
		0.8	2.42	2.57	2.71	2.83	2.95	3.06	3.17	3.27	3.37	3.17	3.56
		1.0	2.75	2.95	3.13	3.30	3.45	3.60	3.74	3.87	4.00	4.13	4.25
		1.2	3.13	3.38	3.60	3.80	4.00	4.18	4.35	4.51	4.67	4.82	4.97
	0.4	0.2	2.04	2.05	2.05	2.06	2.07	2.08	2.09	2.09	2.10	2.11	2.12
		0.4	2.10	2.14	2.17	2.20	2.24	2.27	2.31	2.34	2.37	2.40	2.43
		0.6	2.24	2.32	2.40	2.47	2.54	2.65	2.68	2.75	2.82	2.88	2.91
		0.8	2.47	2.60	2.73	2.85	2.97	3.08	3.19	3.29	3.38	3.48	3.57
		1.0	2.79	2.98	3.15	3.32	3.47	3.62	3.75	3.89	4.02	4.11	4.26
		1.2	3.18	3.41	3.62	3.82	4.01	4.19	4.36	4.52	4.68	4.83	4.98
	0.6	0.2	2.09	2.09	2.10	2.10	2.11	2.12	2.12	2.13	2.14	2.15	2.15
		0.4	2.17	2.19	2.22	2.25	2.28	2.31	2.34	2.38	2.41	2.44	2.47
		0.6	2.32	2.38	2.45	2.52	2.59	2.66	2.72	2.79	2.85	2.91	2.97
		0.8	2.56	2.67	2.79	2.90	3.01	3.11	3.22	3.32	3.41	3.50	3.60
		1.0	2.88	3.04	3.20	3.36	3.50	3.65	3.78	3.91	4.04	4.16	4.26
		1.2	3.26	3.46	3.66	3.86	4.04	4.22	4.38	4.55	4.70	4.85	5.00
	0.8	0.2	2.29	2.24	2.22	2.21	2.21	2.22	2.22	2.22	2.23	2.23	2.24
		0.4	2.37	2.34	2.34	2.36	2.38	2.40	2.43	2.45	2.48	2.51	2.54
		0.6	2.52	2.52	2.56	2.61	2.67	2.73	2.79	2.85	2.91	2.96	3.02
		0.8	2.74	2.79	2.88	2.98	3.08	3.17	3.27	3.36	3.46	3.55	3.63
		1.0	3.04	3.15	3.28	3.42	3.56	3.69	3.82	3.95	4.07	4.19	4.31
		1.2	3.39	3.55	3.73	3.91	4.08	4.25	4.42	4.58	4.73	4.88	5.02
	1.0	0.2	2.69	2.57	2.51	2.48	2.46	2.45	2.45	2.44	2.44	2.44	2.44
		0.4	2.75	2.64	2.60	2.59	2.59	2.59	2.60	2.62	2.63	2.65	2.67
		0.6	2.86	2.78	2.77	2.79	2.83	2.87	2.91	2.96	3.01	3.06	3.10
		0.8	3.04	3.01	3.05	3.11	3.19	3.27	3.35	3.44	3.52	3.61	3.69
		1.0	3.29	3.32	3.41	3.52	3.64	3.76	3.89	4.01	4.13	4.24	4.35
		1.2	3.60	3.69	3.83	3.99	4.15	4.31	4.47	4.62	4.77	4.92	5.06
	1.2	0.2	3.16	3.00	2.92	2.87	2.84	2.81	2.80	2.79	2.78	2.77	2.77
		0.4	3.21	3.05	2.98	2.94	2.92	2.90	2.90	2.90	2.90	2.91	2.92
		0.6	3.30	3.15	3.10	3.08	3.08	3.10	3.12	3.15	3.18	3.22	3.26
		0.8	3.43	3.32	3.30	3.33	3.37	3.43	3.49	3.56	3.63	3.71	3.78
		1.0	3.62	3.57	3.60	3.68	3.77	3.87	3.98	4.09	4.20	4.31	4.42
		1.2	3.88	3.88	3.98	4.11	4.25	4.39	4.54	4.68	4.83	4.97	5.10
	1.4	0.2	3.66	3.46	3.36	3.29	3.25	3.23	3.20	3.19	3.18	3.17	3.16
		0.4	3.70	3.50	3.40	3.35	3.31	3.29	3.27	3.26	3.26	3.26	3.26
		0.6	3.77	3.58	3.49	3.45	3.43	3.42	3.42	3.43	3.45	3.47	3.49
		0.8	3.87	3.70	3.64	3.63	3.64	3.67	3.70	3.75	3.81	3.86	3.92
		1.0	4.02	3.89	3.87	3.90	3.96	4.04	4.12	4.22	4.31	4.41	4.51
		1.2	4.23	4.15	4.19	4.27	4.39	4.51	4.64	4.77	4.91	5.04	5.17

简图说明：

$$K_1 = \frac{I_1}{I_2} \cdot \frac{H_3}{H_1}$$

$$K_2 = \frac{I_2}{I_3} \cdot \frac{H_3}{H_2}$$

$$\eta_1 = \frac{H_1}{H_3} \sqrt{\frac{N_1}{N_3} \cdot \frac{I_3}{I_1}}$$

$$\eta_2 = \frac{H_2}{H_3} \sqrt{\frac{N_2}{N_3} \cdot \frac{I_3}{I_2}}$$

N_1——上段柱的轴心力

N_2——中段柱的轴心力

N_3——下段柱的轴心力

图中公式：

$$K_1 = \frac{I_1}{I_2} \cdot \frac{H_3}{H_1}$$

$$K_2 = \frac{I_2}{I_3} \cdot \frac{H_3}{H_2}$$

$$\eta_1 = \frac{H_1}{H_3}\sqrt{\frac{N_1}{N_3} \cdot \frac{I_3}{I_1}}$$

$$\eta_2 = \frac{H_2}{H_3}\sqrt{\frac{N_2}{N_3} \cdot \frac{I_3}{I_2}}$$

N_1——上段柱的轴心力
N_2——中段柱的轴心力
N_3——下段柱的轴心力

η_2	K_2 \ K_1	0.2	0.3	0.4	0.5	0.6	0.7	0.8	0.9	1.0	1.1	1.2
0.2	0.2	2.03	2.03	2.04	2.05	2.06	2.07	2.08	2.08	2.09	2.10	2.11
	0.4	2.09	2.12	2.16	2.19	2.23	2.26	2.29	2.33	2.36	2.39	2.42
	0.6	2.21	2.30	2.38	2.46	2.53	2.60	2.67	2.74	2.81	2.87	2.93
	0.8	2.44	2.58	2.70	2.84	2.96	3.07	3.17	3.28	3.37	3.47	3.56
	1.0	2.76	2.96	3.14	3.30	3.46	3.60	3.74	3.88	4.01	4.13	4.25
	1.2	3.15	3.39	3.61	3.81	4.00	4.18	4.35	4.52	4.68	4.83	4.98
0.4	0.2	2.07	2.07	2.08	2.08	2.09	2.10	2.11	2.12	2.12	2.13	2.14
	0.4	2.14	2.17	2.20	2.23	2.26	2.30	2.33	2.36	2.39	2.42	2.46
	0.6	2.28	2.36	2.43	2.50	2.57	2.64	2.71	2.77	2.84	2.90	2.96
	0.8	2.53	2.65	2.77	2.88	3.00	3.10	3.21	3.31	3.40	3.50	3.59
	1.0	2.85	3.02	3.19	3.34	3.49	3.64	3.77	3.91	4.03	4.16	4.28
	1.2	3.24	3.45	3.65	3.85	4.03	4.21	4.38	4.54	4.70	4.85	4.99
0.6	0.2	2.22	2.19	2.18	2.17	2.18	2.18	2.19	2.19	2.20	2.20	2.21
	0.4	2.31	2.30	2.31	2.33	2.35	2.38	2.41	2.44	2.47	2.49	2.52
	0.6	2.48	2.49	2.54	2.60	2.66	2.72	2.78	2.84	2.90	2.96	3.02
	0.8	2.72	2.78	2.87	2.97	3.07	3.17	3.27	3.36	3.46	3.55	3.64
	1.0	3.04	3.15	3.28	3.42	3.56	3.70	3.83	3.95	4.08	4.20	4.31
	1.2	3.40	3.56	3.74	3.91	4.09	4.26	4.42	4.58	4.73	4.88	5.03
0.8	0.2	2.63	2.49	2.43	2.40	2.38	2.37	2.37	2.36	2.36	2.37	2.37
	0.4	2.71	2.59	2.55	2.54	2.54	2.55	2.57	2.59	2.61	2.63	2.65
	0.6	2.86	2.76	2.76	2.78	2.82	2.86	2.91	2.96	3.01	3.07	3.12
	0.8	3.06	3.02	3.06	3.13	3.20	3.29	3.37	3.46	3.54	3.63	3.71
	1.0	3.33	3.35	3.44	3.55	3.67	3.79	3.90	4.03	4.15	4.26	4.37
	1.2	3.65	3.73	3.86	4.02	4.18	4.34	4.49	4.64	4.79	4.94	5.08
1.0	0.2	3.18	2.95	2.84	2.77	2.73	2.70	2.68	2.67	2.66	2.65	2.65
	0.4	3.24	3.03	2.93	2.88	2.85	2.84	2.84	2.84	2.85	2.86	2.87
	0.6	3.36	3.16	3.09	3.07	3.08	3.09	3.12	3.15	3.19	3.23	3.27
	0.8	3.52	3.37	3.34	3.36	3.41	3.46	3.53	3.60	3.67	3.75	3.82
	1.0	3.74	3.64	3.67	3.74	3.83	3.93	4.03	4.14	4.25	4.35	4.46
	1.2	4.00	3.97	4.05	4.17	4.31	4.45	4.59	4.73	4.87	5.01	5.14
1.2	0.2	3.77	3.47	3.32	3.23	3.17	3.12	3.09	3.07	3.05	3.04	3.03
	0.4	3.82	3.53	3.39	3.31	3.26	3.22	3.20	3.19	3.19	3.19	3.19
	0.6	3.91	3.64	3.51	3.45	3.42	3.42	3.42	3.43	3.45	3.48	3.50
	0.8	4.04	3.80	3.71	3.68	3.69	3.72	3.76	3.81	3.86	3.92	3.98
	1.0	4.21	4.02	3.97	3.99	4.05	4.12	4.20	4.29	4.39	4.48	4.58
	1.2	4.43	4.30	4.31	4.38	4.48	4.60	4.72	4.85	4.98	5.11	5.24
1.4	0.2	4.37	4.01	3.82	3.71	3.63	3.58	3.54	3.51	3.49	3.47	3.45
	0.4	4.41	4.06	3.88	3.77	3.70	3.66	3.63	3.60	3.59	3.58	3.57
	0.6	4.48	4.15	3.98	3.89	3.83	3.80	3.79	3.78	3.79	3.80	3.81
	0.8	4.59	4.28	4.13	4.07	4.04	4.04	4.06	4.08	4.12	4.16	4.21
	1.0	4.74	4.45	4.35	4.32	4.34	4.38	4.43	4.50	4.58	4.66	4.74
	1.2	4.92	4.69	4.63	4.65	4.72	4.80	4.90	5.10	5.13	5.24	5.36

（表头 K_1 对应 0.10）

简图区域：

$$K_1 = \frac{I_1}{I_2} \cdot \frac{H_3}{H_1}$$

$$K_2 = \frac{I_2}{I_3} \cdot \frac{H_3}{H_2}$$

$$\eta_1 = \frac{H_1}{H_3} \sqrt{\frac{N_1}{N_3} \cdot \frac{I_3}{I_1}}$$

$$\eta_2 = \frac{H_2}{H_3} \sqrt{\frac{N_2}{N_3} \cdot \frac{I_3}{I_2}}$$

N_1——上段柱的轴心力
N_2——中段柱的轴心力
N_3——下段柱的轴心力

η_2	η_1＼K_1 ／ K_2	0.20										
		0.2	0.3	0.4	0.5	0.6	0.7	0.8	0.9	1.0	1.1	1.2
0.2	0.2	2.04	2.04	2.05	2.06	2.07	2.08	2.08	2.09	2.10	2.11	2.12
	0.4	2.10	2.13	2.17	2.20	2.24	2.27	2.30	2.34	2.37	2.40	2.43
	0.6	2.23	2.31	2.39	2.47	2.54	2.61	2.68	2.75	2.82	2.88	2.94
	0.8	2.46	2.60	2.73	2.85	2.97	3.08	3.18	3.29	3.38	3.48	3.57
	1.0	2.79	2.98	3.15	3.32	3.47	3.61	3.75	3.89	4.02	4.14	4.26
	1.2	3.18	3.41	3.62	3.82	4.01	4.19	4.36	4.52	4.68	4.83	4.98
0.4	0.2	2.15	2.13	2.13	2.14	2.14	2.15	2.15	2.16	2.17	2.17	2.18
	0.4	2.24	2.24	2.26	2.29	2.32	2.35	2.38	2.41	2.44	2.47	2.50
	0.6	2.40	2.44	2.50	2.56	2.63	2.69	2.76	2.82	2.88	2.94	3.00
	0.8	2.66	2.74	2.84	2.95	3.05	3.15	3.25	3.35	3.44	3.53	3.62
	1.0	2.98	3.12	3.25	3.40	3.54	3.68	3.81	3.94	4.07	4.19	4.30
	1.2	3.35	3.53	3.71	3.90	4.08	4.25	4.41	4.57	4.73	4.87	5.02
0.6	0.2	2.57	2.42	2.37	2.34	2.33	2.32	2.32	2.32	2.32	2.32	2.33
	0.4	2.67	2.54	2.50	2.50	2.51	2.52	2.54	2.56	2.58	2.61	2.63
	0.6	2.83	2.74	2.73	2.76	2.80	2.85	2.90	2.96	3.01	3.06	3.12
	0.8	3.06	3.01	3.05	3.12	3.20	3.29	3.38	3.46	3.55	3.63	3.72
	1.0	3.34	3.35	3.44	3.56	3.68	3.80	3.92	4.04	4.15	4.27	4.38
	1.2	3.67	3.74	3.88	4.03	4.19	4.35	4.50	4.65	4.80	4.94	5.08
0.8	0.2	3.25	2.96	2.82	2.74	2.69	2.66	2.64	2.62	2.61	2.61	2.60
	0.4	3.33	3.05	2.93	2.87	2.84	2.83	2.83	2.83	2.84	2.85	2.87
	0.6	3.45	3.21	3.12	3.10	3.10	3.12	3.14	3.18	3.22	3.26	3.30
	0.8	3.63	3.44	3.39	3.41	3.45	3.51	3.57	3.64	3.71	3.79	3.86
	1.0	3.86	3.73	3.73	3.80	3.88	3.98	4.08	4.18	4.29	4.39	4.50
	1.2	4.13	4.07	4.13	4.24	4.36	4.50	4.64	4.78	4.91	5.05	5.18
1.0	0.2	4.00	3.60	3.39	3.26	3.18	3.13	3.08	3.05	3.03	3.01	3.00
	0.4	4.06	3.67	3.48	3.37	3.30	3.26	3.23	3.21	3.21	3.20	3.20
	0.6	4.15	3.79	3.63	3.54	3.50	3.48	3.49	3.50	3.51	3.54	3.57
	0.8	4.29	3.97	3.84	3.80	3.79	3.81	3.85	3.90	3.95	4.01	4.07
	1.0	4.48	4.21	4.13	4.13	4.17	4.23	4.31	4.39	4.48	4.57	4.66
	1.2	4.70	4.49	4.47	4.52	4.60	4.71	4.82	4.94	5.07	5.19	5.31
1.2	0.2	4.76	4.26	4.00	3.83	3.72	3.65	3.59	3.54	3.51	3.48	3.46
	0.4	4.81	4.32	4.07	3.91	3.82	3.75	3.70	3.67	3.65	3.63	3.62
	0.6	4.89	4.43	4.19	4.05	3.98	3.93	3.91	3.89	3.89	3.90	3.91
	0.8	5.00	4.57	4.36	4.26	4.21	4.20	4.21	4.23	4.26	4.30	4.34
	1.0	5.15	4.76	4.59	4.53	4.53	4.55	4.60	4.66	4.73	4.80	4.88
	1.2	5.34	5.00	4.88	4.87	4.91	4.98	5.07	5.17	5.27	5.38	5.49
1.4	0.2	5.53	4.94	4.62	4.42	4.29	4.19	4.12	4.06	4.02	3.98	3.95
	0.4	5.57	4.99	4.68	4.49	4.36	4.27	4.21	4.16	4.13	4.10	4.08
	0.6	5.64	5.07	4.78	4.60	4.49	4.42	4.38	4.35	4.33	4.32	4.32
	0.8	5.74	5.19	4.92	4.77	4.69	4.64	4.62	4.62	4.63	4.65	4.67
	1.0	5.86	5.35	5.12	5.00	4.95	4.94	4.96	4.99	5.03	5.09	5.15
	1.2	6.02	5.55	5.36	5.29	5.28	5.31	5.37	5.44	5.52	5.61	5.71

简图	η_1 / η_2	K_1 / K_2	0.30										
			0.2	0.3	0.4	0.5	0.6	0.7	0.8	0.9	1.0	1.1	1.2
	0.2	0.2	2.05	2.05	2.06	2.07	2.08	2.09	2.09	2.10	2.11	2.12	2.13
		0.4	2.12	2.15	2.18	2.21	2.25	2.28	2.31	2.35	2.38	2.41	2.44
		0.6	2.25	2.33	2.41	2.48	2.56	2.63	2.69	2.76	2.83	2.89	2.95
		0.8	2.49	2.62	2.75	2.87	2.98	3.09	3.20	3.30	3.39	3.49	3.58
		1.0	3.82	3.00	3.17	3.33	3.48	3.63	3.76	3.90	4.02	4.15	4.27
		1.2	3.20	3.43	3.64	3.83	4.02	4.20	4.37	4.53	4.69	4.84	4.99
	0.4	0.2	2.26	2.21	2.20	2.19	2.19	2.20	2.20	2.21	2.21	2.22	2.23
		0.4	2.36	2.33	2.33	2.35	2.38	2.40	2.43	2.46	2.49	2.51	2.54
		0.6	2.54	2.54	2.58	2.63	2.69	2.75	2.81	2.87	2.93	2.99	3.04
		0.8	2.79	2.83	2.91	3.01	3.10	3.20	3.30	3.39	3.49	3.57	3.66
		1.0	3.11	3.20	3.32	3.46	3.59	3.72	3.85	3.98	4.10	4.22	4.33
		1.2	3.47	3.60	3.77	3.95	4.12	4.28	4.45	4.60	4.75	4.90	5.04
	0.6	0.2	2.93	2.68	2.57	2.52	2.49	2.47	2.46	2.45	2.45	2.45	2.45
		0.4	3.02	2.79	2.71	2.67	2.66	2.66	2.67	2.69	2.70	2.72	2.74
		0.6	3.17	2.98	2.93	2.93	2.95	2.98	3.02	3.07	3.11	3.16	3.21
		0.8	4.37	3.24	3.23	3.27	3.33	3.41	3.48	3.56	3.64	3.72	3.80
		1.0	3.63	3.56	3.60	3.69	3.79	3.90	4.01	4.12	4.23	4.34	4.45
		1.2	3.94	3.92	4.02	4.15	4.29	4.43	4.58	4.72	4.87	5.01	5.14
	0.8	0.2	3.78	3.38	3.18	3.06	2.98	2.93	2.89	2.86	2.84	2.83	2.82
		0.4	3.85	3.47	3.28	3.18	3.12	3.09	3.07	3.06	3.06	3.06	3.06
		0.6	3.96	3.61	3.46	3.39	3.36	3.35	3.36	3.38	3.41	3.44	3.47
		0.8	4.12	3.82	3.70	3.67	3.68	3.72	3.76	3.82	3.88	3.94	4.01
		1.0	4.32	4.07	4.01	4.03	4.08	4.16	4.24	4.33	4.43	4.52	4.62
		1.2	4.57	4.38	4.38	4.44	4.54	4.66	4.78	4.90	5.03	5.16	5.29
	1.0	0.2	4.68	4.15	3.86	3.69	3.57	3.49	3.43	3.38	3.35	3.32	3.30
		0.4	4.73	4.21	3.94	3.78	3.68	3.61	3.57	3.54	3.51	3.50	3.49
		0.6	4.82	4.33	4.08	3.95	3.87	3.83	3.80	3.80	3.80	3.81	3.83
		0.8	4.94	4.49	4.28	4.18	4.14	4.13	4.14	4.17	4.20	4.25	4.29
		1.0	5.10	4.70	4.53	4.48	4.48	4.51	4.56	4.62	4.70	4.77	4.85
		1.2	5.30	4.95	4.84	4.83	4.88	4.96	5.05	5.15	5.26	5.37	5.48
	1.2	0.2	5.58	4.93	4.57	4.35	4.20	4.10	4.01	3.95	3.90	3.86	3.83
		0.4	5.62	4.98	4.64	4.43	4.29	4.19	4.12	4.07	4.03	4.01	3.98
		0.6	5.70	5.08	4.75	4.56	4.44	4.37	4.32	4.29	4.27	4.26	4.26
		0.8	5.80	5.21	4.91	4.75	4.66	4.61	4.59	4.59	4.60	4.62	4.65
		1.0	5.93	5.38	5.12	5.00	4.95	4.94	4.95	4.99	5.03	5.09	5.15
		1.2	6.10	5.59	5.38	5.31	5.30	5.33	5.39	5.46	5.54	5.63	5.73
	1.4	0.2	6.49	5.72	5.30	5.03	4.85	4.72	4.62	4.54	4.48	4.43	4.38
		0.4	6.53	5.77	5.35	5.10	4.93	4.80	4.71	4.64	4.59	4.55	4.51
		0.6	6.59	5.85	5.45	5.21	5.05	4.95	4.87	4.82	4.78	4.76	4.74
		0.8	6.68	5.96	5.59	5.37	5.24	5.15	5.10	5.08	5.06	5.06	5.07
		1.0	6.79	6.10	5.76	5.58	5.48	5.43	5.41	5.41	5.44	5.47	5.51
		1.2	6.93	6.28	5.98	5.84	5.78	5.76	5.79	5.83	5.89	5.95	6.03

简图中：

$$K_1 = \frac{I_1}{I_2} \cdot \frac{H_3}{H_1}$$

$$K_2 = \frac{I_2}{I_3} \cdot \frac{H_3}{H_2}$$

$$\eta_1 = \frac{H_1}{H_3} \sqrt{\frac{N_1}{N_3} \cdot \frac{I_3}{I_1}}$$

$$\eta_2 = \frac{H_2}{H_3} \sqrt{\frac{N_2}{N_3} \cdot \frac{I_3}{I_2}}$$

N_1——上段柱的轴心力

N_2——中段柱的轴心力

N_3——下段柱的轴心力

注：表中的计算长度系数 μ_3 值按下式算得：

$$\frac{\eta_1 K_1}{\eta_2 K_2} \cdot \text{tg}\frac{\pi\eta_1}{\mu_3} \cdot \text{tg}\frac{\pi\eta_2}{\mu_3} + \eta_1 K_1 \cdot \text{tg}\frac{\pi\eta_1}{\mu_3} \cdot \text{tg}\frac{\pi}{\mu_3} + \eta_2 K_2 \cdot \text{tg}\frac{\pi\eta_2}{\mu_3} \cdot \text{tg}\frac{\pi}{\mu_3} - 1 = 0$$

简图	η_1 \\ K_1		0.05										
	η_2 \\ K_2		0.2	0.3	0.4	0.5	0.6	0.7	0.8	0.9	1.0	1.1	1.2
		0.2	1.99	1.99	2.00	2.00	2.01	2.02	2.02	2.03	2.04	2.05	2.06
		0.4	2.03	2.06	2.09	2.12	2.16	2.19	2.22	2.25	2.29	2.32	2.35
	0.2	0.6	2.12	2.20	2.28	2.36	2.43	2.50	2.57	2.64	2.71	2.77	2.83
		0.8	2.28	2.43	2.57	2.70	2.82	2.94	3.04	3.15	3.25	3.34	3.43
		1.0	2.53	2.76	2.96	3.13	3.29	3.44	3.29	3.72	3.85	3.98	4.10
		1.2	2.86	3.15	3.39	3.61	3.80	3.99	4.16	4.33	4.49	4.64	4.79
		0.2	1.99	1.99	2.00	2.01	2.01	2.02	2.03	2.04	2.04	2.05	2.06
		0.4	2.03	2.06	2.09	2.13	2.16	2.19	2.23	2.26	2.29	2.32	2.35
	0.4	0.6	2.12	2.20	2.28	2.36	2.44	2.51	2.58	2.64	2.71	2.77	2.84
		0.8	2.29	2.44	2.58	2.71	2.83	2.94	3.05	3.15	3.25	3.35	3.44
		1.0	2.54	2.77	2.96	3.14	3.30	3.45	3.59	3.73	3.85	3.98	4.10
		1.2	2.87	3.15	3.40	2.61	3.81	3.99	4.17	4.33	4.49	4.65	4.79
		0.2	1.99	1.98	2.00	2.01	2.02	2.03	2.04	2.04	2.05	2.06	2.07
		0.4	2.04	2.07	2.10	2.14	2.17	2.20	2.23	2.27	2.30	2.33	2.36
	0.6	0.6	2.13	2.21	2.29	2.37	2.45	2.52	2.59	2.65	2.72	2.78	2.84
		0.8	2.30	2.45	2.59	2.72	2.84	2.95	3.06	3.16	3.26	3.35	3.44
		1.0	2.56	2.78	2.97	3.15	3.31	3.46	3.60	3.73	3.86	3.99	4.11
		1.2	2.89	3.17	3.41	3.62	3.82	4.00	4.17	4.34	4.50	4.65	4.80
		0.2	2.00	2.01	2.02	2.02	2.03	2.04	2.05	2.05	2.06	2.07	2.08
		0.4	2.05	2.08	2.12	2.15	2.18	2.21	2.25	2.28	2.31	2.34	2.37
	0.8	0.6	2.15	2.23	2.31	2.39	2.46	2.53	2.60	2.67	2.73	2.79	2.85
		0.8	2.32	2.47	2.61	2.73	2.85	2.96	3.07	3.17	3.27	3.36	3.45
		1.0	2.59	2.80	2.99	3.16	3.32	3.47	3.61	3.74	3.87	3.99	4.11
		1.2	2.92	3.19	3.42	3.63	3.83	4.01	4.18	4.35	4.51	4.66	4.81
		0.2	2.02	2.02	2.03	2.04	2.05	2.05	2.06	2.07	2.08	2.09	2.09
		0.4	2.07	2.10	2.14	2.17	2.20	2.23	2.26	2.60	2.33	2.36	2.39
	1.0	0.6	2.17	2.26	2.33	2.41	2.48	2.55	2.62	2.68	2.75	2.81	2.87
		0.8	2.36	2.50	2.63	2.76	2.87	2.98	3.08	3.19	3.28	3.38	3.47
		1.0	2.62	2.83	3.01	3.18	3.34	3.48	3.62	3.75	3.88	4.01	4.12
		1.2	2.95	3.21	3.44	3.65	3.82	4.02	4.20	4.36	4.52	4.67	4.81
		0.2	2.04	2.05	2.06	2.06	2.07	2.08	2.09	2.09	2.10	2.11	2.12
		0.4	2.10	2.13	2.17	2.20	2.23	2.26	2.29	2.32	2.35	2.38	2.41
	1.2	0.6	2.22	2.29	2.37	2.44	2.51	2.58	2.64	2.71	2.77	2.83	2.89
		0.8	2.41	2.54	2.67	2.78	2.90	3.00	3.11	3.20	3.30	3.39	3.48
		1.0	2.68	2.87	3.04	3.21	3.36	3.50	3.64	3.77	3.90	4.02	4.14
		1.2	3.00	3.25	3.47	3.67	3.86	4.04	4.21	4.37	4.53	4.68	4.83
		0.2	2.10	2.10	2.10	2.11	2.11	2.12	2.13	2.13	2.14	2.15	2.15
		0.4	2.17	2.19	2.21	2.24	2.27	2.30	2.33	2.36	2.39	2.41	2.44
	1.4	0.6	2.29	2.35	2.41	2.48	2.55	2.61	2.67	2.74	2.80	2.86	2.91
		0.8	2.48	2.60	2.71	2.82	2.93	3.03	3.13	3.23	3.32	3.41	3.50
		1.0	2.74	2.92	3.08	3.24	3.39	3.53	3.66	3.79	3.92	4.04	4.15
		1.2	3.06	3.29	3.50	3.70	3.89	4.06	4.23	4.39	4.55	4.70	4.84

$$K_1 = \frac{I_1}{I_2} \cdot \frac{H_3}{H_1}$$

$$K_2 = \frac{I_2}{I_3} \cdot \frac{H_3}{H_2}$$

$$\eta_1 = \frac{H_1}{H_3}\sqrt{\frac{N_1}{N_3} \cdot \frac{I_3}{I_1}}$$

$$\eta_2 = \frac{H_2}{H_3}\sqrt{\frac{N_2}{N_3} \cdot \frac{I_3}{I_2}}$$

N_1——上段柱的轴心力

N_2——中段柱的轴心力

N_3——下段柱的轴心力

简图：

$$K_1 = \frac{I_1}{I_2} \cdot \frac{H_3}{H_1}$$

$$K_2 = \frac{I_2}{I_3} \cdot \frac{H_3}{H_2}$$

$$\eta_1 = \frac{H_1}{H_3}\sqrt{\frac{N_1}{N_3} \cdot \frac{I_3}{I_1}}$$

$$\eta_2 = \frac{H_2}{H_3}\sqrt{\frac{N_2}{N_3} \cdot \frac{I_3}{I_2}}$$

N_1——上段柱的轴心力
N_2——中段柱的轴心力
N_3——下段柱的轴心力

η_1	η_2 \ K_2	K_1=0.10										
		0.2	0.3	0.4	0.5	0.6	0.7	0.8	0.9	1.0	1.1	1.2
0.2	0.2	1.96	1.96	1.97	1.97	1.98	1.98	1.99	2.00	2.00	2.01	2.02
	0.4	2.00	2.02	2.05	2.08	2.11	2.14	2.17	2.20	2.23	2.26	2.29
	0.6	2.07	2.14	2.22	2.29	2.36	2.43	2.50	2.56	2.63	2.69	2.75
	0.8	2.20	2.35	2.48	2.61	2.73	2.84	2.94	3.05	3.14	3.24	3.33
	1.0	2.41	2.64	2.83	3.01	3.17	3.32	3.46	3.59	3.72	3.85	3.97
	1.2	2.70	2.99	3.23	3.45	3.65	3.84	4.01	4.18	4.34	4.49	4.64
0.4	0.2	1.96	1.97	1.97	1.98	1.98	1.99	2.00	2.00	2.01	2.02	2.03
	0.4	2.00	2.03	2.06	2.09	2.12	2.15	2.18	2.21	2.24	2.27	2.30
	0.6	2.08	2.15	2.23	2.30	2.37	2.44	2.51	2.57	2.64	2.70	2.76
	0.8	2.21	2.36	2.49	2.62	2.73	2.85	2.95	3.05	3.15	3.24	3.34
	1.0	2.43	2.65	2.84	3.02	3.18	3.33	3.47	3.60	3.73	3.85	3.97
	1.2	2.71	3.00	3.24	3.46	3.66	3.85	4.02	4.19	4.34	4.49	4.64
0.6	0.2	1.97	1.98	1.98	1.99	2.00	2.00	2.01	2.02	2.02	2.03	2.04
	0.4	2.01	2.04	2.07	2.10	2.13	2.16	2.19	2.22	2.26	2.29	2.32
	0.6	2.09	2.17	2.24	2.32	2.39	2.46	2.52	2.59	2.65	2.71	2.77
	0.8	2.23	2.38	2.51	2.64	2.75	2.86	2.97	3.07	3.16	3.26	3.35
	1.0	2.45	2.68	2.86	3.03	3.19	3.34	3.48	3.61	3.71	3.86	3.98
	1.2	2.74	3.02	3.26	3.48	3.67	3.86	4.03	4.20	4.35	4.50	4.65
0.8	0.2	1.99	1.99	2.00	2.01	2.01	2.01	2.03	2.04	2.04	2.05	2.06
	0.4	2.03	2.06	2.09	2.12	2.15	2.19	2.22	2.25	2.28	2.31	2.34
	0.6	2.12	2.19	2.27	2.34	2.41	2.48	2.55	2.61	2.67	2.73	2.79
	0.8	2.27	2.41	2.54	2.66	2.78	2.89	2.99	3.09	3.18	3.28	3.37
	1.0	2.49	2.70	2.89	3.06	3.21	3.36	3.50	3.63	3.76	3.88	4.00
	1.2	2.78	3.05	3.29	3.50	3.69	3.88	4.05	4.21	4.37	4.52	4.66
1.0	0.2	2.01	2.02	2.03	2.04	2.04	2.05	2.06	2.07	2.07	2.08	2.09
	0.4	2.06	2.10	2.13	2.16	2.19	2.22	2.25	2.28	2.31	2.34	2.37
	0.6	2.16	2.24	2.31	2.38	2.45	2.51	2.58	2.64	2.70	2.76	2.82
	0.8	2.32	2.46	2.58	2.70	2.81	2.92	3.02	3.12	3.21	3.30	3.39
	1.0	2.55	2.75	2.93	3.09	3.25	3.39	3.53	3.66	3.78	3.90	4.02
	1.2	2.84	3.10	3.32	3.53	3.72	3.90	4.07	4.23	4.39	4.54	4.68
1.2	0.2	2.07	2.08	2.08	2.09	2.09	2.10	2.11	2.11	2.12	2.13	2.13
	0.4	2.13	2.16	2.18	2.21	2.24	2.27	2.30	2.33	2.35	2.38	2.41
	0.6	2.24	2.30	2.37	2.43	2.50	2.56	2.63	2.68	2.74	2.80	2.86
	0.8	2.41	2.53	2.64	2.75	2.86	2.96	3.06	3.15	3.24	3.33	3.42
	1.0	2.64	2.82	2.98	3.14	3.29	3.43	3.56	3.69	3.81	3.93	4.04
	1.2	2.92	3.16	3.37	3.57	3.76	3.93	4.10	4.26	4.41	4.56	4.70
1.4	0.2	2.20	2.18	2.17	2.17	2.17	2.18	2.18	2.19	2.19	2.20	2.20
	0.4	2.26	2.26	2.27	2.29	2.32	2.34	2.37	2.39	2.42	2.44	2.47
	0.6	2.37	2.41	2.46	2.51	2.57	2.63	2.68	2.74	2.80	2.85	2.91
	0.8	2.53	2.62	2.72	2.82	2.92	3.01	3.11	3.20	3.29	3.37	3.46
	1.0	2.75	2.90	3.05	3.20	3.34	3.47	3.60	3.72	3.84	3.96	4.07
	1.2	3.02	3.23	3.43	3.62	3.80	3.97	4.13	4.29	4.44	4.59	4.73

简图:

$K_1 = \dfrac{I_1}{I_2} \cdot \dfrac{H_3}{H_1}$

$K_2 = \dfrac{I_2}{I_3} \cdot \dfrac{H_3}{H_2}$

$\eta_1 = \dfrac{H_1}{H_3}\sqrt{\dfrac{N_1}{N_3} \cdot \dfrac{I_3}{I_1}}$

$\eta_2 = \dfrac{H_2}{H_3}\sqrt{\dfrac{N_2}{N_3} \cdot \dfrac{I_3}{I_2}}$

N_1——上段柱的轴心力
N_2——中段柱的轴心力
N_3——下段柱的轴心力

η_1		K_1 = 0.20										
η_2	K_2	0.2	0.3	0.4	0.5	0.6	0.7	0.8	0.9	1.0	1.1	1.2
0.2	0.2	1.94	1.93	1.93	1.93	1.93	1.93	1.94	1.94	1.95	1.95	1.96
	0.4	1.96	1.98	1.99	2.02	2.04	2.07	2.09	2.12	2.15	2.17	2.20
	0.6	2.02	2.07	2.13	2.19	2.26	2.32	2.38	2.44	2.50	2.56	2.62
	0.8	2.12	2.23	2.35	2.47	2.58	2.68	2.78	2.88	2.98	3.07	3.15
	1.0	2.28	2.47	2.65	2.82	2.97	3.12	3.26	3.39	3.51	3.63	3.75
	1.2	2.50	2.77	3.01	3.22	3.42	3.60	3.77	3.93	4.09	4.23	4.38
0.4	0.2	1.93	1.93	1.93	1.93	1.94	1.94	1.95	1.95	1.96	1.96	1.97
	0.4	1.97	1.98	2.00	2.03	2.05	2.08	2.11	2.13	2.16	2.19	2.22
	0.6	2.03	2.08	2.14	2.21	2.27	2.33	2.40	2.46	2.52	2.58	2.63
	0.8	2.13	2.25	2.37	2.48	2.59	2.70	2.80	2.90	2.99	3.08	3.17
	1.0	2.29	2.49	2.67	2.83	2.99	3.13	3.27	3.40	3.53	3.64	3.76
	1.2	2.52	2.79	3.02	3.23	3.43	3.61	3.78	3.94	4.10	4.24	4.39
0.6	0.2	1.95	1.95	1.95	1.95	1.96	1.96	1.97	1.97	1.98	1.98	1.99
	0.4	1.98	2.00	2.02	2.05	2.08	2.10	2.13	2.16	2.19	2.21	2.24
	0.6	2.04	2.10	2.17	2.23	2.30	2.36	2.42	2.48	2.54	2.60	2.66
	0.8	2.15	2.27	2.39	2.51	2.62	2.72	2.82	2.92	3.01	3.10	3.19
	1.0	2.32	2.52	2.70	2.86	3.01	3.16	3.29	3.42	3.55	3.66	3.78
	1.2	2.55	2.82	3.05	3.26	3.45	3.63	3.80	3.96	4.11	4.26	4.40
0.8	0.2	1.97	1.97	1.98	1.98	1.99	1.99	2.00	2.01	2.01	2.02	2.03
	0.4	2.00	2.03	2.06	2.08	2.11	2.14	2.17	2.20	2.22	2.25	2.28
	0.6	2.08	2.14	2.21	2.27	2.34	2.40	2.46	2.52	2.58	2.64	2.69
	0.8	2.19	2.32	2.44	2.55	2.66	2.76	2.86	2.96	3.05	3.13	3.22
	1.0	2.37	2.57	2.74	2.90	3.05	3.19	3.33	3.45	3.58	3.69	3.81
	1.2	2.61	2.87	3.09	3.30	3.49	3.66	3.83	3.99	4.14	4.29	4.42
1.0	0.2	2.01	2.02	2.03	2.03	2.04	2.05	2.05	2.06	2.07	2.07	2.08
	0.4	2.06	2.09	2.11	2.14	2.17	2.20	2.23	2.25	2.28	2.31	2.33
	0.6	2.14	2.21	2.27	2.34	2.40	2.46	2.52	2.58	2.63	2.69	2.74
	0.8	2.27	2.39	2.51	2.62	2.72	2.82	2.91	3.00	3.09	3.18	3.26
	1.0	2.46	2.64	2.81	2.96	3.10	3.24	3.37	3.50	3.61	3.73	3.84
	1.2	2.69	2.94	3.15	3.35	3.53	3.71	3.87	4.02	4.17	4.32	4.46
1.2	0.2	2.13	2.12	2.12	2.13	2.13	2.14	2.14	2.15	2.15	2.16	2.16
	0.4	2.18	2.19	2.21	2.24	2.26	2.29	2.31	2.34	2.36	2.38	2.41
	0.6	2.27	2.32	2.37	2.43	2.49	2.54	2.60	2.65	2.70	2.76	2.81
	0.8	2.41	2.50	2.60	2.70	2.80	2.89	2.98	3.07	3.15	3.23	3.32
	1.0	2.59	2.74	2.89	3.04	3.17	3.30	3.43	3.55	3.66	3.78	3.89
	1.2	2.81	3.03	3.23	3.42	3.59	3.76	3.92	4.07	4.22	4.36	4.49
1.4	0.2	2.35	2.31	2.29	2.28	2.27	2.27	2.27	2.27	2.27	2.28	2.28
	0.4	2.40	2.37	2.37	2.38	2.39	2.41	2.43	2.45	2.47	2.49	2.51
	0.6	2.48	2.49	2.52	2.56	2.61	2.65	2.70	2.75	2.80	2.85	2.89
	0.8	2.60	2.66	2.73	2.82	2.90	2.98	3.07	3.15	3.23	3.31	3.38
	1.0	2.77	2.88	3.01	3.14	3.26	3.38	3.50	3.62	3.73	3.84	3.94
	1.2	2.97	3.15	3.33	3.50	3.67	3.83	3.98	4.13	4.27	4.41	4.54

简 图	η_1 / η_2	K_1 / K_2	0.30										
			0.2	0.3	0.4	0.5	0.6	0.7	0.8	0.9	1.0	1.1	1.2
	0.2	0.2	1.92	1.91	1.90	1.89	1.89	1.89	1.90	1.90	1.90	1.90	1.91
		0.4	1.95	1.95	1.96	1.97	1.99	2.01	2.04	2.06	2.08	2.11	2.13
		0.6	1.99	2.03	2.08	2.13	2.18	2.24	2.29	2.35	2.41	2.46	2.52
		0.8	2.07	2.16	2.27	2.37	2.47	2.57	2.66	2.75	2.84	2.93	3.01
		1.0	2.20	2.37	2.53	2.69	2.83	2.97	3.10	3.23	3.35	3.46	3.57
		1.2	2.39	2.63	2.85	3.05	3.24	3.42	3.58	3.74	3.89	4.03	4.17
	0.4	0.2	1.92	1.91	1.91	1.90	1.90	1.91	1.91	1.91	1.92	1.92	1.92
		0.4	1.95	1.96	1.97	1.99	2.01	2.03	2.05	2.08	2.10	2.12	2.15
		0.6	2.00	2.04	2.09	2.14	2.20	2.26	2.31	2.37	2.42	2.48	2.53
		0.8	2.08	2.18	2.28	2.39	2.49	2.59	2.68	2.77	2.86	2.95	3.03
		1.0	2.22	2.39	2.55	2.71	2.85	2.99	3.12	3.24	3.36	3.48	3.59
		1.2	2.41	2.65	2.87	3.07	3.26	3.43	3.60	3.75	3.90	4.04	4.18
	0.6	0.2	1.93	1.93	1.92	1.92	1.93	1.93	1.93	1.94	1.94	1.95	1.95
		0.4	1.96	1.97	1.99	2.01	2.03	2.06	2.08	2.11	2.13	2.16	2.18
		0.6	2.02	2.06	2.12	2.17	2.23	2.29	2.35	2.40	2.40	2.51	2.57
		0.8	2.11	2.21	2.32	2.42	2.52	2.62	2.71	2.80	2.89	2.98	3.06
		1.0	2.25	2.42	2.59	2.74	2.88	3.02	3.15	3.27	3.39	3.50	3.61
		1.2	2.44	2.69	2.91	3.11	3.29	3.46	3.62	3.78	3.93	4.07	4.20
	0.8	0.2	1.96	1.95	1.96	1.96	1.97	1.97	1.98	1.98	1.99	1.99	2.00
		0.4	1.99	2.01	2.03	2.05	2.08	2.10	2.13	2.15	2.18	2.21	2.23
		0.6	2.05	2.10	2.16	2.22	2.28	2.34	2.40	2.45	2.51	2.56	2.81
		0.8	2.15	2.26	2.37	2.47	2.57	2.67	2.76	2.85	2.94	3.02	3.10
		1.0	2.30	2.48	2.64	2.79	2.93	3.07	3.19	3.31	3.43	3.54	3.65
		1.2	2.50	2.74	2.96	3.15	3.33	3.50	3.66	3.81	3.96	4.10	4.23
	1.0	0.2	2.01	2.02	2.02	2.03	2.04	2.04	2.05	2.06	2.06	2.07	2.07
		0.4	2.05	2.08	2.10	2.13	2.16	2.18	2.21	2.23	2.26	2.28	2.31
		0.6	2.13	2.19	2.25	2.30	2.36	2.42	2.47	2.53	2.58	2.63	2.68
		0.8	2.24	2.35	2.45	2.55	2.65	2.74	2.83	2.92	3.00	3.08	3.16
		1.0	2.40	2.57	2.72	2.86	3.00	3.13	3.25	3.37	3.48	3.59	3.70
		1.2	2.60	2.83	3.03	3.22	3.39	3.56	3.71	3.86	4.01	4.14	4.28
	1.2	0.2	2.17	2.16	2.16	2.16	2.16	2.16	2.17	2.17	2.18	2.18	2.19
		0.4	2.22	2.22	2.24	2.26	2.28	2.30	2.32	2.34	2.36	2.39	2.41
		0.6	2.29	2.33	2.38	2.43	2.48	2.53	2.58	2.62	2.67	2.72	2.77
		0.8	2.41	2.49	2.58	2.67	2.75	2.84	2.92	3.00	3.08	3.16	3.23
		1.0	2.56	2.69	2.83	2.96	3.09	3.21	3.33	3.44	3.55	3.66	3.76
		1.2	2.74	2.94	3.13	3.30	3.47	3.63	3.78	3.92	4.06	4.20	4.33
	1.4	0.2	2.45	2.40	2.37	2.35	2.35	2.34	2.34	2.34	2.34	2.34	2.34
		0.4	2.48	2.45	2.44	2.44	2.45	2.46	2.48	2.49	2.51	2.53	2.55
		0.6	2.55	2.54	2.56	2.60	2.63	2.67	2.71	2.75	2.80	2.84	2.88
		0.8	2.64	2.68	2.74	2.81	2.89	2.96	3.04	3.11	3.18	3.25	3.33
		1.0	2.77	2.87	2.98	3.09	3.20	3.32	3.43	3.43	3.64	3.74	3.84
		1.2	2.94	3.09	3.26	3.41	3.57	3.72	3.86	4.00	4.13	4.26	4.39

简图说明：

$$K_1 = \frac{I_1}{I_2} \cdot \frac{H_3}{H_1}$$

$$K_2 = \frac{I_2}{I_3} \cdot \frac{H_3}{H_2}$$

$$\eta_1 = \frac{H_1}{H_3} \sqrt{\frac{N_1}{N_3} \cdot \frac{I_3}{I_1}}$$

$$\eta_2 = \frac{H_2}{H_3} \sqrt{\frac{N_2}{N_3} \cdot \frac{I_3}{I_2}}$$

N_1——上段柱的轴心力

N_2——中段柱的轴心力

N_3——下段柱的轴心力

注：表中的计算长度系数 μ_3 值系按下式算得：

$$\frac{\eta_1 K_1}{\eta_2 K_2} \cdot \text{ctg}\frac{\pi\eta_1}{\mu_3} \cdot \text{ctg}\frac{\pi\eta_2}{\mu_3} + \frac{\eta_1 K_1}{(\eta_2 K_2)^2} \cdot \text{ctg}\frac{\pi\eta_1}{\mu_3} \cdot \text{ctg}\frac{\pi}{\mu_3} + \frac{1}{\eta_2 K_2} \cdot \text{ctg}\frac{\pi\eta_2}{\mu_3} \cdot \text{ctg}\frac{\pi}{\mu_3} - 1 = 0$$

构件	截面设计等级		A 级（限值）	B 级（限值）	C 级（限值）	D 级（限值）	E 级（限值）
框架柱、压弯构件	H 形及 T 形截面	翼缘 b/t	$9\varepsilon_k$	$11\varepsilon_k$	$13\varepsilon_k$	$15\varepsilon_k$	20
		T 形截面腹板 h_0/t_w	$18\varepsilon_k\sqrt{\dfrac{t}{2t_w}}$	$20\varepsilon_k\sqrt{\dfrac{t}{2t_w}}$	$22\varepsilon_k\sqrt{\dfrac{t}{2t_w}}$	$25\varepsilon_k\sqrt{\dfrac{t}{2t_w}}$	$30\varepsilon_k\sqrt{\dfrac{t}{2t_w}}$
		H 形截面腹板 h_0/t_w	$44\varepsilon_k$	$50\varepsilon_k$	$(42+18\alpha_0^{1.51})\varepsilon_k$	$(45+25\alpha_0^{1.66})\varepsilon_k$	250
	箱形截面	壁板、腹板间翼缘 b_0/t	$30\varepsilon_k$	$35\varepsilon_k$	$42\varepsilon_k$	$45\varepsilon_k$	—
	圆钢管截面	径厚比 D/t	$50\varepsilon_k^2$	$70\varepsilon_k^2$	$90\varepsilon_k^2$	$100\varepsilon_k^2$	—
	圆钢管混凝土柱	径厚比 D/t	$70\varepsilon_k^2$	$85\varepsilon_k^2$	$90\varepsilon_k^2$	$100\varepsilon_k^2$	—
	矩形钢管混凝土截面	壁板间翼缘 b_0/t	$40\varepsilon_k$	$50\varepsilon_k$	$55\varepsilon_k$	$60\varepsilon_k$	—
梁、受弯构件	工字形截面	翼缘 b/t	$9\varepsilon_k$	$11\varepsilon_k$	$13\varepsilon_k$	$15\varepsilon_k$	20
		腹板 h_0/t_w	$65\varepsilon_k$	$72\varepsilon_k$	$80\varepsilon_k$	$130\varepsilon_k$	250
	箱形截面	壁板、腹板间翼缘 b_0/t	$25\varepsilon_k$	$32\varepsilon_k$	$37\varepsilon_k$	$42\varepsilon_k$	

注：1. ε_k 为钢号修正系数，其值为 235 与钢材牌号比值的平方根。
    2. b、t、h_0、t_w 分别是工字形、H 形、T 形截面的翼缘外伸宽度、翼缘厚度、腹板净高和腹板厚度，对轧制型截面，不包括翼缘腹板过渡处圆弧段；对于箱形截面 b、t 分别为壁板间的距离和壁板厚度；D 为圆管截面外径。
    3. 当箱形截面柱单向受弯时，其腹板限值应根据 H 形截面腹板采用。
    4. 腹板的宽厚比，可通过设置加劲肋减小。

2.9.5 钢结构工程施工计算

钢结构工程施工计算见表 2-60。

钢结构工程施工计算   表 2-60

计算项目	计算公式

钢材重量计算	$$W = F \times L \times g \times \frac{1}{1000} \qquad (2\text{-}928)$$ 式中 W——钢材的重量（kg）
	      F——钢材截面积（mm²）
	      L——钢材的长度（m）
	      g——钢材的密度（g/mm³），取 7.85g/mm³

钢材弯曲时的中性层和最小弯曲半径	（1）中性层 钢板与型钢在弯曲时，内层受压，外层受拉，内外层长度都发生了变化，因而在内外层之间，必有一层的材料长度未发生变化，这层就是中性层。 另外，钢材随着弯曲程度的不同，中性层的位置会发生位移： 1）钢板弯曲时，当 $R/t>5$ 时（R 为弯曲半径，t 为板厚），中心层与板厚中心层重合；当 $R/t\leqslant5$ 时，中性层会由板厚中心层向里层位移，其内移系数 K' 见下表，内移值为 $K't$。 表见下

R/t	0.5	0.6	0.8	1.0	1.5	2.0	3.0	4.0	5	>5
K'	0.37	0.38	0.40	0.41	0.44	0.45	0.46	0.47	0.48	0.5

续表

计算项目	计算公式

钢材弯曲时的中性层和最小弯曲半径

2）型钢弯曲时，在弯曲半径不小于最小弯曲半径规定时，型钢的重心线长度不变，所以号料长度可以按重心线计算。

3）角钢冷滚圆时，其中性层的位置不在形心，而在靠近背面位置，其距离为$\frac{1}{\pi}Kt$，K为中性层位移系数，见下表：

角钢规格	长肢边方向	短肢边方向
∟90×56×6	±10.0	±4.0
∟75×50×5	±6.5	±4.0
∟63×40×6	±7.0	±3.5
等边角钢	±6	

注：1. 其他规格不等边角钢可参照上述数值考虑。
2. 角钢外揻时取正号，里揻时取负号。

（2）最小弯曲半径

钢材弯曲后，弯曲处会产生冷作硬化，如弯曲半径过小会产生裂缝或断裂，同时还会使成型困难，因此规定了钢板、圆钢、钢管和型钢的最小弯曲半径，分别见表1～表4。

金属板材的最小弯曲半径 *R*　　　　表1

图　形	板材钢种	弯曲半径 R	
		经退火	不经退火
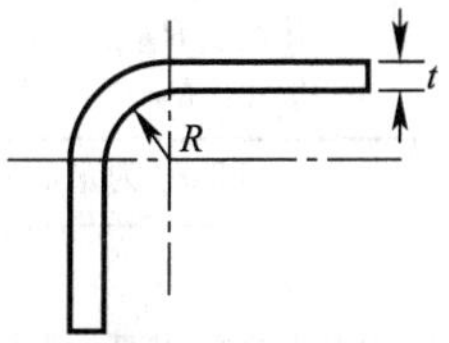	钢 Q235、25、30	$0.5t$	t
	钢 Q275、35	$0.8t$	$1.5t$
	钢 54	t	$1.7t$
	铜	—	$0.8t$
	铝	$0.2t$	$0.8t$

注：1. t—板材厚度。
2. 当揻弯方向垂直于轧制方向时，R应乘以系数1.90。
3. 当边缘经加工去除硬化边缘时，R应乘以系数2/3。

圆钢最小弯曲半径　　　　表2

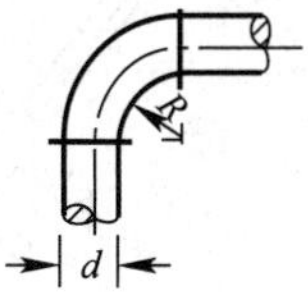

圆钢直径 d	6	8	10	12	14	16	18	20	25	30
最小弯曲半径 R	4		6		8		10		12	14
备注	圆钢在冷弯曲时，弯曲半径一般应使 $R \geq d$。特殊情况下允许用表中数值									

钢管最小弯曲半径　　　　表3

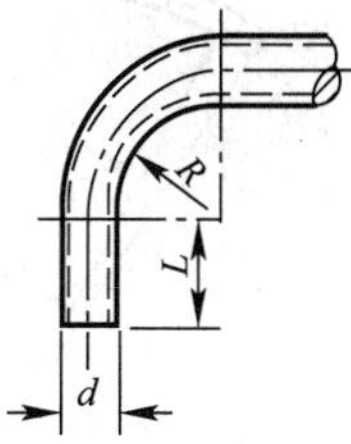

钢管外径 d		弯曲半径 $R \geq$				备　注
焊接钢管	任意值	$6d$				L为弯管端最短直管长度，$L \geq 2d$，但应 $\geq$45mm
无缝钢管	5～20	壁厚≤2	$4d$	壁厚＞2	$3d$	
	＞20～35		$5d$		$3d$	
	＞35～60		—		$4d$	
	＞60～140		—		$5d$	

计算项目	计算公式

型钢最小弯曲半径   表4

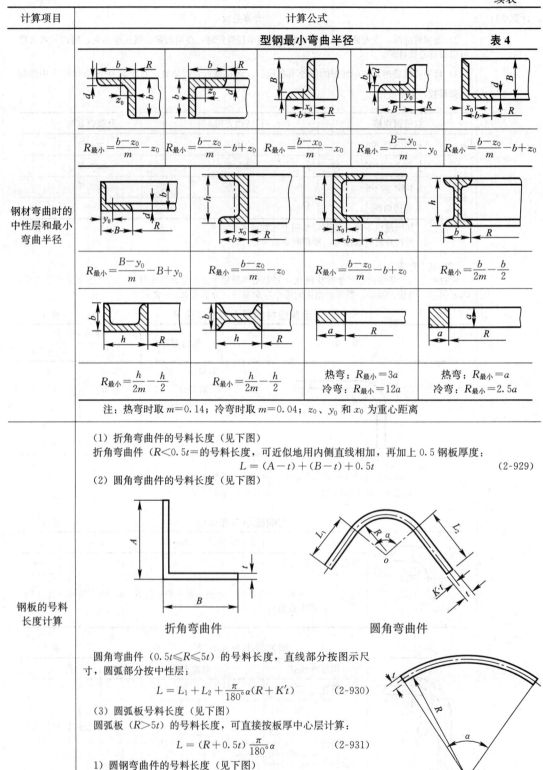

$R_{最小}=\dfrac{b-z_0}{m}-z_0$	$R_{最小}=\dfrac{b-z_0}{m}-b+z_0$	$R_{最小}=\dfrac{b-x_0}{m}-x_0$	$R_{最小}=\dfrac{B-y_0}{m}-y_0$	$R_{最小}=\dfrac{b-z_0}{m}-b+z_0$

$R_{最小}=\dfrac{B-y_0}{m}-B+y_0$	$R_{最小}=\dfrac{b-z_0}{m}-z_0$	$R_{最小}=\dfrac{b-z_0}{m}-b+z_0$	$R_{最小}=\dfrac{b}{2m}-\dfrac{b}{2}$

$R_{最小}=\dfrac{h}{2m}-\dfrac{h}{2}$	$R_{最小}=\dfrac{h}{2m}-\dfrac{h}{2}$	热弯：$R_{最小}=3a$ 冷弯：$R_{最小}=12a$	热弯：$R_{最小}=a$ 冷弯：$R_{最小}=2.5a$

注：热弯时取 $m=0.14$；冷弯时取 $m=0.04$；z_0、y_0 和 x_0 为重心距离

计算项目：钢材弯曲时的中性层和最小弯曲半径

钢板的号料长度计算

（1）折角弯曲件的号料长度（见下图）

折角弯曲件（$R<0.5t$=的号料长度，可近似地用内侧直线相加，再加上 0.5 钢板厚度：

$$L=(A-t)+(B-t)+0.5t \qquad (2\text{-}929)$$

（2）圆角弯曲件的号料长度（见下图）

折角弯曲件   圆角弯曲件

圆角弯曲件（$0.5t\leqslant R\leqslant 5t$）的号料长度，直线部分按图示尺寸，圆弧部分按中性层：

$$L=L_1+L_2+\frac{\pi}{180°}\alpha(R+K't) \qquad (2\text{-}930)$$

（3）圆弧板号料长度（见下图）

圆弧板（$R>t$）的号料长度，可直接按板厚中心层计算：

$$L=(R+0.5t)\frac{\pi}{180°}\alpha \qquad (2\text{-}931)$$

1）圆钢弯曲件的号料长度（见下图）

圆钢弯曲成腰形构件的号料长度按下式计算：

$$L=2[A-2(R+d)+2\pi(R+d/2)] \qquad (2\text{-}932)$$

圆弧板

252

计算项目	计算公式
圆钢、扁钢、钢管的号料长度计算	2）扁钢弯曲件的号料长度（见下图） 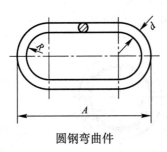 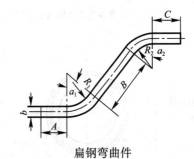 圆钢弯曲件 扁钢弯曲件 扁钢弯曲件的号料长度按下式计算： $$L = A + B + C + \frac{\pi \alpha_1}{180°}(R_1 + b/2) + \frac{\pi \alpha_2}{180°}(R_2 + b/2) \qquad (2\text{-}933)$$ 3）钢管弯曲件的号料长度（见下图） 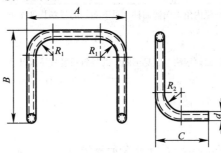 钢管弯曲件 钢管弯曲件的号料长度按下式计算： $$L = A - 2(R_1 + d) + 2(B - R_1 - R_2 - 2d) + 2(C - R_2 - d) + \pi(R_1 + R_2)\frac{d}{2} \qquad (2\text{-}934)$$
角钢号料长度计算	（1）角钢内弯直角长方框（见下图）的号料长度按下式计算： $$L = 2(A + B) - 8t \qquad (2\text{-}935)$$ （2）角钢外弧内角内弯直角（见下图）的号料长度按下式计算： $$L = A + B - 2b + \frac{\pi}{2}\left(b - \frac{t}{2}\right) \qquad (2\text{-}936)$$ 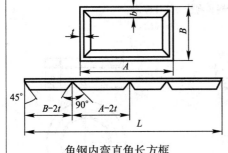 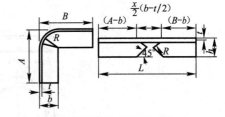 角钢内弯直角长方框 角钢外弧内角内弯直角 （3）角钢内弯法兰（见下图）的号料长度按下式计算： $$L = \pi(D - 2z_0) \qquad (2\text{-}937)$$ （4）角钢外弯法兰（见下图）的号料长度按下式计算：

计算项目	计算公式
角钢号料 长度计算	$$L = \pi(D + 2z_0) \qquad (2\text{-}938)$$ (5) 角钢冷滚弯圆（见下图）的号料长度按下式计算： $$L = A + B + \frac{\alpha}{180°}(\pi R + Kt) \qquad (2\text{-}939)$$ 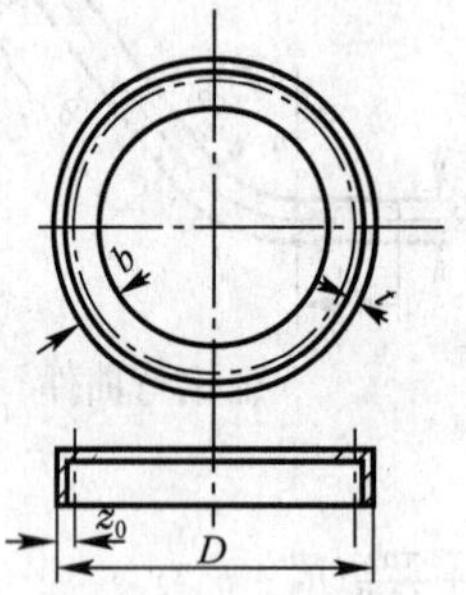 角钢内弯法兰 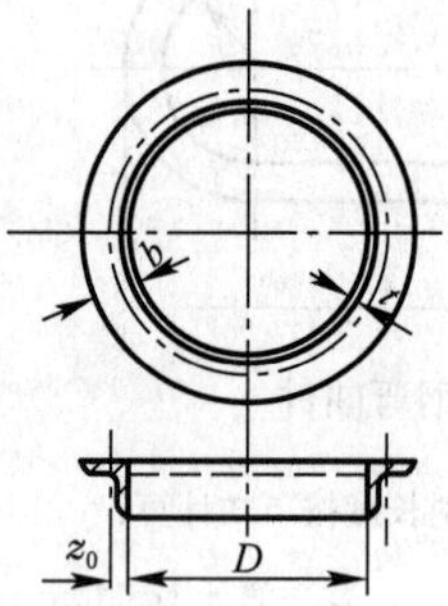　　　　角钢外弯法兰 　　　　角钢冷滚弯圆
槽钢号料 长度计算	(1) 槽钢外弧内角直角弯曲件（见下图）的号料长度按下式计算： $$L = A + B - 2h + \frac{\pi}{2}\left(h - \frac{t}{2}\right) \qquad (2\text{-}940)$$ (2) 槽钢小面内弯法兰（见下图）的号料长度按下式计算： $$L = \pi(D - 2z_0) \qquad (2\text{-}941)$$ 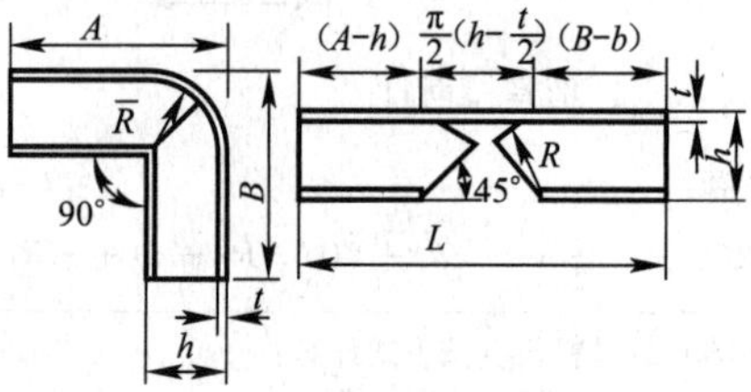 槽钢外弧内角直角弯曲件 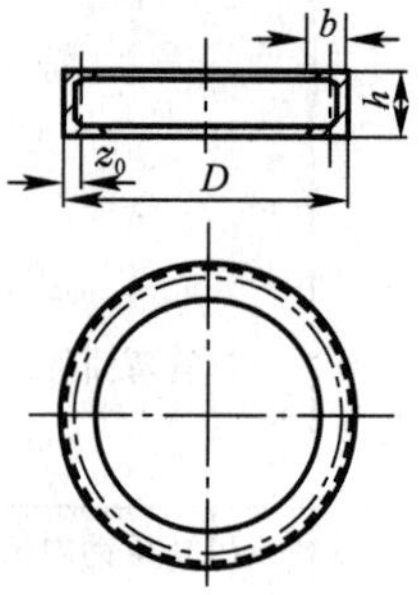　　　　　　槽钢小面内弯法兰 (3) 槽钢小面外弯法兰（见下图）的号料长度按下式计算： $$L = \pi(D + 2z_0) \qquad (2\text{-}942)$$ (4) 槽钢大面弯法兰（见下图）的号料长度按下式计算： $$L = \pi(D - h) \qquad (2\text{-}943)$$ 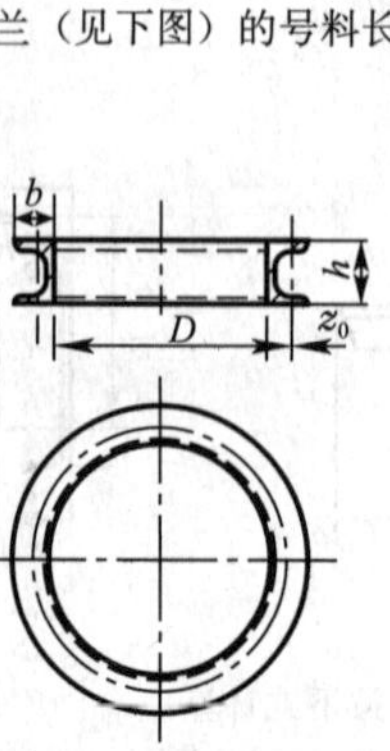 槽钢小面外弯法兰 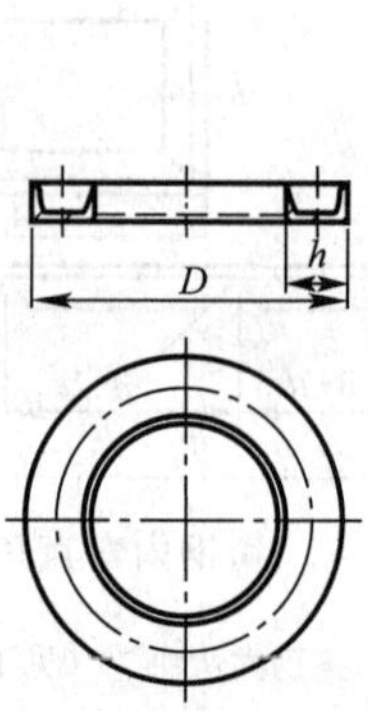　　　　　　槽钢大面弯法兰

计算项目	计算公式
工字钢号料长度计算	(1) 工字钢翼缘面弯法兰（见下图）的号料长度按下式计算： $$L = \pi(D+b) \qquad (2\text{-}944)$$ (2) 工字钢腹板面弯法兰（见下图）的号料长度按下式计算： 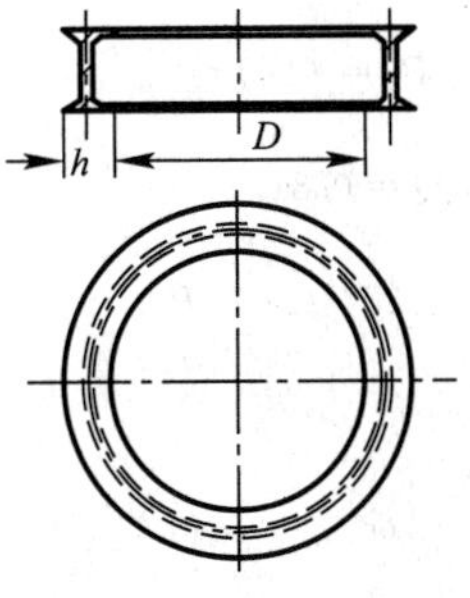 工字钢翼缘面弯法兰 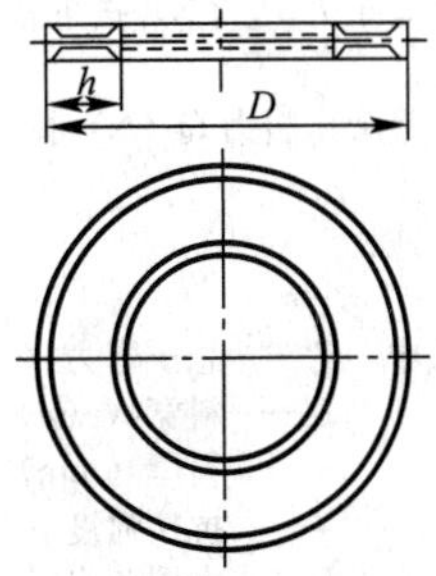　　　　工字钢腹板面弯法兰 $$L = \pi(D-h) \qquad (2\text{-}945)$$
冲剪下料冲剪力计算	冲剪下料一般用机械进行，其剪切力可按下式计算（见下图）： 直剪刀剪断时 $$P = 1.4Ff_t \qquad (2\text{-}946)$$ 斜剪刀剪断时 $$P = 0.55t^2 f_t \mathrm{tg}\beta \qquad (2\text{-}947)$$ 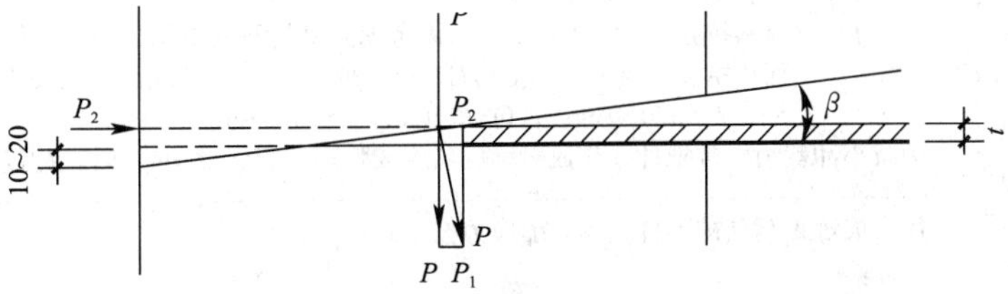 剪切力计算简图 式中　P——剪切力（N） 　　　F——切断材料的截面积（mm²） 　　　f_t——钢材抗拉强度（N/mm²）（因考虑到材料的厚度不均、刃口变钝等因素，故不用抗剪强度，而用抗拉强度） 　　　t——切断材料的厚度（mm） 　　　β——剪刀倾斜角，对于短剪刀取 $\beta=10°\sim20°$；对于长剪刀取 $\beta=5°\sim6°$ 为宜

压弯时的弯曲力随压弯方法和压弯性质而不同，其弯曲力计算见下表

	压弯方法	压弯性质	压弯力
压弯弯曲力计算		纯压弯矫正	$P=P_1$ $P=P_1+P_2$
		压料不矫正 压料矫正	$P=P_1+Q$ $P=P_1+P_2+Q$

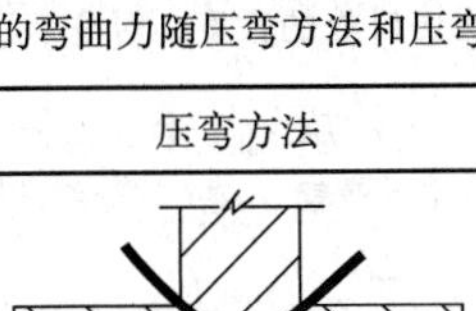

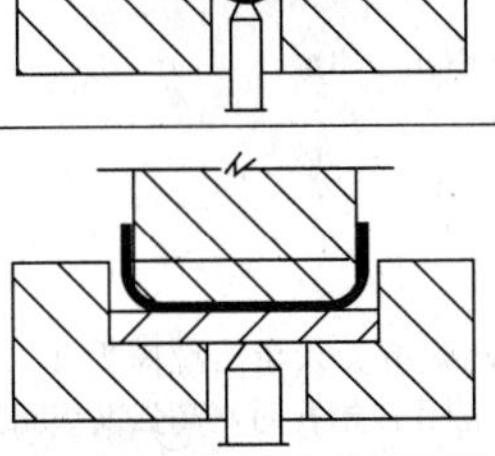

计算项目	计算公式
压弯弯曲力计算	最大压弯力 P_1（N） $$P_1 = \frac{bt^2 f}{R+t} \qquad (2\text{-}948)$$ 矫正力 P_2（N）按下式计算 $$P_2 = (Fq) \qquad (2\text{-}949)$$ 最大压料力 Q（N）按下式计算 $$Q = 0.81P_1 \qquad (2\text{-}950)$$ 或： $$Q = 0.25\%(P_1 + P_1) \qquad (2\text{-}951)$$ 式中　P——总压弯力（N） 　　　b——料宽（mm） 　　　t——料厚（mm） 　　　f——抗拉强度（N/mm²） 　　　R——内压弯半径（mm） 　　　F——凸模矫正面积（mm） 　　　q——单位矫正压力（N/mm²）
冲孔冲裁力计算	钢结构制作中，冲孔一般仅用于冲制非圆孔和薄板孔，圆孔多采用钻孔 冲孔的冲裁力一般按下式计算： $$P = S \cdot t \cdot f \qquad (2\text{-}952)$$ 式中　P——冲孔冲裁力（N） 　　　S——落料周长（mm） 　　　t——材料的厚度（mm） 　　　f——材料抗拉强度（N/mm²）（因考虑到材料厚度不均、刃口变钝等因素，故不用抗剪强度而用抗拉强度），一般 Q215 钢，取 $f=410\text{N/mm}^2$；Q235 钢，$f=460\text{N/mm}^2$；Q295 钢，$f=570\text{N/mm}^2$；Q345 钢，$f=630\text{N/mm}^2$ 为减小冲裁力，常把冲头作成对称的斜度或弧形，当斜度 $\alpha=6°$ 时，冲裁力：$P_1 \approx 0.5P$
火焰矫正收缩应力计算	用火焰矫正钢结构零件，其收缩应力按下式计算： $$\sigma_0 = E \cdot \alpha \cdot T \qquad (2\text{-}953)$$ 火焰烤红宽度按下式计算： $$\Delta = \frac{\varepsilon}{\alpha \cdot T} \qquad (2\text{-}954)$$ 式中　σ_0——火焰矫正收缩应力（N/mm²） 　　　E——钢材的弹性模量，取 $2.1 \times 10^5 \text{N/mm}^2$ 　　　α——钢材的收缩率，取 $1.48 \times 10^{-6}/℃$ 　　　T——加热温度，一般为 $700 \sim 800℃$ 　　　Δ——火焰矫正烤红宽度（mm） 　　　ε——边缘应变量（mm）
高强度螺栓长度计算	扭剪型高强度螺栓的长度为螺头下支承面至螺尾切口处的长度；对高强度大六角头螺栓应再加一个垫圈的厚度，如下图所示： 高强度螺栓长度应以螺栓连接副终拧后外露 $2\sim3$ 扣丝为标准计算，可按下列公式计算。选用的高强度螺栓公称长度应取修约后的长度，应根据计算出的螺栓长度 l 按修约间隔 5mm 进行修约： $$l = l' + \Delta l \qquad (2\text{-}955)$$ 其中： $$\Delta l = m + ns + 3p \qquad (2\text{-}956)$$ 式中　l——高强度螺栓的长度（m） 　　　l'——连接板层总厚度（mm） 　　　Δl——附加长度（mm），或按下表选取 　　　m——高强度螺母公称厚度（mm） 　　　n——垫圈个数，扭剪型高强度螺栓为 1，高强度大六角头螺栓为 2 　　　s——高强度垫圈公称厚度（mm），当采用大圆孔或槽孔时，高强度垫圈公称厚度按实际厚度取值 　　　p——螺纹的螺距（mm）

计算项目	计算公式

高强度螺栓长度计算

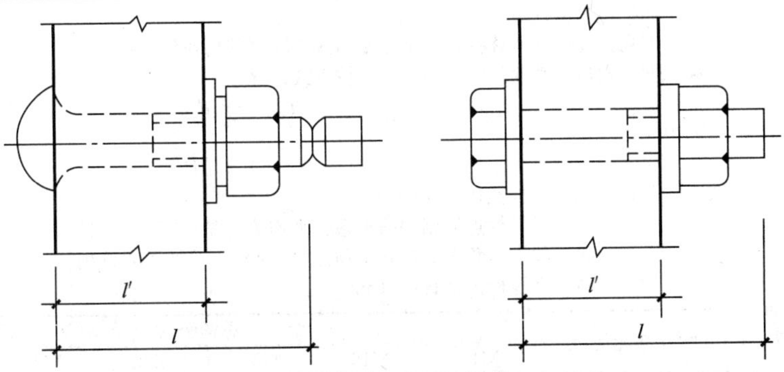

（a）　　　　　　　　　　　　　　（b）

高强度螺栓长度计算简图

（a）扭剪型高强度螺栓；（b）高强度大六角头螺栓

l'—板层（板束）厚度；l—螺栓长度

高强度螺栓种类	螺栓规格						
	M12	M16	M20	M22	M24	M27	M30
高强度大六角头螺栓	23	30	35.5	39.5	43	46	50.5
扭剪型高强度螺栓	—	26	31.5	34.5	38	41	45.5

注：本表附加长度 Δl 由标准圆孔垫圈公称厚度计算确定。

高强度螺栓紧固轴力计算

系通过试验测定高强度螺栓的紧固扭矩值，然后按下式计算导入螺栓中的紧固力：

$$P = \frac{M_K}{kd} \tag{2-957}$$

式中　P——紧固轴力（kN）

　　　M_K——加于螺母上的紧固扭矩值（kN·m）

　　　k——扭矩系数

　　　d——螺栓公称直径（mm）

常温下高强度螺栓的紧固轴力应符合下表的规定：

螺栓公称直径 d	紧固轴力平均值/kN
M16	107.9～130.4
M20	168.7～203.0
M22	207.9～251.1
M24	242.2～292.2

高强度螺栓须分两次（即初拧和终拧）进行拧紧，对于大型节点应分初拧、复拧和终拧三次进行。复拧扭矩应等于初拧扭矩。对高强度大六角头螺栓尚应在终拧后进行扭矩值检查。

（1）初拧扭矩值计算

扭剪型高强度螺栓的初拧扭矩值可按下式计算：

$$T_0 = 0.065 P_c d \tag{2-958}$$

其中

$$P_c = P + \Delta P \tag{2-959}$$

式中　T_0——扭剪型高强度螺栓的初拧扭矩（N·m）

　　　P_c——高强度螺栓施工预拉力（kN）

　　　d——高强度螺栓公称直径（mm），即高强度螺栓螺纹直径

　　　P——高强度螺栓设计预拉力（kN）

　　　ΔP——预拉力损失值，一般取设计预拉力的10%

高强度大六角头螺栓的初拧扭矩一般为终拧扭矩 T_c 的50%。

257

计算项目	计算公式
高强度螺栓扭矩计算	（2）终拧扭矩值计算 扭剪型高强度螺栓的终拧，为采用专门扳手将尾部梅花头拧掉。 高强度大六角头螺栓的终拧扭矩，可按下式计算： $$T_c = kP_c d \qquad (2\text{-}960)$$ 其中 $$P_c = P + \Delta P \qquad (2\text{-}961)$$ 式中 T_c——施工终拧扭矩（N·m） k——高强度螺栓连接副的扭矩系数平均值，取 $0.110 \sim 0.150$ P_c——高强度大六角头螺栓施工预拉力（kN），可按下表选用 d——高强度螺栓公称直径（mm）

螺栓性能等级	螺栓公称直径/mm						
	M12	M16	M20	M22	M24	M27	M30
8.9S	50	90	140	165	195	255	310
10.9S	60	110	170	210	250	320	390

（3）检查扭矩值计算

检查时应先在螺杆端面和螺母上画一直线，然后将螺母拧松约 $60°$；再用扭矩扳手重新拧紧，使两线重合，测得此时的扭矩应为 $(0.9 \sim 1.1)\,T_{ch}$。T_{ch}可按下式计算：

$$T_{ch} = kPd \qquad (2\text{-}962)$$

式中 T_{ch}——检查扭矩（N·m）

　　　k——扭矩系数

　　　P——高强度螺栓设计预拉力（kN）

钢结构焊接连接板长度计算

钢结构焊接连接板长度可按下列公式计算：

（1）等肢角钢、工字钢、槽钢的翼缘和腹板的连接板长度按下式计算：

$$L = 2.02\frac{A}{h_f} + \delta + 4 \qquad (2\text{-}963)$$

式中 L——连接板长度（cm）

　　　A——等肢角钢截面积（cm²）；工字钢、槽钢一块翼缘的截面面积（cm²）；工字钢、槽钢腹杆截面面积的一半（cm²）

　　　h_f——焊缝高度（cm）

　　　δ——间隙（cm）

（2）不等肢角钢的连接板长度（考虑偏心影响）按下式计算：

$$L = 2.22\frac{A}{h_f} + \delta + 4 \qquad (2\text{-}964)$$

式中符号意义同前。

式（2-963）、式（2-964）均为按轴向力等强考虑的

常用标准接头连接型式和长度及有关参数分别见表1～表4：

等肢角的标准接头   表1

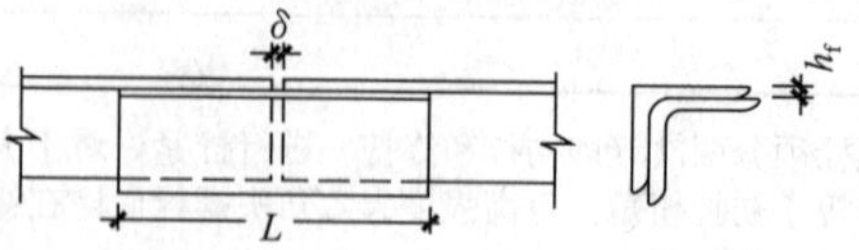

角钢型号	连接角钢长度 L/mm	间隙 δ/mm	焊缝高 h_f/mm
20×4	130	5	3.5
25×4	155	5	3.5
30×4	180	5	3.5
35×4	205	5	3.5
40×4	225	5	3.5
45×4	240	5	3.5
50×5	250	5	4.5
56×5	300	10	4.5
63×6	350	10	5

计算项目	计算公式		

续表

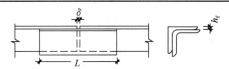

角钢型号	连接角钢长度 L/mm	间隙 δ/mm	焊缝高 h_f/mm
70×7	370	10	6
75×7	400	10	6
80×8	460	12	7
90×8	460	12	7
100×10	490	12	9
110×10	540	12	9
125×12	640	14	10
140×14	690	14	12
160×14	790	14	12
180×16	860	14	14
200×20	840	20	18

注：1. 当角钢肢宽大于125mm时，考虑角钢受力均匀，对受拉杆件要求其两肢按下图方式切斜，两角钢间加设垫板，以减少截面的削弱。受压构件可不切斜，在节点板处可不设垫板。

2. 连接角钢的背与被连接角钢相贴合处应切削成弧形。

3. 表中连接板长度均按轴向力等强考虑，以下表均同

钢结构焊接连接板长度计算

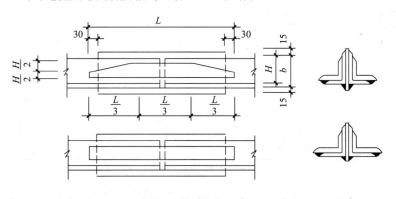

不等肢角钢的标准接头 表2

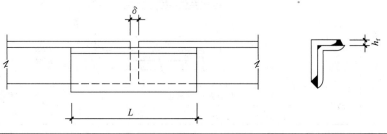

角钢型号	连接角钢长度 L/mm	间隙 δ/mm	焊缝高 h_f/mm
25×6×4	140	5	3.5
32×20×4	170	5	3.5

计算项目	计算公式

| | |

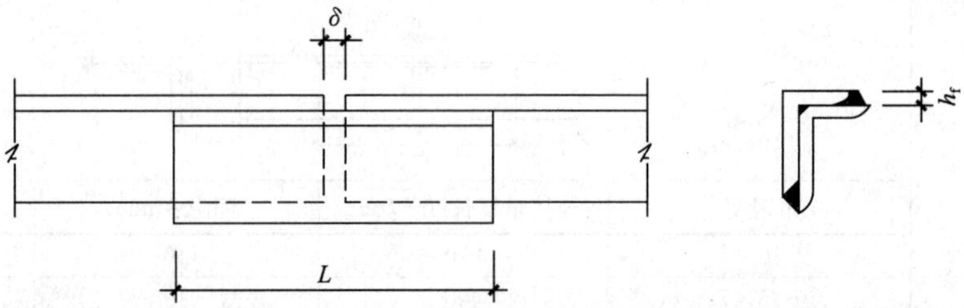

角钢型号	连接角钢长度 L/mm	间隙 δ/mm	焊缝高 h_f/mm
40×25×4	205	5	3.5
45×28×4	235	5	3.5
50×32×4	250	5	3.5
56×36×4	275	5	3.5
63×40×5	300	8	4.5
70×45×5	340	10	4.5
75×50×5	370	10	4.5
80×50×6	390	10	5
90×56×6	440	10	5
100×63×8	450	10	7
100×80×8	460	12	7
100×90×8	460	12	7
125×80×10	540	12	9
140×90×12	590	12	11
160×100×14	700	12	12
180×100×14	780	14	12
200×125×16	850	14	14

钢结构焊接连接板长度计算

注：肢宽大于 125mm 的角钢，受拉杠杆件应于肢部切斜，方法见上表等肢角钢注

工字钢标准接头　　　　　　　　　　　　　　　表 3

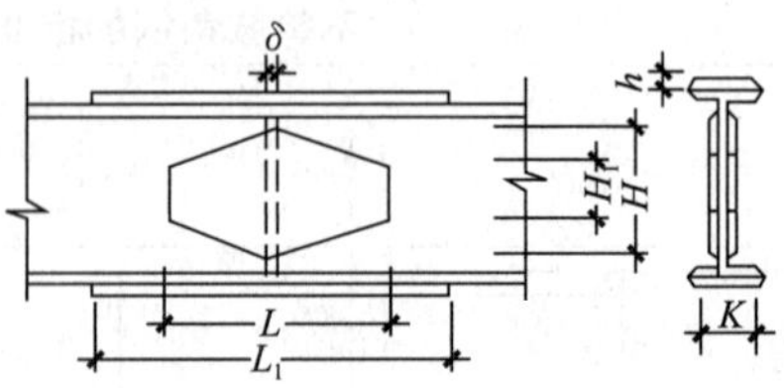

截面型号	水平盖板（mm）				垂直盖板（mm）				
	盖板厚 h	宽度 K	长度 L_1	焊缝高 h_f	厚度	宽度 H	宽度 H_1	长度 L	焊缝高 h_f
10	10	55	260	5	6	60	40	120	5
12.6（12）	12	60	310	5	6	80	40	150	5
14	14	60	320	6	8	90	50	160	6

计算项目	计算公式								

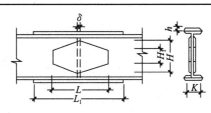

截面型号	水平盖板（mm）				垂直盖板（mm）				
	盖板厚 h	宽度 K	长度 L_1	焊缝高 h_f	厚度	宽度 H	宽度 H_1	长度 L	焊缝高 h_f
16	14	65	350	6	8	100	50	190	6
18	14	75	400	6	8	120	60	220	6
20a	16	80	470	6	8	140	60	260	6
22a	16	90	520	6	8	160	70	290	6
25a (24a)	16	95	470	8	10	180	80	290	8
28a (27a)	18	100	480	8	10	200	90	300	8
32a	18	110	570	8	10	250	110	410	8
36a	20	110	500	10	12	270	120	360	10
40a	22	110	540	10	12	300	130	440	10
45a	24	120	600	10	12	350	150	540	10
50a	30	125	620	12	14	380	170	480	12
56a	30	125	630	12	14	480	180	590	12
63a	30	135	710	12	14	480	200	660	12

左侧竖排：钢结构焊接连接板长度计算

槽钢标准接头　　表4

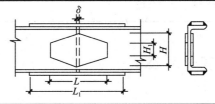

截面型号	水平盖板（mm）				垂直盖板（mm）				
	盖板厚 h	宽度 K	长度 L_1	焊缝高 h_f	厚度	宽度 H	宽度 H_1	长度 L	焊缝高 h_f
10	12	35	180	6	6	60	40	130	5
12.6 (12)	12	40	210	6	6	80	40	160	5
14a	12	45	230	6	8	90	50	160	6
16a	14	50	270	6	8	100	50	200	6
18a	14	55	230	8	8	120	60	230	6
20a	14	60	250	8	8	140	60	250	6
22a	14	65	260	8	8	160	70	280	6
25a (24)	16	65	280	8	8	180	80	300	6
28a (27)	16	70	340	8	8	200	90	300	6

计算项目	计算公式

钢结构焊接连接板长度计算	

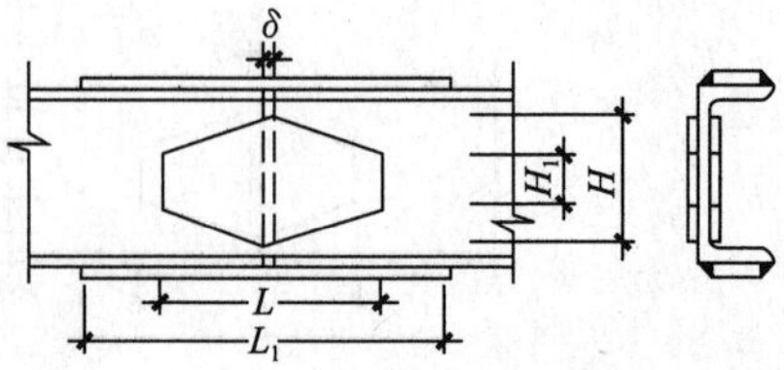

截面型号	水平盖板（mm）				垂直盖板（mm）				
	盖板厚 h	宽度 K	长度 L_1	焊缝高 h_f	厚度	宽度 H	宽度 H_1	长度 L	焊缝高 h_f
32a (30)	18	70	360	8	10	250	110	350	8
36a	20	75	360	10	10	270	120	410	8
40a	24	80	420	10	10	300	130	430	10

钢材含碳当量计算	钢材的可焊性与含碳量有关，在钢材可焊性评价中，常把钢中合金元素（包括碳），按其作用折算成碳的相当含量（以碳的作用系数为 1），作为评定钢材可焊性的一种参考指标。 钢材的碳当量，可按下式计算： $$C_{egu} = C + \frac{Mn}{6} + \frac{Cr + Mo + V}{5} + \frac{Ni + Cu}{15} \quad (2\text{-}965)$$ 式中　C_{egu}——碳的相当含量（%） 　　　C——碳的含量（%） 　　　Mn——锰的含量（%） 　　　Cr——铬的含量（%） 　　　Mo——钼的含量（%） 　　　V——钒的含量（%） 　　　Ni——镍的含量（%） 　　　Cu——铜的含量（%） 碳当量 C_{egu} 值越大，钢材淬硬倾向越大，冷裂敏感性也越大。当 $C_{egu} < 0.4\%$ 时，钢材可焊性优良，淬硬倾向不明显，焊接时不必预热；当 $C_{egu} = 0.4\% \sim 0.6\%$ 时，钢材的淬硬性倾向逐步明显，需采取适当预热和控制线能量等措施；当 $C_{egu} > 0.6\%$ 时，淬硬性强，属于较难焊接的钢材，需采取较高的预热温度和严格的工艺措施

2.10　木结构工程计算公式

2.10.1　木结构构件计算

木结构构件计算见表 2-61。

木结构构件计算　　　　　　　　　　　　　　　　　　　　　　　　　**表 2-61**

计算项目	计算公式
轴心受拉和轴心受压构件	（1）轴心受拉构件的承载能力，应按下式验算： $$\frac{N}{A_n} \leqslant f_t \quad (2\text{-}966)$$ 式中　f_t——木材顺纹抗拉强度设计值（N/mm²） 　　　N——轴心受拉构件拉力设计值（N） 　　　A_n——受拉构件的净截面面积（mm²）。计算 A_n 时应扣除分布在 150mm 长度上的缺孔投影面积

计算项目	计算公式

（2）轴心受压构件的承载能力，应按下列公式验算：

1）按强度验算

$$\frac{N}{A_n} \leqslant f_c \qquad (2\text{-}967)$$

2）按稳定验算

$$\frac{N}{\varphi A_0} \leqslant f_c \qquad (2\text{-}968)$$

式中　f_c——木材顺纹抗拉强度设计值（N/mm²）

　　　　N——轴心受压构件压力设计值（N）

　　　　A_n——受压构件的净截面面积（mm²）

　　　　A_0——受压构件截面的计算面积（mm²），按（3）确定

　　　　φ——轴心受压构件稳定系数，按（4）确定

（3）按稳定验算时受压构件截面的计算面积，应按下列规定采用：

1）无缺口时，取 $A_0 = A$，A 为受压构件的全截面面积（mm²）

2）缺口不在边缘时（见下图 a），取 $A_0 = 0.9A$

3）缺口在边缘且为对称时（见下图 b），取 $A_0 = A_n$

4）缺口在边缘但不对称时（见下图 c），应按偏心受压构件计算

5）验算稳定时，螺栓孔可不作为缺口考虑

（4）轴心受压构件的稳定系数，应根据不同树种的强度等级按下列公式计算：

1）树种强度等级为 TC17、TC15 及 TB20：

当 $\lambda \leqslant 75$ 时：

$$\varphi = \frac{1}{1 + \left(\dfrac{\lambda}{80}\right)^2} \qquad (2\text{-}969)$$

当 $\lambda > 75$ 时：

$$\varphi = \frac{3000}{\lambda^2} \qquad (2\text{-}970)$$

2）树种强度等级为 TC13、TC11、TB17、TB15、TB12 及 TB11：

当 $\lambda \leqslant 91$ 时：

$$\varphi = \frac{1}{1 + \left(\dfrac{\lambda}{65}\right)^2} \qquad (2\text{-}971)$$

当 $\lambda > 91$ 时：

$$\varphi = \frac{2800}{\lambda^2} \qquad (2\text{-}972)$$

式中　φ——轴心受压构件的稳定系数

　　　　λ——构件的长细比，按（5）确定

轴心受压构件稳定系数亦可根据不同的树种强度等级与木构件的长细比从下面两表中查得

受压构件缺口

计算项目	
轴心受拉和轴心受压构件	

TC17、TC15 及 TB20 级木材的 φ 值表

λ	0	1	2	3	4	5	6	7	8	9
0	1.000	1.000	0.999	0.998	0.998	0.996	0.994	0.992	0.990	0.988
10	0.985	0.981	0.978	0.974	0.970	0.966	0.962	0.957	0.952	0.947
20	0.941	0.936	0.930	0.924	0.917	0.911	0.904	0.898	0.891	0.884
30	0.877	0.869	0.862	0.854	0.847	0.839	0.832	0.824	0.816	0.808
40	0.800	0.792	0.784	0.776	0.768	0.760	0.752	0.743	0.735	0.727
50	0.719	0.711	0.703	0.695	0.687	0.679	0.671	0.663	0.655	0.648
60	0.640	0.632	0.625	0.617	0.610	0.602	0.595	0.588	0.580	0.573
70	0.566	0.559	0.552	0.546	0.539	0.532	0.519	0.506	0.493	0.481
80	0.469	0.457	0.446	0.435	0.425	0.415	0.406	0.396	0.387	0.379
90	0.370	0.362	0.354	0.347	0.340	0.332	0.326	0.319	0.312	0.306

计算项目	计算公式									

λ	0	1	2	3	4	5	6	7	8	9
100	0.300	0.294	0.288	0.283	0.277	0.272	0.267	0.262	0.257	0.252
110	0.248	0.243	0.239	0.235	0.231	0.227	0.223	0.219	0.215	0.212
120	0.208	0.205	0.202	0.198	0.195	0.192	0.189	0.186	0.183	0.180
130	0.178	0.175	0.172	0.170	0.167	0.165	0.162	0.160	0.158	0.155
140	0.153	0.151	0.149	0.147	0.145	0.143	0.141	0.139	0.137	0.135
150	0.133	0.132	0.130	0.128	0.126	0.125	0.123	0.122	0.120	0.119
160	0.117	0.116	0.114	0.113	0.112	0.110	0.109	0.108	0.106	0.105
170	0.104	0.102	0.101	0.100	0.0991	0.0980	0.0968	0.0958	0.0947	0.0936
180	0.0926	0.0916	0.0906	0.0896	0.0886	0.0876	0.0867	0.0858	0.0849	0.0840
190	0.0831	0.0822	0.0814	0.0805	0.0797	0.0789	0.0781	0.0773	0.0765	0.0758
200	0.0750									

TC13、TC11、TB17、TB15、TB12 及 TB11 级木材的 φ 值表

λ	0	1	2	3	4	5	6	7	8	9
0	1.000	1.000	0.999	0.998	0.996	0.994	0.992	0.988	0.985	0.981
10	0.977	0.972	0.967	0.962	0.956	0.949	0.943	0.936	0.929	0.921
20	0.914	0.905	0.897	0.889	0.880	0.871	0.862	0.853	0.843	0.834
30	0.824	0.815	0.805	0.795	0.785	0.775	0.765	0.755	0.745	0.735
40	0.725	0.715	0.705	0.696	0.686	0.676	0.666	0.657	0.647	0.638
50	0.628	0.619	0.610	0.601	0.592	0.583	0.574	0.565	0.557	0.548
60	0.540	0.532	0.524	0.516	0.508	0.500	0.492	0.485	0.477	0.470
70	0.463	0.456	0.449	0.442	0.436	0.429	0.422	0.416	0.410	0.404
80	0.398	0.392	0.386	0.380	0.374	0.369	0.364	0.358	0.353	0.348
90	0.343	0.338	0.331	0.324	0.317	0.310	0.304	0.298	0.292	0.286
100	0.280	0.274	0.269	0.264	0.259	0.254	0.249	0.244	0.240	0.236
110	0.231	0.227	0.223	0.219	0.215	0.212	0.208	0.204	0.201	0.198
120	0.194	0.191	0.188	0.185	0.182	0.179	0.176	0.174	0.171	0.168
130	0.166	0.163	0.161	0.158	0.156	0.154	0.151	0.149	0.147	0.145
140	0.143	0.141	0.139	0.137	0.135	0.133	0.131	0.130	0.128	0.126
150	0.124	0.123	0.121	0.120	0.118	0.116	0.115	0.114	0.112	0.111
160	0.109	0.108	0.107	0.105	0.104	0.103	0.102	0.100	0.0992	0.0980
170	0.0969	0.0958	0.0946	0.0936	0.0925	0.0914	0.0904	0.0894	0.0884	0.0874
180	0.0864	0.0855	0.0845	0.0836	0.0827	0.0818	0.0809	0.0801	0.0792	0.0784
190	0.0776	0.0768	0.0760	0.0752	0.0744	0.0736	0.0729	0.0721	0.0714	0.0707
200	0.0700									

左侧计算项目栏：轴心受拉和轴心受压构件

(5) 构件的长细比，不论构件截面上有无缺口，均应按下列公式计算：

$$\lambda = \frac{l_0}{i} \tag{2-973}$$

$$i = \sqrt{\frac{I}{A}} \tag{2-974}$$

式中　l_0——受压构件的计算长度（mm）

计算项目	计算公式

轴心受拉和轴心受压构件

i——构件截面的回转半径（mm）

I——构件的全截面惯性矩（mm⁴）

A——构件的全截面面积（mm²）

受压构件的计算长度，应按实际长度乘以下列系数：

两端铰接： 1.0

一端固定，一端自由： 2.0

一端固定，一端铰接： 1.8

受弯构件

(1) 受弯构件的抗弯承载能力，应按下式验算：

$$\frac{M}{W_n} \leqslant f_m \qquad (2\text{-}975)$$

式中　f_m——木材抗弯强度设计值（N/mm²）

M——受弯构件弯矩设计值（N·mm）

W_n——受弯构件的净截面抵抗矩（mm³）

当需验算受弯构件的侧向稳定时，应按《木结构设计规范》GB 50005—2003 附录 L 的规定计算。

(2) 受弯构件的抗剪承载能力，应按下式验算：

$$\frac{VS}{Ib} \leqslant f_v \qquad (2\text{-}976)$$

式中　f_v——木材顺纹抗剪强度设计值（N/mm²）

V——受弯构件剪力设计值（N）

I——构件的全截面惯性矩（mm⁴）

b——构件的截面宽度（mm）

S——剪切面以上的截面面积对中性轴的面积矩（mm³）

(3) 矩形截面受弯构件支座处受拉面有切口时，实际的抗剪承载能力，应按下式验算：

$$\frac{3V}{2bh_n}\left(\frac{h}{h_n}\right) \leqslant f_v \qquad (2\text{-}977)$$

式中　f_v——木材顺纹抗剪强度设计值（N/mm²）

b——构件的截面宽度（mm）

h——构件的截面高度（mm）

h_n——受弯构件在切口处净截面高度（mm）

V——按建筑力学方法确定的剪力设计值（N）

(4) 受弯构件的挠度，应按下式验算：

$$\omega \leqslant [\omega] \qquad (2\text{-}978)$$

式中　$[\omega]$——受弯构件的挠度限值（mm），按下表采用

构件类别		挠度限值 $[\omega]$
檩条	$l \leqslant 3.3\text{m}$	1/200
	$l > 3.3\text{m}$	1/250
椽条		1/150
吊顶中的受弯构件		1/250
楼板梁和搁栅		1/250

注：表中，l 为受弯构件的计算跨度

ω——构件按荷载效应的标准组合计算的挠度（mm）

(5) 双向受弯构件，应按下列公式验算：

1) 按承载能力验算

$$\sigma_{mx} + \sigma_{my} \leqslant f_m \qquad (2\text{-}979)$$

2) 按挠度验算

$$\omega = \sqrt{\omega_x^2 + \omega_y^2} \leqslant [\omega] \qquad (2\text{-}980)$$

式中　σ_{mx}、σ_{my}——对构件截面 x 轴、y 轴的弯曲应力设计值（N/mm²）

ω_x、ω_y——荷载效应的标准组合计算的对构件截面 x 轴、y 轴方向的挠度（mm）

对构件截面 x 轴、y 轴的弯曲应力设计值，按下列公式计算：

计算项目	计算公式
受弯构件	$$\sigma_{mx} = \frac{M_x}{W_{nx}} \qquad (2\text{-}981)$$ $$\sigma_{my} = \frac{M_y}{W_{ny}} \qquad (2\text{-}982)$$ 式中 M_x、M_y——对构件截面 x 轴、y 轴产生的弯矩设计值（N·mm） W_{nx}、W_{ny}——构件截面沿 x 轴、y 轴的净截面抵抗矩（mm³）

拉弯和压弯构件

（1）拉弯构件的承载能力，应按下式验算：

$$\frac{N}{A_n f_t} + \frac{M}{W_n f_m} \leqslant 1 \qquad (2\text{-}983)$$

式中 N、M——轴向拉力设计值（N）、弯矩设计值（N·mm）

A_n、W_n——构件净截面面积（mm²）、构件净截面抵抗矩（mm³）

f_t、f_m——木材顺纹抗拉强度设计值、抗弯强度设计值（N/mm²）

（2）压弯构件及偏心受压构件的承载能力，应按下列公式验算：

1）按强度验算

$$\frac{N}{A_n f_c} + \frac{M}{W_n f_m} \leqslant 1 \qquad (2\text{-}984)$$

$$M = Ne_0 + M_0 \qquad (2\text{-}985)$$

2）按稳定验算

$$\frac{N}{\varphi \varphi_m A_0} \leqslant f \qquad (2\text{-}986)$$

$$\varphi_m = (1-K)^2(1-kK) \qquad (2\text{-}987)$$

$$K = \frac{Ne_0 + M_0}{W f_m \left(1 + \sqrt{\dfrac{N}{A f_c}}\right)} \qquad (2\text{-}988)$$

$$k = \frac{Ne_0}{Ne_0 + M_0} \qquad (2\text{-}989)$$

式中 φ、A_0——轴心受压构件的稳定系数、计算面积

φ_m——考虑轴向力和初始弯矩共同作用的折减系数

N——轴向压力设计值（N）

M_0——横向荷载作用下跨中最大初始弯矩设计值（N·mm）

e_0——构件的初始偏心距（mm）

f_c、f_m——考虑下表所列调整系数后的木材顺纹抗压强度设计值、抗弯强度设计值（N/mm²）

使用条件	调整系数	
	强度设计值	弹性模量
露天环境	0.9	0.85
长期生产性高温环境，木材表面温度达 40~50℃	0.8	0.8
按恒荷载验算时	0.8	0.8
用于木构筑物时	0.9	1.0
施工和维修时的短暂情况	1.2	1.0

注：1. 当仅有恒荷载或恒荷载产生的内力超过全部荷载所产生的内力的 80% 时，应单独以恒荷载进行验算。

2. 当若干条件同时出现时，表列各系数应连乘。

（3）当需验算压弯构件或偏心受压构件弯矩作用平面外的侧向稳定性时，应按下式验算：

$$\frac{N}{\varphi_y A_0 f_c} + \left(\frac{M}{\varphi_l W f_m}\right)^2 \leqslant 1 \qquad (2\text{-}990)$$

式中 φ_y——轴心压杆在垂直于弯矩作用平面 y-y 方向按长细比 λ_y 确定的轴心压杆稳定系数

φ_l——受弯构件的侧向稳定系数

N、M——轴向压力设计值（N）、弯曲平面内的弯矩设计值（N·mm）

W——构件全截面抵抗矩（mm³）

2.10.2 木结构连接计算

木结构连接计算见表 2-62。

木结构连接计算 表 2-62

计算项目	计算公式
齿连接	(1) 单齿连接应按下列公式验算： 1）按木材承压 $$\frac{N}{A_c} \leqslant f_{c\alpha} \qquad (2\text{-}991)$$ 式中　$f_{c\alpha}$——木材斜纹承压强度设计值（N/mm²） 　　　N——作用于齿面上的轴向压力设计值（N） 　　　A_c——齿的承压面面积（mm²） 2）按木材受剪 $$\frac{V}{l_v b_v} \leqslant \psi_v f_v \qquad (2\text{-}992)$$ 式中　f_v——木材顺纹抗剪强度设计值（N/mm²） 　　　V——作用于剪面上的剪力设计值（N） 　　　l_v——剪面计算长度（mm），其取值不得大于齿深 h_c 的 8 倍 　　　b_v——剪面宽度（mm） 　　　ψ_v——沿剪面长度剪应力分布不匀的强度降低系数，按下表采用 <table><tr><td>l_v/h_c</td><td>4.5</td><td>5</td><td>6</td><td>7</td><td>8</td></tr><tr><td>ψ_v</td><td>0.95</td><td>0.89</td><td>0.77</td><td>0.70</td><td>0.64</td></tr></table> (2) 双齿连接的承压，按式（2-991）验算，但其承压面面积应取两个齿承压面面积之和。 双齿连接的受剪，仅考虑第二齿剪面的工作，按式（2-992）计算，并符合下列规定： 1）计算受剪应力时，全部剪力 V 应由第二齿的剪面承受 2）第二齿剪面的计算长度 l_v 的取值，不得大于齿深 h_c 的 10 倍 3）双齿连接沿剪面长度剪应力分布不匀的强度降低系数 ψ_v 值应按下表采用 <table><tr><td>l_v/h_c</td><td>6</td><td>7</td><td>8</td><td>10</td></tr><tr><td>ψ_v</td><td>1.00</td><td>0.93</td><td>0.85</td><td>0.71</td></tr></table> (3) 桁架支座节点采用齿连接时，必须设置保险螺栓，但不考虑保险螺栓与齿的共同工作。保险螺栓应与上弦轴线垂直。保险螺栓应按《木结构设计规范》GB 50005—2003 第 4.1.9 条进行净截面抗拉验算，所承受的轴向拉力应由下式确定： $$N_b = N\mathrm{tg}(60° - \alpha) \qquad (2\text{-}993)$$ 式中　N_b——保险螺栓所承受的轴向拉力（N） 　　　N——上弦轴向压力的设计值（N） 　　　α——上弦与下弦的夹角（°） 保险螺栓的强度设计值应乘以 1.25 的调整系数。 双齿连接宜选用两个直径相同的保险螺栓，但不考虑《木结构设计规范》GB 50005—2003 第 4.2.12 条的调整系数。 木桁架下弦支座应设置附木，并与下弦用钉钉牢。钉子数量可按构造布置确定。附木截面宽度与下弦相同，其截面高度不小于 $h/3$（h 为下弦截面高度）
螺栓连接和钉连接	木构件最小厚度符合下表的规定时，螺栓连接或钉连接顺纹受力的每一剪面的设计承载力应按下式确定：

计算项目	计算公式

连接形式	螺栓连接		钉连接
	$d<18mm$	$d\geqslant18mm$	

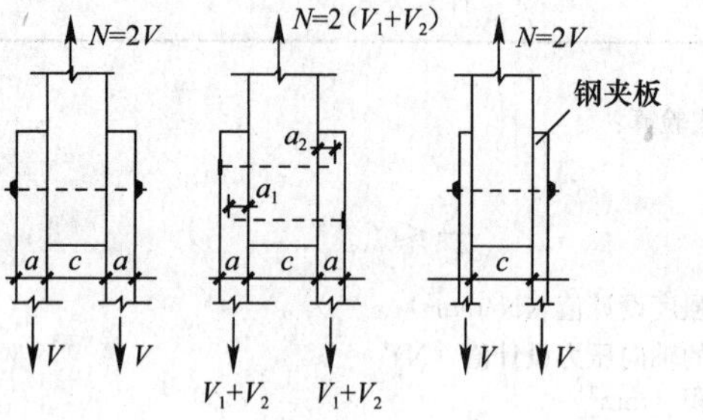

双剪连接

| | $c\geqslant5d$ $a\geqslant2.5d$ | $c\geqslant5d$ $a\geqslant4d$ | $c\geqslant8d$ $a\geqslant4d$ |

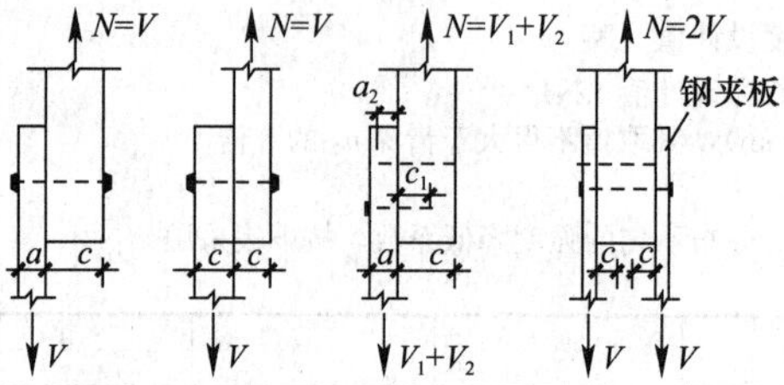

单剪连接

| | $c\geqslant7d$ $a\geqslant2.5d$ | $c\geqslant7d$ $a\geqslant4d$ | $c\geqslant10d$ $a\geqslant4d$ |

注：c——中部构件的厚度或单剪连接中较厚构件的厚度。
a——边部构件的厚度或单剪连接中较薄构件的厚度。
d——螺栓或钉的直径。

$$N_v = k_v d^2 \sqrt{f_c} \qquad (2\text{-}994)$$

式中 N_v——螺栓或钉连接每一剪面的承载力设计值（N）
f_c——木材顺纹承压强度设计值（N/mm²）
d——螺栓或钉的直径（mm）
k_v——螺栓或钉连接设计承载力计算系数，按下表采用

螺栓连接和钉连接

连接形式	螺栓连接				钉连接				
a/d	2.5～3	4	5	$\geqslant6$	4	6	8	10	$\geqslant11$
k_v	5.5	6.1	6.7	7.5	7.6	8.4	9.1	10.2	11.1

采用钢夹板时，计算系数 k_v 取表中螺栓或钉的最大值。当木构件采用湿材制作时，螺栓连接的计算系数 k_v 不应大于 6.7

齿板连接

（1）板齿设计承载力应按下式计算：
$$N_r = n_r k_h A \qquad (2\text{-}995)$$
式中 n_r——齿承载力设计值（N/mm²），按《木结构设计规范》GB 50005—2003 附录 M 确定
A——齿板表面净面积（mm²），是指用齿板覆盖的构件面积减去相应端距 a 及边距 e 内的面积（见下图）。端距 a 应平行于木纹量测，并取 12mm 或 1/2 齿长的较大者。边距 e 应垂直于木纹量测，并取 6mm 或 1/4 齿长的较大者
k_h——桁架支座节点弯矩系数，可按下列公式计算：
$$k_h = 0.85 - 0.05(12tg\alpha - 2.0) \qquad 0.65 \leqslant k_h \leqslant 0.85 \qquad (2\text{-}996)$$
式中 α——桁架支座处上下弦间夹角

计算项目	计算公式
齿板连接	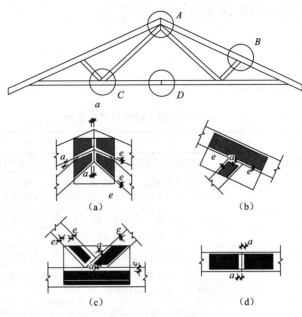 齿板的端距和边距 （2）齿板受拉设计承载力应按下式计算： $$T_t = t_r b_t \qquad (2\text{-}997)$$ 式中 b_t——垂直于拉力方向的齿板截面宽度（mm） 　　　t_r——齿板受拉承载力设计值（N/mm），按《木结构设计规范》GB 50005—2003 附录 M 确定 （3）齿板受剪设计承载力应按下式计算： $$V_r = \gamma_r b_v \qquad (2\text{-}998)$$ 式中 b_v——平行于剪力方向的齿板受剪截面宽度（mm） 　　　γ_r——齿板受剪承载力设计值（N/mm），按《木结构设计规范》GB 50005—2003 附录 M 确定 （4）齿板剪-拉复合设计承载力应按下列公式计算： $$C_r = C_{r1} l_1 + C_{r2} l_2 \qquad (2\text{-}999)$$ $$C_{r1} = V_{r1} + \frac{\theta}{90}(T_{r1} - V_{r1}) \qquad (2\text{-}1000)$$ $$C_{r2} = V_{r2} + \frac{\theta}{90}(T_{r2} - V_{r2}) \qquad (2\text{-}1001)$$ 式中 C_{r1}——沿 l_1（见下图）齿板剪-拉复合设计承载力（N） 　　　C_{r2}——沿 l_2（见下图）齿板剪-拉复合设计承载力（N） 　　　l_1——所考虑的杆件水平方向的被齿板覆盖的长度（mm） 　　　l_2——所考虑的杆件垂直方向的被齿板覆盖的长度（mm） 　　　V_{r1}——沿 l_1 齿板抗剪设计承载力（N） 　　　V_{r2}——沿 l_2 齿板抗剪设计承载力（N） 　　　T_{r1}——沿 l_1 齿板抗拉设计承载力（N） 　　　T_{r2}——沿 l_2 齿板抗拉设计承载力（N） 　　　θ——杆件轴线夹角（°） （5）板齿抗滑移承载力应按下式计算： $$N_s = n_s A \qquad (2\text{-}1002)$$ 式中 n_s——齿抗滑移承载力（N/mm²），按《木结构设计规范》GB 50005—2003 附录 M 确定 　　　A——齿板表面净面积（mm²） 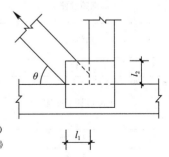 齿板剪-拉复合受力

3 结构工程常用名称术语速查表

结构工程常用名称术语见表 3-1。

结构工程常用名称术语

表 3-1

名　词	解　释
安全等级	根据破坏后果的严重程度划分的结构或结构构件的等级
安全性	结构在正常施工和正常使用条件下，承受可能出现的各种作用的能力，以及在偶然事件发生时和发生后，仍保持必要的整体稳定性的能力
凹坑	焊缝表面或焊缝背面形成低于母材表面的低洼现象
扒钉	防止节点松动的两端呈直角弯曲的双尖钉
白点	在焊缝金属横截面上出现的鱼目状白色圆形斑点
板	一种由支座支承的平面尺寸大，而厚度相对较小的平面构件。它主要承受各种作用产生的弯矩和剪力
板材	《建筑结构设计术语和符号标准》GB/T 50083—1997 解释：由原木锯解成矩形截面，宽度与厚度之比不小于规定值的木材 《木结构设计规范》GB 50005—2003 解释：宽度为厚度 3 倍或 3 倍以上矩形锯材
板系结构	以连续体平面板件作为基本计算单元的结构体系的总称。如平板、折板等
板柱-剪力墙结构	由无梁楼板与柱组成的板柱框架和剪力墙共同承受竖向和水平作用的结构
板柱结构	由水平构件为板和竖向构件为柱所组成的房屋建筑结构。如升板结构、无梁楼盖结构、整体预应力板柱结构等
板桩	全部或部分打入地基中，横截面为长方板形的支承构件，如钢板桩、钢筋混凝土板桩
半自动焊接	用手工移动焊接热源，并以机械化装置填入焊丝的焊接方法
拌合水	用于拌制混凝土的水
绑扎骨架	将纵向钢筋与横向钢筋通过绑扎而构成的平面或空间的钢筋骨架
饱和度	土孔隙中所含水的体积与空隙体积的比值，以百分数表示
保险螺栓	设置在木桁架端节点齿连接处，防止木材剪切面破坏而引起桁架突然坍塌的螺栓
壁式框架	开孔面积较大，连梁与墙肢较细的墙体，其内力分布与框架梁、框架柱相近，可按带刚域的杆件计算
边材	靠近树皮颜色较浅部位的木材，新伐边材含水率较高
变刚度调平设计	考虑上部结构形式、荷载和地层分布以及相互作用效应，通过调整桩径、桩长、桩距等改变基桩支承刚度分布，以使建筑物沉降趋于均匀、承台内力降低的设计方法
变截面梁	沿杆件纵轴方向横截面尺寸变化的梁
变形	作用引起的结构或构件中各点间的相对位移
变形模量	材料在单向受拉或受压，且应力和应变呈非线性或部分线性和部分非线性关系时，截面上正应力与对应的正应变的比值

名　词	解　释
变形验算	防止结构构件变形过大而不能满足规定功能要求的验算。包括承载能力极限状态和正常使用极限状态验算
标准冻深	在地面平坦、裸露、城市之外的空旷场地中不少于 10 年的实测最大冻深的平均值
标准组合	正常使用极限状态计算时，采用标准值或组合值为荷载代表值的组合
冰压力	冰凌对建筑物产生的作用，包括静冰压力及动冰压力
泊松比	材料在单向受拉或受压时，横向正应变与轴向正应变的比值
薄壳	由曲面形薄板与边缘构件组成的大跨空间构件。按中面形状分球壳、圆柱壳、双曲面壳、圆锥壳、扁壳和旋转壳等
不焊透对接焊缝	两焊件相接触部位仅一部分焊透的焊缝
部件	结构中由若干构件组成的组合件，如楼梯、阳台、楼盖等
材料抗震强度设计值	结构抗震设计时采用的材料强度值
材料力学性能	材料在规定的受力状态下所产生的压缩、拉伸、剪切、弯曲、疲劳和屈服等性能
材料强度标准值	结构构件设计时，表示材料强度的基本代表值。由标准试件按标准试验方法经数理统计以概率分布规定的分位数确定。分抗压、抗拉、抗剪、抗弯、抗疲劳和屈服强度标准值
材料强度设计值	材料强度标准值除以材料性能分项系数后的值
材料性能标准值	结构或构件设计时，采用的材料性能的基本代表值。其值一般根据符合规定质量的材料性能的概率分布的某一分位数确定，亦称特征值
材料性能分项系数	设计计算中，反映材料性能不定性并和结构可靠度相关联的分项系数。有时用以代替抗力分项系数
材料性能设计值	材料性能标准值除以材料性能分项系数后的值
侧向弯曲	线性构件沿纵轴侧面方向产生的弯曲。以构件纵轴两端点连线与最大弯曲点之间的垂直距离度量
层板胶合结构	由木板与木板或木板与小方木重叠胶粘成整体材料所制成的结构
层板胶合木	《建筑结构设计术语和符号标准》GB/T 50083—1997 解释：两层或多层木板胶粘而成的结构用材。 《木结构设计规范》GB 50005—2003 解释：以厚度不大于 45mm 的木板叠层胶合而成的木制品
层高	两相邻层楼面之间的竖向距离
层状撕裂	焊接时，垂直轧制钢材厚度方向出现分层的开裂现象
长度	结构或构件长轴方向的尺寸
长期效应组合	结构或构件按正常使用极限状态设计时，永久作用设计值效应与可变作用准永久值效应的组合
长细比	构件的计算长度与其截面回转半径的比值
场地	工程群体所在地，具有相似的反应谱特征。其范围相当于厂区、居民小区和自然村或不小于 $1.0km^2$ 的平面面积
超静定结构	结构构件为有赘余约束的几何不变体系，用静力平衡原理和变形协调原理求解其作用效应
沉降缝	为减轻地基不均匀变形对建筑物的影响而在建筑物中预先设置的间隙

名　词	解　释
沉井基础	上下敞口带刃脚的空心井筒状结构下沉水中到设计标高处，以井筒作为结构外壳而建筑成的基础
沉箱基础	用气压排水，开挖水下土（岩）层，把闭口箱下沉到设计标高所建成的基础
成束筒结构	由若干并列筒体组成的高层建筑结构
承台效应系数	竖向荷载下，承台底地基土承载力的发挥率
承载能力	结构或构件所能承受最大内力，或达到不适于继续承载的变形时的内力
承载能力极限状态	结构或构件达到最大承载能力，或达到不适于继续承载的变形的极限状态
承载能力极限状态验证	防止结构或构件达到最大承载能力或达到不适于继续承载的变形所进行的验证
承重墙	直接承受外加作用和自重的墙体
持久状况	出现的持续时间长，几乎与结构设计基准期相同的设计状况
尺寸偏差	结构构件实际的几何尺寸与设计的几何尺寸之间的误差
齿板	经表面处理的钢板冲压成带齿板，用于轻型桁架节点连接或受拉杆件的接长
齿承压面	木构件齿连接中，与压杆轴线垂直的直接承受压杆压力的齿槽面
齿缝破坏	砌体在轴心受拉、弯曲受拉和受剪状态下，沿灰缝呈锯齿形破坏的状态
齿连接	将受压构件的端头做成齿榫，抵承在另一构件的齿槽内以传递压力的一种连接方式。齿槽除承受压杆的压力外，并在槽底平面上承受顺纹方向的剪力。分单齿连接和双齿连接
齿连接抗剪强度降低系数	齿连接截面上沿剪面长度剪应力分布不均匀对木材顺纹抗剪强度降低系数
齿深	木构件齿连接中，齿槽垂直于构件轴线方向的深度
充气结构	在以高分子材料制成的薄膜制品中充入空气后而形成房屋的结构。分气承式和气管式两种结构形式
冲击韧性	材料的抗冲击能力。一般以冲击破坏时断裂面单位面积上所吸收的能量表示
抽样方法	每一交验批中抽取材料或结构构件试件的方法。分随机的抽样和系统的抽样
抽样数量	每一交验批中抽取材料或结构构件的数量
初步控制	在材料或结构构件的试生产阶段，根据规定质量要求，通过试配制或试运行确定合理的原材料组成和工艺参数，以及为生产控制提供材料和结构构件性能的统计参数所进行的试验性控制
椽架	屋盖不设置椽条与檩条而按椽条间距密置的小跨度木屋架
窗间墙宽度	房屋中相邻窗洞侧边之间墙体的水平尺寸
次梁	将楼面荷载传递到主梁上的梁
从属面积	从属面积在计算梁柱构件时采用，它是指所计算构件负荷的楼面面积，它应由楼板的剪力零线划分，在实际应用中可作适当简化
脆性破坏	结构或构件在破坏前无明显变形或其他预兆的破坏类型
大六角头高强度螺栓	头部呈六角形与相应螺母、垫圈配套组成的高强度螺栓
大模板混凝土结构	由一个房间为单元大型的模板，在现场浇筑钢筋混凝土承重墙体，并与预制楼板及预制混凝土墙板或砌体等围护构件所组成的结构。分内浇外挂和内浇外砌等类型
大偏心受压构件	计算的偏心距不小于界限偏心距的混凝土受压构件
带壁柱墙	沿墙长度方向隔一定距离将墙体局部加厚形成墙面带肋的加劲墙体
单个高强度螺栓承载能力	在不同受力状态下，每个高强度螺栓所能承受的最大内力。摩擦型高强度螺栓，分受剪承载能力、受拉承载能力；承压型高强度螺栓。分受剪承载能力、承压承载能力和受拉承载能力

名　词	解　释
单个铆钉承载能力	在不同受力状态下，每个铆钉所能承受的最大内力。分受剪承载能力、承压承载能力和受拉承载能力
单个普通螺栓承载能力	在不同受力状态下，每个螺栓所能承受的最大内力。分受剪承载能力、承压承载能力和受拉承载能力
单框筒结构	由外围密柱框筒与内部一般框架组成的高层建筑结构
单桩竖向承载力特征值	单桩竖向极限承载力标准值除以安全系数后的承载力值
单桩竖向极限承载力	单桩在竖向荷载作用下到达破坏状态前或出现不适于继续承载的变形时所对应的最大荷载，它取决于土对桩的支承阻力和桩身承载力
弹性变形	作用引起的结构或构件的可恢复变形
弹性地基板	计算中支座为连续的并考虑支座竖向位移的基础板。一般按地基压应力与地基沉降成正比的假设进行计算
弹性地基梁	计算中支座为连续的并考虑支座竖向位移的基础梁。一般按地基压应力与地基沉降成正比的假设进行计算
弹性方案	按楼盖、屋盖与墙、柱为铰接，不考虑空间工作的平面排架或框架对墙、柱进行静力计算的方案
弹性模量	材料在单向受拉或受压且应力和应变呈线性关系时，截面上正应力与对应的正应变的比值
弹性支座连续梁	计算中需要考虑支座竖向位移的连续梁
挡土墙	主要承受土压力，防止土体塌滑的墙式建筑物
等截面梁	沿杆件纵轴方向横截面尺寸不变的梁。分矩形、T形、I形、倒T形、扁形梁等
等截面柱	沿高度方向水平截面尺寸不变的柱
等效均布荷载	结构设计时，楼面上不连续分布的实际荷载，一般采用均布荷载代替；等效均布荷载系指其在结构上所得的荷载效应能与实际的荷载效应保持一致的均布荷载
等效均布活荷载	在控制构件设计的部位，根据荷载效应相等的原则，将实际最不利分布的活荷载标准值换算成为均布活荷载标准值
低周反复作用	在短时间内连续若干次正负交替出现的作用
底部剪力法（拟静力法）	根据地震反应谱理论，以工程结构底部的总地震剪力与等效单质点的水平地震作用相等，来确定结构总地震作用的方法
地基	为支承基础的土体或岩体
地基变形允许值	为保证建筑物正常使用而确定的变形控制值
地基承载力特征值	指由载荷试验测定的地基土压力变形曲线线性变形段内规定的变形所对应的压力值，其最大值为比例界限值
地基处理	指为提高地基土的承载力，改善其变形性质或渗透性质而采取的人工方法
地面粗糙度	风在到达结构物以前吹越过 2km 范围内的地面时，描述该地面上部规则障碍物分布状况的等级
地震动水压力	地震时水体对建筑物或构筑物产生的动态压力
地震动土压力	地震时土体对建筑物或构筑物产生的动态压力
地震作用	由地震引起的结构动态作用，包括水平地震作用和竖向地震作用
地震作用标准值	抗震设计所采用由地运动引起结构动态作用的基本代表值。由结构重力荷载代表值及地震影响系数或设计地震动参数等综合确定。分水平地震作用和竖向地震作用标准值

名　词	解　释
垫板	垫高或找平钢构件的板件
吊车荷载	用吊车起吊重物运行时，对建筑结构构件产生的竖向或水平荷载
吊车梁	承受吊车轮压所产生的竖向荷载和纵、横向水平荷载并考虑疲劳影响的梁
吊车竖向荷载标准值	吊车起吊重物运行时，对结构构件产生的重力竖向荷载代表值。由吊车的最大轮压或最小轮压值确定
吊车水平荷载标准值	吊车在启动、刹车时，桥架和小车对结构构件产生的纵横向水平荷载代表值。由吊车刹车轮的最大轮压或横行小车重量与额定起重量确定
吊环	在预制混凝土结构构件或部件中，为起吊和安装用所设置锚固于混凝土内且将吊口外露的环状钢筋
吊筋	将作用于混凝土梁式构件底部的集中力传递至顶部的钢筋
叠合梁	截面由同一材料若干部分重叠而成为整体的梁
叠合式混凝土受弯构件	在预制混凝土构件上浇筑上部混凝土而形成整体的受弯构件。分叠合混凝土板和叠合式混凝土梁等
叠接（搭接）	将连接的构件、部件或板件相互重叠连接成整体的连接方式
钉板连接	将冲压成型密布钉齿的钢板压入被连接的构件的一种连接方式，用于接长构件连接或作为椽架、桁架等节点连接
钉连接	用钉将被连接构件结合成整体的连接方式，用于接长、拼合连接或节点连接
钉有效长度	木构件钉连接中，扣除不能传力的钉尖长度后的钉长
定值设计法	基本变量作为非随机变量的设计计算方法。其中，采用以经验为主确定的安全系数来度量结构的可靠性
动力系数	承受动力荷载的结构或构件，当按静力设计时采用的系数，其值为结构或构件的最大动力效应与相应的静力效应的比值
动态设计	在动态作用下，以结构构件动力状态反应为依据的设计。有时可采用动力系数方法简化为静态设计
动态作用	使结构或构件产生不可忽略的加速度的作用。其中，直接作用亦称动荷载
冻胀力	冻土层的单纯膨胀受到建筑物约束时，对建筑物产生的作用
独立基础	用于单柱下并按材料和受力状态选定形式的基础
短加劲肋	在构件截面高度的一定范围内，为保证构件局部稳定所设置的条状加强件
短期效应组合	结构或构件按正常使用极限状态设计时，永久作用、一种可变作用设计值效应与其他可变作用组合值效应的组合
短暂状况	出现的持续时间较短，而出现概率高的设计状况
断续焊缝	沿焊接接头全长按一定间隔焊接的焊缝
对接	将连接的构件、部件或板件在同一平面内相互连接成整体的连接方式
对接焊缝	在两焊件坡口面之间或一焊件的坡口面与另一焊件表面之间焊接的焊缝
多边形屋架	由多折线上弦杆、水平下弦杆和腹杆组成外形为多边形的屋架
多次重复作用	在一定时间内多次重复出现的作用
多道设防抗震建筑	控制同一结构各构件或部件在地震中损坏或形成塑性铰的顺序而成的多道防御系统，使整个结构坏而不倒
多筒悬挂结构	由多个薄壁筒组成竖向承重体系的悬挂结构
筏形基础	支承整个建筑物或构筑物的大面积整体钢筋混凝土板式或梁板式基础
反应谱	在给定的地震加速度作用期间内，单质点体系的最大位移反应、速度反应和加速度反应随质点自振周期变化的曲线，用作计算在地震作用下结构的内力和变形

名　词	解　释
方格网配筋砖砌体构件	在砖砌体的水平灰缝中配置方格钢筋网片的砖砌体承重构件
方木	《建筑结构设计术语和符号标准》GB/T 50083—1997 解释：由原木锯解成四角垂直或带有缺棱的截面，宽度与高度之比小于规定值的木材。 《木结构设计规范》GB 50005—2003 解释：直角锯切且宽厚比小于 3 的、截面为矩形（包括方形）的锯材
方木结构	由原木经锯解成符合规定的方木制成的结构
防震缝	为减轻或防止相邻结构单元由地震作用引起的碰撞而预先设置的间隙
房屋高度	自室外地面至房屋主要屋面的高度
房屋建筑	在固定地点，为使用者或占用物提供庇护覆盖进行生活、生产或其他活动的实体
房屋建筑工程	一般称建筑工程，为新建、改建或扩建房屋建筑物和附属构筑物所进行的勘察、规划、设计、施工、安装和维护等各项技术工作和完成的工程实体
房屋静力计算方案	根据房屋的空间工作性能确定的墙体静力计算简图。房屋的静力计算方案包括刚性方案、刚弹性方案、弹性方案
非承重墙	一般情况下仅承受自重的墙
非破损检验	在不损坏整个结构构件的完整性要求下，而检测结构构件的力学性能和对各种缺陷等所进行的检验
分离式钢柱	支承屋面的竖向钢肢体和支承吊车梁的竖向钢肢体两者用水平钢板连接而成整体的双肢受压钢构件
分项系数	用极限状态法设计时，为了保证所设计的结构或构件具有规定的可靠度，而在计算模式中采用的系数，分为作用分项系数和抗力分项系数两类
风荷载	作用在建筑物或构筑物表面上计算用的风压
风荷载标准值	施加于建筑物表面风压的基本代表值。为当地基本风压和当地风压高度变化系数、结构的风荷载体型系数以及相应高度处的风振系数的乘积
风荷载体型系数	反映不同形状和尺寸的建筑物表面上风荷载分布的系数，为建筑物表面某点的实际风压力或风吸力与自由气流形成风压的比值
风压高度变化系数	反映风压随不同场地、地貌和高度变化规律的系数。以规定离地面高度的风压为依据，为不同高度风压与规定离地面高度风压的比值
风振	风压的动态作用
风振系数	反映风速中高频脉动部分对建筑结构不利影响的风压动力系数
蜂窝	构件的混凝土表面缺浆而形成石子外露酥松等缺陷
浮力	各方向水体静压力对浸没在水体中的物体所产生的竖直向上的合力
腐朽	木材受真菌或微生物侵染后，细胞壁破坏、组织分解，造成木质疏散、破碎的缺陷
负摩阻力	桩周土由于自重固结、湿陷、地面荷载作用等原因而产生大于基桩的沉降所引起的对桩表面的向下摩阻力
复合地基	部分土体被增强或被置换，而形成的由地基土和增强体共同承担荷载的人工地基
复合箍筋	沿混凝土结构构件纵轴方向同一截面内按一定间距配置两种或两种以上形式共同组成的箍筋
复合基桩	单桩对其对应面积的承台下地基土组成的复合承载基桩

名 词	解 释
复合桩基	由基桩和承台下地基土共同承担荷载的桩基础
腹板	位于钢构件腹部范围内的板件
盖板	覆盖在钢梁翼缘上的板件
概率设计法	基本变量作为随机变量的设计计算方法。其中，采用以概率理论为基础所确定的失效概率来度量结构的可靠性
干缩	木材在干燥过程中，其长度、宽度和体积减小的现象
杆系结构	以直线形或曲线形杆件作为基本计算单元的结构体系的总称。如连续梁、桁架、框架、网架、拱、曲梁等
刚弹性方案	按楼盖、屋盖与墙、柱为铰接，考虑空间工作的平面排架或框架对墙、柱进行静力计算的方案
刚度	结构或构件抵抗单位变形的能力
刚架（刚构）	由梁和柱刚接而构成的框架
刚接	能传递竖向力和水平力，又能传递弯矩的构件相互连接方式
刚性方案	按楼盖、屋盖作为水平不动铰支座对墙、柱进行静力计算的方案
刚性横墙	在砌体结构中符合规定的刚度和承载力要求的横墙。又称横向稳定结构
刚性横墙间距	房屋中相邻刚性横墙中心至中心轴线的水平距离
刚性基础	基础底部扩展部分不超过基础材料刚性角的天然地基基础
刚性支座连续梁	计算中不考虑支座竖向位移的连续梁
刚域	计算中，在杆件端部其弯曲刚度按无限大考虑的区域
钢板	用轧机轧制成板状的钢材。分热轧的薄、中厚、厚和特厚钢板和冷轧钢板
钢板件	组成钢构件的板状元件
钢材	结构用的型钢、钢板、钢管、带钢或薄壁型钢，以及钢筋、钢丝和钢绞线等的总称
钢材（钢筋）抗拉（极限）强度	钢材在标准拉伸试验中所能承受的最大拉应力
钢材（钢筋）屈服强度（屈服点）	按钢材标准拉伸试验方法，试件在试验过程中，当力不增加而试件仍继续伸长时的应力或屈服台阶所对应的应力。对无明显屈服台阶的钢材，由规定的残余应变所对应的应力确定
钢材牌号	钢材根据化学成分、冶炼方式等规定加以分类的代号
钢材强度标准值	结构构件设计中，表示钢材强度的基本代表值，按国家标准规定的钢材屈服强度（屈服点）确定。分抗拉、抗压、抗弯和抗剪强度标准值
钢材强度等级	按冶金部门规定的钢材牌号，简称牌号，加以划分的强度级别
钢带	用连轧机制成的带状薄钢材
钢构件变形容许值	为满足正常使用极限状态的要求所规定的受弯钢构件挠度限值，或受压钢构件的侧移限值
钢构件外观检查	在涂底漆前，对制作完成的钢构件尺寸和形状的偏差及其连接的表面缺陷等是否符合规定要求和设计意图的检查
钢管	横截面周边封闭的空心钢材。分圆形、矩形、方形、六角形、异形等钢管
钢管混凝土构件	在钢管内浇筑混凝土而成的整体受力构件
钢管结构	以圆钢管或方钢管或矩形钢管作为主要材料所制成的结构
钢绞线	由若干根光圆钢丝绞捻并经消除内应力后而成的盘卷状钢丝束
钢结构连接	将钢结构构件、部件或板件连接成整体的方式

名　词	解　释
钢结构塑性设计	超静定钢梁或钢框架，在承载能力极限状态设计时，考虑构件截面由材料塑性变形发展而引起的构件内力重分布，按简化的塑性理论所进行的内力分析
钢筋	混凝土结构用的棒状或盘条状钢材
钢筋搭接长度	两根钢筋通过搭接接头传力所需的长度
钢筋混凝土结构	由配置受力的普通钢筋、钢筋网或钢筋骨架的混凝土制成的结构
钢筋间距	钢筋纵轴线之间的距离
钢筋接头	两根钢筋之间直接传力的连接部分。分搭接接头、焊接接头、机械连接接头等
钢筋可焊性	在一定的焊接工艺条件下，钢筋获得合格焊接接头的难易程度
钢筋拉应变限值	纵向钢筋受拉控制的混凝土结构构件达到正截面承载能力极限状态时，其协议采用的钢筋拉应变值
钢筋锚固长度	受力钢筋通过混凝土与钢筋的粘结将所受的力传递给混凝土所需的长度
钢筋强度标准值	结构构件设计中，表示钢筋强度的基本代表值。按国家标准规定的屈服强度（屈服点）或极限抗拉强度确定
钢筋性能检验	按规定的抽样方式和标准试验方法，对钢筋的屈服强度、极限抗拉强度、延伸率、冷弯性和可焊性等性能所进行的检验
钢筋锈蚀	钢筋表面出现氧化的现象。按标准试验方法，以钢筋失重率表示
钢梁整体稳定等效弯矩系数	钢梁承受横向荷载时的临界应力与纯弯曲时的临界应力的比值
钢梁整体稳定系数	钢梁在侧扭屈曲时的临界应力与钢材屈服强度（屈服点）的比值
钢丝	混凝土结构用的盘条细线状钢材
钢丝、钢绞线强度标准值	结构构件设计中，表示钢丝、钢绞线强度的基本代表值。按国家标准规定的极限抗拉强度确定
钢纤维混凝土结构	由掺入钢纤维的混凝土制成的结构。分无筋钢纤维、加筋钢纤维和预应力钢纤维混凝土结构
钢压弯构件等效弯矩系数	钢压弯构件在两端弯矩不等时，或在跨间承受横向荷载时的临界力与两端弯矩相等时的临界力的比值
钢支座	将结构构件的内力传递至下部结构或基础的钢支承装置
钢柱分肢	组成格构式钢柱或分离式钢柱的竖向肢体
钢柱脚	扩大钢柱底端与基础相连接的加强部分。由柱底板、柱脚连接、柱脚靴梁或柱脚靴板共同组成
高层建筑	10层及10层以上或房屋高度大于28m的建筑物
高强度螺栓	用强度较高的钢材制作墩粗的头部、带螺纹的圆柱形杆身，经热处理后与其配套的螺母、垫圈组成的可拆卸的紧固件
高强度螺栓承压型连接	依靠螺栓杆抗剪或螺杆与孔壁承压以传递剪力而将构件、部件或板件连成整体的连接方式
高强度螺栓连接	用高强度螺栓将构件、部件或板件连成整体的连接方式
高强度螺栓连接钢结构	以高强度螺栓作为连接件将钢构件或部件连接成整体的结构
高强度螺栓摩擦面抗滑移系数	在高强度螺栓摩擦型连接中，螺栓接触表面滑移时的摩擦力与高强度螺栓预拉力的比值
高强度螺栓摩擦型连接	依靠高强度螺栓的紧固，在被连接件间产生摩擦阻力以传递剪力而将构件、部件或板件连成整体的连接方式

名　词	解　释
高强度螺栓有效截面面积	高强度螺栓按有效直径计算的横截面面积
高强度螺栓有效直径	考虑螺纹、螺距的影响，高强度螺栓在计算抗拉强度时所采用的直径
高耸结构	高度大，水平横向剖面相对小，并以水平荷载控制设计的结构。分自立式塔式结构和拉线式桅式结构两大类，如水塔、烟囱、电视塔、监测塔等
格构式钢柱	由钢缀材将各分肢体组合成整体的竖向受压钢构件。分双肢、三肢和四肢格构式钢柱
工程结构	土木工程的建筑物、构筑物及其相关组成部分的总称
工程结构设计	在工程结构的可靠与经济、适用与美观之间，选择一种最佳的合理的平衡，使所建造的结构能满足各种预定功能要求
工业建筑	提供生产用的各种建筑物，如车间、厂前区建筑、生活间、动力站、库房和运输设施等
拱	一种由支座支承的曲线或折线形构件。它主要承受各种作用产生的轴向压力，有时也承受弯矩、剪力，或扭矩。有时在拱趾间设置拉杆
拱结构	由拱作为承重体系的结构
拱形屋架	由拱形上弦杆、水平下弦杆和腹杆组成外形为拱形的屋架
构件	组成结构的单元
构件变形容许值	结构构件达到某一极限状态时所能允许的最大变形值
构件长期刚度	对混凝土结构构件在短期刚度考虑荷载长期效应组合影响予以修正的截面刚度
构件承载力设计值	由材料强度设计值和几何参数设计值所确定的结构构件最大内力设计值；或由变形控制的结构构件达到不适于继续承载的变形时的内力设计值
构件承载能力计算	防止结构构件或连接因临界截面材料强度被超过而破坏或因过度的变形而不适于继续承载的计算。分构件受压、受拉、受弯、受剪、受扭、局部受压、冲切等计算
构件端面承压强度标准值	钢构件端面刨平顶紧时单位面积上所能承受的最大压力的基本代表值
构件短期刚度	混凝土结构构件在荷载短期效应组合下计算所采用的截面刚度
构件刚度	构件抵抗变形的能力。为施加于构件上的作用所引起的内力与其相应的构件变形的比值
构件抗剪刚度	施加在受剪构件上的剪力与其引起的正交夹角变化量的比值
构件抗拉刚度	施加在受拉构件上的轴向力与其引起的拉伸变形的比值
构件抗扭刚度	施加在受扭构件上的扭矩与其引起的扭转角的比值
构件抗弯刚度	施加在受弯构件上的弯矩与其引起的曲率变化量的比值
构件抗压刚度	施加在受压构件上的轴向力与其引起的压缩变形的比值
构件挠度容许值	由结构构件的使用功能、非结构构件的影响以及观感因素等的正常使用极限状态要求所确定的竖向位移限值
构件平整度	构件的混凝土表面凹凸的程度。一般采用规定长度的直尺和楔形塞尺检查
构件平直度	木构件各方向实际轴线符合规定平直要求的程度。为对木构件进行外观检查的要求
构件外观检查	按规定检验方法，对混凝土结构构件的蜂窝、麻面、孔洞、露筋、裂缝等表面缺陷进行的检查
构件性能检验	按规定的抽样方式和标准试验方法，对混凝土结构构件的承载能力、刚度、抗裂度或裂缝宽度等力学性能所进行的检验

名　词	解　释
构造配筋	在混凝土结构构件中不经计算而按规定要求设置的纵向钢筋或箍筋等
构造要求	在建筑结构设计中，为保证结构安全或正常使用，在构造上考虑各种难以分析计算因素，一般不通过计算而必须采取的各种细部措施
箍筋	沿混凝土结构构件纵轴方向按一定间距配置并箍住纵向钢筋的横向钢筋。分单肢箍筋、开口矩形箍筋、封闭矩形箍筋、菱形箍筋、多边形箍筋、井字形箍筋和圆形箍筋等
箍筋间距	沿构件纵轴线方向箍筋轴线之间的距离
箍筋肢距	同一截面内箍筋的相邻两肢轴线之间的距离
骨料	在混凝土中起骨架或填充作用的粒状松散材料。分粗骨料和细骨料。粗骨料包括卵石、碎石、废渣等，细骨料包括中细砂、粉煤灰等
固定作用	在结构上具有固定分布的作用
固结度	在一定的压力作用下，土在某一时间的固结变形量与其最终固结变形量的比值
固结系数	固结理论中反映土固结快慢的参数。它取决于土的渗透系数、天然孔隙比、水的重力密度、土的压缩系数
管柱基础	大直径钢筋混凝土或预应力混凝土圆管，用人工或机械清除管内土、石，下沉至地基中，嵌固于岩层或坚实地层的基础
灌注桩后注浆	灌注桩成桩一定时间，通过预设于桩身内的注浆导管及与之相连的桩端、桩侧注浆阀注入水泥浆，使桩端、桩侧土体（包括沉渣和泥皮）得到加固，从而提高单桩承载力，减小沉降
光圆钢丝	优质碳素钢盘条经等温铅浴淬火处理后，再冷拉加工而成的钢丝
龟裂	构件的混凝土表面呈现的网状裂缝
规格材	按轻型木结构设计的需要，木材截面的宽度和高度按规定尺寸加工的规格化木材
规则抗震建筑	结构构件沿高度和水平方向的尺寸、质量、刚度和承载能力分布等均为相对均匀、对称和合理的房屋
滚轴支座	以允许结构平移的滚动轴作为传力方式的支座
过梁	设置在门窗或孔洞顶部，用以传递其上部荷载的梁
含气量	混凝土拌合物经振捣密实后单位体积中余存的空气量，一般用体积百分率表示
含水量	同一体积土中水的质量与固体颗粒质量的比值，用百分数表示
含水率	《建筑结构设计术语和符号标准》GB/T 50083—1997 解释：木材中水重与全干木材重的比值，是制作木构件或构件连接件的选材指标。以百分率表示。 《木结构设计规范》GB 50005—2003 解释：通常指木材内所含水分的质量占其烘干质量的百分比
焊缝	钢结构构件、部件或板件经焊接后所形成的结合部分
焊缝连接	通过电弧或气体火焰等加热并有时加压，用填充或不用填充材料使被连接件达到原子或分子结合状态的连接方式
焊缝外观检查	用肉眼或用低倍放大镜等观察焊件，对焊缝的气孔、咬边、满溢和焊接裂纹等表面缺陷所进行的检查
焊缝无损检验	用超声探伤、射线探伤、磁粉探伤或渗透探伤等手段，在不损坏被检查焊缝性能和完整性的情况下，对焊缝质量是否符合规定要求和设计意图所进行的检验

名　词	解　释
焊缝质量级别	焊缝按焊接缺陷所划分的等级
焊根	焊缝背面与母材的交界处
焊剂	在焊接时，能熔化形成熔渣和气体，对熔化金属起保护作用和冶金处理的一种颗粒状材料
焊接钢管	用钢带或钢板卷压焊接而成有焊缝的钢管
焊接钢结构	以手工电弧焊接或自动、半自动埋弧焊接作为连接手段并用金属焊条、焊丝作为连接材料，将钢构件和部件连接成整体的结构
焊接钢梁	由钢材通过焊缝连接而成的梁
焊接骨架	将纵向钢筋与横向钢筋通过焊接而构成的平面或空间的钢筋骨架
焊接裂纹	焊接接头局部范围的金属原子结合力遭到破坏而形成的缝隙。分热裂纹、冷裂纹、弧坑裂纹、延迟裂纹、焊根裂纹、焊趾裂纹、焊道下裂纹、再热裂纹等
焊接缺陷	焊接接头产生不符合设计或工艺要求的不利因素
焊瘤	熔化金属流淌到焊缝以外的母材上所形成的金属瘤
焊丝	在自动、半自动埋弧焊接时用来导电的金属丝，或气焊中作为填充用的金属丝
焊条	在手工电弧焊接时，作为填充金属并用来导电而外包有焊药的金属棒
焊趾	焊缝表面与母材的交界处
合格控制	在材料或结构构件交付使用前，为保证其质量符合规定的标准所进行的合格性验收
合格质量	与某一安全等级的结构构件规定的设计可靠指标相适应的材料或结构构件的质量水平
核心筒悬挂结构	由中央薄壁筒作为竖向承重体系的悬挂结构
荷载	指施加在结构上的集中力或分布力
荷载标准值	荷载的基本代表值，为设计基准期内最大荷载统计分布的特征值（例如均值、众值、中值或某个分位值）
荷载代表值	设计中用以验算极限状态所采用的荷载量值，例如标准值、组合值、频遇值和准永久值
荷载频遇值	对可变荷载，在设计基准期内，其超越的总时间为规定的较小比率或超越频率为规定频率的荷载值
荷载设计值	荷载代表值与荷载分项系数的乘积
荷载效应	由荷载引起结构或结构构件的反应，例如内力、变形和裂缝等
荷载准永久值	对可变荷载，在设计基准期内，其超越的总时间约为设计基准期一半的荷载值
荷载组合	按极限状态设计时，为保证结构的可靠性而对同时出现的各种荷载设计值的规定
荷载组合值	对可变荷载．使组合后的荷载效应在设计基准期内的超越概率，能与该荷载单独出现时的相应概率趋于一致的荷载值；或使组合后的结构具有统一规定的可靠指标的荷载值
桁架	由若干杆件构成的一种平面或空间的格架式结构或构件。各杆件主要承受各种作用产生的轴向力，有时也承受节点弯矩和剪力
桁架拱	用桁架组成拱圈的拱

名　词	解　释
横隔板	保持大型构件截面几何形状不变，垂直于构件纵轴方向所设置的横向板件
横墙刚度	横向墙体抵抗平面内变形的能力
横弯	沿木材面全长呈平面的侧向弯曲。也称侧弯
横纹	木构件木纹方向与构件长度方向相垂直
横纹承压强度	当压力方向垂直于木纹方向时，木材承压单位面积上所能承受的最大压力
横向分布钢筋	在混凝土板或梁的翼缘中，在纵向钢筋上按一定间距设置的连接用横向钢筋
横向焊缝	垂直于焊件长度方向分布的焊缝
横向加劲肋	在垂直于构件纵轴方向，为保证构件局部稳定所设置的横向条状加强件
横向水平支撑	在两个相邻屋架之间（或屋架和山墙之间）的屋架上弦或下弦平面内沿房屋横向设置的水平桁架。简称上弦或下弦横向支撑
后张法预应力混凝土结构	在混凝土达到规定强度后，通过张拉预应力钢筋并在结构上锚固而建立预加应力的混凝土结构
弧形木构件抗弯强度修正系数	考虑弧形胶合木构件的曲率半径与木板厚度的比值对木材抗弯强度影响的系数
弧形支座	以允许结构转动的弧形钢板或钢铸件作为传力方式的支座
护坡	为防止边坡受水冲刷，在坡面上所作的各种铺砌和栽植的统称
环形焊缝	沿筒形焊件头尾相连接的焊缝
换算长细比	在格构式轴心受压构件整体稳定性计算中，按临界力相等的原则，将组合截面换算为实腹截面进行计算时所对应的长细比
换算截面惯性矩	在钢筋混凝土和预应力混凝土结构构件中，将钢筋截面面积换算成混凝土截面面积后的总截面惯性矩
换算截面面积	在钢筋混凝土和预应力混凝土结构构件中，根据钢筋和混凝土的弹性模量或变形模量的比值将钢筋截面面积换算成混凝土截面面积后的总截面面积
换算截面模量	混凝土结构构件换算截面惯性矩与其截面高度边缘至换算截面形心轴线距离的比值。习惯称换算截面抵抗矩
混合结构	由钢框架或型钢混凝土框架与钢筋混凝土筒体（或剪力墙）所组成的共同承受竖向和水平作用的高层建筑结构
混合砂浆	由一定比例的水泥、石灰和砂加水配制而成的砌筑材料
混凝土	由胶凝材料（水泥或其他胶结料）、粗细骨料和水等拌合而成的先可塑后硬化的结构材料。需要时可另加掺合料或外加剂
混凝土保护层厚度	钢筋边缘与构件混凝土表面之间的最短距离
混凝土稠度	新拌混凝土的流动能力。用坍落度或维勃（Vebe试验）稠度表示
混凝土大板结构	由一个房间为单元大型的预制钢筋混凝土或预应力混凝土楼板和墙板装配而成的结构
混凝土单向板	在一个方向配置主要受力钢筋或预应力筋的钢筋混凝土板或预应力混凝土板。可分为实心平板、空心板、肋形板等
混凝土弹性模量	根据混凝土棱柱体标准试件，用标准试验方法所得的规定压应力值与其对应的压应变值的比值
混凝土构造柱	在多层砌体房屋墙体的规定部位，按构造配筋，并按先砌墙后浇灌混凝土柱的施工顺序制成的混凝土柱。通常称为混凝土构造柱，简称构造柱
混凝土基础	将上部结构所承受的各种作用和自重传递到地基上的混凝土部分。分扩展基础、筏形基础、壳体基础、箱形基础和桩基础等

名　词	解　释
混凝土极限压应变	受压的混凝土结构构件达到正截面承载能力极限状态时，其控制部位的混凝土压应变值
混凝土结构	以混凝土为主制成的结构，包括素混凝土结构、钢筋混凝土结构和预应力混凝土结构等
混凝土抗拉强度标准值	根据混凝土受拉标准试件或经换算的混凝土劈裂受拉试件的抗拉强度，按规定的概率分布分位数确定。其值可用混凝土立方体抗压强度标准值表示，并考虑结构与标准试件混凝土强度差异的影响
混凝土立方体抗压强度标准值	结构构件设计中表示混凝土强度指标的基本代表值。根据混凝土立方体标准试件，通过标准养护，在规定龄期下并用标准试验方法所得的抗压强度，由数理统计的概率分布按规定的分位数确定
混凝土配合比	根据混凝土强度等级及其他性能要求而确定的混凝土各组成材料之间的比例，可用重量比或体积比表示
混凝土砌块灌孔混凝土	由水泥、骨料、水以及根据需要掺入的掺合料和外加剂等组分，按一定比例，采用机械拌合后，用于浇筑混凝土砌块砌体芯柱或其他需要填实部位孔洞的混凝土。简称砌块灌孔混凝土
混凝土砌块砌筑砂浆	由水泥、砂、水以及根据需要掺入的掺合料和外加剂等组分，按一定比例，采用机械拌合制成，专门用于砌筑混凝土砌块的砌筑砂浆。简称砌块专用砂浆
混凝土浅梁	跨高比大，在正截面计算中可采用平截面假定，其箍筋在抗剪中起主要作用的混凝土梁。一般称混凝土梁
混凝土强度等级	根据混凝土立方体抗压强度标准值划分的强度级别
混凝土墙	承受轴向力和侧向力的平面或曲面形的竖向混凝土构件
混凝土深梁	《建筑结构设计术语和符号标准》GB/T 50083—1997解释：跨高比小，在正截面计算中不采用平截面假定，其纵向受拉钢筋和水平分布钢筋在抗剪中起主要作用的混凝土梁。 《混凝土结构设计规范》GB 50010—2010解释：跨高比小于2的简支单跨梁或跨高比小于2.5的多跨连续梁
混凝土收缩	在混凝土凝固和硬化的物理化学过程中，构件尺寸随时间推移而缩小的现象
混凝土双向板	在两个方向均配置主要受力钢筋或预应力筋的钢筋混凝土板或预应力混凝土板
混凝土碳化	混凝土因大气中的二氧化碳渗入而导致碱度降低的现象。当碳化深度超过混凝土保护层引起钢筋锈蚀而影响混凝土结构的耐久性
混凝土小型空心砌块	由普通混凝土或轻骨料混凝土制成，主规格尺寸为 390mm×190mm×190mm、空心率在25%～50%的空心砌块。简称混凝土砌块或砌块
混凝土徐变	在持久作用下的混凝土构件随时间推移而增加的应变
混凝土折板结构	由多块钢筋混凝土或预应力混凝土条形平板组成的折线形薄壁空间结构。分多边形、槽形、V形折板等形式
混凝土轴心抗压强度标准值	根据混凝土棱柱体标准试件轴心抗压强度，按规定的概率分布分位数确定。其值可用混凝土立方体抗压强度标准值表示，并考虑结构与标准试件混凝土强度差异的影响
混凝土柱	承受轴向力为主的直线形竖向混凝土构件
混凝土柱帽	为支承楼盖而在混凝土柱的顶部扩大截面尺寸的部位
活荷载折减系数	计算楼面梁、墙、柱及基础时，考虑楼面活荷载标准值不可能全部满布和各构件受载后的传递效果不同，对荷载进行折减的系数

名　词	解　释
基本变量	影响结构可靠度的各主要变量。它们一般是随机变量
基本风压	《建筑结构设计术语和符号标准》GB/T 50083—1997 解释：以当地比较空旷平坦地面上按规定离地高度、规定重现期和规定时距统计所得的平均最大风速为标准，由风压和风速关系式确定的风压值。 《建筑结构荷载规范》GB 50009—2012 解释：风荷载的基准压力，一般按当地空旷平坦地面上 10m 高度处 10min 平均的风速观测数据，经概率统计得出 50 年一遇最大值确定的风速，再考虑相应的空气密度，按《建筑结构荷载规范》GB 50009—2012 公式（E.2.4）确定的风压
基本雪压	《建筑结构设计术语和符号标准》GB/T 50083—1997 解释：由当地一般空旷平坦地面上按规定重现期统计所得的积雪自重值。 《建筑结构荷载规范》GB 50009—2012 解释：雪荷载的基准压力，一般按当地空旷平坦地面上积雪自重的观测数据，经概率统计得出 50 年一遇最大值确定
基本组合	承载能力极限状态计算时，永久作用和可变作用的组合
基础	将结构所承受的各种作用传递到地基上的结构组成部分
基床	一般指天然地基上开挖（或不开挖）的基槽、基坑，经回填处理，形成可以扩散上部结构荷载传给地基的传力层。分明基床和暗基床两类
基桩	桩基础中的单桩
极限变形	结构或构件在极限状态下所能产生的某种变形
极限侧阻力	相应于桩顶作用极限荷载时，桩身侧表面所发生的岩土阻力
极限端阻力	相应于桩顶作用极限荷载时，桩端所发生的岩土阻力
极限应变	材料受力后相应于最大应力的应变
极限状态	结构或构件能够满足设计规定的某一功能要求的临界状态，超过这一状态，结构或构件便不再满足对该功能的要求
极限状态方程	当结构或构件处于极限状态时，各有关基本变量的关系式
极限状态设计法	以防止结构或构件达到某种功能要求的极限状态作为依据的结构设计计算方法
几何参数标准值	结构或构件设计时，采用的几何参数的基本代表值。其值可采用设计规定的标定值
计算长度	计算时按规定所取的结构构件纵轴方向的尺寸
计算高度	计算时按规定所取的结构构件截面高度尺寸或竖向构件的高度尺寸
计算跨度	计算时按规定所取结构构件的两相邻支承之间的水平距离
计算倾覆点	验算挑梁抗倾覆时，根据规定所取的转动中心
加劲肋	为加强钢平板刚度并保持钢板局部稳定所设置的条状加强件
加劲肋外伸宽度	加劲肋在腹板边缘以外伸出的自由长度
加强层	设置连接内筒与外围结构的水平外伸臂（梁或桁架）结构的楼层。必要时还可沿该楼层外围结构周边设置带状水平梁或桁架
加腋梁	杆件近端部的横截面高度按直线或曲线向端头逐渐增大的变截面梁。分一端加腋梁、两端加腋梁
夹具	在制作先张法或后张法预应力混凝土结构构件时，为保持预应力筋拉力的临时性锚固装置
夹皮	树干年轮内所含有凹槽或囊状树皮。又称内皮或内生皮

名　词	解　释
夹心墙	墙体中预留的连续空腔内填充保温或隔热材料，并在墙的内叶和外叶之间用防锈的金属拉结件连接形成的墙体
夹渣	焊接后残留在焊缝中的熔渣
架立钢筋	为构成钢筋骨架绑扎用附加设置的纵向钢筋
减沉复合疏桩基础	软土地基天然地基承载力基本满足要求的情况下，为减小沉降采用疏布摩擦型桩的复合桩基
剪变模量	材料在单向受剪且应力和应变呈线性关系时，截面上剪应力与对应的剪应变的比值
剪跨比	混凝土构件的剪跨对截面有效高度的比值。剪跨为构件截面弯矩除以所对应的剪力；对承受集中荷载的构件，其剪跨即集中荷载至支座的距离
剪力	作用引起的结构或构件某一截面上的切向力
剪力墙结构	由剪力墙组成的承受竖向和水平作用的结构
剪面	木构件中承受顺纹方向剪力的验算截面
剪面长度	沿剪力作用方向木材顺纹受剪面的长度
剪面面积	沿剪力作用方向木材顺纹受剪面的面积
剪应变	作用引起的结构或构件中某点处两个正交面夹角的变化量
剪应力	作用引起的结构或构件某一截面单位面积上的切向力
简支梁	梁搁置在两端支座上，其一端为轴向有约束的铰支座，另一端为能轴向滚动的支座
建筑结构	组成工业与民用房屋建筑包括基础在内的承重骨架体系。为房屋建筑结构的简称。对组成建筑结构的构件、部件，当其含义不致混淆时，亦可统称为结构
建筑结构安全等级	根据房屋建筑结构的重要性和破坏可能产生后果的严重程度所划分供设计用的等级
建筑结构材料	房屋建筑结构用的天然火人造材料和材料制品。分为非金属材料、金属材料、有机材料以及上述材料所组成的复合材料
建筑结构材料性能	材料固有的和受外界各种作用后所呈现的物理、力学和化学性能。为建筑结构设计、制作和检测的依据
建筑结构单元	房屋建筑结构中，由伸缩缝、沉降缝或防震缝隔开的区段
建筑结构抗震设防类别	根据建筑的重要性、地震破坏后果的严重程度和在抗震救灾中的用途等所作的建筑抗震设计分类
建筑结构设计	在满足安全、适用、耐久、经济和施工可行的要求下，按有关设计标准的规定对建筑结构进行总体布置、技术与经济分析、计算、构造和制图工作，并寻求优化的全过程
建筑抗震概念设计	根据地震震害和工程经验等所获得的基本设计原则和设计思想，进行建筑和结构总体布置并确定细部抗震构造措施的过程
建筑抗震设计	在地震作用下，以房屋建筑结构构件的动力状态反应为依据的设计
建筑物（构筑物）	土木工程中的单项工程实体
键连接	将板块、盘状块、硬木块或钢圆环等扣件嵌入被连接构件之间，将其结合成整体的一种连接方式
胶合板	由奇数层的旋切单板按相邻各层板的木纹相互垂直的要求叠合、涂胶和加压制成的板材
胶合板结构	由普通木板或胶合木作为骨架，用胶合板作为镶板或面板所制成的结构

名　词	解　释
胶合材	以木材为原料通过胶合压制成的柱形材和各种板材的总称
胶合接头	木材用胶接长或横向拼合的接头。分指接、斜搭接、对接、平接等
胶合木结构	由木材与木料或木料与胶合板胶粘成整体材料所制成的结构
角焊缝	两焊件形成一定角度相交面上的焊缝
角焊缝焊脚尺寸	在角焊缝横截面中，画出最大等腰三角形的等腰边长度
角焊缝有效厚度	在角焊缝横截面中，所画出最大等腰三角形的高度
角焊缝有效计算长度	每条角焊缝实际长度减去规定的减少长度
角焊缝有效面积	每条角焊缝有效厚度和有效长度的乘积
铰接	能传递竖向力和水平力而不能传递弯矩的构件相互连接方式
铰轴支座	以允许结构转动的铰轴作为传力方式的支座
阶形柱	沿高度方向分段改变水平截面尺寸的柱。分单阶柱、双阶柱和多阶柱
节点	构件或杆件相互连接的部位
节点板	钢桁架节点处连接各杆件的板件
节子（木节）	树干生长过程被包在木质中的树枝，经锯解后在板面形成的缺陷。分实节、松节、朽节等
结构	广义地指土木工程的建筑物、构筑物及其相关组成部分的实体，狭义地指各种工程实体的承重骨架
结构侧移刚度	结构抵抗侧向变形的能力。为施加于结构上的水平力与其引起的水平位移的比值
结构构件垂直度	在层高或全高范围内混凝土结构构件表面偏离竖直方向的程度。一般用线锤或经纬仪进行检查
结构构件起拱	结构构件在制作时预先做成与作用效应相反方向的挠度。又称反拱
结构墙	主要承受侧向力或地震作用，并保持结构整体稳定的承重墙。又称剪力墙、抗震墙等
结构用胶性能检验	按规定的试验方法取得木材胶缝顺纹抗剪强度，从而定出承重结构用胶的胶粘能力所进行的检验
结构总长度	建筑平面长轴方向的最大尺寸
结构总高度	室外地面与结构或构筑物顶面之间的竖向距离
结构总宽度	建筑平面短轴方向的最大尺寸
截面	设计时所考虑的结构构件与某一平面的交面。当该交面与结构构件的纵向轴线或中面正交时的面称正截面，斜交时的面称斜截面
截面尺寸限值	按构造要求规定的砌体构件截面最小尺寸
截面刚度	截面抵抗变形的能力。为材料弹性模量或剪变模量和相应的截面惯性矩或截面面积的乘积
截面高度	一般指构件正截面在弯矩作用平面上的投影长度
截面惯性矩	截面各微元面积与各微元至截面上某一指定轴线距离二次方乘积的积分
截面核芯面积	由箍筋周边内表面所包络的混凝土截面面积
截面厚度	一般指构件薄壁部分截面边缘间的尺寸
截面回转半径	截面对其形心轴的惯性矩除以截面面积的商的正二次方根
截面极惯性矩	截面各微元面积与各微元至垂直于截面的某一指定点距离二次方乘积的积分
截面剪变刚度	材料剪变模量和截面面积的乘积
截面宽度	一般指构件正截面在与高度相垂直方向上的某一尺寸

名 词	解 释
截面拉伸（压缩）刚度	材料弹性模量和截面面积的乘积
截面面积	截面边缘线所包络的材料平面面积
截面面积矩	截面各微元面积与微元至截面上某一指定轴线距离乘积的积分
截面模量（抵抗矩）	截面对其形心轴的惯性矩与截面上最远点至形心轴距离的比值
截面扭转刚度	材料剪变模量和截面惯性矩的乘积
截面翘曲刚度	材料弹性模量和截面翘曲（或扇形）惯性矩的乘积
截面塑性发展系数	钢构件截面部分进入塑性阶段后的截面模量与弹性阶段截面模量的比值
截面弯曲刚度	材料弹性模量和截面惯性矩的乘积
截面有效高度	结构构件受压区边缘到受拉工钢筋合力点之间的距离
截面直径	圆形截面通过圆心的弦长
截面周长	截面边缘线的总长度
截水沟（天沟）	当路基挖方边坡上方的山坡汇水面积较大时，设置拦截山坡地表水以保证挖方边坡不受水流冲刷的截水设施
界限偏心距	混凝土偏心受压构件计算中，受压区高度取等于界限受压区高度时的偏心距
界限受压区高度	混凝土结构构件正截面受压边缘混凝土达到弯曲受压的极限压应变，而受拉区纵向钢筋同时达到屈服拉应变所对应的受压区高度
井字梁	由同一平面内互相正交或斜交的梁所组成的结构构件。又称交叉梁或格形梁
净高	结构构件上下支承之间的最小竖向距离
净跨度	结构构件两相邻支承之间的最小距离
净水灰比	在轻骨料混凝土配合比中，指不包括轻骨料一小时吸水量在内的净用水量与水泥用量的比值
静定结构	结构构件为无赘余约束的几何不变体系，用静力平衡原理即可求解其作用效应
静力法	将重力加速度的某个比值定义为地震烈度系数，以工程结构的重力和地震烈度系数的乘积作为工程结构的设计用地震力
静态设计	在静态作用下，以结构构件静力状态反应为依据的设计
静态作用	不使结构或构件产生加速度的作用，或所产生的加速度可以忽略不计的作用。其中，直接作用亦称静荷载
局部抗压强度提高系数	反映材料的局部抗压强度大于一般抗压强度的计算系数
锯材	由原木锯制而成的任何尺寸的成品材或半成品材
均布活荷载标准值	均匀分布于构件表面的工业或民用活荷载标准值
抗侧力墙体结构	以抗侧力结构墙作为基本计算单元的结构体系的总称
抗冻融性	混凝土在冻融循环下保持强度和外观完整性的能力。按标准试验方法确定，一般用抗冻融的指标表示
抗风柱	为承受风荷载而在房屋山墙处设置的柱
抗剪强度	材料所能承受的最大剪应力
抗拉强度	材料所能承受的最大拉应力
抗力	结构或构件及其材料承受作用效应的能力，如承载能力、刚度、抗裂度、强度等
抗力分项系数	设计计算中反映抗力不定性并与结构可靠度相关联的分项系数
抗裂度	混凝土结构构件抵抗开裂的能力。分正截面抗裂能力和斜截面抗裂能力

名　词	解　释
抗倾覆、滑移验算	防止结构或结构的一部分作为刚件失去平衡的验算
抗渗性	混凝土抵抗水渗透的能力。按标准试验方法，在规定的压力和时间下以抗渗指标表示
抗弯强度	在受弯状态下材料所能承受的最大拉应力或压应力
抗压强度	材料所能承受的最大压应力
抗震措施	除地震作用计算和抗力计算以外的抗震设计内容，包括抗震构造措施
抗震构造措施	根据抗震概念设计原则，一般不需要计算而对结构和非结构各部分必须采取的各种细部要求
抗震构造要求	根据抗震概念设计的原则，结构在满足抗震计算要求的同时，尚应在构造上采取各种必需的细部措施
抗震建筑薄弱部位	建筑结构中抗震承载能力相对较弱，在地震中可能率先损坏的部位或楼层
抗震结构层间位移角限值	结构或构件在地震中相对变形角的容许值
抗震设防标准	衡量抗震设防要求的尺度，由抗震设防烈度和建筑使用功能的重要性确定
抗震设防烈度	按国家规定的权限批准作为一个地区抗震设防依据的地震烈度
壳	一种曲面构件，它主要承受各种作用产生的中面内的力，有时也承受弯矩、剪力或扭矩
壳体基础	以壳体结构形成的空间薄壁基础
壳体结构	由各种形状的曲面板与边缘构件（梁、拱、桁架）组成的大跨度覆盖或围护的空间结构
可变（活）荷载	在结构使用期间，其值随时间变化，且其变化与平均值相比不可以忽略不计的荷载
可变作用	在设计基准期内量值随时间变化且其变化与平均值相比不可以忽略的作用。其中，直接作用亦称可变（活）荷载
可变作用标准值	在结构设计基准期内，量值随时间变化的作用基本代表值，又称活荷载标准值
可靠度	结构在规定的时间内，在规定的条件下，完成预定功能的概率
可靠概率	结构或构件能完成预定功能的概率
可靠性	结构在规定的时间内，在规定的条件下，完成预定功能的能力，它包括结构的安全性、适用性和耐久性。当以概率来度量时，称可靠度
可靠指标	度量结构可靠性的一种数量指标。它是标准正态分布反函数在可靠概率处的函数值，并与失效概率在数值上有一一对应的关系
可塑混凝土性能	新拌流动混凝土的稠度、配合比、含气量、凝结时间等性能
刻痕钢丝	光圆钢丝经拉拔后，在其表面压出规律的凹痕并经回火处理而成的钢丝
空斗墙	由顶、顺相间立砌的斗砖和平砌的眠砖砌筑成封闭空斗状的墙体。分无眠空斗墙和有眠空斗墙
空腹屋架	由上、下弦杆和竖腹杆组成节点为刚接的屋架
空间工作性能	结构在承受作用情况下的整体工作能力
空间结构	组成的结构可以承受不位于同一平面内的外力，且在计算时进行空间受力分析的计算结构体系
空间性能影响系数	砌体墙顶考虑空间作用的侧移与不考虑空间作用的侧移的比值
空心砖	孔洞率不小于规定值的砖。分竖孔承重空心砖、水平孔非承重空心砖
孔洞	构件中深度超过钢筋保护层厚度的孔穴

名　词	解　释
孔隙比	土的孔隙所占体积与其固体颗粒所占体积的比值，用小数表示
孔隙率	土中孔隙所占体积与土的总体积的比值，用百分数表示
孔隙水压力	饱和土体在承受外加荷载条件下，由其孔隙水所承担的压力
控制缝	设置在墙体应力比较集中或墙的垂直灰缝相一致的部位，并允许墙身自由变形和对外力有足够抵抗能力的构造缝
跨度	结构或构件两相邻支承间的距离
块体	各种砖、石材和砌块的总称。又称块材
块体孔洞率	块体孔洞的体积与按外轮廓尺寸计算的总体积的比值，以百分数表示。又称空心率
块体强度等级	根据各类砌体的块体标准试件用标准试验方法测得的抗压强度平均值，或抗压强度和抗折强度的平均值与最小值综合评定所划分的强度级别
块体性能检验	按规定的抽样方法和标准试验方法，对砖、砌块或石材的抗压强度等物理力学性能所进行的检验
框架	由梁和柱连接而构成的一种平面或空间，单层或多层的结构
框架-核心筒结构	由核心筒与外围的稀柱框架组成的高层建筑结构
框架-剪力墙结构	由剪力墙和框架共同承受竖向和水平作用的结构
框架结构	《建筑结构设计术语和符号标准》GB/T 50083—1997 解释：由梁和柱以刚接或铰接相连接成承重体系的房屋建筑结构。《高层建筑混凝土结构技术规程》JGJ 3—2010 解释：由梁和柱为主要构件组成的承受竖向和水平作用的结构
框架-筒体结构	由中央薄壁筒与外围的一般框架组成的高层建筑结构
扩展基础	将上部结构传来的荷载，通过向侧边扩展成一定面积，使作用在基底的压应力等于或小于地基土的允许承载力，而基础内部的应力应同时满足材料本身的强度要求，这种起到压力扩散作用的基础称为扩展基础
阔叶树材	由双子叶植物纲树种生产的木材，分栎木、水曲柳、桦木等。简称阔叶材
拉杆拱	拱趾间设置拉杆的拱
拉结钢筋	混凝土结构构件中拉住截面两对边纵向钢筋的单肢横向钢筋。又称拉筋或单肢箍筋
浪压力（波浪力）	波浪对水工建筑物产生的作用
冷拔钢丝	热轧盘条钢筋在常温下经冷拔减小直径而成的钢丝
冷拉钢筋	热轧光圆钢筋或热轧带肋钢筋在常温下经拉伸强化而提高其屈服强度的钢筋
冷弯薄壁型钢	由薄钢带冷弯加工制成各种截面形状的钢材
冷弯薄壁型钢结构	以冷弯薄壁型钢作为主要材料所制成的结构
冷弯检验	钢筋试件在常温下，按规定的弯曲半径弯至规定角度，以测定钢筋冷加工时所能承受变形能力的检验
冷轧带肋钢筋	热轧圆盘条经冷轧或冷拔工艺减小直径，并在其圆周表面轧成月牙形横肋的钢筋
力矩	力与力臂的乘积
连接	构件间或杆件间以某种方式的结合
连接板	连接钢构件、杆件或板件形成节点或拼接的板件
连接器	预应力筋的对接装置

名 词	解 释
连梁	结构墙中较大洞口上、下两边的墙体。当跨高比较大时，按受弯构件计算
连续焊缝	沿焊接接头全长连续焊接的焊缝
连续梁	具有三个或三个以上支座的梁
连肢墙	墙肢刚度大于连梁刚度的开洞结构墙。分双肢墙或多肢墙，仅有两个墙肢时称耦联墙。一般均按偏心受力构件计算
联合基础	有两根或两根以上立柱（筒体）共用的基础；或两种不同形式基础共同工作的基础
梁	一种由支座支承的、直线或曲线形构件。它主要承受各种作用产生的弯矩和剪力，有时也承受扭矩
梁端有效支承长度	《建筑结构设计术语和符号标准》GB/T 50083—1997 解释：计算梁端支承处砌体局部受压承载能力时，采用的梁端底面砌体的实际支承长度。 《砌体结构设计规范》GB 50003—2011 解释：梁端在砌体或刚性垫块界面上压应力沿梁跨方向的分布长度
两边支承板	两边有支座反力的板。一般仅考虑一个方向的受力和变形。又称单向板
两端固定梁	梁的两端均为不产生轴向、垂直位移和转动的固定支座
裂缝	树木在生长期间或伐倒后，由于受外力、温度或湿度变化的影响，使木材纤维之间发生分离的缺陷。分辐裂（radial check）、环裂（shake）等
裂缝宽度	混凝土结构构件裂缝的横向尺寸。分受拉主筋处垂直裂缝宽度、腹部斜裂缝宽度、截面受拉底边裂缝宽度等
裂缝宽度容许值	由混凝土结构构件正常使用要求或耐久性要求所规定的裂缝宽度限值
裂环连接	将带有裂隙的钢环置入被连接构件事先铣成的环槽中的一种连接方式，用于接长构件连接或作为结构节点连接
檩条	将屋面板承受的荷载传递到屋面梁、屋架或承重墙上的梁式构件
菱形变形	当方材的端面年轮与材面约成 45°时，收缩后呈菱形状的变形
楼板	直接承受楼面荷载的板
楼层侧移刚度	楼层抵抗水平变形的能力。为施加于楼层的水平力与其引起的水平位移的比值
楼盖	在房屋楼层间用以承受各种楼面作用的楼板、次梁和主梁等所组成的部件总称
楼面、屋面活荷载	楼面或屋面上计算用的直接作用，通常以等效的面分布力表示
楼面、屋面活荷载标准值	在结构设计基准期内，量值随时间变化的施加于楼面、屋面的人群、物料、设备等非自然荷载的基本代表值
楼面、屋面活荷载准永久值	结构构件按长期效应组合设计时所采用的活荷载代表值，为活荷载标准值乘以规定的荷载准永久值系数
楼面、屋面活荷载组合值	屋盖或楼盖构件承受两种或两种以上荷载时，设计所采用的活荷载代表值。为活荷载标准值乘以规定的荷载组合值系数
楼梯	由包括踏步板、栏杆的梯段和平台组成的沟通上下不同楼面的斜向部件。分板式楼梯、梁式楼梯、悬挑楼梯和螺旋楼梯等
露筋	构件内的钢筋未被混凝土包裹而外露的缺陷
螺栓	由墩粗的头部、带螺纹的圆柱形杆身，配合螺母、垫圈组成并可拆卸的紧固件
螺栓连接	用螺栓将构件、部件或板件连成整体的连接方式

名　词	解　释
螺栓连接	用螺栓将被连接构件结合成整体的连接方式，用于接长、拼合连接或节点连接
螺栓连接钢结构	以普通螺栓作为连接件将钢构件或部件连接成整体的结构
螺栓连接斜纹承压强度降低系数	考虑螺栓传力方向与构件木纹方向成斜角对木材局部抗压强度不利影响的降低系数
螺栓连接质量检验	在构件组装。预拼装和完工验收时，对普通螺栓连接或高强螺栓连接质量是否符合规定要求和设计意图所进行的检验
螺栓有效截面面积	螺栓按有效直径计算的横截面面积
螺栓有效直径	考虑螺纹、螺距的影响，螺栓在计算抗拉强度时所采用的直径
螺旋箍筋	沿混凝土结构构件纵轴方向按一定间距配置呈螺旋状的箍筋
螺旋形焊缝	将钢带按螺旋形卷成管状后所焊接的焊缝
麻面	构件的混凝土表面缺浆而呈现麻点、凹坑和气泡等缺陷
锚具	在后张法预应力混凝土结构构件中，为保持预应力筋的拉力并将其传递到混凝土上所用的永久性锚固装置
铆钉	将加热或不加热一端带有半圆形钉头的圆柱形的杆身，穿过被连接板件的钉孔，用铆钉枪或铆压机将钉尾挤压成另一钉头的紧固件
铆钉连接	用铆钉将构件、部件或板件连成整体的连接方式
铆钉连接质量检验	在构件组建、预拼装和完工验收时，对铆钉连接质量是否符合规定要求和设计意图所进行的检验
铆接钢结构	以铆钉作为连接件将钢构件或部件连接成整体的结构
铆接钢梁	由钢材通过铆钉连接而成的梁
密实度	在一定体积的混凝土中由固体物质的填充程度。为固体物质的绝对体积和外形体积的比值
密实度	砂土或碎石土颗粒排列松紧的程度
面分布力	施加在结构或构件单位面积上的力，亦称压强（pressure）
民用建筑	指非生产性的居住建筑和公共建筑，如住宅、办公楼、幼儿园、学校、食堂、影剧院、商店、体育馆、旅馆、医院、展览馆等
木材	结构用的原木或经加工而成的方木、板材、胶合木等的总称
木材机械分级	采用机械应力测定设备对木材进行非破坏性试验，按测定的木材弯曲强度和弹性模量确定木材的材质等级
木材目测分级	用肉眼观测方式对木材材质划分等级
木材强度等级	根据木材抗弯强度设计值划分的木材强度级别
木材缺陷	由于木材本身纹理、纤维不正常或受到机械损伤、锯解不良以及发生病虫害、腐朽等，使材质受到不利影响的统称
木材顺纹强度	不同树种的木材在顺纹受力状态下的单位面积上所能承受的最大内力。分抗弯强度、顺纹抗压与承压强度、顺纹抗拉强度和顺纹抗剪强度
木材质量等级	根据木构件的受力种类和所处部位对木材的选用要求，按材料的缺陷程度加以划分的材质标准。简称材质等级
木基结构板材	以木材为原料（旋切材，木片，木屑等）通过胶合压制成的承重板材，包括结构胶合板和定向木片板
木结构	以木材为主制作的结构

名　词	解　释
木结构防虫	防止昆虫蛀木材而损害木结构的药剂处理
木结构防腐	防止木结构受潮而遭受菌类或微生物侵害的构造措施和药剂处理
木结构连接	将木结构构件、部件连成整体的方式
木结构用胶	用于粘接承重木构件并具有符合规定性能的胶粘剂
木屋架	由木材制成的桁架式屋盖构件
内力重分布	超静定结构进入非弹性工作阶段时，其内力分布与按弹性分析的分布相比有明显变化的现象。需按材料非线性方法求解。有时可用调整系数简化计算
内摩擦角	土体摩尔包络线的切线与正应力坐标轴间的夹角。当摩尔包络线为直线时，即为该直线与正应力坐标轴间的夹角
耐久性	结构在正常维护条件下，随时间变化而仍能满足预定功能要求的能力
耐磨性	混凝土抵抗磨损的能力。以通过规定磨损行程后的重量损失百分率表示
挠度	在弯矩作用平面内，结构构件轴线或中面上某点由挠曲引起垂直于轴线或中面方向的线位移
挠曲二阶效应	结构构件由挠曲产生挠度或侧移引起的附加内力。有时可通过内力增大系数简化计算
泥沙压力	淤积的泥沙对建筑物产生的作用
黏聚力（内聚力）	当法向应力为零时，土粒间的抗剪强度
凝结时间	按标准试验方法，采用贯入阻力仪所测得的自水泥与水接触时起至贯入阻力达到凝结规定值时所经历的时间。根据凝结规定值的不同，分初凝时间（presetting time）和终凝时间（final setting time）
扭剪型高强度螺栓	螺栓的尾部带有扭剪装置，在承受规定扭矩时能自动剪断的高强度螺栓
扭矩	作用引起的结构或构件某一截面上的剪力所构成的力偶矩
扭弯	木材四角不在同一平面内的变形。也称扭曲
欧拉临界力	理想的钢结构轴心受压构件，按弹性稳定理论计算构件侧向屈曲时对应的荷载
欧拉临界应力	与欧拉临界力相对应的钢构件截面应力
偶然荷载	在结构使用期间不一定出现，一旦出现，其值很大且持续时间很短的荷载
偶然状况	偶然事件发生时或发生后，其出现的持续时间短，而出现概率低的设计状况
偶然组合	承载能力极限状态计算时，永久作用、可变作用和一个偶然作用的组合
偶然作用	在设计基准期内不一定出现而一旦出现其量值很大且持续时间较短的作用
排架	由梁（或桁架）和柱铰接而成的单层框架
排水沟	将边沟、截水沟、取土坑或路基附近的积水，疏导至蓄水池或低洼地、天然河沟或桥涵处的设施
配筋率	构件中配置的钢筋截面面积与规定的混凝土截面面积的比值。又称面积配筋率
配筋砌块砌体剪力墙结构	由承受竖向和水平作用的配筋砌块砌体剪力墙和混凝土楼、屋盖所组成的房屋建筑结构
配筋砌体构件	由配置受力的钢筋或钢筋网的砖砌体、石砌体或砌块砌体制作的承重构件
配筋砌体结构	由配置钢筋的砌体作为建筑物主要受力构件的结构。是网状配筋砌体柱、水平配筋砌体墙、砖砌体和钢筋混凝土面层或钢筋砂浆面层组合砌体柱（墙）、砖砌体和钢筋混凝土构造柱组合墙和配筋砌块砌体剪力墙结构的统称
疲劳承载能力	构件所能承受的最大动态内力

名　词	解　释
疲劳强度	材料在规定的作用重复次数和作用变化幅度下所能承受的最大动态应力
疲劳容许应力幅	钢构件和连接在动态重复作用下，根据应力循环次数等因素，规定的疲劳应力幅限值
疲劳性能	材料在承受一定重复次数和幅度的动态循环作用下的物理力学性能
疲劳验算	防止结构构件或连接在循环应力下产生累积损伤而导致材料破坏的验算
疲劳应力幅	钢构件和连接在动态重复作用下最大应力值与最小应力值之差。分常幅疲劳应力幅和变幅疲劳等效应力幅
偏心距	偏心受力构件中轴向力作用点至截面形心的距离
偏心距增大系数	在受压构件计算中，考虑二阶效应影响的系数，为挠曲后的最大偏心距与初始偏心距的比值
偏心率	偏心构件的偏心距与截面高度或截面核心距的比值
频遇组合	正常使用极限状态计算时，对可变荷载采用频遇值或准永久值为荷载代表值的组合
平板型网架	由上弦杆、下弦杆和腹杆组成的平板式的大跨度空间桁架式构件
平衡含水率	木材与周围空气的相对湿度和温度相适应而达到稳定时的含水率
平截面假定	混凝土结构构件受力后沿正截面高度范围内混凝土与纵向钢筋的平均应变呈线性分布的假定
平面桁架系网架	由不同方向平面桁架组成的网架。分两向正交正放、两向正交斜放、两向斜交斜放、三向、单向折线形等形式
平面结构	组成的结构及其所受的外力，在计算中可视作为位于同一平面内的计算结构体系
坡口	在焊件待焊部位加工成一定形状的沟槽
破坏强度设计法	考虑结构材料破坏阶段的工作状态进行结构构件设计计算的方法，又名极限设计法、荷载系数设计法、破损阶段设计法、极限荷载设计法
破损检验	将试件或结构构件加载至破坏，以检测试件或结构构件在加载过程中的各阶段反应和各项力学性能等所进行的试验
普通钢筋	用于混凝土结构构件中的各种非预应力钢筋的总称
普通钢筋强度等级	根据普通钢筋强度标准值划分的级别
普通混凝土	以天然砂、碎石或卵石作骨料，用水泥、水和外加剂（或不掺外加剂）按配合比要求配制而成的混凝土
普通木结构	承重构件采用方木或圆木制作的单层或多层木结构
气干材	经过自然风干达到或接近平衡含水率的木材
气孔	焊接后残留在焊缝中的空气所形成的空穴。分密集气孔、条虫状气孔、针状气孔等
砌块	由混凝土、粉煤灰等制作的实心或空心块体。按尺寸分为小型砌块、中型砌块和大型砌块
砌块砌体	用砌块和砂浆砌筑的砌体。按砌块尺寸分为小型砌块砌体、中型砌块砌体和大型砌块砌体
砌块砌体结构	由砌块砌体制成的结构，分混凝土中、小型空心砌块砌体结构和粉煤灰中型实心砌块砌体结构
砌体	由砖、石块或砌块等块体与砂浆或其他胶结料砌筑而成的结构材料

名　词	解　释
砌体材料最低强度等级	为了保证地面或防潮层以下砌体的强度所规定的砌体材料最小强度要求
砌体结构	由砌块和砂浆砌筑而成的墙、柱作为建筑物主要受力构件的结构。是砖砌体、砌块砌体和石砌体结构的统称
砌体结构局部尺寸限值	根据抗震概念设计的要求，对砌体结构的窗间墙宽度、女儿墙高度、门洞边墙宽度等所分别规定的最小尺寸
砌体结构总高度限值	抗震设计中，按设防烈度、结构形式和功能要求规定的砌体房屋的最大总高度
砌体拉结钢筋	为了增强砌体结构的整体性，在砌体纵横墙交接处和沿墙高每间隔一定距离的水平灰缝内设置的钢筋或钢筋网片
砌体摩擦系数	砌体与砌体接触面之间或砌体与混凝土等其他材料接触面之间，滑动时的摩擦力与法向压力的比值。根据接触面的干燥或潮湿状态而取不同的值
砌体强度标准值	由各类块体和砂浆抗压强度平均值，按公式计算出各类砌体的强度平均值并规定其相应的变异系数，再通过强度平均值与标准值的规定关系所得到的砌体强度基本代表值。分砌体抗压、轴心抗拉、弯曲抗拉和抗剪强度标准值
砌体墙、柱高厚比	砌体墙、柱的计算高度与规定厚度的比值。规定厚度对墙取墙厚，对柱取对应的边长，对带壁柱墙取截面的折算厚度
砌体墙、柱容许高厚比	不同强度等级的砂浆砌筑的砌体墙、柱的计算高度与规定厚度之比的最大限值
砌体墙容许高厚比修正系数	根据承重墙或非承重墙及其门窗洞口大小，对容许高厚比进行修正的系数
砌体质量检验	根据规定的抽样方式和标准试验方法，对抽取的砌体构件进行力学性能检验和外观检查
强度	材料抵抗破坏的能力。其值为在一定的受力状态或工作条件下，材料所能承受的最大应力
强轴	使钢结构构件截面具有较大的惯性矩所采用的通过截面形心的主轴，其方向一般与弱轴相正交
墙	一种竖向平面或曲面构件。它主要承受各种作用产生的中面内的力，有时也承受中面外的弯矩和剪力
墙板结构	由竖向构件为墙体和水平构件为楼板和屋面板所组成的房屋建筑结构
墙骨柱	轻型木结构房屋墙体中按一定间隔布置的竖向承重骨架构件
墙梁	由钢筋混凝土托梁和梁上计算高度范围内的砌体墙组成的组合构件。包括简支墙梁、连续墙梁和框支墙梁
墙面垂直度	在层高和全高范围内砌体墙表面偏离竖直方向的程度。一般采用线锤或经纬仪进行检查
墙面平整度	砌体构件表面凹凸的程度。一般采用规定长度的直尺和楔形塞尺检查
墙肢	结构墙中较大洞口左、右两侧的墙体。一般按偏心受力构件计算
翘曲	由于木材收缩的各向异性以及存在斜纹、髓心和干燥不均匀等原因，使成材发生地形状变化的现象。分顺弯、横弯、翘弯、扭弯、菱形变形等
翘弯	沿木材宽度方向呈瓦形的弯曲。也称横翘
轻骨料混凝土	以天然多孔轻骨料或人造陶粒作粗骨料，天然砂或轻砂作细骨料，用硅酸盐水泥、水和外加剂（或不掺外加剂）按配合比要求配制而成的混凝土
轻型木结构	用规格材及木基结构板材或石膏板制作的木构架墙体、楼板和屋盖系统构成的单层或多层建筑结构

名　词	解　释
轻型木结构的剪力墙	面层用木基结构板材或石膏板、墙骨柱用规格材构成的用以承受竖向和水平作用的墙体
屈服强度	钢材在受力过程中，荷载不增加或略有降低而变形持续增加时，所受的恒定应力。对受拉无明显屈服现象的钢材，则为标距部分残余伸长达原标距长度0.2%时的应力
圈梁	在房屋的檐口、窗顶标高、楼层、吊车梁标高或基础顶面处，沿砌体墙水平方向设置封闭状的按构造配筋的梁式构件。分钢筋混凝土圈梁和钢筋砖圈梁
热处理钢筋	热轧带肋钢筋经淬火、回火的调质热处理而成的钢筋
热轧带肋钢筋	经热轧成型并自然冷却而其圆周表面通常带有两条纵肋和沿长度方向有均匀分布横肋的钢筋
热轧光圆钢筋	经热轧成型并自然冷却的表面平整、截面为圆形的钢筋
热轧型钢	用轧机热轧制成各种形状的钢材。分圆钢、方钢、扁钢、角钢、工字钢、H形钢、槽钢等
容许应力设计法	以结构构件截面计算应力不大于规范规定的材料容许应力的原则，进行结构构件设计计算的方法
柔性连接	能传递竖向力、水平力和部分弯矩且容许有一定变形的构件相互连接方式
弱轴	使钢结构构件截面具有较小的惯性矩所采用的通过截面形心的主轴，其方向一般与强轴相正交
塞焊缝	两焊件相叠，其中一块开有圆孔，在圆孔中填满熔融金属形成的焊缝
三角形屋架	由单坡或双坡式上弦杆、水平下弦杆和腹杆组成外形为三角形的屋架
三角锥体网架	由三角锥体单元组成的网架。分三角锥、抽空三角锥、蜂窝形三角锥等形式
三铰拱	拱趾和拱顶均为铰接的拱。可按顶铰处弯矩为零的静力平衡原理计算
砂浆	由一定比例的胶凝材料（水泥、石灰等）、细骨料（砂）和水配制而成的砌筑材料
砂浆饱满度	砌体砌筑后，砌块底面实际粘结砂浆的面积与块体底面积的比值。以百分数表示
砂浆保水性	在存放、运输和使用过程中，新拌制砂浆保持各层砂浆中水分均匀一致的能力，以砂浆分层度来衡量
砂浆稠度	在自重或施加外力下，新拌制砂浆的流动性能。以标准的圆锥体自由落入砂浆中的沉入深度表示
砂浆分层度	新拌制砂浆的稠度与同批砂浆静态存放达规定时间后所测得下层砂浆稠度的差值
砂浆配合比	根据砂浆强度等级及其他性能要求而确定砂浆的各组成材料之间的比例。以重量比或体积比表示
砂浆强度等级	根据砌筑砂浆标准试件用标准试验方法测得的抗压强度平均值所划分的强度级别
砂浆性能检验	按规定的抽样方法和标准试验方法，对砂浆的配合比、稠度、分层度及试件的抗压强度等物理力学性能所进行的检验
砂土液化	地震时饱和砂土的承载能力消失，导致地面沉陷、斜坡失稳或地基失效
上刚下柔多层房屋	在结构计算中，底层不符合刚性方案要求，而上属各层符合刚性方案要求的多层房屋

名　词	解　释
上柔下刚多层房屋	在结构计算中，顶层不符合刚性方案要求，而下属各层符合刚性方案要求的多层房屋
烧穿	熔化金属自坡口背面流出形成穿孔的现象
烧结多孔砖	以黏土、页岩、煤矸石或粉煤灰为主要原料，经焙烧而成，孔洞率不小于25%，孔的尺寸小而数量多，主要用于承重部位的砖。简称多孔砖。目前多孔砖分为 P 型砖和 M 型砖
烧结普通砖	由黏土、煤矸石、页岩或粉煤灰为主要原料，经过焙烧而成的实心或孔洞率不大于规定值且外形尺寸符合规定的砖。分烧结黏土砖、烧结煤矸石砖、烧结页岩砖、烧结粉煤灰砖等。又称标准砖
设计地震动参数	抗震设计用的地震加速度（速度、位移）时程曲线、加速度反应谱和峰值加速度
设计基本地震加速度	50 年设计基准期超越概率10%的地震加速度的设计取值
设计基准期	《建筑结构设计术语和符号标准》GB/T 50083—1997 解释：进行结构可靠性分析时，考虑各项基本变量与时间关系所取用的基准时间。 《建筑结构荷载规范》GB 50009—2012 解释：为确定可变荷载代表值而选用的时间参数
设计使用年限	设计规定的结构或结构构件不需进行大修即可按其预定目的使用的时期
设计特征周期	抗震设计用的地震影响系数曲线中，反映地震震级、震中距和场地类别等因素的下降段起始点对应的周期值
设计限值	结构或构件设计时所采用的作为极限状态标志的应力或变形的界限值
设计状况	以不同的设计要求，区别对待结构在设计基准期中处于不同条件下所受到的影响，作为结构设计选定结构体系、设计值、可靠性要求等的依据
伸长率	材料的标准试件拉断后，原规定标距的长度增量与原标距长度的百分比
伸缩缝	将建筑物分割成两个或若干个独立单元，彼此能自由伸缩的竖向缝。通常有双墙伸缩缝、双柱伸缩缝等
深受弯构件	跨高比小于 5 的受弯构件
渗透系数	相当于在单位水力坡度作用下，通过透水层单位过水面积上的流量，为含水层透水性的参数
升板结构	由安装在预制柱上的升板机，将在地坪上已叠层浇筑成的屋面板和楼板依次提升到位，并以钢销支托，并在节点浇筑混凝土而成的板柱结构
生产控制	在材料或结构构件的正式生产阶段，根据规定质量要求，为保持其规定质量的稳定性，对原材料组成和工艺过程以及对材料和构件性能所进行的经常性控制
失效概率	结构或构件不能完成预定功能的概率
施工缝	当混凝土施工时，由于技术上或施工组织上的原因，不能一次连续灌注时，而在结构的规定位置留置的搭接面或后浇带
施工和检验集中荷载	设计屋面板、檩条、挑檐、雨篷和预制小梁等构件时，考虑施工或检修过程中在构件的最不利位置可能出现的最大集中荷载
施工荷载	施工阶段施加在结构或构件上的临时荷载
施工阶段验算	防止结构构件在制作、运输和安装等阶段不能满足规定功能要求的有关验算
施工质量控制等级	根据施工现场的质保体系、砂浆和混凝土的强度、砌筑工人技术等级综合水平划分的砌体施工质量控制级别

名　词	解　释
湿材	含水率大于规定的木材
石材	无明显风化的天然岩石经过人工开采和加工后的外形规则的建筑用材。分毛石和料石
石砌体	用石材和砂浆或用石材和混凝土砌筑的砌体。分毛石砌体和料石砌体
石砌体结构	由石砌体制成的结构。分料石砌体和毛石砌体结构
时程分析法	由结构基本运动方程输入地面加速度记录进行积分求解，以求得整个时间历程的地震反应的方法
实腹式钢柱	腹板为整体的竖向受压钢构件
矢高	拱轴线的顶点至拱趾连线的竖直距离，或一般壳中面的顶点至壳底面的竖直距离
适用性	结构在正常使用条件下，满足预定使用要求的能力
手工焊接	用手工完成全部焊接操作的焊接方法
受剪承载能力	构件所能承受的最大剪力，或达到不适于继续承载的变形时的剪力
受拉承载能力	构件所能承受的最大轴向拉力，或达到不适于继续承载的变形时的轴向拉力
受拉区混凝土塑性影响系数	混凝土构件正截面裂缝形成时，考虑混凝土塑性影响的截面模量与弹性截面模量的比值
受扭承载能力	构件所能承受的最大扭矩，或达到不适于继续承载的变形时的扭矩
受弯承载能力	构件所能承受的最大弯矩，或达到不适于继续承载的变形时的弯矩
受弯木构件挠度容许值	为满足正常使用极限状态要求所规定的受弯木构件竖向位移限值
受压承载能力	构件所能承受的最大轴向压力，或达到不适于继续承载的变形时的轴向压力
受压构件承载能力影响系数	砌体构件的高厚比和轴向力偏心距对其受压承载能力影响的系数
受压构件计算面积	受压构件稳定验算或压弯构件承载能力计算时，根据构件缺口所在部位的不同按规定采用的截面面积
受压木构件容许长细比	受压木构件计算长度与构件回转半径的容许最大比值
受压区高度	混凝土结构构件计算时，按合力大小和合力作用点相同的原则，将正截面上混凝土压应力分布等效为矩形应力分布时，该应力图形的高度
竖向支撑	在两个相邻屋架之间沿屋架直腹杆平面内设置的竖向桁架。亦称垂直支撑
双铰拱	拱趾为铰接的拱。可按一次超静定结构计算。分拱趾间无拉杆的双铰拱或有拉杆的双铰拱
双弯矩	作用引起的结构或构件某一截面上的一对大小相等、方向相反与作用面平行的内力矩。其值为内力矩与作用面间距的乘积
双向正交索网	由承重索和稳定索两组索按上下互相正交布置，通过预加应力使两索紧贴，与不同形状的边缘构件组成的悬索
双肢柱	具有两个肢杆并以腹杆相连的混凝土柱。分平腹杆、斜腹杆双肢柱
水灰比	混凝土拌合物中所用的水与水泥重量的比值
水泥	磨细的具有水硬性的胶凝材料
水泥含量	单位体积混凝土或砂浆中所含的水泥量，一般以重量表示
水泥砂浆	由一定比例的水泥和砂加水配制而成的砌筑材料
水平灰缝厚度	砌体中的上下层块体间所铺砌砂浆的厚度。以规定的块体累计高度与皮数杆刻画的标准高度进行对比检查
水塔	由水柜和支筒或支架等组成承重体系，用于储水和配水的高耸构筑物

名　词	解　释
水压力	水在静止时或流动时，对与水接触的建筑物、构筑物表面产生的法向作用
顺弯	沿木材面全长的纵向呈弓形弯曲。也称纵翘
顺纹	木构件木纹方向与构件长度方向一致
顺纹弹性模量	木材顺纹受力时，在弹性限度内的应力与应变的比值。分受拉、受压和弯曲弹性模量。一般以弯曲弹性模量为代表值
四边支承板	四边有支座反力的板。一般需考虑两个方向的受力和变形。又称双向板
四角锥体网架	由四角锥体单元组成的网架。分正放四角锥，正放抽空四角锥、棋盘形四角锥、斜放四角锥、星形四角锥等形式
素混凝土结构	由无筋或不配置受力钢筋的混凝土制成的结构
塑限	土由可塑状态转变为半固体状态时的界限含水量
塑性变形	作用引起的结构或构件的不可恢复变形
塑性变形集中	在地震作用下，建筑结构抗震薄弱楼层的弹塑性变形显著大于其相邻楼层变形的现象
塑性铰	在结构构件中因材料屈服形成既有一定的承载能力义能相对转动的截面或区段。计算中按铰接考虑
塑性指数	土的液限与塑限的差值，用百分数表示
髓心	树干中心部分第一年生成的木质，呈褐色，质软而强度偏低的缺陷
塌陷	单面熔化焊时焊缝金属过量透过背面，使焊缝正面下凹而背面凸起的现象
坍落度	按标准试验方法测得的新拌混凝土向上坍落的高度
特种工程结构	指具有特种用途的建筑物、构筑物，如高耸结构，包括塔、烟囱、桅、海洋平台、容器、构架等各种结构
特种混凝土	具有膨胀、耐酸、耐碱、耐油、耐热、耐磨、防辐射等特殊性能的混凝土
梯形屋架	由平坡式上弦杆、水平下弦杆、端竖杆和腹杆组成外形似梯形的屋架
体分布力	施加在结构或构件单位体积上的力
体积配筋率	构件中配置的钢筋体积与混凝土体积的比值
天窗架	在屋架上设置供采光和通风用并承受与屋架有关作用的桁架或框架
填板	填充在两型钢之间空隙的板件
挑梁	嵌固在砌体中的悬挑式钢筋混凝土梁。一般指房屋中的阳台挑梁、雨篷挑梁或外廊挑梁
条形基础	水平长而狭的带状基础
通缝破坏	砌体在弯曲受拉和受剪状态下，沿水平灰缝破坏的状态
筒体结构	《建筑结构设计术语和符号标准》GB/T 50083—1997 解释：由竖向悬臂的筒体组成能承受竖向、水平作用的高层建筑结构。筒体分剪力墙围成的薄壁筒和由密柱框架围成的框筒等。 《高层建筑混凝土结构技术规程》JGJ 3—2010 解释：由竖向筒体为主组成的承受竖向和水平作用的高层建筑结构。筒体结构的筒体分剪力墙围成的薄壁筒和由密柱框架或壁式框架围成的框筒等
筒中筒结构	《建筑结构设计术语和符号标准》GB/T 50083—1997 解释：由中央薄壁筒与外围框筒组成的高层建筑结构。 《高层建筑混凝土结构技术规程》JGJ 3—2010 解释：由核心筒与外围框筒组成的筒体结构
透焊对接焊缝	两焊件相接触部位全部焊透的焊缝

名　词	解　释
土木工程	为新建、改建或扩建各类工程的建筑物、构筑物和相关配套设施等所进行的勘察、规划、设计、施工、安装和维护等各项技术工作和完成的工程实体
土塞效应	敞口空心桩沉桩过程中土体涌入管内形成的土塞，对桩端阻力的发挥程度的影响效应
土压力	土体作用在建筑物或构筑物上的力。促使建筑物或构筑物移动的土体推力称主动土压力；阻止建筑物或构筑物移动的土体对抗力称被动土压力
土岩组合地基	在建筑地基（或被沉降缝分隔区段的建筑地基）的主要受力层范围内，有下卧基岩表面坡度较大的地基；或石芽密布并有出露的地基；或大块孤石或个别石芽出露的地基
外加变形	由地面运动、地基不均匀变形等作用引起的结构或构件的变形
外加剂	为改善混凝土的流变、硬化和耐久性能等所掺入的化学制剂的总称。分减水剂、早强剂、缓凝剂、引气剂、防水剂、速凝剂等
外摩擦角	土与其他材料表面间的摩阻力与对应的正应力关系曲线的切线与正应力坐标轴间的夹角
弯钩	为保证钢筋的锚固，在钢筋端部按规定半径和角度弯成的钩状端头
弯矩	作用引起的结构或构件某一截面上的内力矩
弯矩调幅系数	考虑结构构件的内力重分布，对按弹性方法分析所得弯矩进行调整的系数
弯起钢筋	混凝土结构构件的下部（或上部）纵向受拉钢筋，按规定的部位和角度弯至构件上部（或下部）后，并满足锚固要求的钢筋
网架结构	由多根杆件按一定网格形式通过节点连接而成的大跨度覆盖的空间结构
未焊满	由于填充材料不足，在焊缝表面形成连续或断续的沟槽
未焊透	焊根部位有未经完全熔融的现象
未熔合	焊道与母材之间或焊道与焊道之间有未完全熔融结合的现象
位移	作用引起的结构或构件中某点位置的改变，或某线段方向的改变。前者称线位移，后者称角位移
温度作用	结构或构件受外部或内部条件约束，当外界温度变化时或在有温差的条件下，不能自由胀缩而产生的作用
稳定计算	防止结构构件失稳的计算。分整体失稳和局部失稳，平面内失稳和平面外失稳，及弹性状态、弹塑性状态与塑性状态失稳
稳定性	结构或构件保持稳定状态的能力
涡纹	在木节或夹皮附近，年轮局部弯曲的缺陷
屋盖	在房屋顶部，用以承受各种屋面作用的屋面板、檩条、屋面梁或屋架及支撑系统组成的部件或以拱、网架、薄壳和悬索等大跨空间构件与支承边缘构件所组成的部件的总称。分平屋盖、坡屋盖、拱形屋盖等
屋盖、楼盖类别	根据屋盖、楼盖的结构构造及其相应的刚度对屋盖、楼盖的分类。根据常用结构，可把屋盖、楼盖划分为三类，而认为每一类屋盖和楼盖中的水平刚度大致相同
屋盖支撑系统	保证屋盖整体稳定并传递纵横向水平力而在屋架间设置的各种连系杆件的总称
屋架	将屋盖荷载传递到墙、柱、托架或托梁上的桁架式构件
屋面板	直接承受屋面荷载的板

名　词	解　释
屋面积雪分布系数	反映不同形式屋面所造成不同积雪分布状态的系数。为屋面雪压标准值与当地基本雪压的比值
屋面梁	将屋盖荷载传递到墙、柱、托架或托梁上的梁
屋面木基层	屋面防水层与屋架之间的木构件系统，一般由挂瓦条、屋面板、椽条、檩条等组成
无侧移框架	计算中不考虑梁柱节点水平位移的框架
无缝钢管	用整块钢坯轧制成表面无接缝的钢管。分热轧管、冷轧管、挤压管、顶管等
无铰拱	拱趾为刚接的拱。可按三次超静定结构计算
无筋扩展基础	由砖、毛石、混凝土或毛石混凝土、灰土和三合土等材料组成的，且不需配置钢筋的墙下条形基础或柱下独立基础
无筋砌体构件	由砖砌体、石砌体或砌块砌体制作的承重构件
无粘结预应力混凝土结构	配置带有涂料层和外包层的预应力筋而与混凝土相互不粘结的后张法预应力混凝土结构
系杆	沿竖向支撑平面内的屋架下弦或上弦节点处，在不设置竖向支撑的屋架之间沿房屋纵向设置的水平通长连系杆件
系梁	将结构中主要构件相互拉结以增强结构整体性而不必计算的梁式构件。又称拉梁
下撑式组合梁	用型钢或圆钢作下部拉杆并以钢筋混凝土作上部压杆组成的下撑式梁
下拉荷载	作用于单桩中性点以上的负摩阻力之和
先张法预应力混凝土结构	在台座上张拉预应力钢筋后浇筑混凝土，并通过粘结力传递而建立预加应力的混凝土结构
纤维混凝土	掺有短纤维，钢纤维、耐碱玻璃纤维或聚丙纤维等短纤维的混凝土
现浇板柱结构	由现场浇筑的钢筋混凝土楼板和预应力混凝土楼板和柱所组成的结构。可设置或不设置柱帽
现浇混凝土结构	在现场支模并整体浇筑而成的混凝土结构
线分布力	施加在结构或构件单位长度上的力
线膨胀系数	材料在规定的温度范围内以规定常温下的长度为基准，随温度增高后的伸长率和温度增量的比值。以每摄氏度或每开尔文表示
线应变	作用引起的结构或构件中某点单位长度上的拉伸或压缩变形。前者称拉应变，后者称压应变，对应于正应力的线应变亦称正应变
相对密实度	砂土最疏松状态的孔隙比和天然孔隙比之差与砂土最疏松状态的孔隙比和最紧密状态的孔隙比之差的比值
箱形基础	由钢筋混凝土底板、顶板、侧墙板和一定数量的内隔墙板组成整体的形似箱形的基础
销连接	用钢、木或其他材料作成圆杆状或板片状的连接件，将被连接构件结合成整体的一种连接方式
小偏心受压构件	计算的偏心距小于界限偏心距的混凝土受压构件
校准法	通过对现存结构或构件安全系数的反演分析来确定设计时采用的结构或构件可靠指标的方法
斜搭接	木材端部加工成斜面涂胶后互相搭接的接头
斜角角焊缝	两焊件形成不等于90°夹角相交面间的角焊缝。分锐角和钝角焊缝
斜截面	与混凝土构件纵轴线斜交的计算截面

名　词	解　释
斜纹	由于木材纤维排列的不正常，或锯解不合理而出现各种扭、斜纹理的缺陷
斜纹承压强度	当压力方向与木纹方向成斜角时，木材承压单位面积上所能承受的最大压力
斜向箍筋	沿混凝土结构构件纵轴方向按一定间距配置于纵轴线斜交的箍筋
心材	树干中心颜色较深部位的木材，材质较坚硬，耐腐性较强
型钢	用热轧方式或冷弯加工方式制成各种规定截面形状的钢材
休止角（安息角）	砂土在堆积时，其天然坡面与水平面所形成的最大夹角
悬臂梁	梁的一端为不产生轴向、垂直位移和转动的固定支座，另一端为自由端
悬挂结构	将楼（屋）盖荷载通过吊杆传递到竖向承重体系的建筑结构
悬索	由柔性拉索与边缘构件组成的大跨空间构件
悬索结构	由柔性受拉索及其边缘构件所组成的承重结构
雪荷载	作用在建筑物或构筑物顶面上计算用的雪压
雪荷载标准值	施加于屋面雪荷载基本代表值。为当地基本雪压和屋面积雪分布系数的乘积
压缩模量	土在有侧限条件下压缩时，受压方向应力与同向应变的比值
压缩系数	土的压缩试验中，试样受压所产生的孔隙比负增量与所受压力增量之比
压型钢板楼板	在压型钢板上浇筑混凝土组成的楼板
烟囱	由筒体等组成竖向承重体系，将烟气排入高空的高耸构筑物
延性框架	梁、柱及其节点具有一定的塑性变形能力，并能满足侧向变形要求的框架
延性破坏	结构或构件在破坏前有明显变形或其他预兆的破坏类型
岩体结构面	岩体内开裂的和易开裂的面。如层面、节理、断层、片理等。又称不连续构造面
验收函数	验收时采用的关于试样数据的各种函数
验收界限	根据验收函数判断交验批是否合格的界限值
验收批量	每一交验批中材料或结构构件的数量
扬压力	建筑物及其地基内的渗水，对某一水平计算截面的浮托力与渗透压力之和
咬边	沿焊趾处母材部位产生的沟槽和凹槽
液限	土由流动状态转变为可塑状态的界限含水量，又称塑性上限
液性指数	土的天然含水量和塑限之差与液限和塑限之差的比值
翼缘板	位于钢构件截面翼缘范围内的板件
翼缘板外伸宽度	翼缘板在腹板边缘以外伸出的自由长度
应变	作用引起的结构或构件中各种应力所产生相应的单位变形
应力	作用引起的结构或构件中某一截面单位面积上的力
应力束松弛	受拉预应力筋在恒定温度下，拉应力随时间推移而降低的现象
硬化混凝土性能	凝结硬固混凝土试件的强度、弹性模量、抗渗、抗冻融、耐磨等物理力学性能
永久（恒）荷载	在结构使用期间，其值不随时间变化，或变化与平均值相比可以忽略不计，或其变化是单调的并能趋于限值的荷载
永久作用	在设计基准期内量值不随时间变化的作用，或其变化与平均值相比可以忽略不计的作用。其中，直接作用亦称永久（恒）荷载
永久作用标准值	在结构设计基准期内，量值不随时间变化的作用（包括自重）基本代表值，又称恒荷载标准值
有侧移框架	计算中需要考虑梁柱节点水平位移的框架

名　词	解　释
有粘结预应力混凝土结构	预应力筋与混凝土相互粘结的预应力混凝土结构。为先张法预应力混凝土结构和在管道内灌浆实现粘结的后张法预应力混凝土结构的总称
鱼腹式梁	杆件的横截面高度由两端向跨中按曲线逐渐增大形似鱼腹的变截面梁
预埋件	预先埋置在混凝土结构构件中，用于结构构件之间相互连接和传力的钢连接件
预应力	在结构或构件承受其他作用前，预先施加的作用所产生的应力
预应力传递长度	先张法构件的预应力筋放松后，预应力筋与混凝土间无相对滑移点到构件端部截面的距离
预应力钢结构	通过张拉高强度钢丝束或钢绞线等手段或调整支座等方法，在钢结构构件或结构体系内建立预加应力的结构
预应力钢筋	用于混凝土结构构件中施加预应力的钢筋、钢丝和钢绞线等的总称
预应力混凝土结构	由配置预应力筋再通过张拉或其他方法建立预加应力的混凝土制成的结构
预应力筋强度等级	根据预应力筋强度标准值划分的级别
预应力筋消压预应力值	在混凝土构件中预应力筋处的混凝土预加应力被外加应力抵消时，在预应力筋中的应力值
预应力筋有效预应力值	预应力筋张拉的预加力值扣除各项预应力损失和混凝土弹性压缩应力后在构件中实际建立的预加应力值
预应力损失	预应力筋的预加应力随张拉、锚固过程和时间推移而降低的现象
预制混凝土构件	在工厂或现场先制成的混凝土构件
原木	《建筑结构设计术语和符号标准》GB/T 50083—1997 解释：保持天然截面形状的木段。 《木结构设计规范》GB 50005—2003 解释：伐倒并除去树皮、树枝和树梢的树干
原木构件计算截面	在承载能力、稳定和挠度计算时，考虑原木构件沿其长度直径变化按规定所采用的构件截面
原木结构	由天然截面且最小梢径符合规定的木材制成的结构
圆形单层悬索	由单层索按中心辐射状布置，与圆形边缘构件组成的悬索。当圆心处设柱时，称为伞形悬索
圆形双层悬索	由上下两层索按中心辐射状布置，上下索间设置不同形状的中心拉环与圆形边缘构件组成的悬索
约束变形	由温度变化、材料胀缩等作用引起的受约束结构或构件中潜在的变形
轧制型钢梁	由辊轧型钢制作的梁
折板结构	由多块条形或其他外形的平板组合而成，能作承重、围护用的薄壁空间结构
针叶树材	由松杉目和红豆杉目树种生产的木材，分松木、杉木、柏木等。简称针叶材
振型	结构按某一自振周期振动时的变形模式
振型分解法	将结构各阶振型作为广义坐标系，求出对应于各阶振型的结构内力和位移．按平方和方根或完全二次型方根的组合确定结构地震反应的方法。采用反应谱时称振型分解反应谱法，用时程分析法时称振型分解时程分析法
蒸压粉煤灰砖	以粉煤灰、石灰为主要原料，掺加适当石膏和集料，经坯料制备、压制成型、高压蒸汽养护而成的实心砖。简称粉煤灰砖
蒸压灰砂砖	以石灰和砂为主要原料，经坯料制备、压制成型、蒸压养护而成的实心砖。简称灰砂砖

名　词	解　释
整体预应力板柱结构	由预制的板和预制带孔道的柱进行装配，通过张拉楼盖、屋盖中各方向板缝的预应力筋实现板柱之间的摩擦连接而形成整体的结构
正常使用极限状态	结构或构件达到使用功能上允许的某一限值的极限状态
正常使用极限状态验证	防止结构或构件的外观变形、振动、裂缝、耐久性能等达到使用功能上允许的某一限值的极限状态所进行的验证
正截面	为混凝土构件纵轴线正交的计算截面
正应力	作用引起的结构或构件某一截面单位面积上的法向拉力或压力。前者称拉应力，后者称压应力
支承板	分布并支承钢结构构件压力的板件
支承长度限值	混凝土梁、板在砌体上规定的最小搁置长度
支承加劲肋	在支座或有集中荷载处，为保证构件局部稳定并传递集中力所设置的条状加强件
支挡结构	使岩土边坡保持稳定、控制位移而建造的结构物
直角角焊缝	两焊件形成 90°夹角相交面间的角焊缝
指接	木材端头用铣刀加工成多个指形相互插入胶合的接头
制动构件	承受吊车上小车横向制动力的构件，如制动桁架等
中和轴高度	混凝土结构构件正截面上法向应力等于零的轴线位置至截面受压边缘的距离
中间加劲肋	在支座或有集中荷载处以外，为保证构件局部稳定所设置的条状加强件
重力荷载代表值	建筑抗震设计用的重力性质的荷载，为结构构件的永久荷载（包括自重）标准值和各种竖向可变荷载组合值之和。其组合值系数根据地震时竖向可变荷载的遇合概率确定
重力密度（重度）	单位体积岩土所承受的重力，为岩土的密度与重力加速度的乘积
轴向力	作用引起的结构或构件某一正截面上的法向拉力或压力，当法向力位于截面形心时，称轴心力（axial force）
轴心受压构件稳定系数	在轴心受压构件计算中，考虑构件长细比增大的附加效应使构件承载能力降低的计算系数
轴压比	混凝土柱轴向压力对柱的轴向承载能力的比值
主梁	将楼盖荷载传递到柱、墙上的梁
主应变	作用引起的结构或构件中某点处与主应力对应的最大或最小正应变。当为拉应变时称主拉应变，当为压应变时称主压应变
主应力	作用引起的结构或构件中某点的最大或最小正应力。当为拉应力时称主拉应力，当为压应力时称主压应力
贮仓	由竖壁和斗体等组成承重体系，用于贮存松散的原材料、燃料或粮食的构筑物
柱	一种竖向直线构件。它主要承受各种作用产生的轴向压力，有时也承受弯矩、剪力或扭矩
柱间支撑	为保证建筑结构整体稳定、提高侧向刚度和传递纵向水平力而在相邻两柱之间设置的连系杆件
砖过梁	由砖砌体传递门窗或开孔顶部以上荷载的梁式构件。分钢筋砖过梁、砖砌平拱和砖砌弧形拱
砖混结构	由砖、石、砌块砌体制成竖向承重构件，并与钢筋混凝土或预应力混凝土楼盖、屋盖组成的房屋建筑结构

名　词	解　释
砖木结构	由砖、石、砌块砌体制成竖向承重构件，并与木楼盖、木屋盖组成的房屋建筑结构
砖砌体	用砖和砂浆砌筑的砌体
砖砌体结构	由砖砌体制成的结构。分烧结普通砖，非烧结硅酸盐砖和承重黏土空心砖砌体结构
砖砌体墙	由砖砌体制成的墙体。简称砖墙
砖砌体柱	由砖砌体制成的独立竖向承重构件。简称砖柱
砖筒拱	由砖砌体砌筑成的圆弧形或抛物线形的筒形结构构件。分砖拱屋盖和砖拱楼盖
转换层	转换结构构件所在的楼层
转换结构构件	完成上部楼层到下部楼层的结构形式转变或上部楼层到下部楼层结构布置改变而设置的结构构件，包括转换梁、转换桁架、转换板等
桩	沉入、打入或浇注于地基中的柱状支承构件，如木桩、钢桩、混凝土桩等
桩基础	《建筑地基基础设计规范》GB 50007—2011 解释：由设置于岩土中的桩和连接于桩顶端的承台组成的基础。 《建筑桩基技术规范》JGJ 94—2008 解释：由设置于岩土中的桩和与桩顶连接的承台共同组成的基础或由柱与桩直接连接的单桩基础
桩基等效沉降系数	弹性半无限体中群桩基础按 Mindlin（明德林）解计算沉降量 w_M 与按等代墩基 Boussinesq（布辛奈斯克）解计算沉降量 w_B 之比，用以反映 Mindlin 解应力分布对计算沉降的影响
装配式（预制）混凝土结构	由预制混凝土构件或部件通过焊接、螺栓连接等方式装配而成的混凝土结构
装配整体式混凝土结构	由预制混凝土构件或部件通过钢筋、连接件或施加预应力加以连接并现场浇筑混凝土而形成整体的结构
缀板	在格构式受压钢构件中用以连接肢体并承受剪力的横向板状腹杆
缀材（缀件）	在格构式受压钢构件中用以连接肢体并承受剪力的腹杆。分缀条和缀板
缀条	在格构式受压钢构件中用以连接肢体并承受剪力的条状腹杆
准永久组合	正常使用极限状态计算时，对可变荷载采用准永久值为荷载代表值的组合
自动焊接	用自动焊接装置完成全部焊接操作的焊接方法
自由（可动）作用	在结构上一定范围内可以任意分布的作用
自重	指材料自身重量产生的重力
纵向钢筋	平行于混凝土构件纵轴方向所配置的钢筋。配置于截面受压区的钢筋称为纵向受压钢筋；配置于截面受拉区的钢筋称为纵向受拉钢筋
纵向焊缝	沿焊件长度方向分布的焊缝
纵向加劲肋	沿构件纵轴方向为保证构件局部稳定所设置的条状加强件。
纵向受拉钢筋应变不均匀系数	纵向受拉钢筋在裂缝区段的平均应变与在裂缝截面处的应变的比值
纵向水平支撑	在屋架端节点或屋架中部的下弦平面内沿房屋纵向设置的水平桁架。亦称下弦纵向支撑
组合构件	由两种或两种以上材料组合而成的整体受力构件
组合楼盖	用钢筋混凝土楼板或压型钢板楼板与型钢梁或板件组合的型钢梁组成的楼盖
组合屋架	用钢材作拉杆并以木材或钢筋混凝土作压杆组成的屋架
组合砖砌体构件	由砖砌体和钢筋混凝土面层或钢筋砂浆面层组成的砖砌体承重构件

名　词	解　释
作用	施加在结构上的一组集中力或分布力，或引起结构外加变形或约束变形的原因。前者称直接作用，后者称间接作用
作用标准值	结构或构件设计时采用的各种作用的基本代表值。其值可根据基准期最大作用的概率分布的某一分位数确定，亦称特征值
作用代表值	结构或构件设计时采用的各种作用取值，它包括标准值、准永久值和组合值等
作用分项系数	设计计算中，反映作用不定性并与结构可靠度相关联的分项系数，如永久作用分项系数、可变作用分项系数
作用设计值	作用代表值乘以作用分项系数后的值
作用效应	作用引起的结构或构件的内力、变形等
作用效应基本组合	结构或构件按承载能力极限状态设计时，永久作用与可变作用设计值效应的组合
作用效应偶然组合	结构或构件按承载能力极限状态设计时，永久作用、可变作用与一种偶然作用代表值效应的组合
作用效应系数	作用效应值与产生该效应的作用值的比值，它由物理量之间的关系确定
作用效应组合	由结构上几种作用分别产生的作用效应的随机叠加
作用准永久值	结构或构件按正常使用极限状态长期效应组合设计时，采用的一种可变作用代表值，其值可根据任意时点作用概率分布的某一分位数确定
作用组合值	当结构或构件承受两种或两种以上可变作用时，设计时考虑各作用最不利值同时产生的折减概率，所采用的一种可变作用代表值
作用组合值系数	设计计算中，对于可变作用项采用的一种系数，其值为作用组合值与作用标准值的比值

参 考 文 献

[1] 国家标准. 砌体结构设计规范（GB 50003—2011）[S]. 北京：中国建筑工业出版社，2011.

[2] 国家标准. 木结构设计规范（GB 50005—2003）[S]. 北京：中国建筑工业出版社，2004.

[3] 国家标准. 建筑地基基础设计规范（GB 50007—2011）[S]. 北京：中国计划出版社，2012.

[4] 国家标准. 混凝土结构设计规范（GB 50010—2010）[S]. 北京：中国建筑工业出版社，2011.

[5] 国家标准. 建筑结构设计术语和符号标准（GB/T 50083—1997）[S]. 北京：中国建筑工业出版社，1998.

[6] 国家标准. 建筑结构制图标准（GB/T 50105—2010）[S]. 北京：中国建筑工业出版社，2010.

[7] 行业标准. 普通混凝土配合比设计规程（JGJ 55—2011）[S]. 北京：中国建筑工业出版社，2011.

[8] 行业标准. 建筑钢结构焊接技术规程（JGJ 81—2002）[S]. 北京：中国建筑工业出版社，2002.

[9] 行业标准. 钢结构高强度螺栓连接技术规程（JGJ 82—2011）[S]. 北京：中国建筑工业出版社，2011.

[10] 行业标准. 建筑桩基技术规范（JGJ 94—2008）[S]. 北京：中国建筑工业出版社，2008.

[11] 行业标准. 高层民用建筑钢结构技术规程（JGJ 99—1998）[S]. 北京：中国建筑工业出版社，1998.

[12] 行业标准. 建筑基坑支护技术规程（JGJ 120—2012）[S]. 北京：中国建筑工业出版社，2012.